TaschenAtlas
Geographische Entdeckungen

Herausgegeben und bearbeitet
von Willi Stegner

Ernst Klett Verlag
Gotha und Stuttgart

1. Auflage

www.klett.de

Herausgeber und Autor: Willi Stegner, Gotha
Kartenredaktion und -entwürfe: Willi Stegner, Gotha

Redaktion: Franziska Hohm, Sylvia Jakuscheit
Herstellung: Silvia Einsporn, Nicole Schramm
Kartographie: Klett-Perthes, Gotha: Thomas Hönicke, Katrin Stehli

Umschlaggestaltung: normaldesign GbR, Maria und Jens-Peter Becker, Schwäbisch Gmünd
Reproduktion: dmz – Druckmedienzentrum Gotha
Druck: Firmengruppe APPL, aprinta druck, Wemding

Printed in Germany
ISBN 978-3-12-828131-5

9 783128 281315

Vorwort

Der »TaschenAtlas Geographische Entdeckungen« setzt die Reihe der bekannten Atlanten des Ernst Klett Verlages mit einem der erregendsten und spannendsten Themen fort – der Geschichte der geographischen Entdeckungen und Forschungsreisen. Da die vielen Bücher zu diesem Thema oft gar nicht oder nur unzureichend mit Landkarten ausgestattet sind, soll dieses Nachschlagewerk mit seinen zahlreichen, übersichtlich gestalteten Karten und Texten eine Lücke schließen und Orientierungshilfe geben.

Den vielen Liebhabern von Büchern zur Entdeckungsgeschichte, aber auch den Freunden maritimer Literatur, Geographie- und Geschichtslehrern, interessierten Schülern und Briefmarkensammlern wird damit eine handliches Nachschlagewerk zur Verfügung gestellt, mit dessen Hilfe die Reisewege der Entdecker und Forschungsreisenden vom Altertum bis weit in das 20. Jahrhundert verfolgt werden können. Motivation, Durchführung und Ergebnisse ihrer Unternehmungen werden erläutert. Zahlreiche Abbildungen von zeitgenössischen (»historischen«) Karten geben den Stand der erreichten Entdeckungen, aber auch die verbliebenen Lücken wieder.

Die Themen sind chronologisch und regional geordnet, und das farbig unterlegte Inhaltsverzeichnis erleichtert mittels der in gleichen Farben markierten Karten- und Textseiten die Orientierung. Die einzelnen Kapitel werden durch kurze Texte eingeleitet; in zeitlicher Abfolge werden kartographisch dargestellte Entdeckungen und Forschungsreisen erläutert. Ein Register der Entdecker und Forschungsreisenden verweist auf die entsprechenden Karten und Textstellen. Eine Auswahl der wichtigsten neueren deutschsprachigen Literatur zur Entdeckungsgeschichte beschließt den TaschenAtlas.

Autor und Verlag

Inhaltsverzeichnis

Die **Geschichte der geographischen Entdeckungen** ist zweifellos eine der spannendsten und interessantesten Kapitel der Menschheitsgeschichte. Sie beginnt eigentlich mit den frühesten nachweisbaren Wanderungen der Menschheit, z.B. der Besiedlung Amerikas vor vielen tausend Jahren. Nachweislich wurden überall bereits in vorgeschichtlichen Zeiten neue Siedlungsräume »entdeckt« oder Handelsreisen über große Entfernungen unternommen. Aber, es liegen darüber keine schriftlichen Berichte vor. So ist es üblich geworden, die geographischen Entdeckungen auf die Zeit der Schriftkulturen zu begrenzen. Wie nicht anders zu erwarten, nimmt daher die Geschichte der geographischen Reisen im Bereich der vorderasiatischen Kulturen und in Ägypten ihren Anfang, um dann im mittelmeerischen Raum von Phönikern und Griechen zu einem ersten Höhepunkt geführt zu werden. Auch in den Küstenländern des Indischen Ozeans entwickelte sich im ersten Jahrtausend v. Chr. ein reger Schiffsverkehr. Dass Entdeckung und Eroberung häufig ineinander übergingen, zeigen besonders deutlich die Züge ALEXANDERS DES GROSSEN.

Wenn wir geographischen Reisen und Entdeckungen und damit dem Werden des Bildes von der Erde nachspüren, müssen wir uns der Tatsache bewusst sein, dass jeder Kulturkreis sich ein eigenes Bild geschaffen hat. In Indien und China gab es geographische Kenntnisse vom Osten der Alten Welt, die lange Zeit dem europäischen Gesichtskreis verschlossen blieben. Im europäischen Mittelalter wäre manches antike Wissen unwiderruflich verloren gegangen, wenn es nicht die Völker des islamischen Kulturkreises aufgegriffen und den christlichen Völkern Europas vermittelt hätten. Dass mit dem Zeitalter der geographischen Entdeckungen (und Eroberungen) die Initiative an die westeuropäischen Völker überging, erklärt sich aus der (waffen-)technischen, sozialen und wirtschaftlichen Entwicklung Europas, die zur Entstehung eines weltweiten Kolonialsystems führte. Die »Europäisierung« der Entdeckungsgeschichte folgt lediglich dem allgemeinen Verlauf der Weltgeschichte.

Um ein einigermaßen der Wirklichkeit entsprechendes Bild von der Erdoberfläche, von Größe und Gestalt der Kontinente und der Ausdehnung der Meeres zu erhalten, sind dennoch seit dem Zeitalter der geographischen Entdeckungen drei bis vier Jahrhunderte vergangen. Die Polarregionen wurden erst im 19./20. Jh. erforscht.

Wer waren nun die Entdecker, Reisenden, Seefahrer und Forscher? Was waren die Motive zu ihren Unternehmungen? – In den ältesten Zeiten waren Seefahrt und Handel sowie die Gründung von Kolonien (Phöniker und Griechen), vor allem aber auch Eroberungen (Römer) die Haupttriebkräfte. Bei den Arabern des Mittelalters bildeten neben Handelsreisen auch die oft sehr weiten Pilgerreisen zu den heiligen Stätten, Mekka und Medina, eine Quelle neuer geographischer Kenntnisse. In der Mongolenzeit waren diplomatische Missionen europäischer Reisender in den Fernen Osten keine Seltenheit.

Hauptmotiv im Zeitalter der geographischen Entdeckungen war nach der teilweisen Unterbrechung der Landhandelswege zwischen Europa und den Gewürzländern Asiens die *Suche nach einem Seeweg* dorthin, sei es im völlig unbekannten Westen über das »Nordmeer« (Atlantischer Ozean) oder nach Osten um Afrika in den Indischen Ozean. Das Ergebnis war die Entdeckung einer »Neuen Welt« (Amerika) und eines dritten Ozeans, der »Südsee«. Die europäischen Entdecker waren häufig gleichzeitig Eroberer (Konquistadoren), angelockt von Schätzen wie Gold, Silber, Perlen und Edelsteinen. Der englische Seefahrer FRANCIS DRAKE betätigte sich gleichermaßen als Entdecker und Pirat. Im Ergebnis verbreiteten sich die weltweite koloniale Herrschaft westeuropäischer Mächte und der schwunghafte Handel mit afrikanischen Sklaven.

Erst im Laufe des 18. Jh., besonders seit den Zeiten BOUGAINVILLES, COOKS und LAPÉROUSES, bildete sich der Typ des Seefahrers und Reisenden heraus, der der Aufklärung und geographischen oder naturwissenschaftlichen Bildung verpflichtet war. Mit ALEXANDER VON HUMBOLDT kam dann um 1800 der wissenschaftlich ausgebildete Forscher zum Zuge, der im 19. Jh. dominierte, aber nicht alleiniger Vertreter der Forschung war. Das oft zitierte gegensätzliche Auftreten des Missionars und humanistischen Forschungsreisenden LIVINGSTONE und des Afrikaforschers und Kolonialpioniers STANLEY umreißt am deutlichsten die unterschiedlichen Charaktere. Naturwissenschaftler wie DARWIN und humanistisch orientierte Forscher wie HEINRICH BARTH prägten dennoch die Forschung im 19. Jh. Die große Zeit der Polarforschung war das 20. Jh. – die Zeit der Teamarbeit von Wissenschaftlern verschiedener Disziplinen.

Hinweise zur Benutzung

Ein **Atlas der geographischen Entdeckungen und Forschungsreisen** hat die vorrangige Aufgabe, den Verlauf der Entdeckungsgeschichte in Karten abzubilden und kartographisch nicht darstellbare Sachverhalte, z.B. Ursachen, Hintergründe und Ergebnisse der Unternehmungen, zu erläutern. Karten zur geographischen Entdeckung sind im weiteren Sinne ***Geschichtskarten***. Die früheren Karten aus der Entdeckungszeit, die den Stand der Forschung widerspiegeln, werden als ***historische Karten*** bezeichnet. Entsprechend der Funktion von Karten können räumliche Beziehungen und Abläufe dargestellt werden, also die Lage von geographischen Elementen (Küstenlinien, Inseln, Flüssen und Gebirgen), Reiserouten der Entdecker und Forscher sowie Orte. Zusätzliche thematische Eintragungen wie Hochgebirgsländer, Wüsten, Steppen und Regenwälder, aber auch Kolonialbesitzungen sind möglich.

Vor allem ***Reisewege*** in der Frühzeit der Entdeckungen und ***Routen*** der Seefahrer können trotz wissenschaftlicher Rekonstruktionsversuche anhand von Logbüchern häufig nicht genau belegt werden, weil geographische Ortsbestimmungen bezüglich der geographischen Länge vor Erfindung des Chronometers Mitte des 18. Jh. sehr ungenau waren. Oft sind nur Anfang und Ende sowie einzelne Fixpunkte im Verlauf der Reise (Kaps, Inseln, Orte) exakt bestimmbar. Oder, bei noch früheren Berichten, wie z.B. von MARCO POLO, kennt man nur bestimmte, von ihm erwähnte Orte, Inseln oder Länder und Völker. Daher rühren auch die unterschiedlich dargestellten Reiserouten in Geschichtsatlanten oder Reisewerken. Besonders unklare und unterschiedlich angegebene Routen sind deshalb in den Karten dieses Atlas mit einem ***Fragezeichen*** versehen.

Farbige ***Jahreszahlen*** zu Inseln, Ländern oder Gewässern bedeuten das Jahr der Entdeckung. Den Ortsnamen zugeordnete schwarze, kursiv geschriebene Daten weisen das Jahr der Ortsgründung aus.

Die ***Schreibweise*** von Entdeckern und Forschern sowie von geographischen Namen folgen den in der Literatur üblichen deutschen Namensformen. Im Zweifelsfall stehen abweichende nationale Bezeichnungen und moderne Umschriften in Klammern.

Ein ***Sternchen*** (*) kennzeichnet Entdecker oder Reisende mit einem eigenen Artikel oder einer ausführlichen Bildunterschrift.

Der ***Pfeil*** (→) bedeutet einen Verweis auf die betreffende Kartenseite (→ K.) oder Textstelle. Die römischen Ziffern I–IV geben die Suchfelder auf den Kartenseiten an (vgl. Erläuterung zur Benutzung des Registers, Seite 276).

Abkürzungen werden nur in Ausnahmefällen gebraucht, z.B. bei geographischen Ortsangaben: 20° 15′ nördl. Br. (20 Grad und 15 Minuten nördlicher Breite) oder 25° östl. L. (25 Grad östlicher Länge), wenn nicht anders angegeben, nach dem Nullmeridian von Greenwich.

gest.	gestorben	Jt.	Jahrtausend	v. Chr.	vor Christus
hist.	historisch	K.	Karte	n. Chr.	nach Christus
Jh.	Jahrhundert	L.	Legende		

Die ältesten schriftlichen Berichte über Fernreisen stammen aus den alten Stadtkulturen am Euphrat und Tigris, wo im 3. Jt. v. Chr. in ***Sumer*** auf Keilschrift-Tontafeln und Rollsiegeln (mit Abbildungen von Schiffen) die Seeverbindungen über den Persischen Golf nach Makkan (Oman) und Melucha (Bereich der vorarischen *Induskultur*) nachgewiesen sind. Mit der Gründung des ersten mesopotamischen Großreiches ***Akkad*** unter SARGON I. um 2300 v. Chr. wurden die Handelsbeziehungen bis zum Libanon, Kilikien und wahrscheinlich auch Zypern erweitert. ***Babylonier*** und später die ***Assyrer*** bezogen im 2. Jt. v. Chr. die Gebirgsländer von Armenien im Norden bis Elam im Süden ein.

Die alten ***Ägypter***, eigentlich Seefahrten abgeneigt, bezogen ihr dringend benötigtes Zedernholz aus dem Libanon und Kupfer aus Zypern. Mit HARKHUF, der um 2300 v. Chr. mehrmals nach Süden in die Gebiete Nubiens reiste, ist einer der frühesten Reisenden namentlich überliefert. Vor allem aber mit den *Punt-Fahrten* unter der ägyptischen Königin HADSCHEPSUT kurz nach 1500 v. Chr. verbinden sich echte »Entdeckungsfahrten« in die Ferne, auch wenn wir bis heute nicht genau wissen, wo das Goldland *Punt* gelegen haben mag. Das gilt umso mehr für die Fahrten zum biblischen *Ophir*.

Die Anfänge der Mittelmeerschifffahrt sind mit den ***Kretern*** (*Minoern*) verbunden, die sich mit ihren seetüchtigen Schiffen vor dem abrupten Ende ihrer Kultur um 1400 v. Chr. bis zur Straße von Gibraltar, und vielleicht darüber hinaus, wagten. Ihre Rolle übernahmen etwa seit dem 12. Jh. die ***Phöniker***, ein Händlervolk, das in den Stadtstaaten am Fuße des Libanons seine Ausgangshäfen hatte. Sie haben vermutlich Madeira und die Kanarischen Inseln im Atlantik erreicht. Phönikische Seefahrer sollen es gewesen sein, die um 600 v. Chr. im Auftrag des ägyptischen Herrschers NECHO möglicherweise Afrika umsegelt haben.

Eine der phönikischen Kolonialgründungen, ***Karthago***, übernahm im 7. und 6. Jh. v. Chr. die Vorherrschaft im westlichen Mittelmeer. Von Karthago gingen Mitte des 1. Jt. v. Chr. die Fahrten der Admirale HANNO nach Westafrika und HIMILKO zu den Zinninseln (Cornwall) aus.

Bereits aus der griechischen Vorzeit, aus der später HOMER und andere Griechen die uns überlieferten Mythen und Sagen geschöpft haben, ist eine Fülle von geographischen Bezeichnungen überliefert. Der *Argonautenzug*, der *Trojanische Krieg (»Ilias«)* und vor allem die *»Odyssee«* lassen ahnen, wie weit das Wissen der Griechen bereits in der Frühzeit ihrer Geschichte reichte. Zwischen 8. und 6. Jh. v. Chr. übernahmen die ***Griechen*** im Rahmen ihrer ***großen Kolonisation*** die Vorherrschaft im Mittelmeer und Schwarzen Meer. Auch zielten sie weniger auf Neuentdeckungen als vielmehr auf die Gründung von Siedlungskolonien, die Erweiterung des Handels und die Ausbreitung ihrer Sprache und Kultur (*Hellenisierung*) ab, was schließlich zu einer Erweiterung ihrer Weltkenntnis führte. Den Griechen, namentlich HEKATAIOS und HERODOT, ist es als Ersten gelungen, ein zusammenhängendes, wenn auch noch sehr begrenztes Weltbild zu gestalten. Die ***persischen Eroberungen*** unter der Achämeniden-Dynastie, die erstmals zu einem überregionalen Großreich zwischen dem Mittelmeer und Indien führten, erweiterten das antike Weltbild im 5. Jh. v. Chr. dadurch, dass trotz ihrer Gegnerschaft Griechen, wie HERODOT und XENOPHON, weite Gebiete des Großreiches kennen lernen konnten.

3. Jt. v. Chr. Regelmäßige ***Seefahrten der Sumerer*** bis Indien. Die Fahrten sind durch Keilschriftfunde auf Tontafeln aus den Königsgräbern von Ur (Mitte 3. Jt. v. Chr.) belegt. Von der Stadt Ur im südlichen Mesopotamien führten die Fahrten nach Dilmun (Bahrain?), Makkan (Oman) und Melucha, dem südlichen Indusgebiet, wo im 3./2. Jt. v. Chr. die *Induskultur* blühte. → K. 11

Um 2300 v. Chr. Die vier Reisen des Ägypters **HARKHUF** (HORCHUF), der während der 6. Dynastie lebte, führten nilaufwärts, z. T. auch durch die Libysche Wüste in das Land Yam (Nubien). Das Reliefbild und der eingemeißelte Text an der Fassade eines Felsengrabes bei Assuan stellen wohl den ältesten Bericht über einen namentlich bekannten Reisenden dar. → K. 11

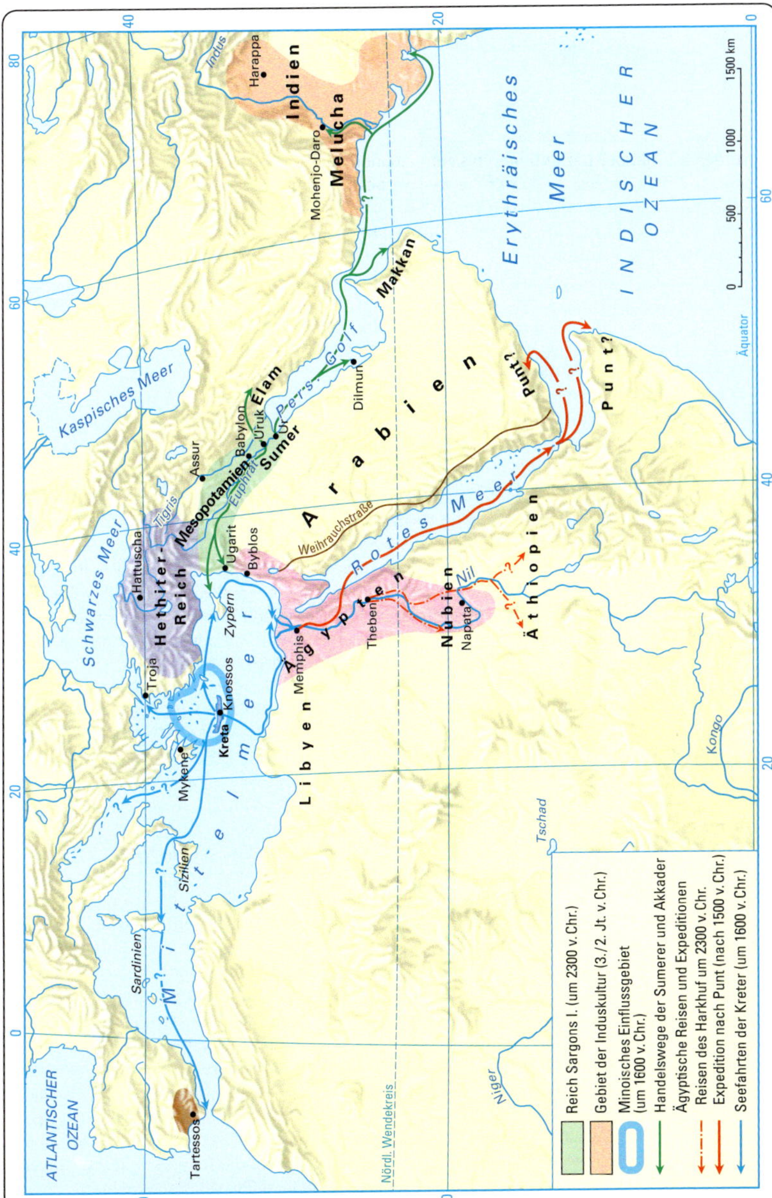
Indus
Harappa
Indien
Melucha
Mohenjo-Daro
Erythräisches Meer
INDISCHER OZEAN
Makkan
Pers. Golf
Dilmun
Elam
Uruk
Ur
Sumer
Babylon
Assur
Mesopotamien
Euphrat
Tigris
Kaspisches Meer
Schwarzes Meer
Hattuscha
Hethiter-Reich
Ugarit
Byblos
Arabien
Weihrauchstraße
Rotes Meer
Punt?
Punt?
Äthiopien
Nil
Nubien
Napata
Theben
Ägypten
Memphis
Zypern
Libyen
Mittelmeer
Knossos
Kreta
Troja
Mykene
Sizilien
Sardinien
Tartessos
ATLANTISCHER OZEAN
Tschad
Niger
Kongo
Äquator
Nördl. Wendekreis
0 500 1000 1500 km
Reich Sargons I. (um 2300 v. Chr.)
Gebiet der Induskultur (3./2. Jt. v. Chr.)
Minoisches Einflussgebiet (um 1600 v. Chr.)
Handelswege der Sumerer und Akkader
Ägyptische Reisen und Expeditionen
Reisen des Harkhuf um 2300 v. Chr.
Expedition nach Punt (nach 1500 v. Chr.)
Seefahrten der Kreter (um 1600 v. Chr.)

Altägyptisches Handelsschiff *wie es z.B. für die Punt-Expeditionen genutzt wurde*

Um 2300 v.Chr. Die ***Akkader,*** die unter **SARGON I.** nach dem Untergang Sumers ein mesopotamisches Großreich gegründet hatten, dehnten die Handelsbeziehungen nach dem Libanon (Zedernholz), Kilikien (Edelmetalle) und wahrscheinlich auch Zypern (Kupfer) und Elam aus. Diese Handelsbeziehungen wurden unter den ***Babyloniern*** im 2. Jt. v.Chr. weiter ausgebaut. → K. 11

Um 1600 v.Chr. Höhepunkt der ***kretischen Seeherrschaft***. Von der Insel Kreta aus wagten sich die *Minoer* als erstes bedeutendes Seefahrervolk mit ihren seetüchtigen beplankten Kielschiffen aus Zedernholz nach Zypern, Phönikien, Ägypten, in die Ägäis und mit hoher Wahrscheinlichkeit bis nach Südspanien. Seit der Bronzezeit war Kreta zwischen 2100 und 1400 v.Chr. Umschlagplatz für Kupfer aus Zypern und Spanien sowie Zinn (Kassiterit), das vermutlich Zwischenhändler aus der Bretagne und Cornwall herbeischafften. → K. 11

Nach 1500 v.Chr. Ägyptische Expedition nach ***Punt*** unter der Königin **HADSCHEPSUT** (bezeugt durch Inschriften und Reliefs des Felsentempels *Deir el-Bahari* bei Luxor). Punt lag mit großer Wahrscheinlichkeit an der somalischen Küste (einige Forscher vermuten Punt in Südarabien) und lieferte neben Ebenholz und Elfenbein vor allem Weihrauch und Myrrhe, die Harze von Bäumen und Sträuchern, die als Räuchermittel in den Tempeln und zum Einbalsamieren der Toten benötigt wurden. → K. 11

12. Jh. v.Chr. In Südspanien wurde ***Tartessos***, Umschlagplatz für den Metallhandel (Zinn, Kupfer, Silber), von Schiffen aus Tyros (Phönikien) erreicht. → K. 13

11./10. Jh. v.Chr. ***Phönikische Seefahrer*** beherrschten große Teile des Mittelmeeres, gründeten *Utika* und 814 v.Chr. ***Karthago***, das später Tyros an Macht weit übertreffen sollte. Die Phöniker legten ihre Stützpunkte auf Malta, Sardinien, den Balearen und sogar an der atlantischen Küste des heutigen Marokko an. Antike Autoren berichten von Seefahrten bis Madeira und zu den Kanarischen Inseln. Mit der assyrischen Eroberung der phönikischen Mutterstädte (677 Zerstörung Sidons) fielen deren Stützpunkte im westlichen Mittelmeer an Karthago, das um 650 v.Chr. eine eigene Flotte und ein Heer besaß. → K. 13

Ca. 1100 – 800 v.Chr. Nach dem Zusammenbruch der mykenischen Staatenwelt und der Einwanderung der Dorer kam es zur sog. ***I. griechischen Kolonisation***, der Besiedlung der kleinasiatischen Westküste und vorgelagerter Inseln durch *Äoler, Ionier* und *Dorer*. Milet, Phokäa, Halikarnassos u.a. Städte entwickelten sich bis zum 6. Jh. zu herausragenden griechischen Zentren. → K. 13

Um 940 v.Chr. fuhren nach einem biblischen Bericht phönikische Schiffe im Auftrag Königs SALOMO von Ezeon-Geber (bei Elath am Golf von Akaba) durch das Rote Meer zum ***Goldland Ophir*** und kehrten nach drei Jahren mit Unmengen Gold, Edelsteinen, Elfenbein sowie Affen und Pfauen zurück. Bis heute wird gerätselt, auf welche Region die Bezeichnung zutrifft: Südküste des Roten Meeres, Südarabien oder Südostafrika? – 1871 fand der deutsche Afrikaforscher KARL MAUCH in den Goldfeldern zwischen Sambesi und Limpopo die *Ruinen von Simbabwe* (→ 206) und meinte, damit das Goldland Ophir gefunden zu haben. Doch auf Grund der in den 1950er Jahren durchgeführten C^{14}-Untersuchungsmethode ergab sich, dass die frühesten Baureste aus dem 5.–7. Jh. n.Chr. stammen. → K. 15

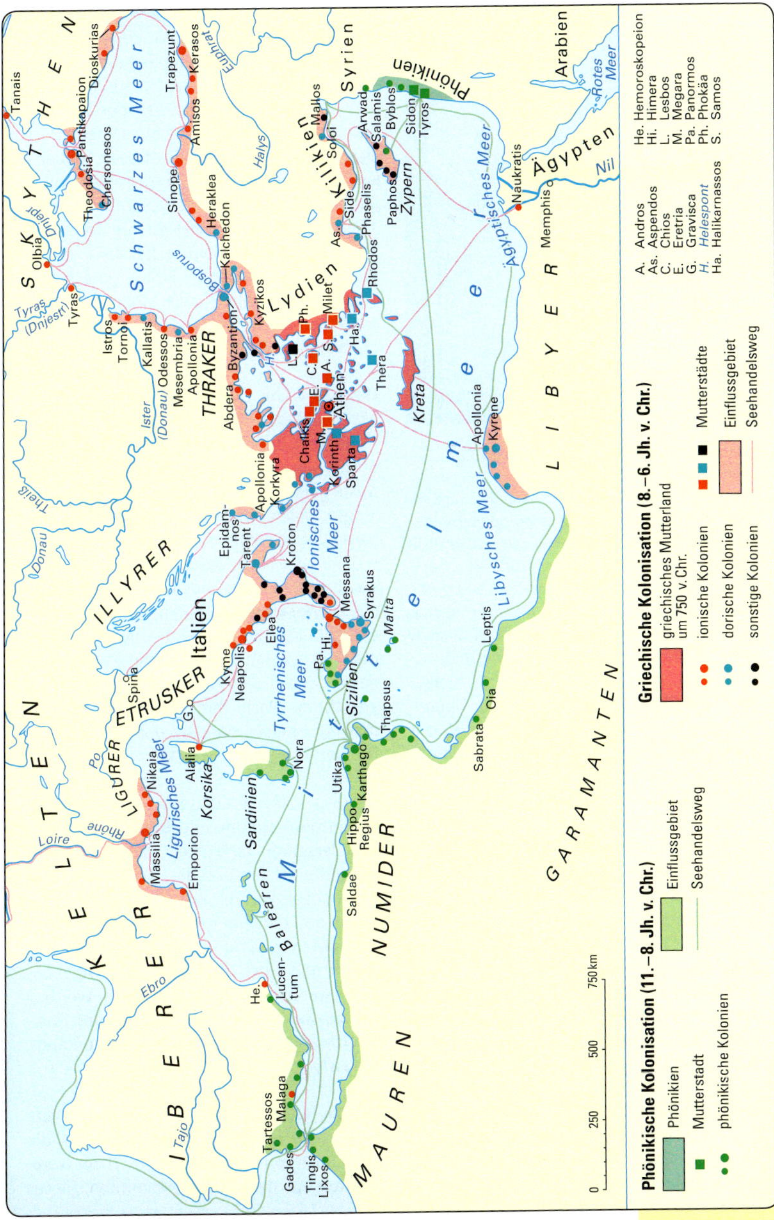
Griechische Kolonisation (8.–6. Jh. v. Chr.)
griechisches Mutterland um 750 v. Chr.
ionische Kolonien
dorische Kolonien
sonstige Kolonien
Mutterstädte
Einflussgebiet
Seehandelsweg
Phönikische Kolonisation (11.–8. Jh. v. Chr.)
Phönikien
Mutterstadt
phönikische Kolonien
Einflussgebiet
Seehandelsweg
0 250 500 750 km
A. Andros
As. Aspendos
C. Chios
E. Eretria
G. Gravisca
H. Helespont
Ha. Halikarnassos
He. Hemoroskopeion
Hi. Himera
L. Lesbos
M. Megara
Pa. Panormos
Ph. Phokäa
S. Samos
S K Y T H E N
K E L T E N
I B E R E R
LIGURER
ETRUSKER
ILLYRER
THRAKER
Lydien
Kilikien
Syrien
Phönikien
Arabien
Ägypten
L I B Y E R
G A R A M A N T E N
N U M I D E R
M A U R E N
Schwarzes Meer
Mittelmeer
Ionisches Meer
Tyrrhenisches Meer
Ligurisches Meer
Libysches Meer
Ägyptisches Meer
Rotes Meer
Bosporus
Tanais
Dioskurias
Pantikapaion
Theodosia
Chersonesos
Olbia
Tyras
Istros
Tomoi
Kallatis
Odessos
Mesembria
Apollonia
Byzantion
Kalchedon
Heraklea
Sinope
Amisos
Trapezunt
Kerasos
Kyzikos
Abdera
Milet
Rhodos
Side
Phaselis
Soloi
Mallos
Salamis
Arwad
Byblos
Sidon
Tyros
Paphos
Zypern
Kreta
Thera
Athen
Chalkis
Korinth
Sparta
Korkyra
Epidamnos
Tarent
Kroton
Messana
Syrakus
Elea
Neapolis
Kyme
Spina
Italien
Sizilien
Malta
Thapsus
Karthago
Utika
Hippo Regius
Saldae
Nora
Sardinien
Korsika
Alalia
Nikaia
Massilia
Emporion
Balearen
Lucentum
Malaga
Tartessos
Gades
Tingis
Lixos
Kyrene
Apollonia
Leptis
Oia
Sabrata
Naukratis
Memphis
Donau
Ister (Donau)
Theiß
Tyras (Dnjestr)
Dnjepr
Halys
Euphrat
Nil
Po
Rhône
Loire
Ebro
Tajo

Babylonische Weltkarte, nach 600 v. Chr.
Aus der Zeit des Neubabylonischen Reiches unter NEBUKADNEZAR II. (604–562 v. Chr.) stammt die Tontafel, auf der das geographische Wissen der Bewohner Babylons aus deren Sicht dargestellt ist. Die Erde erscheint als Scheibe, vom Ozean umflossen, Mesopotamien im Mittelpunkt, Gebirge im Norden und der Persische Golf im Süden. Insgesamt zeigt die Darstellung ein für diese Zeit sehr begrenztes Weltbild.

Ca. 750–550 v. Chr. fand infolge Übervölkerung der Heimatgebiete die sog. ***II. griechische Kolonisation*** statt, in deren Verlauf das Mittelmeer ein »griechisches Meer« wurde. Schwerpunkte der Kolonisation waren Süditalien (ab 750), Sizilien (Syrakus um 734), die Küsten des Pontos Euxeinos (Schwarzes Meer), Kyrene in Libyen (ab 630) und Gebiete beiderseits der Rhônemündung (Massilia um 630). Lediglich im westlichen Mittelmeer hatte Karthago das Übergewicht errungen. Überall in den Ländern rund um das Mittelmeer und Schwarze Meer entdeckten Griechen neue Völker und Lebensformen, für sie »Barbaren«. Griechische Händler brachten Nachrichten von der Donau, vom Dnepr und Don, aber auch von Mesopotamien und Ägypten in die Heimat, so dass das geographische und geschichtliche Wissen dieser Zeit von HEKATAIOS, der um 500 v. Chr. in Milet lebte (→ 18), gebündelt werden konnte. → K. 13

Um 600 v. Chr. beauftragte der ägyptische Pharao **NECHO** phönikische Seeleute mit der Umseglung Afrikas vom Roten Meer aus und zurück durch die Säulen des Herakles (Straße von Gibraltar) ins Mittelmeer. Nach dem Bericht des Griechen HERODOT* dauerte die Reise fast drei Jahre. Stärkstes Argument für den Wahrheitsgehalt dieser Reise ist der Hinweis, dass die Seefahrer die Sonne zur Rechten, also im Norden gesehen hätten. Andererseits haben spätere griechische Autoren, vor allem auch PTOLEMÄUS, den Indischen Ozean stets als Binnenmeer beschrieben. → K. 15

Um 530 v. Chr. Der Grieche **EUTHYMENES** aus Massilia (Marseille) soll nach einem späteren römischen Bericht um 530 v. Chr. durch die Straße von Gibraltar längs der afrikanischen Küste gefahren sein, bis er an einen Fluss gelangte, in dem Krokodile lebten – möglicherweise der Senegal. → K. 15

Ebenfalls, ohne Datum, berichtet HERODOT von fünf Jünglingen aus dem Berberstamm (?) der ***Nasamonen*** im Hinterland der griechischen Kolonie Kyrene in Libyen, die über die Oase Audschila und das Air-Gebiet (?) in der südlichen Sahara vermutlich den Niger erreichten. Nach ihrer Heimkehr glaubte man, so HERODOT, dass sie den Oberlauf des Nils berührt hätten. → K. 15

Um 518 v. Chr. erkundete der aus Karien (Kleinasien) stammende **SKYLAX** im Auftrag des Perserkönigs DAREIOS I. den völlig unbekannten Osten und die südlichen Küsten des Reiches. Von HERODOT ist überliefert, das SKYLAX den Indus befuhr, den Seeweg längs der persischen und arabischen Küsten wählte und durch das Rote Meer in Ägypten anlangte. Damit reichte das antike Weltbild bis an die Grenzen Indiens und der Halbinselcharakter Arabiens wurde erkannt. → K. 17

Um 500 v. Chr. hatten die ***Karthager*** offensichtlich bereits Kenntnisse vom Sudan, die vermutlich von dem Berbervolk (?) der ***Garamanten*** aus dem Fessan stammten. Dieses

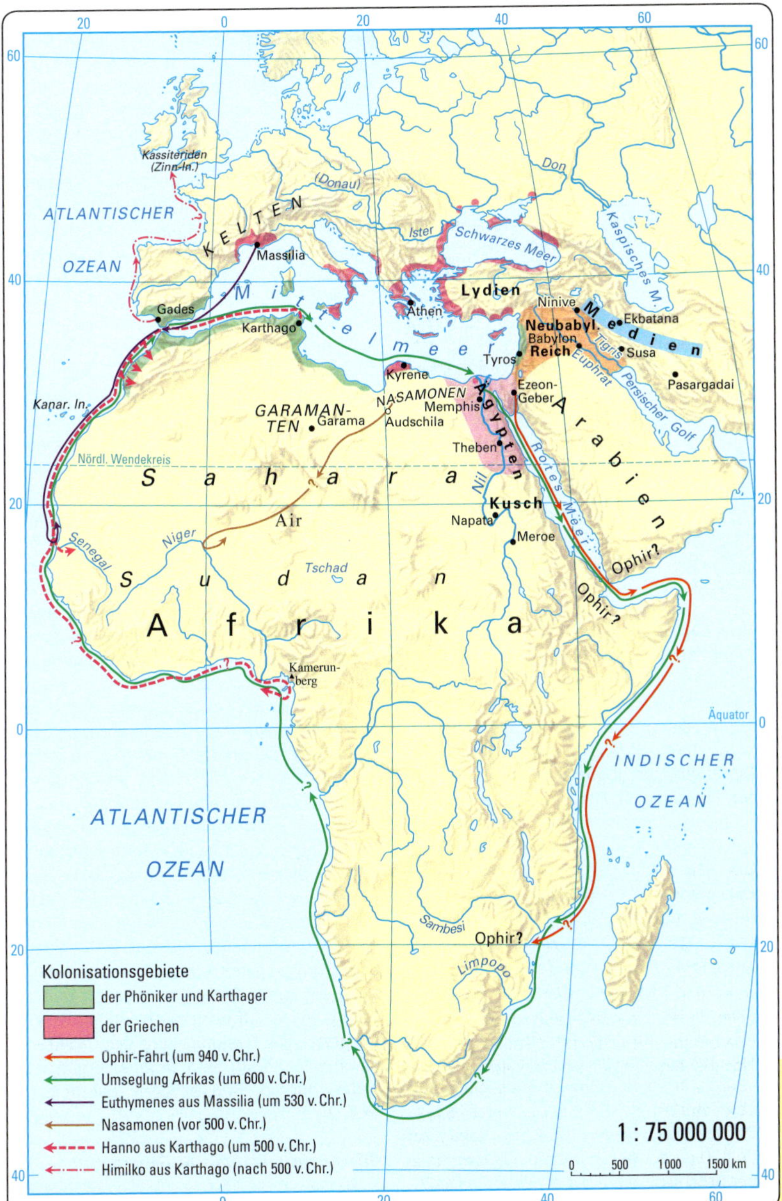
Kassiteriden (Zinn-In.)
ATLANTISCHER OZEAN
KELTEN
Massilia
Gades
Karthago
Mittelmeer
(Donau)
Ister
Schwarzes Meer
Don
Kaspisches M.
Lydien
Athen
Ninive
Medien
Ekbatana
Neubabyl. Reich
Babylon
Tyros
Susa
Tigris
Euphrat
Persischer Golf
Pasargadai
Kyrene
Ezeon-Geber
Arabien
Kanar. In.
NASAMONEN
Memphis
Ägypten
GARAMANTEN
Garama
Audschila
Theben
Nördl. Wendekreis
Rotes Meer
Sahara
Nil
Kusch
Napata
Meroe
Air
Niger
Senegal
Tschad
Sudan
Ophir?
Afrika
Kamerunberg
Äquator
INDISCHER OZEAN
ATLANTISCHER OZEAN
Sambesi
Limpopo
Kolonisationsgebiete
der Phöniker und Karthager
der Griechen
Ophir-Fahrt (um 940 v. Chr.)
Umseglung Afrikas (um 600 v. Chr.)
Euthymenes aus Massilia (um 530 v. Chr.)
Nasamonen (vor 500 v. Chr.)
Hanno aus Karthago (um 500 v. Chr.)
Himilko aus Karthago (nach 500 v. Chr.)
1 : 75 000 000
0 500 1000 1500 km

Volk lebte um seinen Hauptort Garama (Jarmah) und trieb Handel mit dem Sudan. So wird ein karthagischer Händler namens MAGON genannt, der dreimal durch die Sahara in den Sudan gezogen sein soll.

Zu dieser Zeit unternahm der karthagische Admiral und Seefahrer **HANNO** die bedeutendste Entdeckungsreise des Altertums – eine Fahrt entlang der afrikanischen Westküste. Mit 60 Schiffen und 30 000 Siedlern wurde die Kolonisation der atlantischen Küste des heutigen Marokko vorbereitet. Danach stieß HANNO nach Süden bis zum Senegal vor, den er ein Stück aufwärts befuhr. Seine weitere Fahrt ist umstritten. Seinem Bericht zufolge sah er Krokodile und Flusspferde sowie langbehaarte Wesen (Schimpansen oder Gorillas?). Er beschrieb einen brennenden Berg (»Götterwagen«), möglicherweise den 4 070 m hohen Kamerunberg, den einzigen Vulkan an der Westküste Afrikas. (HANNOS Bericht ist in griechischer Übersetzung überliefert.) → K. 15

Nach 500 v. Chr. befuhr der karthagische Admiral **HIMILKO** als erster bekannter Seefahrer aus dem Mittelmeerraum die atlantischen Gewässer in Richtung Norden zu den *Kassiteriden*, dem Herkunftsgebiet des Zinns (Bretagne, Cornwall, möglicherweise auch Irland). Die Originalschrift ging verloren, wurde aber zum Teil aus römischen Berichten um 400 n. Chr. erschlossen. → K. 15

Um 450 v. Chr. Der Grieche **HERODOT** aus Halikarnassos (um 484 – um 425 v. Chr.) bereiste weite Teile der antiken Welt, um sein großes geschichtliches Werk zu schreiben: Kleinasien, Babylonien, Teile Persiens, die Küsten des Schwarzen Meeres, das Mittelmeergebiet bis Sizilien und Süditalien, die Kyrenaika und Ägypten bis Elephantine (bei Assuan). HERODOT, der mit SOPHOKLES und PERIKLES befreundet war, schrieb mit seinen überlieferten »Historien« die detaillierteste Darstellung der den Griechen bekannten Welt. Die Nachwelt hat ihn dafür zum »Vater der Geschichtsschreibung« erklärt. → K. 17

401/400 v. Chr. Als es zu Thronstreitigkeiten im Persischen Reich kam, ließen sich griechische Söldner anwerben. In seiner »Anabasis« (dem »Hinaufmarsch«) beschreibt **XENOPHON** den ***Zug der Zehntausend***, der griechischen Söldner, durch Kleinasien, Syrien und Mesopotamien bis zur Schlacht von Kunaxa 401 v. Chr. (nördlich von Babylon) und den Rückmarsch in die Heimat durch die völlig unbekannte Bergwelt der *Karduchen (Kurden?)* und *Armenier* bis zu den bekannten Küsten des Pontos Euxeinos (Schwarzes Meer). XENOPHON, der auf dem Rückmarsch zum Anführer gewählt wurde, erschloss mit seiner überlieferten Beschreibung der griechischen Welt die genaue Kenntnis des Inneren Kleinasiens und der Gebiete zwischen Mesopotamien und dem Schwarzen Meer. → K. 17

Um 325 v. Chr. bereiste der griechische Astronom und Mathematiker **PYTHEAS** aus Massilia (Marseille) weite Teile des noch unbekannten Nordwesteuropa. Seine Reiseroute ist nicht genau bekannt. Vermutlich erreichte er die *Zinninseln (Britischen Inseln)*, die er umrundete, auf dem Seeweg um die Pyrenäen-Halbinsel. Nach einer sechstägigen Seefahrt erreichte er hoch im Norden, an den »Grenzen der Welt«, das sagenhafte ***Thule***, das man seit dem Mittelalter mit Island gleichsetzte, das aber nach neueren Forschungen wahrscheinlich in Mittelnorwegen zu suchen ist. Auch die Shetland-Inseln könnten gemeint sein. Er berichtete von Fundplätzen des Bernsteins (Jütland?) und sammelte erste Nachrichten über die Germanen. Mit Hilfe eines Schattenstabes maß er die Höhe der Sonne und bestimmte so die ungefähre geographische Breite mehrerer Punkte seiner Reise. Offensichtlich erkannte er als erster die Beeinflussung der Gezeiten durch den Mond. Sein Originalbericht ist leider nur in Bruchstücken überliefert. → K. 24/25

Griechische und römische Geographen
→ 20 – 27

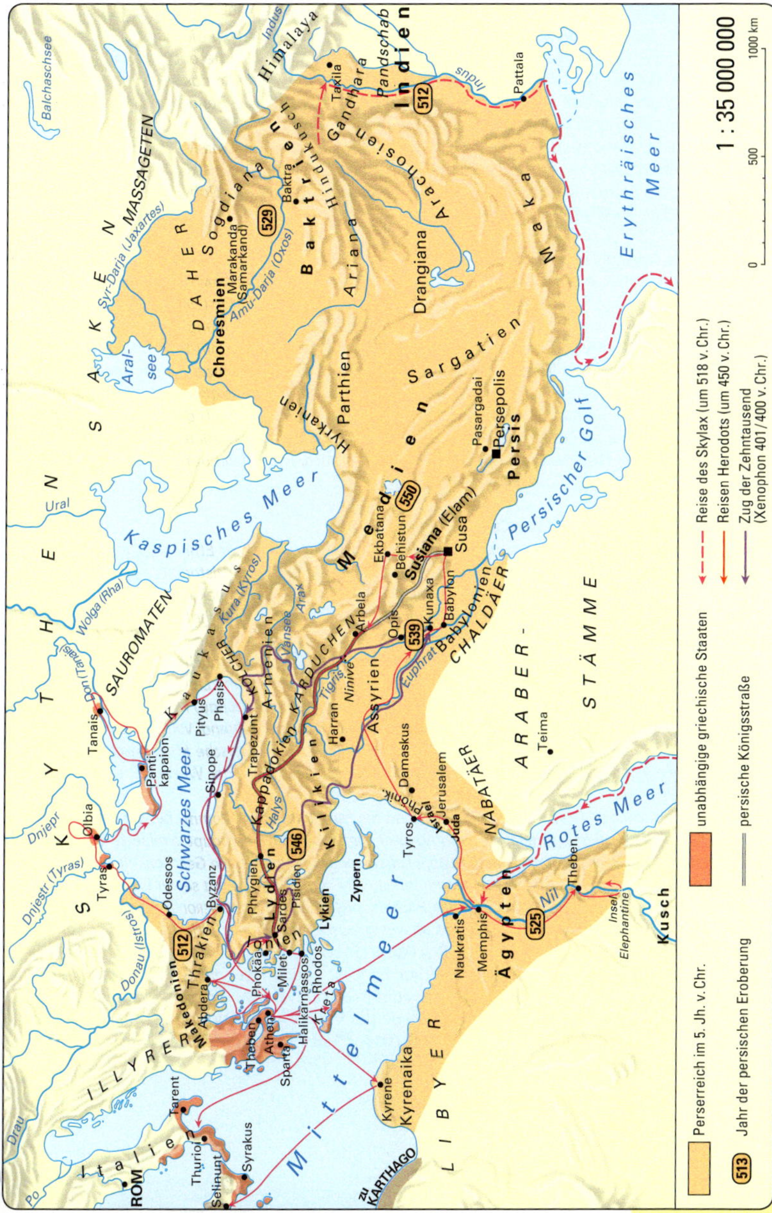
1 : 35 000 000
0 500 1000 km
Perserreich im 5. Jh. v. Chr.
unabhängige griechische Staaten
513 Jahr der persischen Eroberung
persische Königsstraße
Reise des Skylax (um 518 v. Chr.)
Reisen Herodots (um 450 v. Chr.)
Zug der Zehntausend (Xenophon 401/400 v. Chr.)

*Griechen an der ionischen Küste Kleinasiens mit Milet im Zentrum waren die ersten, die uns ihre Gedanken über eine Erdbeschreibung hinterließen. Um 700 v. Chr. äußerte der aus Böotien stammende **Hesiod** seine Vorstellungen darüber in der »Theogonia«. Er kannte das Mittelmeer bis zum »Atlas« und das Schwarze Meer bis zur Kolchis, erwähnte den Ister (die Donau) und den Nil. Seine von Göttern beherrschte Welt dachte er sich als runde Scheibe.*

*Rund hundert Jahre später griff der Philosoph und Schüler des Thales von Milet, der Grieche **Anaximander**, die Vorstellung von der Erde als Scheibe wieder auf, allseits vom Okeanos, dem Weltmeer, umflossen. Als Zentrum der beiden Erdteile Europa und Asien, quasi als »Nabel der Welt«, nahm er die griechische Orakelstätte Delphi an.*

Erdbild des Hekataios (um 500 v. Chr.)

*Eine Art »Weltkarte« entwarf um 500 v. Chr. der weit gereiste Grieche **Hekataios** (Hekatäus), der ebenfalls in Milet lebte. Allerdings kann man heute diese nicht erhaltene Darstellung nur nach seinen mehr oder weniger schriftlichen Hinterlassenschaften, einer »Erdbeschreibung«, rekonstruieren. Die Gestade des Mittelmeeres und Schwarzen Meeres waren Hekataios recht gut bekannt. Er fügte der griechischen Weltsicht die Beschreibung des Perserreiches bis Indien hinzu. Nil und Indus sah er als identisches Flusssystem an. Im Westen bezeichnete er die Meeresstraße von Gibraltar als die »Säulen des Herakles«; auch hatte er von den Kassiteriden-Inseln (Cornwall) gehört. Das Kaspische Meer betrachtete er als Ausbuchtung des Okeanos. Die Völker im hohen Norden, jenseits der Skythen, bezeichnete er als Hyperboräer. Auch er ging von der runden, vom Ozean umflossenen Erdscheibe aus. (→ K. 19 oben)*

Erdbild nach Herodot (um 450 v. Chr.)

*Der »Vater der Geschichtsschreibung« (und »der Geographie« sowie »der Ethnographie«), der weit gereiste **Herodot von Halikarnassos**, setzte um **450 v. Chr.** mit seinen »Historien« das Werk seiner Vorgänger in umfassender und kritischer Weise fort. Soweit er die damals bekannte Welt nicht selber bereist hatte (→ K. 17), nannte er seine Gewährsleute, die ihn unterrichtet hatten. Er gab z. B. auch zu, dass er die Quellen des Nils und des Ister (Donau) nicht angeben könne.*

Von der kreisrunden Vorstellung der Erde rückte Herodot ab; er glaubte auch nicht an die Existenz eines nördlichen Ozeans. Die Festlandgebiete teilte er in Europa, Asien und Libyen (Afrika), gab aber auch zu, dass deren Abgrenzungen nicht einleuchtend seien. Der Ister (Donau) war für ihn der größte Fluss der Erde, im Gegensatz zum Nil immer gleich bleibend Wasser führend. Von Westeuropa hatte er dagegen keine Kenntnis; die Alpen waren ihm unbekannt. Das Kaspische Meer beschrieb er als Binnenmeer. Asien endet bei ihm in Indien, und dahinter beginnt mit der Wüste der unbewohnte Teil der Welt.

Sein erstaunliches Verständnis für nichtgriechische Hochkulturvölker kommt bei der Schilderung der Leistungen der Perser, Babylonier und Ägypter zum Ausdruck. Überhaupt schilderte er mit großer Ausführlichkeit Ägypten und dessen Lebensader, den Nil (»Ägypten ein Geschenk des Nils«). Vor allem beschäftigte ihn das Phänomen der alljährlichen Nilschwelle. Auch mit seiner Erkundungsreise bis Elephantine (bei Assuan) konnte er das Problem nicht lösen. So gut Herodot Ägypten aus eigener Anschauung und Bewunderung kannte, so wenig wusste er über das übrige Nordafrika. Für ihn endete das bewohnbare Land mit der großen Wüste (Sahara).

Ob Herodot selbst eine Karte gezeichnet hat, ist nicht geklärt. Aber auf Grund seiner anschaulichen Schilderungen und Maßangaben haben etliche Forscher versucht, eine solche Karte zu entwerfen. Eine der bekanntesten Rekonstruktionen ist die des Historikers Carsten Niebuhr, der in dänischen Diensten 1761–67 Vorderasien bereiste (→ 239). Die auf Seite 19 unten abgebildete Darstellung geht auf ihn zurück.

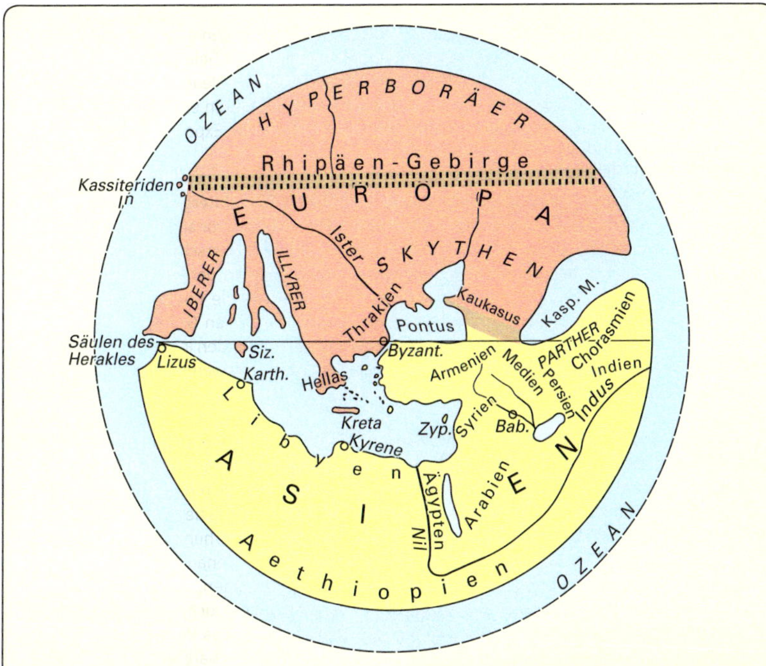
OZEAN
HYPERBORÄER
Rhipäen-Gebirge
Kassiteriden
In
EUROPA
IBERER
ILLYRER
Ister
SKYTHEN
Thrakien
Kaukasus
Kasp. M.
Pontus
Säulen des Herakles
Lizus
Siz.
Karth.
Hellas
Byzant.
Armenien
Medien
PARTHER
Chorasmien
Persien
Indien
Indus
Kreta
Zyp.
Syrien
Bab.
Libyen
Kyrene
ASIEN
Ägypten
Nil
Arabien
Aethiopien
OZEAN

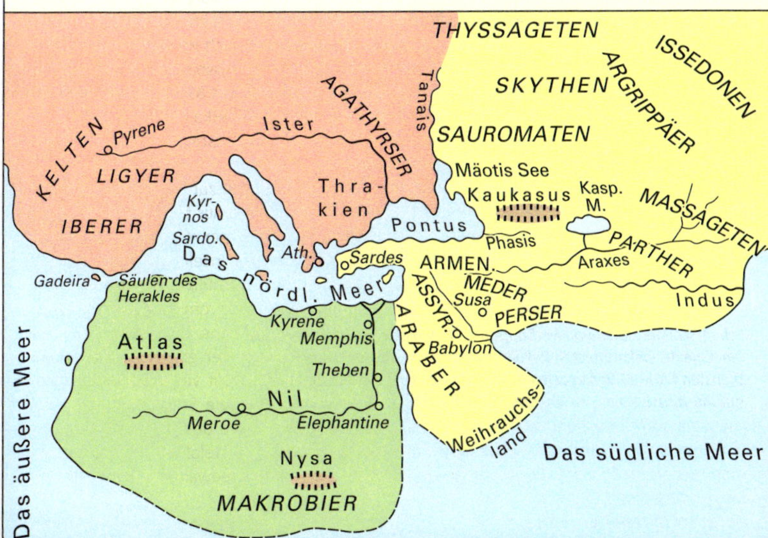
THYSSAGETEN
ISSEDONEN
ARGRIPPÄER
SKYTHEN
Tanais
AGATHYRSER
KELTEN
Pyrene
Ister
SAUROMATEN
LIGYER
Thra-kien
Mäotis See
Kyr-nos
Kaukasus
Kasp. M.
MASSAGETEN
IBERER
Pontus
Sardo.
Phasis
PARTHER
Ath.
Das nördl. Meer
Sardes
ARMEN.
Araxes
Gadeira
Säulen des Herakles
MEDER
ASSYR.
Susa
PERSER
Indus
Kyrene
Memphis
ARABER
Babylon
Atlas
Theben
Nil
Weihrauchsland
Meroe
Elephantine
Das südliche Meer
Das äußere Meer
Nysa
MAKROBIER

Die ***Kriegszüge Alexanders des Grossen*** von 334 bis 324 v. Chr. leiteten ein neues Kapitel der Entdeckungsgeschichte des Altertums ein. Die ihn begleitenden Gelehrten, Künstler und Schrittzähler zeichneten getreulich auf, was die Länder Asiens an Neuem zu bieten hatten. Das geographische Wissen der Griechen über Asien wurde ungemein erweitert. So gesehen waren Alexanders Eroberungszüge gleichzeitig wissenschaftliche Expeditionen mit außerordentlich großer und nachhaltiger Wirkung.

Die Ausbreitung des Griechentums und seine Vermischung mit anderen Zivilisationen, von den Historikern als ***Hellenismus*** bezeichnet, wirkte bis zum Untergang des Ptolemäerreiches in Ägypten (30 v. Chr.) nach und befruchtete auch die Kultur, vor allem *Geographie* und *Geschichte*, der Römer. Unter den Ptolemäern, den ägyptischen Herrschern makedonischer Abstammung, blühte ***Alexandria*** als ein herausragendes Zentrum der Wissenschaften auf. Hier lehrte um 200 v. Chr. der griechische Gelehrte **Eratosthenes** die Kugelgestalt der Erde. Mit erstaunlicher Genauigkeit ermittelte er durch Messungen deren Größe und schuf eine Erdkarte mit Gradeinteilung. Im Osten und im Indischen Ozean wurden in dieser Zeit die geographischen Kenntnisse durch Händler und Seefahrer ständig erweitert. Erkundungszüge erreichten von Ägypten aus die Quellgebiete des Nils.

Seit dem 3. und 2. Jh. v. Chr. eroberten die ***Römer*** weite Gebiete des westlichen Mittelmeeres, zerstörten Karthago in Nordafrika (146 v. Chr.) und drangen nach Griechenland und Kleinasien (133 v. Chr.) vor. Im 1. Jh. v. Chr. folgten sie im Osten den Spuren der hellenistischen Eroberer und Kaufleute bis an den Euphrat und Nil, und im Norden stieß Cäsar über Gallien bis an den Rhein und nach Britannien vor. In den ersten beiden Jahrhunderten n. Chr. wurde das Römische Reich in alle Richtungen erweitert: Britannien, die Donauländer und Schwarzmeergebiete, Nordafrika und zeitweise Armenien und Mesopotamien.

Die Geschichte der ***römischen Eroberungen*** war zu allen Zeiten auch ***eine Geschichte der geographischen Entdeckungen***, besonders in den Randgebieten des Reiches, die den griechischen Händlern und Reisenden bis dahin unbekannt geblieben waren. Die Römer erkundeten aber auch weite Gebiete außerhalb der *»Pax Romana«*, sowohl im Norden (Germanien und Skandinavien), im Süden (Sahara und oberes Nilgebiet) wie auch im Osten. Jenseits der römischen Grenzen zogen Händler und Reisende in Gebiete am Kaspischen Meer, bis zum Amu-Darja, Syr-Darja und Ganges. Der *»Periplus Maris Erythraei«* um 89 v. Chr. beschrieb die Küsten des Indischen Ozeans von Sansibar über Ceylon bis zur Malakka-Halbinsel. Selbst das ferne China wurde erwähnt. Auch durch den Handel über die *Seidenstraße* kamen Kaufleute des Westens mit Händlern aus China in Berührung.

Römische Gelehrte wie Polybius, Strabon und Plinius d. Ä. trugen zur Verbreitung geographischen Wissens bei. Der alexandrinische Gelehrte Claudius **Ptolemäus** fasste schließlich um 160 n. Chr. die Kenntnisse der antiken Welt zusammen (→ 29). In seiner *»Geographica«* nannte er die geographischen Koordinaten von ca. 8000 Orten, Gebirgen, Inseln und Kaps, die eine Anweisung für die Zeichnung von Karten bildeten. Die Karte enthüllt die imponierenden Leistungen bei der Erkundung der Erde durch die griechischen und römischen Geographen, zeigt aber auch große Fehler und damit die Begrenztheit des Wissens.

Mit dem Untergang des Römischen Reiches in den Stürmen der großen Völkerwanderung (4.–6. Jahrhundert) ging ein großer Teil der antiken Weltsicht verloren. Lediglich im Oströmischen Reich, in ***Byzanz***, wurden in großen Bibliotheken die Schriften der antiken Gelehrten sorgfältig gehütet, bis auch diese weitgehend während des vierten Kreuzzuges 1204 sinnlos vernichtet wurden. Lediglich die ***Araber*** griffen im Mittelalter die Erkenntnisse eines Aristoteles, Ptolemäus u. a. Gelehrter aus der Antike auf und bewahrten diese vor dem völligen Vergessen.

Araber im Mittelalter → 36

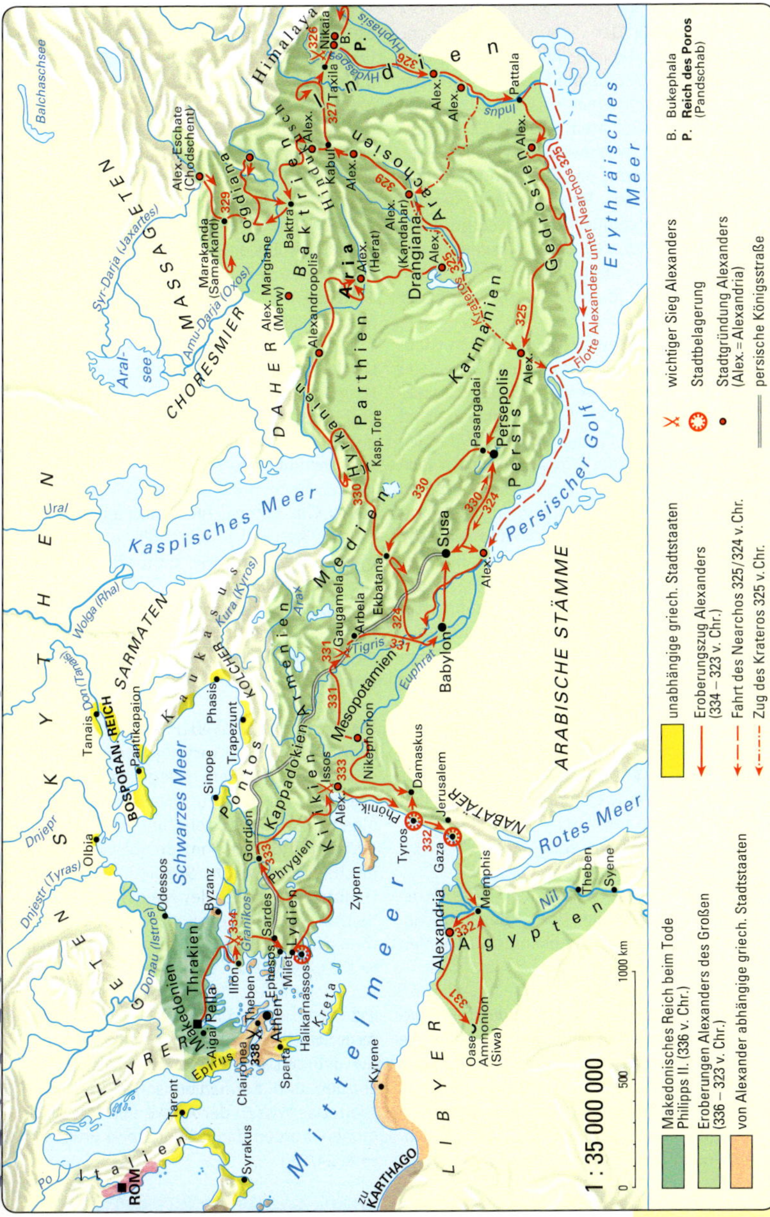
Makedonisches Reich beim Tode Philipps II. (336 v. Chr.)
Eroberungen Alexanders des Großen (336 – 323 v. Chr.)
von Alexander abhängige griech. Stadtstaaten
unabhängige griech. Stadtstaaten
Eroberungszug Alexanders (334 – 323 v. Chr.)
Fahrt des Nearchos 325/324 v. Chr.
Zug des Krateros 325 v. Chr.
wichtiger Sieg Alexanders
Stadtbelagerung
Stadtgründung Alexanders (Alex. = Alexandria)
persische Königsstraße
B. Bukephala
P. Reich des Poros (Pandschab)
1 : 35 000 000
0
500
1000 km
Mittelmeer
Schwarzes Meer
Kaspisches Meer
Aralsee
Persischer Golf
Erythräisches Meer
Rotes Meer
Balchaschsee
Makedonien
Thrakien
Ägypten
Alexandria
Memphis
Gaza
Tyros
Jerusalem
Damaskus
Issos
Babylon
Susa
Persepolis
Ekbatana
Gaugamela
Arbela
Baktra
Taxila
Indus
Mesopotamien
Persis
Gedrosien
Karmanien
Parthien
Medien
Baktrien
Sogdiana
Arachosien
Drangiana
Aria
Indien
Himalaya
Hindukusch
Flotte Alexanders unter Nearchos 325
Krateros 325
ARABISCHE STÄMME
SKYTHEN
SARMATEN
MASSAGETEN
CHORESMIER
DAHER
LIBYER
NABATÄER
ILLYRER
GETEN
Italien
ROM
KARTHAGO
Athen
Sparta
Pella
Sardes
Milet
Ephesos
Gordion
Kappadokien
Kilikien
Phrygien
Lydien
Armenien
Pontos
Kreta
Zypern
Oase Ammonion (Siwa)
Theben
Syene
Nil
Euphrat
Tigris

334–323 v. Chr. Der Sohn des makedonischen Königs Philipp II., **Alexander der Grosse**, eroberte als Oberfeldherr der Griechen das Perserreich. Mit 30 000 makedonischen und griechischen Soldaten sowie 5 000 Reitern besiegte er in mehreren Schlachten die persische Streitmacht und unterwarf zunächst Kleinasien, Syrien, Phönikien und Ägypten sowie Mesopotamien. In Ägypten gründete er an der Mittelmeerküste ***Alexandria***, das bald darauf für Jahrhunderte zum Zentrum des Handels und der Wissenschaften der antiken Welt wurde.

Bei der Verfolgung des persischen Großkönigs von Babylon aus gelangte Alexanders Heer in bisher unbekannte Gebiete: Hyrkanien am Kaspischen Meer, Drangiana und Arachosien im östlichen Iran, nach Überquerung des Paramisos (Hindukusch) nach Baktrien und Sogdiana. Der Oxos (Amu-Darja) und Jaxartes (Syr-Darja) wurden überschritten und Marakanda (Samarkand) erreicht. Überall gründete Alexander nach ihm benannte Städte und Garnisonen, die in der Folgezeit griechische Sprache und Kultur verbreiteten.

327 v. Chr. zog Alexander mit seinen Truppen auf der Suche nach den »Grenzen der bewohnten Welt« nach Indien und eroberte den Pandschab und das Industal. Nachdem seine Truppen den Weitermarsch verweigert hatten, kehrte er 324 nach einem entbehrungsreichen Landmarsch durch den südlichen Iran nach Babylon zurück, wo er 323 v. Chr. dem Fieber erlag. → K. 21

325 v. Chr. zog ein Feldherr Alexanders, **Krateros**, mit einem Teil des Heeres durch Arachosien und das völlig unbekannte Karmanien zurück nach Susa. → K. 21

325/324 v. Chr. untersuchte **Nearchos** im Auftrag Alexanders den Seeweg zwischen Indien und Mesopotamien vom unteren Indus aus. Die 150 Schiffe und 5 000 Mann umfassende Flottenexpedition wurde wie alle Unternehmungen Alexanders ausführlich aufgezeichnet und überliefert. → K. 21

302 v. Chr. gingen dem Diadochen (Nachfolger Alexanders) Seleukos I. 304 v. Chr. die Gebiete am Indus an das aufstrebende indische Mauryareich verloren. 302 kam **Megasthenes** für viele Jahre als Diplomat der Seleukiden an den Hof der Mauryaresidenz *Pataliputra* am Ganges. Seine teilweise überlieferten Berichte beeinflussten das Indienbild Europas bis ins 16. Jh. Er beschrieb den Ganges und Taprobane (Ceylon), erwähnte zahlreiche Völker, aber auch Fabelwesen, und machte die Griechen mit Zuckerrohr und chinesischer Seide bekannt. → K. 24/25 II

Um 300 v. Chr. überschritt der seleukidische Heerführer **Demodamas** von Baktrien aus den Jaxartes (Syr-Darja). Sein bei Plinius erwähnter Bericht nennt zahlreiche massagetische Stämme. → K. 24/25 I/II

285 v. Chr. untersuchte **Patrokles**, ein Vertrauter Seleukos' I. das südliche Kaspische Meer. Seine Annahme, dass dieses wegen seines hohen Salzgehaltes mit dem die Erde umgebenden Okeanos in Verbindung stehe, führte zu der Vermutung, von hier aus Indien auf dem Seewege erreichen zu können. → K. 24/25 I

218–201 v. Chr. ***Zweiter Punischer Krieg*** zwischen Rom und Karthago. **Hannibal** überschritt auf seinem Weg nach Italien 218 v. Chr. die nahezu unbekannten Westalpen. Mit **Scipios** Eroberungszug 217–206 bemächtigte sich Rom der bisher karthagischen Gebiete in Spanien. Selbst der Hauptstützpunkt Gades (Cadiz) fiel Rom zu. Seither erweiterten sich ständig die römischen Kenntnisse von Spanien. → K. 24/25 IV

212–203 v. Chr. Der Seleukidenherrscher **Antiochos III.** unternahm einen Feldzug in die ostiranischen Provinzen Parthien, Arachosien und Karmanien sowie nach Baktrien. Das Wissen der Antike über diese Regionen wurden damit bedeutend erweitert. → K. 24/25 I

Alexander der Grosse *in der Schlacht bei Issos (333 v. Chr.)*
Der Ausschnitt eines Mosaiks aus dem Nationalmuseum in Neapel zeigt den Siegeswillen Alexanders über den persischen Großkönig Dareios.

146 v. Chr. Der endgültige Sieg Roms über Karthago im ***Dritten Punischen Krieg*** führte zur Errichtung der Provinz »Africa«.

145/144 v. Chr. unternahm der griechische Geschichtsschreiber **Polybios** mit Unterstützung Scipios d. Jüngeren eine Erkundungsfahrt an die nordwestafrikanische Atlantikküste. Nach dem Bericht des Plinius' könnte er den Senegal erreicht haben. → K. 24/25 IV

Um 120 v. Chr. gelangte **Eudoxos** aus Kyzikos im Auftrag der ptolemäischen Herrscher über das Rote Meer mindestens zweimal nach Indien, wahrscheinlich ins untere Industal. Während einer Rückfahrt wurde er durch den Nordost-Monsun nach Ostafrika (südlich Kap Gardafui) verschlagen. Auf einer weiteren Reise entlang der Atlantikküste Nordafrikas ist er verschollen. → K. 24/25 II

Um 100 v. Chr. In ptolemäischer Zeit gewannen die Fahrten vom ägyptischen Rotmeerhafen Berenice nach Indien an Bedeutung. Der griechische Kaufmann **Hippalos** erfuhr bei diesen Fahrten von den Gesetzen der Monsune im Erythräischen Meer (nördlichen Indischen Ozean) – von Plinius als *Hippaloswinde* bezeichnet. → K. 24/25 II/III

89–64 v. Chr. Die drei Mithridatischen Kriege in Kleinasien und Syrien endeten mit einem römischen Sieg und der Erweiterung der Kenntnisse über diese Gebiete (Neuordnung der Machtverhältnisse 64 v. Chr. durch **Pompeius**). → K. 24/25 I

58–50 v. Chr. Eroberung weitgehend unbekannter Gebiete in Gallien durch Gaius Iulius **Caesar**, der in seinem »Gallischen Krieg« darüber berichtete. Seine geographisch wichtigste Entdeckung war der Rhein, den er zweimal überschritt. Caesars Vorstöße nach Britannien (55 und 54 v. Chr.) sind entdeckungsgeschichtlich von größter Bedeutung, auch wenn er die Eroberungen nicht behaupten konnte. (Erst 43–84 n. Chr. wurde die römische Herrschaft in Britannien fest begründet.) → K. 24/25 IV

Thule?
Färöer
Shetland-In.
Pytheas um 325 v. Chr.
Agricola 84
Skandinavien
Tiberius 5
ATLANTISCHER
OZEAN
Nordsee
Jütland
Ostsee
Britannien
Londinium
Zinn-In.
12 v. Chr.
Drusus 9 v. Chr.
Germanien
SLAWEN?
Caesar 58–50 v. Chr.
Gallien
Alpen
Donau
Dnepr
Dnestr
Don
SARMATEN
ALANE
Dakien
Trajan 101/106
Illyrien
Ister
Schwarzes Meer
Kauk
Pytheas um 325 v. Chr.
Hannibal 218 v. Chr.
Massilia
Italien
Rom
Cannae 216
Thrakien
Byzanz
Arme
Hispanien
Sagunt
Scipio 217 v. Chr.
Pompeius 89–64 v. Chr.
Asien
Achaja
Ephesos
Trajan 114
Mesopot
Tigris
Euphrat
206 v. Chr.
Gades
204 v. Chr.
Karthago
Hannibal 203 v. Chr.
Antiochia
Juba II. 1 v. Chr.
Tingis
Zama
Rhodos
Syrien
Zypern
Mittelmeer
Mauretanien
Afrika
Paulinus 42
Polybios 145/144 v. Chr.
Atlas
Leptis Magna
Kyrene
Damaskus
Babyl
Alexandria
Jerusalem
Kan. In.
Cyrenaika
Memphis
Petra
Balbus 20 v. Chr.
GARAMANTEN
Libyen
Nil
Ar
Garama
Ägypten
Rotes Meer
Gallus 25/24 v.
Nördl. Wendekreis
Syene
Berenice
Sahara
Flaccus um 100
Maternus um 100
Äthiopien
Bilma
Neros Centurien um 60
Meroe
Adulis
Niger
Senegal
Aksum
Tanasee
Tschad
Agisymba ?
Sudan
Sudd
Kongo
Mondberge
Victoriasee
Rhapta
60
40
20
0
20
40
Römisches Reich um 100 n. Chr.
Partherreich im 1. Jh. n. Chr.
indische Staaten
Chinesisches Reich (1. Jh. n. Chr.)
Adulis
Aufenthaltsorte und -gebiete des Kosmas Indikopleustes um 525 n. Chr.

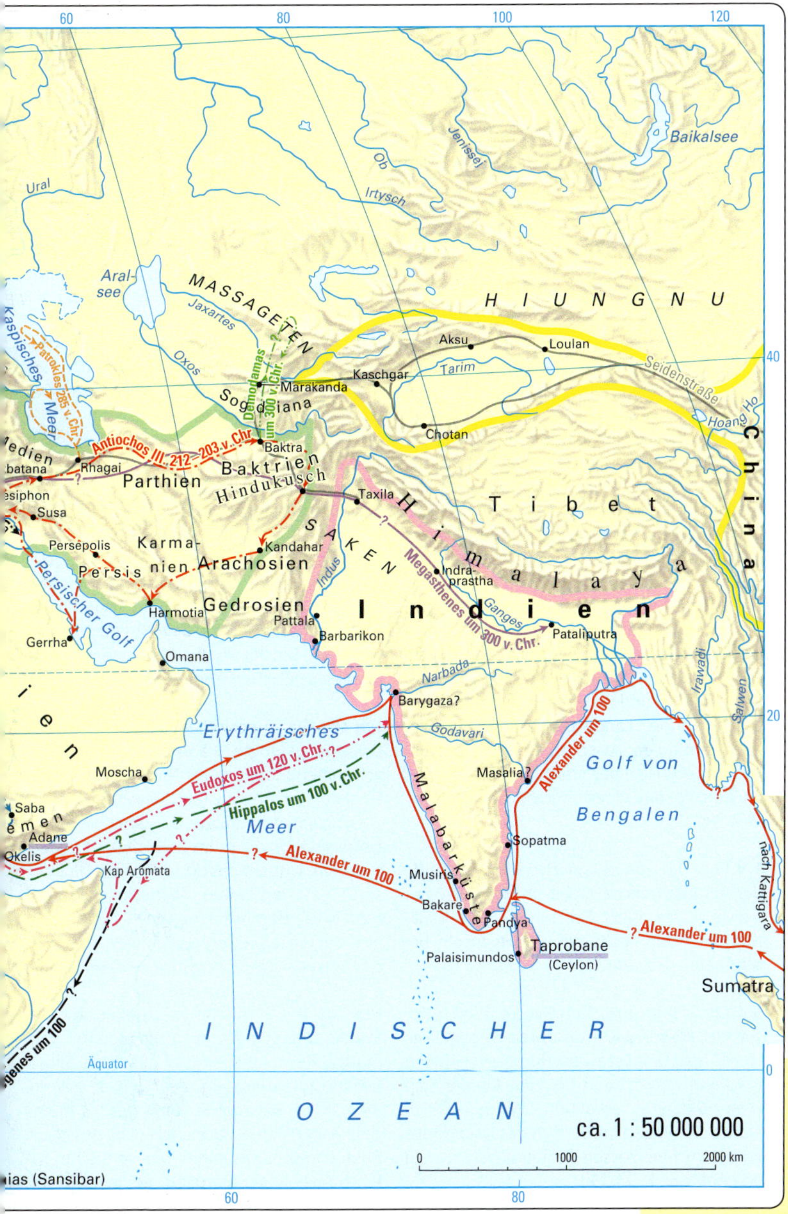
Aralsee
Kaspisches Meer
MASSAGETEN
Jaxartes
Oxos
Ural
Ob
Irtysch
Jenissei
Baikalsee
H I U N G N U
Aksu
Loulan
Kaschgar
Tarim
Seidenstraße
Hoang Ho
China
Marakanda
Sogdiana
Chotan
Demodamas um 300 v. Chr.
Patrokles 285 v. Chr.
Antiochos III. 212–203 v. Chr.
Baktra
Baktrien
Hindukusch
Medien
Ekbatana
Rhagai
Parthien
Ktesiphon
Susa
Persepolis
Persis
Karmanien
Arachosien
Kandahar
Taxila
SAKEN
Himalaya
Tibet
Megasthenes um 300 v. Chr.
Indraprastha
Ganges
Indus
Gedrosien
Harmotia
Persischer Golf
Gerrha
Omana
Pattala
Barbarikon
Indien
Pataliputra
Narbada
Barygaza?
Irawadi
Salwen
Godavari
Erythräisches Meer
Moscha
Eudoxos um 120 v. Chr.
Hippalos um 100 v. Chr.
Saba
Jemen
Adane
Okelis
Kap Aromata
Alexander um 100
Malabarküste
Musiris
Bakare
Pandya
Masalia?
Sopatma
Golf von Bengalen
nach Kattigara
Taprobane (Ceylon)
Palaisimundos
Sumatra
Diogenes um 100
INDISCHER OZEAN
Äquator
Rhapta
Menuthias (Sansibar)
ca. 1 : 50 000 000
0 1000 2000 km
60 80 100 120 40 20 0

25/24 v. Chr. unternahm der römische Präfekt von Ägypten, Aelius **Gallus**, im Auftrag des Augustus einen Entdeckungsfeldzug nach Arabien. Nach Überquerung des Roten Meeres zog die Expedition unter enormen Erschwernissen längs der alten Weihrauchstraße bis Jemen. Ohne Reichtümer kehrte die stark dezimierte Truppe nach Alexandria zurück. Fortan begnügten sich die Römer mit dem Nordwesten Arabiens (um Petra). → K. 24/25 III

20 v. Chr. Der aus Gades (Cádiz) stammende Statthalter der Provinz Africa, Cornielius **Balbus**, erobert Garama (Jarmah) im Fessan, Hauptort der Garamanten. → K. 24/25 IV

18 v. Chr. **Strabon** erwähnt den Golf von Bengalen. Bis Anfang 1. Jh. n. Chr. stieg laut Strabon die Zahl der von Ägypten nach Indien auslaufenden Schiffe auf jährlich 120. Aus Indien wurden Gewürze, Edelsteine, Elfenbein und Zucker sowie kostbare chinesische Seide bezogen.

12 v. Chr. Nero Claudius **Drusus**, Stiefsohn des Augustus, unternahm eine groß angelegte Flottenexpedition gegen Germanien, entdeckte das Wattenmeer der Nordseeküste und erkundete die Mündung der Ems. Nachfolgende Landexpeditionen durchzogen Germanien zwischen Rhein und Elbe-Saale. (Drusus selber starb im Jahre 9 v. Chr. an den Folgen eines Sturzes vom Pferde.) → K. 24/25 I

1 v. Chr. Der mauretanische König **Juba II.**, der als jugendliche Geisel in Rom erzogen wurde, hatte nach Fahrten zu den Kanarischen Inseln sechs der sieben Inseln beschrieben. → K. 24/25 IV

5 n. Chr. Durch eine Flottenexpedition unter **Tiberius,** dem späteren römischen Kaiser, wurde die Ostküste der Nordsee zwischen Friesland und Jütland bis zum Cimbernkap (Kap Skagen) erkundet. Wahrscheinlich wurde Norwegen im Bereich des Oslofjordes erreicht, ohne dessen Festlandcharakter zu erkennen. → K. 24/25 I

1. Jh. n. Chr. Nach der Katastrophe im Teutoburger Wald (9 n. Chr.) war Germanien weitgehend Rom entzogen und blieb nur oberflächlich bekannt. Strabon, Plinius und **Tacitus**, der um 100 n. Chr. in seiner »Germania« eine umfassende Beschreibung der Völker lieferte, hatten ihr Wissen vielfach von Händlern erworben.

42 n. Chr. soll die erste Überquerung des Atlasgebirges durch Suetonius **Paullinus** stattgefunden haben. → K. 24/25 IV

Um 60 schickte Kaiser **Nero** zwei Centurien (Hundertschaften) zur Erforschung der Nilquellen aus. Sie gelangten von Ägypten aus nilaufwärts bis zu den großen Sümpfen (wahrscheinlich dem Sudd) des Weißen Nils. → K. 24/25

84 rüstete der römische Statthalter in Britannien, Gnaeus Iulius **Agricola,** eine mächtige Flotte aus, die das *Thule* des Pytheas im Norden finden sollte, die aber wegen der Wetterunbilden nur bis zur Nordspitze Schottlands, vielleicht auch bis zu den Shetland-Inseln gelangte. Die Inselnatur Britanniens wurde damit als gesichert angesehen. → K. 24/25 I

Um 100 Ein griechischer Seefahrer namens **Diogenes** gelangte während der Rückfahrt von Indien infolge eines Nordsturmes in die Gegend von Rhapta (bei Sansibar?) an der ostafrikanischen Küste. Bei einer Reise ins Landesinnere will er im Bereich der Nilquellseen ein schneebedecktes Gebirge (Ruwenzori?) gesehen haben. Wahrscheinlich geht Ptolemäus' Beschreibung des »Mondgebirges« auf diesen verloren gegangenen Bericht des Marinos von Tyros zurück. → K. 24/25 III

Um 100 Der römische Statthalter Septimus **Flaccus** drang auf einer drei Monate währenden Reise von »Africa« aus nach Süden tief in die Sahara ein. Wie weit er gekommen ist, ob bis zum Fessan oder bis in das Gebiet der Bilma-Oasen, ist nicht gesichert. Bald darauf unternahm der römische Befehlshaber Iulius **Maternus**, gemeinsam mit

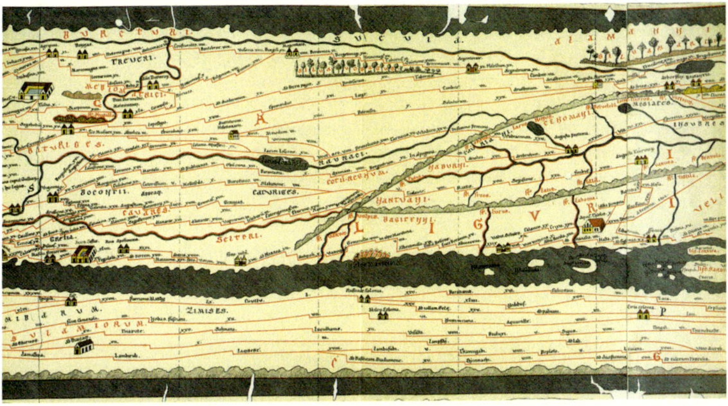

Römische Straßen- und Reisekarte »Tabula Peutingeriana« (um 200 n. Chr.), *(Ausschnitt)*
Diese aus 11 Pergamentstreifen bestehende Karte aus dem 12. Jh. ist die Kopie einer römischen Karte aus der Zeit um 200 n. Chr. Der Augsburger Humanist Konrad Peutinger hatte sie vor 1547 von seinem Gesinnungsfreund Konrad Celtis erworben, der sie in einem Speyerer Kloster entdeckt hatte. Heute befindet sich die Karte in der Wiener »Nationalbibliothek«.

Als Karte zu Reise- und Marschzwecken legte man bei solchen Karten keinen Wert auf geographische Genauigkeit. Im oberen Teil ist Südwest-Deutschland und unterhalb der Alpen (lang gestreckte Bergkette) Oberitalien dargestellt; oben der Rhein und rechts der Bodensee, in der Mitte das Mittelmeer mit den Inseln Korsika und Sardinien.

dem Herrscher der Garamanten, einen noch weiter südlich führenden Feldzug gegen die Äthiopier. Nach einem Marsch von vier Monaten, so nach Ptolemäus, kam die Expedition in das Land Agisymba (Tschad?), wo man Nashörner antraf. → K. 24/25 IV

Um 100 entstand ein Bericht des griechischen Geographen Marinos von Tyros über einen griechischen Kaufmann **Alexander**, der nach Südostasien gelangte und über Zabae (südliches Hinterindien) nach *Kattigara*, dem Haupthafen von Thina (Sina = China?) gelangte. Der Originalbericht Marinos von Tyros, Gewährsmann des Ptolemäus für Südostasien, ist leider verloren gegangen. → K. 24/25 II

101–106 unterwarf der römische Kaiser **Trajan** das nahezu unbekannte Dakien jenseits der Donau. Das Land in den Karpaten wurde von den Römern bald allseits erkundet. → K. 24/25 I

114–117 konnte ein römisches Heer unter dem Kaiser **Trajan** die Gebiete jenseits des Euphrat, Mesopotamien, Assyrien und Armenien, vorübergehend erobern und erkunden. → K. 24/25 I

Um 525 reiste der griechische Kaufmann **Kosmas Indikopleustes** (der »Indienfahrer«) aus Alexandria den Nil aufwärts und über das Rote Meer nach Adulis, dem Hafen des Aksumitischen Reiches im Hochland von Äthiopien. Über Adana (Aden) bereiste er die persische, ostafrikanische und indische Küste bis nach Ceylon. (Seine Reiseroute lässt sich nicht genau rekonstruieren.) Später hinterließ er als Mönch eine »Topographia christiana« in zwölf Bänden – eine wichtige Quelle mit Angaben über Indien und das östliche Küstengebiet Afrikas. Vehement verteidigte er sein christliches Weltbild (Erde als viereckige Scheibe) gegen die Vorstellungen des Ptolomäus von der Kugelgestalt der Erde. → K. 24/25

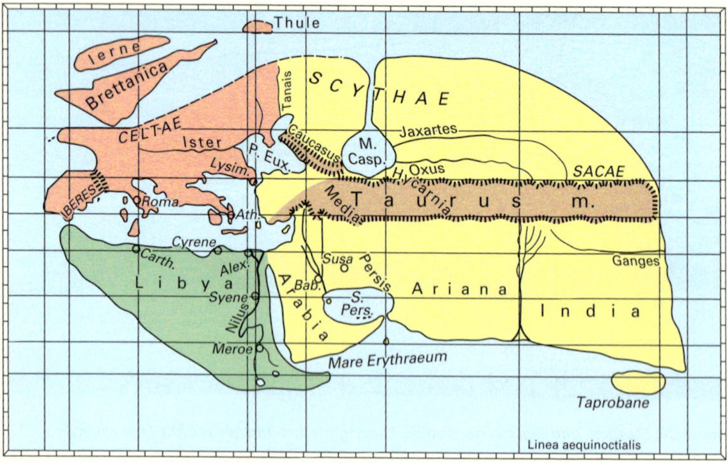

***Erdkarte nach Eratosthenes*, um 200 v. Chr.** *(moderne, vereinfachte Rekonstruktion)*

Der griechische Mathematiker und Astronom ***Eratosthenes*** *aus Kyrene (etwa 275–195 v. Chr.), der um 235 v. Chr. die Leitung der Bibliothek von Alexandria (Ägypten) übernahm, war von der Kugelgestalt der Erde überzeugt. Erste Vorstellungen von der Erde als Kugel hatten im 6. Jh. v. Chr. die Pythagoreer, im 4. Jh. Aristoteles u. a. Philosophen und im 3. Jh. v. Chr. Dikaiarchos aus Messana (Sizilien) vertreten, blieben aber den Beweis schuldig.*

Eratosthenes nun unternahm eine ***Erdmessung****, um die Größe der Erdkugel zu bestimmen, indem er die unterschiedlichen Schattenlängen zwischen Alexandria und Syene (bei Assuan, am Nördlichen Wendekreis) während des Sonnenhöchststandes ermittelte und ins Verhältnis zum Abstand beider Orte, die annähernd auf dem gleichen Meridian liegen, setzte. Er kam auf 252 000 Stadien für den Erdumfang. In die uns geläufigen Kilometer umgerechnet, erhält man, je nachdem, welches antike Stadion zu Grunde gelegt wird, 37 500 bis 44 000 km – also eine erstaunliche Annäherung an den heute bekannten Wert von 40 008,6 km über die Pole.*

Eratosthenes übernahm eine 360-Grad-Einteilung für seine ***Erdkarte****, die uns leider im Original nicht überliefert ist. Bei seiner Kartierung stellte eine Linie von der Straße von Gibraltar durch das Mittelmeer über Rhodos und eine senkrechte Linie (Meridian) von Rhodos nach Syene in Oberägypten, die zwei Hauptachsen seines Gradnetzes dar. Während die Breitenbestimmungen verhältnismäßig genau wiedergegeben sind, erreichten die Längen beträchtliche Werte. Die gesamte Landmasse Europa–Asien hat bei ihm eine Länge von mehr als der Hälfte der Nordhalbkugel. Gegenüber der Erdvorstellung Herodots (→ K. 19) hatte sich die Erdkenntnis infolge der Eroberungszüge Alexanders des Grossen vor allem in Asien erweitert, wie die Darstellung des Ganges in Indien und Taprobanes (Ceylon) beweist. Er nahm auch die Erkenntnisse des Pytheas aus Massilia über Westeuropa in seine Karte auf.*

Erdkarte des Ptolemäus, um 160 n. Chr. *(moderne, vereinfachte Rekonstruktion)*

*Der griechische Astronom und Geograph **Claudius Ptolemäus** (Klaudios Ptolemaios), der in Alexandria wirkte, fasste um 160 n. Chr. das geographische Wissen der antiken Welt zusammen. In seinem »Großen astronomischen System« wurde das geozentrische Weltbild mit der Erde im Mittelpunkt des Weltalls geschaffen. Über die Araber fand dasselbe während der Kreuzzüge unter dem Titel »Almanach« wieder den Weg nach Europa, wo es bis in die Zeit des Kopernikus (16. Jh.) das maßgebende Weltsystem bildete.*

*Für die Entdeckungsgeschichte bedeutsam sind seine acht Bücher der **»Geographica«**, in der er unter anderem auf Tabellen die geographischen Koordinaten von ca. 8 000 Objekten angibt – quasi eine Anleitung zum Kartenzeichnen. Ob Ptolemäus selber eine Erdkarte gezeichnet hat, kann nicht mehr belegt werden. Alle seine Karten sind Rekonstruktionen der Humanisten des 15. Jahrhunderts nach seinen Tabellen und Anweisungen.*

*Die **Karte des Ptolemäus** zeigt gegenüber der Karte des Eratosthenes eine erstaunliche Ausweitung des antiken Erdbildes, vor allem nach Osten. Sie zeigt aber auch große geographische Irrtümer gegenüber früheren antiken Kenntnissen, so die Darstellung des Indischen Ozeans als Binnenmeer. Da sich Ptolemäus auf die Erdmessung des Poseidonios aus Syrien vom 1. Jh. v. Chr. gestützt hatte, geriet der Erdumfang mit ca. 32 000 km zu klein und die Ausdehnung der Erdteile wurde übertrieben – ein historischer Irrtum, dem später Kolumbus und andere Entdecker bei ihren Berechnungen aufsaßen.*

Ob die »Geographica«, in späterer Zeit auch »Kosmographia« genannt, in der Originalfassung überliefert ist, wird von manchen Forschern bezweifelt. In Byzanz (Konstantinopel), wo die Manuskripte über 1000 Jahre aufbewahrt wurden, könnten spätere Erkenntnisse eingetragen worden sein.

Ptolemäus-Karten des 15. Jh. *→ 55*

In Ostasien entwickelte sich im 2. Jt. v. Chr. eine eigenständige Hochkultur, die erst im 2. Jh. v. Chr., als China unter der Han-Dynastie geeint war, aus ihrer Isolation heraustrat. Die hohen Gebirge im Westen (Tibet), Steppen und Wüsten im Norden (Gobi und Taklamakan), aber auch der Glaube an eine hohe Überlegenheit der eigenen Kultur ließ diese Selbstisolation entstehen und im Laufe der chinesischen Geschichte immer wieder aufleben.

Nach dem ersten Kontakt zu den »Westländern« (Mittelasien) durch TSCHANG-KIEN begann um 121 v. Chr. die Eroberung des Tarimbeckens und bald darauf die Eröffnung der ***Seidenstraße***, eines Handelsweges nach Mittel- und Westasien. Seit dem 3. Jh. v. Chr. hatten die Chinesen zum Schutz vor den nördlichen Nomadenvölkern, den *Hiungnu (Hunnen?)*, mit dem Bau der *Großen Mauer* begonnen, die die Verbindungen zu den »Westländern« absichern sollte. Die Seidenstraße führte über zwei Routen um die Wüste Taklamakan und über die Pässe des Pamirs nach Persien, eine Abzweigung überwand den Hindukusch in Richtung Indien. Haupthandelsprodukt der Chinesen waren Seidenstoffe; die Lüftung des Geheimnisses der Seidenherstellung war den chinesischen Händlern bei Todesstrafe verboten. Dennoch gelangte die Seidenproduktion im 5. Jh. nach Mittelasien und Mitte des 6. Jh. nach Byzanz. Da die Landhandelswege immer wieder unterbrochen wurden, verbreitete sich in den folgenden Jahrhunderten der chinesische ***Seehandel*** in die südostasiatische Inselwelt und nach Indien. Ein nachhaltiger Kontakt zum Westen, zu Europa, war vor der Ausbreitung des Islams nicht zustande gekommen.

Nachdem sich der *Buddhismus* seit dem 1. Jh. n. Chr. auch in Ostasien verbreitet hatte, begannen von China aus Pilgerreisen nach Indien. Wohl die bekanntesten ***buddistischen Pilger- und Studienreisen*** waren die der Mönche FAHSIEN im frühen 5. Jh. und HSÜAN-TSANGS* im 7. Jh. Für beide Gelehrte war Ansporn, die ursprünglichen buddhistischen Schriften in Indien zu studieren. Als der japanische Mönch ENNIN China »erkundete«, erlebte er dort 842–845 eine heftige Buddhistenverfolgung und erneute Isolation Chinas.

138–125 v. Chr. entdeckte der chinesische Heerführer **TSCHANG-KIEN** (CHANG CH'IEN, ZANG QUIAN), der vom chinesischen Kaiser WUTI zu den Yuëtschi (Tocharer) ausgesendet wurde, das sog. »Westland« (West- und Ostturkestan). Mit 100 Begleitern verließ er Tschangan (Sian), die damalige Hauptstadt des Han-Reiches, und geriet in Kansu in fast zehnjährige Gefangenschaft der nomadisierenden Hiungnu (Hunnen?). Über Aksu, Kaschgar und die Pamirpässe gelangte er nach Marakanda (Samarkand) und Baktra (Balch). Der dortige Yuëtschi-Herrscher lehnte ein Bündnis mit China gegen die Huingnu ab. Obwohl in diplomatischer Hinsicht erfolglos, erhielt China jedoch erstmals zuverlässige Nachrichten über das »Westland« und eröffnete nach der Eroberung Kansus und des Tarimbeckens (121–118) um 115 v. Chr. die ***Seidenstraße***, den Handelsweg nach Mittel- und Westasien. → K. 31 I

97 n. Chr. Unter der jüngeren Han-Dynastie war ab 73 n. Chr. die chinesische Oberherrschaft über das Tarimbecken zurück gewonnen worden. Einer der chinesischen Offiziere namens **KAN-YING** erhielt den Befehl, als Gesandter sich zum fernsten bekannten »Westland«, nach *Ta-Tsin (Römisches Reich)* zu begeben und Verbindung aufzunehmen. Wahrscheinlich gelangte KAN-YING durch das Kuschanreich in das Partherreich. Vermutlich kehrte er südlich Babylon in Mesopotamien um. (107 n. Chr. wurde die Seidenstraße durch den Rückzug der Chinesen aus dem Tarimbecken unterbrochen.) → K. 31 I

399–414 n. Chr. reiste der chinesische Buddhistenmönch **FAHSIEN** (FAHIEN, FA-XIAN) nach Indien, um die Sanskrit-Schriften in den Klöstern des Ursprungslandes des Buddhismus zu studieren, zu übersetzen und zu kopieren. Er brach von Tschangan (Sian) aus auf, folgte der Großen Seidenstraße, durchquerte die Wüste Taklamakan, überquerte das Karakorumgebirge und gelangte über das Indusland nach Indien, wo

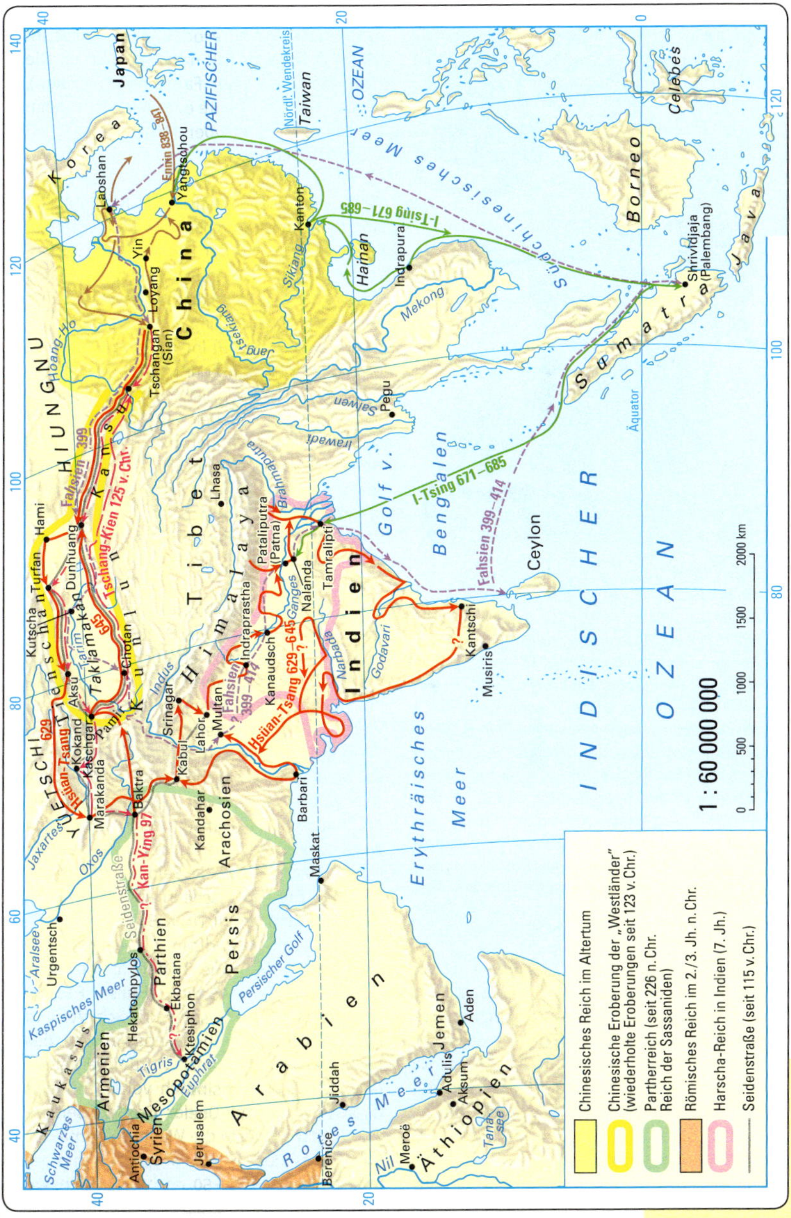
Chinesisches Reich im Altertum
Chinesische Eroberung der „Westländer" (wiederholte Eroberungen seit 123 v. Chr.)
Partherreich (seit 226 n. Chr. Reich der Sassaniden)
Römisches Reich im 2./3. Jh. n. Chr.
Harscha-Reich in Indien (7. Jh.)
Seidenstraße (seit 115 v. Chr.)
1 : 60 000 000
0 500 1000 1500 2000 km
China
Japan
Korea
Taiwan
Hainan
Borneo
Celebes
Sumatra
Java
Ceylon
Indien
Tibet
Himalaya
HIUNG NU
YUETSCHI
Tienschan
Takla makan
Kunlun
Kansu
Pamir
Arabien
Persis
Parthien
Arachosien
Armenien
Mesopotamien
Syrien
Kaukasus
Äthiopien
Jemen
PAZIFISCHER OZEAN
INDISCHER OZEAN
Südchinesisches Meer
Golf v. Bengalen
Erythräisches Meer
Persischer Golf
Kaspisches Meer
Schwarzes Meer
Rotes Meer
Aralsee
Tanasee
Nördl. Wendekreis
Äquator
Hoang-Ho
Jangtsekiang
Sikiang
Mekong
Saluen
Irawadi
Brahmaputra
Ganges
Narbada
Godavari
Indus
Tarim
Oxos
Jaxartes
Tigris
Euphrat
Nil
Laoshan
Yangtschou
Kanton
Yin
Loyang
Tschangan (Sian)
Indrapura
Shrividjaja (Palembang)
Pegu
Lhasa
Hami
Turfan
Dunhuang
Kutscha
Aksu
Chotan
Kaschgar
Kokand
Marakanda
Baktra
Kabul
Srinagar
Lahor
Multan
Kandahar
Barbari
Indraprastha
Kanaudsch
Pataliputra (Patna)
Nalanda
Tamralipti
Kantschi
Musiris
Maskat
Urgentsch
Hekatompylos
Ekbatana
Ktesiphon
Antiochia
Jerusalem
Jiddah
Berenice
Meroë
Adulis
Aksum
Aden
Seidenstraße
Ennin 838–847
I-Tsing 671–685
Fahsien 399–414
Fahsien 399
Tschang-Kien 125 v. Chr.
Hsüan-Tsang 629–645
Hsüan-Tsang 629
645
Kan-Ying 97
20
40
60
80
100
120
140
0

HSÜAN-TSANG (HÜAN-TSANG, XUANZANG) ist der buddhistische Name des berühmten chinesischen Gelehrten und Reisenden TSCHEN-WEI, der um 600 in Hoshi (Yense) in der chinesischen Provinz Honan geboren wurde und 664 in Tschangan starb. Er war schon vor seiner Reise ein berühmter Gelehrter, für seine Anhänger einfach »der Meister«. 629–645 unternahm er seine große Indienreise – wie übrigens viele andere buddhistische Pilger auch –, aber wegen seiner erzielten religiösen Ergebnisse und durch sein hinterlassenes Reisewerk (»Beschreibung der westlichen Länder«) von großer historisch-geographischer Bedeutung. Seine Beschreibungen gelten als wahre Meisterwerke und erwiesen sich als sehr zuverlässig. Nach seiner Rückkehr aus Indien war er einer der führenden Geistlichen, die die Verbreitung des Buddhismus in China bewirkten.
(Das Fresko in der Höhle von Dunhuang aus dem 10. Jh. zeigt HSÜAN-TSANG als Reisenden mit Schriftrollen auf dem Rücken.)

er sich in den buddhistischen Klöstern bei Pataliputra (Patna) und Tamralipti (Tamluk) an der Mündung des Hugli aufhielt. Anschließend verbrachte er 2 Jahre auf Ceylon. FAHSIEN gelangte mit einem Handelsschiff nach Sumatra oder Java schließlich über Laoshan zurück nach Tschangan. Die Beschreibung seiner Fahrt durch *»Dreißig Reiche«* stellt bis heute eine der wichtigsten Geschichtsquellen über Indien dieser Zeit dar. → K. 31 I/II

629–645 Der buddhistische Mönch aus China, **HSÜAN-TSANG***, durchstreifte 12 oder 13 Jahre lang Indien auf der Suche nach buddhistischen Originalhandschriften. Er reiste über die nördliche Route der *Seidenstraße* und kam nach Überquerung des Tienschan und des Hindukusch nach Indien. Zwei Jahre verbrachte er in Kaschmir und fünf Jahre in dem berühmtesten buddhistischen Kloster *Nalanda* in Magadha. Der König des Harscha-Reiches stellte ihm einen Elefanten als Transportmittel zur Verfügung, so dass er über 650 religiöse Manuskripte, zahlreiche Buddhastatuen und Reliquien nach China bringen konnte. Die Rückreise erfolgte über die südliche Route der Seidenstraße. → K. 31 I

671–685 weilte der chinesische Buddhistenmönch **I-TSING** (YIJING) von Kanton aus in Shrividjaja (Palembang), einem hinduisierten Handels- und Seefahrerstaat auf Sumatra und umliegenden Inseln, und im Kloster von Nalanda am unteren Ganges in Indien. Bei der Rückkehr nach Sumatra fand er dort so viele buddhistische Manuskripte vor, dass er **691–95** mit vier Gehilfen noch einmal zurückkehrte, um die Schriften auszuwerten. → K. 31 II

838–847 Der japanische Buddhistenmönch **ENNIN** (postum: JIKATU DAISHI) unternahm als Mitglied einer Gesandtschaft aus Japan eine neun Jahre dauernde Reise durch China, erlebte dort 842–845 die Buddhistenverfolgung und war nach seiner Rückkehr einer der bedeutendsten Übermittler der buddhistischen Lehre nach Japan. Seine präzise geführten Tagebücher sind den Historikern bis heute eine wichtige Quelle für das China der Tang-Zeit. → K. 31 II

Mongolenzeit → 44–50

Die germanischen Völker Skandinaviens und Dänemarks, zusammenfassend als ***Normannen*** *(»Nordmänner«)* oder ***Wikinger*** *(Eigenname, »Buchtleute«)* bezeichnet (in Osteuropa auch *Rus* oder *Waräger* genannt), unternahmen vom 8. bis 11. Jh. jährliche Raubzüge in die übrigen Gebiete Europas. Überbevölkerung, politische und religiöse Gegensätze, aber auch Beutegier mögen die Ursachen dafür gewesen sein. In Teilen Englands, in der Normandie und Unteritalien, aber auch in Osteuropa begründeten sie neue Herrschaften, wobei sie sprachlich und kulturell in den Mehrheitsbevölkerungen aufgingen.

Norwegische Wikinger besiedelten ***um 800*** die ***Färöer*** und um **874 *Island***. In den folgenden Jahrzehnten folgten ihnen 20000–30000 weitere Norweger. Die wenigen irischen Einsiedler, die vor den Wikingern gekommen waren, verließen die Inseln.

Schon früh wurden einzelne Wikinger auf der Reise nach Island an die Küsten Grönlands verschlagen. Als der Gode **Erik der Rote 982** Island vorübergehend verlassen musste, suchte und entdeckte er gezielt ***Grönland*** und lockte wenige Jahre darauf einige hundert Siedler in das »Grüne Land«. Wegen des Holzmangels interessierte sich **Leif Eriksson**, Eriks Sohn, für Berichte über holzreiche Länder im Westen. Um 1000 entdeckte er – wiederum gezielt – die Küsten des eigentlichen ***Nordamerika*** (Baffininsel?, Labrador und Neufundland). Vor allem das waldreiche ***Vinland*** *(»Weinland«)* erregte das Interesse der grönländischen Siedler. Aber, eine regelrechte Kolonisierung blieb trotz einiger Versuche auf Südwest-Grönland beschränkt. Der Höhepunkt der grönländischen Besiedlung durch norwegische Normannen scheint im 13. Jh. gewesen zu sein. Die Bevölkerung mag 3000–4000 betragen haben, wie heute die Ruinen von etwa 300 Höfen, 17 Kirchen, einem Bischofssitz und zwei Klöstern bezeugen. Die von den Wikingern verächtlich *Skrälinger (»Knirpse«)* genannten ***Eskimo*** scheinen selber erst im 11. Jh. bis Südwestgrönland vorgestoßen zu sein. Das Ende der normannischen Besiedlung Grönlands liegt im Dunkeln. Schon im 13. Jh. wurden die Verbindungen von Norwegen nach Grönland immer schwieriger, und Grönland selbst geriet in Skandinavien weitgehend in Vergessenheit. Die Seefahrer Didrik Pining und Hans Pothorst führten im dänisch-norwegischen Auftrag wahrscheinlich 1471–1473 eine der letzten Fahrten nach Grönland und vielleicht bis zur nordamerikanischen Küste durch. Die letzten normannischen Grönländer mögen den Eskimo Anfang des 16. Jh. erlegen gewesen oder aus ungeklärten Gründen ausgestorben sein.

Über die Besiedlung Islands und Grönlands sowie über die »Vorentdeckung« Amerikas sind wir durch verschiedene Quellen aus späterer Zeit (*Islandsaga*, *Grönlandsaga* u.a.) unterrichtet worden. Als »Vorentdeckung« Amerikas bezeichnet man die Entdeckungen der Wikinger deshalb, weil sie im größten Teil Europas nicht zur Kenntnis genommen wurden oder in Vergessenheit geraten sind. Adam von Bremens *»Hamburgische Kirchengeschichte«* (um 1075) erwähnt z.B. im vierten Buch *Vinland*, aber erst der dänische Gelehrte Torfaeus rückte mit seiner Veröffentlichung über Vinland 1705 die frühen normannischen Entdeckungen in Amerika ins Bewusstsein der europäischen Öffentlichkeit.

Dass grönländische Wikinger auch in das Innere Nordamerikas eingedrungen sein könnten, hätte der mit Runen bedeckte ***Stein von Kensingstone*** aus Minnesota bezeugen können, der 1898 aufgefunden wurde – wenn er nicht von den meisten Forschern inzwischen als Fälschung angesehen würde. Dann wären im Jahre 1362 acht »Goten« (Schweden) und 22 Norweger über die Hudson Bay oder die Großen Seen bis Minnesota vorgestoßen. Auch die berühmte ***»Vinland-Karte«*** aus dem 15. Jh., die britische und amerikanische Forscher 1965 vorstellten, wird inzwischen von vielen Forschern als Fälschung angesehen, da die Umrisse Grönlands gar zu sehr modernen Kenntnissen entsprechen. Andererseits haben die seit 1960 durchgeführten Ausgrabungen bei L'Anse-aux-Meadows an der Nordspitze Neufundlands den archäologischen Beweis für die Existenz einer temporären Wikingersiedlung in Nordamerika erbracht.

Die Wikinger in Nordamerika (um 1000)

*Die **Drachenschiffe der Wikinger** waren Kriegs- und Beuteschiffe für die Überfälle auf England und die Küstengebiete anderer west- und osteuropäischer Länder. Für die Handels- und Entdeckungsfahrten bevorzugten die Wikinger die längeren und robusteren »Knorre«, die bis 30 Mann sowie Vorräte für längere Fahrten aufnehmen konnten.*

874 kam als erster Siedler INGOLFUR **ARNARSON** mit seiner Sippe nach Island. In den folgenden Jahrzehnten folgten zahlreiche norwegische Siedler, möglicherweise 20 000 – 30 000. Die ansässigen irischen Einsiedler, die vor den Wikingern gekommen waren, verließen die Insel. → K. 35

Um 875 umfuhr **OTHAR** (OTTAR) aus dem Gebiet von Tromsø das skandinavische Nordkap und die Kola-Halbinsel und gelangte an des Südufer des Weißen Meeres, wo er auf die *Bjarmer* stieß – russische *Pomoren (»Küstenbewohner«)*, die sich seit dem 9. Jh. hier angesiedelt hatten. → K. 35 I/II

982 – 85 Der wegen Totschlag für drei Jahre aus Island verbannte **ERIK DER ROTE** (EIRIK RAUDA), Oberhaupt einer zahlreichen Sippe, suchte bewusst nach einem neuen Siedlungsgebiet im Westen von Island, wo man Land vermutete, das ein Wikinger namens GUNBJÖRN um 870 während einer Sturmfahrt gesehen haben sollte. ERIK fand das Land wieder und untersuchte die südwestlichen Fjorde. Er nannte es nach seiner Rückkehr schönfärberisch ***Grönland*** *(»Grünland«).* → K. 35 I

986 führte **ERIK DER ROTE** auf 25 Schiffen mehrere hundert Siedler mit ihren Frauen, Kindern und Vieh nach Südwest-Grönland und begründete zwei Siedlungszentren: *Österbygden* beim heutigen Qaqortog (Julianehåb) und *Vesterbygden* beim heutigen Nuuk (Godthåb). In Brattahlid legte Erik der Rote seinen Häuptlingssitz an. → K. 35 I/IV

Um 1000 suchte **LEIF ERIKSSON**, der Sohn ERIKS DES ROTEN, das um 986 von BJÖRNE HERJOLFSSON gesehene Land im Westen von Grönland, wo Wälder wachsen sollten. LEIFF entdeckte nacheinander *Helluland (»Steinland«)*, *Markland (»Waldland«)* und *Vinland (»Weinland«)*. Die genaue Lage dieser Länder ist umstritten. Wahrscheinlich handelte es sich um die südliche Baffininsel, um Labrador und Neufundland. (Da die nördlichste Verbreitung des »Wilden Weins« in der Fundybucht festgestellt wurde, könnte auch Neuschottland mit »Vinland« identifiziert werden. → K. 35 IV

1002 oder **1003** erkundete LEIFFS Bruder **THORVALD ERIKSSON** auf der Suche nach Siedlungsland Vinland, erlitt aber – wahrscheinlich am Kap Cod im Kampf mit *Skrälingern* – wie die Wikinger unterschiedlos Eskimo und Indianer bezeichneten – den Tod. → K. 35 III

1009 – 1012 **THORFINN KARLSEVNI**, ein zugereister Isländer, scharte 160 grönländische Siedler um sich, um in Vinland zu siedeln. Sie bauten ihre Siedlung auf einer Insel, scheiterten aber letztendlich am Widerstand der indianischen Urbevölkerung. Es gibt verschiedene Deutungsversuche über den Siedlungsort; sie reichen von Manhattan (New York) bis Neufundland. – Der einzige archäologische Nachweis einer Wikingersiedlung westlich Grönlands aus dem frühen 11. Jh. befindet sich in L'Anse-aux-Meadows an der Nordspitze Neufundlands. → K. 35 III/IV

Entdeckung Amerikas 1492 → 72 – 82

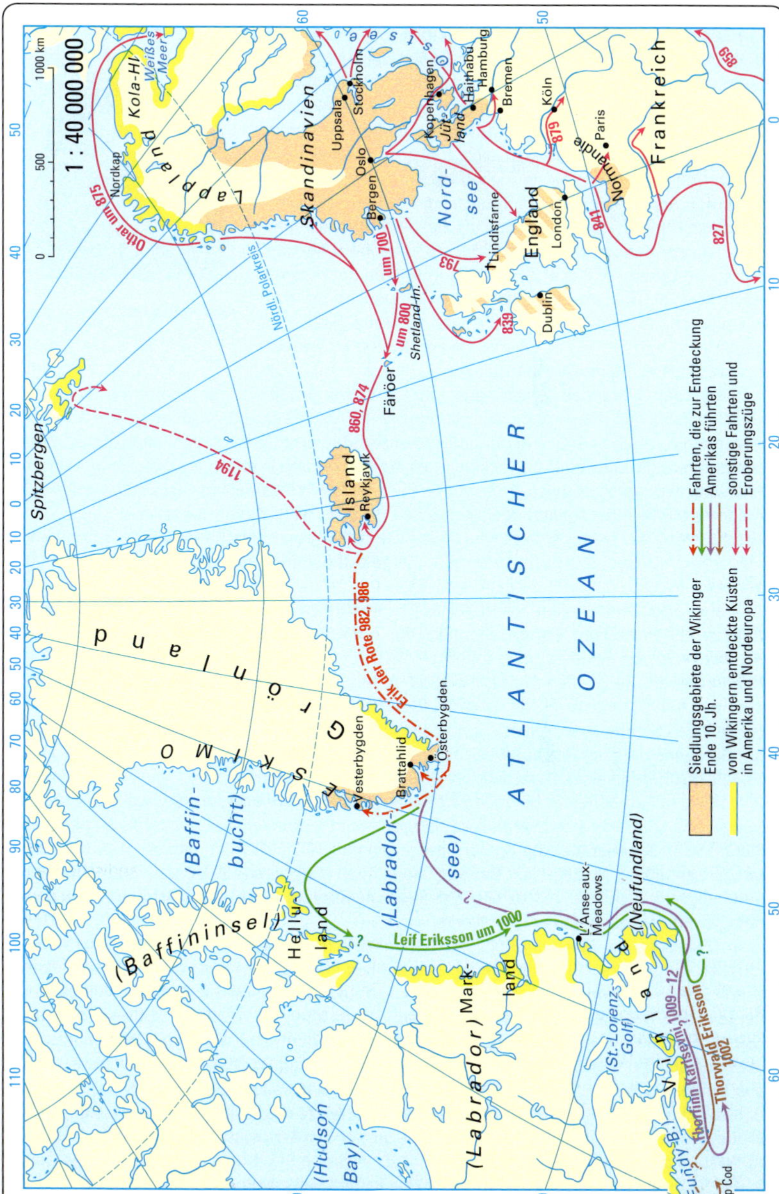
1 : 40 000 000
0 500 1000 km
Spitzbergen
1194
Kola-H.
Weißes Meer
Lappland
Nordkap
Othar um 875
Nördl. Polarkreis
Skandinavien
Uppsala
Stockholm
Oslo
Bergen
Ostsee
Kopenhagen
Jütland
Haithabu
Hamburg
Bremen
Köln
Paris
Normandie
Frankreich
Nordsee
Lindisfarne
England
London
Dublin
Shetland-In.
Färöer
um 700
um 800
793
839
841
827
879
859
860, 874
Island
Reykjavík
Grönland
Eskimo
Vesterbygden
Brattahlid
Österbygden
Erik der Rote 982, 986
(Baffinbucht)
(Baffininsel)
Helluland
(Labradorsee)
Markland
(Labrador)
Leif Eriksson um 1000
L'Anse-aux-Meadows
(Neufundland)
(St.-Lorenz-Golf)
Vinland
Thorfinn Karlsevni 1009–12
Thorwald Eriksson 1002
(Fundy-B.)
Kap Cod
(Hudson Bay)
ATLANTISCHER OZEAN
Siedlungsgebiete der Wikinger Ende 10. Jh.
von Wikingern entdeckte Küsten in Amerika und Nordeuropa
Fahrten, die zur Entdeckung Amerikas führten
sonstige Fahrten und Eroberungszüge

Der ***Islam***, die von dem Propheten **Mohammed** im 7. Jh. begründete Religion, hatte sich in kurzer Zeit von Arabien aus in allen alten orientalischen Kulturländern verbreitet. Das ***Arabische Kalifat*** erstreckte sich um 750 von Spanien und Marokko im Westen bis nach Mittelasien und Nordwestindien im Osten. Als neue Zentren entwickelten sich zunächst Damaskus in Syrien und ab 763 Bagdad in Mesopotamien sowie Córdoba im fernen Andalusien. Das Ursprungsland des Islam, das wirtschaftlich schwache Arabien, blieb als Ziel der Pilgerreisen zu den heiligen Stätten Mekka und Medina, die jedem Muslim einmal im Leben zur Pflicht gemacht werden, von Bedeutung. Nach dem 10. Jh. kamen mit der weiteren Ausdehnung des islamischen Machtbereichs neue Zentren wie Kairo, Delhi und Samarkand hinzu – 1453 mit dem Ende von Byzanz außerdem Istanbul, das vormalige Konstantinopel.

Arabisches Astrolabium *zur Bestimmung der Sternhöhe*

Die Araber verstanden es, ihre eigene Kultur mit den Traditionen der eroberten Länder zu verschmelzen. Von den Indern übernahmen sie die Algebra und das Zahlensystem, von der griechisch-römischen Antike Astronomie, Medizin, Mathematik, Geographie und andere Wissenschaften, die sie weiter entwickelten. Werke antiker Gelehrter, so auch die Schriften des **Ptolemäus**, wurden im 8. und 9. Jh. ins Arabische oder Persische übersetzt. Deshalb wurden die Araber die Bewahrer antiken geographischen Wissens, während im damaligen Europa sich ein christlich orientiertes Weltbild durchsetzte und das geographische Wissen der griechisch-römischen Antike, z. B. die Lehre von der Kugelgestalt der Erde, weitgehend in Vergessenheit geriet (→ K. 53).

Araber und andere Völker des islamischen Kulturkreises vertieften auf Grund ihrer ***Pilgerfahrten*** zu den heiligen Stätten, aber auch durch ***Handelsreisen*** ihr geographisches Wissen. ***Arabische Seefahrer*** erkundeten mit ihren Daus vor allem den Indischen Ozean mit seinen Nebenmeeren (Rotes Meer, Persischer Golf, Arabisches Meer). Araber aus Oman erschlossen zwischen 10. und 15. Jh. die ostafrikanische Küste über Sansibar hinaus bis nach Sofala (südlich des Sambesi), wo sie mit Simbabwe im Goldland Monomotapa Handel trieben. Sie fuhren ebenso regelmäßig zur indischen Malabarküste und nach Ceylon und drangen vom 13. – 15. Jh. über Malakka bis zu den Gewürzinseln (Molukken) vor.

Unter den Fernhändlern befanden sich auch ***jüdische Kaufleute***, wie **Soliman** aus Andalusien (9. Jh.). Der bedeutende arabische Geograph und Historiker Abul Hassan **Al-Masudi** (um 890 bis 957), der »Herodot der Araber«, beschrieb Indien, Südostasien und die Ostküste Afrikas, einschließlich Madagaskar. Der aus Choresmien stammende Astronom, Mathematiker und Geograph Abul Reihan Muhammad Ben Ahmed **Al-Biruni** (1. Hälfte 11. Jh.) schrieb eine »Chronologie orientalischer Völker« u. a. Werke.

Im Ergebnis der ***Kreuzzüge*** (11. – 13. Jh.) wurde die Begegnung Europas mit dem islamischen Kulturkreis – und dadurch mit den antiken Philosophien und Wissenschaften – bewirkt. Der bedeutende arabische Geograph Abu Abdallah Muhammad **El-Edrisi*** (Idrisi) aus Ceuta (1100 – 1166) fasste am Hofe des normannischen Königs Roger II. von Sizilien mit seiner christlich-muslimischen Mischkultur das gesamte geographische Wissen der Araber zusammen und schuf um 1140 – 1154 die erste große Erdkarte nach Ptolemäus (→ K. 52). **Ibn Battuta** aus Tanger (1304 – 1377), der bedeutendste »Landreisende aller Zeiten«, hinterließ ein vier Bände füllendes Werk, das in Europa allerdings erst Mitte des 19. Jh. durch Übersetzung verbreitet wurde. Umso bekannter war in Europa die von **Leo Africanus** (Al Hassan Ibn Muhammad Al-Wassan) am Hofe des Papstes Leo X. um 1520 verfasste Beschreibung Afrikas, die bis weit in das 19. Jh. die wichtigste geographische Quelle für Nordafrika blieb.

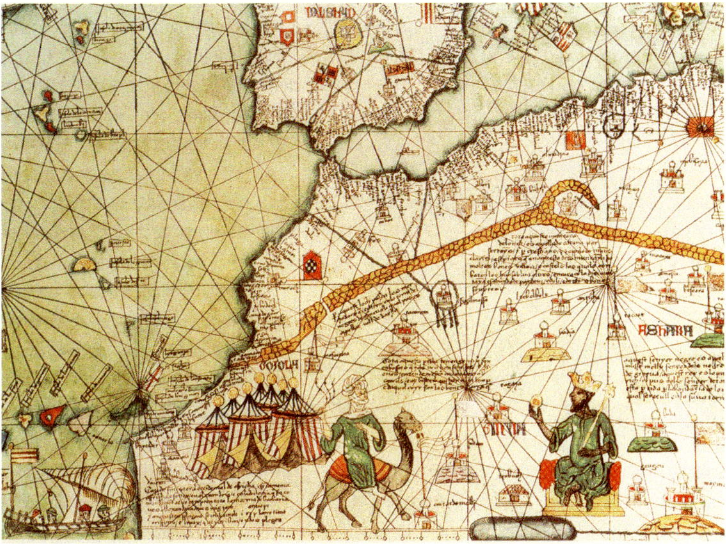

Kankan Musa, Herrscher des Mali-Reiches im Westsudan (1312–1337), unternahm als Muslim mit großem Gefolge 1324 oder 1326 eine aufwändige Pilgerreise zu den heiligen Stätten in Arabien. Als Herr der Goldminen von Bambuk beeindruckte er die islamische Welt durch gewaltige Goldmengen, die er mitführte und spendete, so dass z. B. in Ägypten der Goldpreis deutlich verfiel. Auf der Kartendarstellung, die aus dem »Katalanischen Weltatlas« von 1375 stammt (→ 54), empfängt er vermutlich einen Tuaregfürsten.

851 Der jüdische Kaufmann **Soliman** aus Andalusien, der sich als arabischer Händler bewegte, kam über Basra auf dem Seeweg bis Indien, vielleicht sogar bis Südchina, denn er schilderte das um 600 n. Chr. erfundene weiße chinesische Porzellan und erwähnte den Reiswein. Seine Berichte über China wurden von dem arabischen Geographen Abu Said El-Hassan (gestorben um 915) ebenso veröffentlicht wie der Bericht Ibn Wahabs. → K. 38/39 II

Um 875 trat der arabische Kaufmann **Ibn Wahab** aus Balsora (Basra) eine lange Chinareise an, die ihn längs der indischen Malabarküste, über Ceylon nach Sumatra (Palembang) und Java führte. In China besuchte er den Kaiserhof in Nanking, wo er gut aufgenommen wurde. Wenige Jahre darauf erlebte er die fremdenfeindliche Rebellion unter Huang Chao und das Ausländermassaker in der Hafenstadt Hangtschou, dem Tausende Araber, Juden, Malaien und andere Händler zum Opfer fielen – ein Schlag gegen den arabischen Fernhandel mit China, von dem sich dieser kaum wieder erholte. → K. 38/39 II

921/922 reiste der Diplomat und Geograph des Kalifen Al-Muktadir, **Ibn Fadhlan**, von Bagdad über Urgentsch in Choresmien zum Nordende des Kaspischen Meeres, die Wolga aufwärts bis Bulgar, dem Zentrum eines Pelzhandelsgebietes in der Nähe des Zusammentreffens von Wolga und Kama. Er berichtete über den Pelzhandel im Bjarmaland (Permer Land) zwischen Weißem Meer und Ural. Sein Bericht wurde erst Anfang des 20. Jh. bekannt. → K. 38/39 I

Reisen im islamischen Herrschafts- und Einflussbereich (8.–16. Jh

Um 973 Durch den arabischen Reisenden El-Bekri (1094 gestorben), der eine wertvolle Beschreibung Nordafrikas lieferte, weiß die Nachwelt von der Reise des jüdischen Händlers Ibrahim **Ibn Jakub**. Dieser reiste nach Mitteleuropa, nahm an einer Audienz Kaiser Ottos I. des Grossen in Quedlinburg im März 973 teil und besuchte die slawischen Obodriten in Mecklenburg. Über Magdeburg und Naumburg gelangte er nach Prag, wo er skandinavische, slawische und ungarische Händler antraf. → K. 38/39 IV

1140–54 entwarf der arabische Geograph Abu Abdallah Muhammad el **Edrisi** (Idrisi) eine Weltkarte, in der das arabisch-muslimische Wissen jener Zeit zusammengefasst war. Edrisi, 1100 als Sohn eines arabischen Fürsten aus Ceuta geboren, hatte weite Teile Nordafrikas, Kleinasiens und der Iberischen

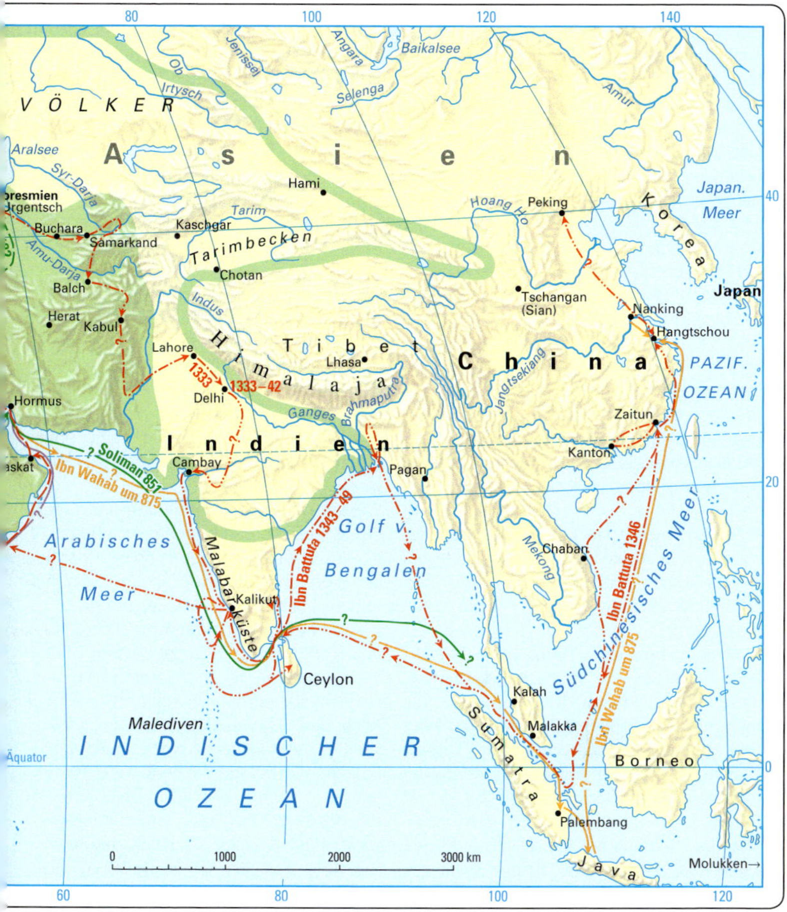

Halbinsel bereist, als er an den Hof des Normannenkönigs Roger II. von Sizilien kam und von diesem weltoffenen Herrscher den Auftrag erhielt, eine Weltkarte zu zeichnen, die in eine Silberplatte graviert wurde. Das Original ist zwar verloren gegangen, aber es existieren Nachzeichnungen. Obwohl sich Edrisi stark auf das Wissen des Ptolemäus stützte, ist sein Weltbild in vielem umfassender als das des griechisch-römischen Gelehrten. Die Edrisi-Karte (»Charta Rogeriana«) gibt eine gute Vorstellung vom damaligen Weltbild der Araber, das dem christlichen Weltbild jener Zeit weit überlegen ist. (→ K 52)

1160–73 Der Rabbi **Benjamin von Tudela** war jahrelang unterwegs, um die damals existierenden jüdischen Gemeinden aufzufinden. Von Katalonien führte ihn die Reise über

Italien, Griechenland, Byzanz und Damaskus nach Bagdad. In Basra konnte er Nachrichten über Indien und China sammeln. Über Abessinien, Alexandria, Sizilien und Frankreich kehrte er in die Heimat zurück. Sein viel gelesener, hebräisch geschriebener Reisebericht gilt als eine der bedeutendsten geographischen Quellen des Mittelalters. → K. 38/39 IV

1325 – 28 erste große Reise des Abu Abdallah Mohammad **Ibn Batutta** (1304 – 77) aus Tanger in Marokko, des größten Landreisenden aller Zeiten (ca. 120 000 km). Über Nordafrika erreichte der juristisch gebildete Ibn Batutta während einer Pilgerreise Mekka, das er später noch dreimal aufsuchte. Über Nordarabien und Mesopotamien (Bagdad, Basra und Mossul) gelangte er nach Persien (Isfahan, Schiras und Täbris). → K. 38/39 IV

1328 – 1330 reiste **Ibn Battuta** über den Jemen nach Ostafrika bis Mombasa und Kilwa. Die Rückreise führte ihn über Hormus und Zentralarabien nach Ägypten. → K. 38/39 IV

1330 – 49 begab **Ibn Battuta** sich über Syrien und Kleinasien zur Krim, gelangte nach Sarai an der Wolga, der Hauptstadt des mongolischen *Khanates der Goldenen Horde* und – nach einem Abstecher nach Konstantinopel – zur Stadt Bulgar an der mittleren Wolga. Am Nordufer des Kaspischen Meeres vorbei ging die Reise nach Chiwa, Buchara, Samarkand und Balch in Mittelasien. 1333 erreichte Ibn Batutta Delhi, die Hauptstadt des gleichnamigen Sultanats, wo er vom Sultan in ein hohes Richteramt eingesetzt wurde, das er fast zehn Jahre ausübte. Im Auftrag des Sultans wurde er an die Spitze einer Gesandtschaft nach China gestellt. Von Räubern überfallen, endete diese Reise in einer Katastrophe, die Ibn Batutta nur durch glückliche Umstände überlebte. Auch ein zweiter Versuch nach China zu gelangen, scheiterte. Er blieb eineinhalb Jahre auf den Malediven, bis er nach Ceylon gelangen konnte. Hier bestieg er den Adamspik. Schließlich reiste er per Schiff nach Bengalen und von hier aus auf einer chinesischen Dschunke nach Sumatra und weiter zur bedeutenden chinesischen Hafenstadt Zaitun (Zhangzhou), wo er arabische Kaufleute antraf. Über Hangtschou kam er nach Peking, verließ aber China, das »Land der Ungläubigen«, bald wieder. Über Sumatra, Südindien, Persien, Mesopotamien und Syrien gelangte er 1349 nach Fez in Marokko. → K. 38/39 I/II

1352 – 55 unternahm **Ibn Batutta** im Auftrag des marokkanischen Sultans noch einmal eine große Reise, dieses Mal durch die Sahara in den Westsudan, wo das Mali-Reich den westafrikanischen Goldhandel kontrollierte. Das Herrscherhaus war zwar dem Islam gewonnen, nicht aber die meisten seiner Untertanen. Die Wissenschaft verdankt Ibn Batutta wertvolle Einzelheiten aus der Geschichte Westafrikas. Über Sidschilmasa und Tagaza erreichte er die Handelsmetropole Timbuktu, wo er sich sieben Monate aufhielt. Über Gao am Niger und Air kam er ins Land der Tuaregs und kehrte 1355 nach Fez zurück.

Auf Wunsch des marokkanischen Sultans diktierte Ibn Batutta seinen Reisebericht dem hochgebildeten Ibn Jusal. Dieses umfangreiche Werk wurde in Europa erst nach der Mitte des 19. Jh. ausführlicher bekannt und stellt bis heute eine wertvolle Quelle zur Geschichte Westafrikas dar. → K. 38/39 IV

Um 1520 – 25 Der Sohn eines maurischen Fürsten aus Granada, Al Hassan Ibn Mohammed Al-Wassan, der seinen Onkel auf einer marokkanischen Gesandtschaftsreise nach Timbuktu im Sudan begleitet hatte, bereiste später weite Teile Nordafrikas und Vorderasiens, war Gast des Sultans von Bornu, bis ihn Seeräuber bei der Rückreise von Istanbul 1520 an den Hof Papst Leos X. brachten. Unter dem lateinischen Namen **Leo Africanus** verfasste er ein großes Reisewerk über Afrika, das bis ins frühe 19. Jh. die Hauptquelle über die Verhältnisse in Nordafrika und im westlichen Sudan blieb. → K. 38/39 IV

Afrika und Asien 16. Jh. → 64 – 67 und 92 – 99

Als mit der Bekehrung des Kaisers KONSTANTIN zum Christentum und den Reisen seiner frommen Mutter HELENA im 4. Jh. die Pilgerreisen ins Heilige Land, nach Jerusalem, aufkamen, konnte mit freier Durchreise dorthin gerechnet werden. Selbst die Einnahme Jerusalems durch die muslimischen Araber 638 änderte wenig an der Praxis christlicher Pilgerreisen nach Palästina. Die freie Durchfahrt und Versorgung der Pilger blieb gewährleistet. Erst als die türkischen Seldschuken aus Mittelasien einbrachen und nach der Schlacht von Manzikert 1071 Kleinasien und Palästina einnahmen, fand die bis dahin geübte Toleranz gegenüber Christen ihr Ende. Die Antwort des christlichen Abendlandes waren die »bewaffneten Pilgerfahrten«, die ***Kreuzzüge***, mit dem Ziel, die Pilgerwege nach Palästina und die dortigen »heiligen Stätten« zu sichern, unabhängig davon, das letztere auch den Muslimen und Juden als heilig galten.

Zwischen 1096 und 1270 fanden sieben große christliche Heere den Weg von Europa in den Orient. Diese »Kreuzzüge« waren in kulturgeschichtlicher Hinsicht zwar von größter Bedeutung für das christliche Europa, das vom »Morgenland« zahlreiche kulturelle und wissenschaftliche Anregungen erhielt, politisch endeten sie jedoch in einem Desaster für das Abendland. Der als ***»Levantehandel«*** der italienischen Städte Venedig und Genua bezeichnete wirtschaftliche Kontakt mit den islamischen Ländern nahm einen bedeutenden Aufschwung.

Geographisch wurde der »europäische« Blick anfangs nur wenig geweitet, da der Vorstoß des Westens schon unweit der Küsten Vorderasiens zum Stillstand kam. Erst seit den Zügen der ***Mongolen*** nach Vorderasien und Ost- bzw. Südosteuropa Mitte des 13. Jh. weitete sich das geographische Wissen des Abendlandes wirklich, einmal durch die Kontaktaufnahme mit den innerasiatischen Zentren der mongolischen Mächte, und zum anderen durch die *»Pax Mongolica«*, die den Fernhändlern gebotene Reisesicherheit. Der Zugang zu dem arabisch-islamischen Wissen über die Erde erfolgte vielfach über die Kontaktzonen Andalusien und Sizilien. So sind einige Schriften des Ptolemäus zum ersten Mal in Palermo, der normannischen Hauptstadt, vom Griechischen ins Lateinische übersetzt worden.

Von besonderer Bedeutung war der ***Vierte Kreuzzug*** (1198–1204), der zur Eroberung des christlichen Konstantinopels durch Kreuzfahrer und zur vorübergehenden Errichtung von »lateinischen« Staaten auf dem Territorium des Byzantinischen Reiches führte. Kulturell war die Eroberung und weitgehende Zerstörung der Hauptstadt des Byzantinischen Reiches von tragischer Bedeutung: in den Flammen von Konstantinopel ging 1204 das dort angehäufte Wissen der griechisch-römischen Antike weitgehend verloren.

Die im Libanon, Syrien und Palästina gegründeten Kreuzfahrerstaaten gingen an inneren Rivalitäten und den andauernden Kriegen mit dem zahlenmäßig überlegenen islamischen Gegner zugrunde. 1291 fiel mit Akkon die letzte Kreuzfahrerbastion.

Die nahezu parallel dazu angelaufene ***Reconquista***, die christliche Rückeroberung auf der Pyrenäen-Halbinsel, erhielt durch päpstliche Förderung ihre Bedeutung, zumal diese aus europäischer Sicht erfolgreich war. 1492 – im Jahr der Entdeckung Amerikas durch KOLUMBUS – fiel hier mit Granada die letzte maurische bzw. muslimische Bastion. Die Kreuzzugsmentalität aber lebte bei den iberischen Völkern weiter und sollte bei der Eroberung Lateinamerikas im 16. Jh. noch eine große Rolle spielen. So brachen die portugiesischen und spanischen Karavellen unter dem Zeichen des Kreuzes auf ihren Segeln zu ihren Entdeckungsfahrten auf.

Neben Jerusalem und Rom war das Jakobsgrab in ***Santiago de Compostela*** in Spanien der wohl wichtigste christliche Wallfahrtsort. Als *Matamoros (»Mohrenschlächter«)* soll der hier begrabene JAKOBUS in die Schlachten der Reconquista auf wundersame Weise hilfreich eingegriffen haben. Der *»Jakobusweg«* – ein viel gegliedertes Wegenetz nach Santiago, lockte zahlreiche Pilger Westeuropas nach Spanien.

1095 (27. November) Aufruf zum Kreuzzug ins Heilige Land durch Papst Urban II. auf dem Konzil von Clermont-Ferrand.

1096–99 Erster Kreuzzug
Vernichtung des *»Volkskreuzzuges«* bei Civetot in Kleinasien, nördlich von Nikäa (Oktober 1096) – Sieg des *»Ritterkreuzzuges«* bei Dorylaion über die türkischen Seldschuken (Juli 1097); Eroberung Antiochias (1098) und Jerusalems (1099), Massaker an den Verteidigern und Einwohnern Jerusalems. Gründung des *Königreiches Jerusalem* und des *Fürstentums Antiochia* sowie der *Grafschaften Edessa* und *Tripolis*.

1147–49 Zweiter Kreuzzug
Nach der islamischen Rückeroberung Edessas Aufruf zu einem neuen Kreuzzug, an dem der deutsche König Konrad III. und der französische König Ludwig VII. teilnahmen. Niederlage des deutschen Heeres bei Dorylaion (1147) und vergebliche gemeinsame Belagerung von Damaskus (1148).

1189–92 Dritter Kreuzzug
Nach schwerer Niederlage der Christen gegen Sultan Saladin in der Schlacht bei Hattin und dem Verlust Jerusalems (1187) Erlass einer neuen Kreuzzugsbulle durch Papst Urban III. Kaiser Friedrich I. Barbarossa (1189 Tod im Fluss Saleph), der englische König Richard I. Löwenherz und der französische König Philipp II. führten ihre Heere, zum Teil auf dem Seeweg, ins Heilige Land – Eroberung Zyperns und 1191 Einzug in Akkon (Enthauptung von 2700 Geiseln auf Befehl von Richard Löwenherz). 1192 Waffenstillstand mit Sultan Saladin. Auf dem Rückweg Gefangennahme Richard Löwenherz' nach einem Schiffbruch auf der Donau durch den österreichischen Herzog Leopold (Freilassung nach Zahlung eines hohen Lösegeldes).

1202–04 Vierter Kreuzzug
Venedig verpflichtete sich, die Kreuzfahrer per Schiff nach Ägypten überzusetzen. Da die Kreuzfahrer die vereinbarte Summe nicht aufbringen konnten, wurden sie zur Belagerung und Plünderung Zaras an der dalmatinischen Küste verpflichtet. Anschließend erfolgte die Eroberung und Plünderung Konstantinopels auf Wunsch Venedigs und die Errichtung des Lateinischen Kaisertums. In Konstantinopel gingen die meisten Schriften aus der griechisch-römischen Antike in Flammen auf.

1213–21 Fünfter Kreuzzug
Mit dem Einfall der Kreuzfahrer in Ägypten unter Teilnahme des ungarischen Königs Andreas II. und der Einnahme von Damiette wurde der Kreuzzug zum Kolonialkrieg. 1221 gerieten die Kreuzfahrer bei Mansurah in einen Hinterhalt, erhielten aber freien Abzug.

1228/29 Kreuzzug Kaiser Friedrichs II.
Nachdem sich Kaiser Friedrichs II. bei seiner Krönung zum Kreuzzug verpflichtet und diesen 1227 wegen einer Malariaerkrankung abgebrochen hatte, startete er den Kreuzzug 1228 als Gebannter. 1229 erhielt er in einem Vertrag mit dem ägyptischen Sultan Al-Kamil im *Frieden von Jaffa* Jerusalem, Bethlehem und Nazareth sowie eine Verbindung zur Küste.

1248–54 Sechster Kreuzzug
Nach der islamischen Rückeroberung Jerusalems (1244) versuchte der französische König Ludwig IX. Ägypten zu erobern. 1249 Eroberung Damiettes, 1250 Niederlage bei Mansurah. Gefangennahme des französischen Königs in Damiette und Freikauf des Königs.

1270 Siebenter Kreuzzug
Die Kreuzfahrer unter dem französischen König Ludwig IX. landeten in Tunis, wo der König einer Seuche zum Opfer fiel. Rückzug nach Sizilien und Auflösung des Heeres.

Mongolenzeit → 44–50

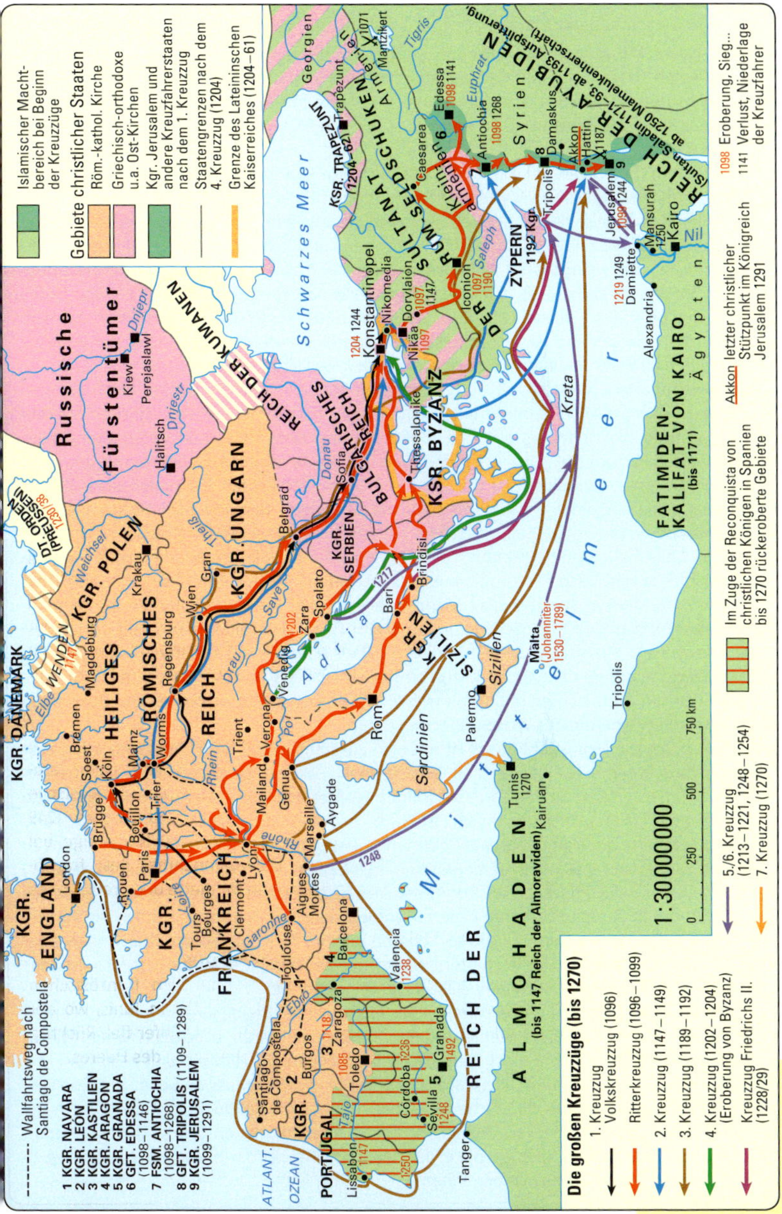
Islamischer Machtbereich bei Beginn der Kreuzzüge
Gebiete christlicher Staaten
Röm.-kathol. Kirche
Griechisch-orthodoxe u.a. Ost-Kirchen
Kgr. Jerusalem und andere Kreuzfahrerstaaten nach dem 1. Kreuzzug
Staatengrenzen nach dem 4. Kreuzzug (1204)
Grenze des Lateinischen Kaiserreiches (1204–61)
Wallfahrtsweg nach Santiago de Compostela
1 KGR. NAVARA
2 KGR. LEON
3 KGR. KASTILIEN
4 KGR. ARAGON
5 KGR. GRANADA
6 GFT. EDESSA (1098–1146)
7 FSM. ANTIOCHIA (1098–1268)
8 GFT. TRIPOLIS (1109–1289)
9 KGR. JERUSALEM (1099–1291)
Die großen Kreuzzüge (bis 1270)
1. Kreuzzug Volkskreuzzug (1096)
Ritterkreuzzug (1096–1099)
2. Kreuzzug (1147–1149)
3. Kreuzzug (1189–1192)
4. Kreuzzug (1202–1204) (Eroberung von Byzanz)
Kreuzzug Friedrichs II. (1228/29)
5./6. Kreuzzug (1213–1221, 1248–1254)
7. Kreuzzug (1270)
Im Zuge der Reconquista von christlichen Königen in Spanien bis 1270 rückeroberte Gebiete
Akkon letzter christlicher Stützpunkt im Königreich Jerusalem 1291
1098 Eroberung, Sieg...
1141 Verlust, Niederlage der Kreuzfahrer
1:30 000 000
0 250 500 750 km
KGR. ENGLAND
KGR. FRANKREICH
HEILIGES RÖMISCHES REICH
KGR. DÄNEMARK
KGR. POLEN
KGR. UNGARN
DT. ORDEN (PREUSSEN) 1230/38
WENDEN 1147
Russische Fürstentümer
REICH DER KUMANEN
BULGARISCHES REICH
KGR. SERBIEN
KSR. BYZANZ
KGR. SIZILIEN
KGR. PORTUGAL
REICH DER ALMOHADEN (bis 1147 Reich der Almoraviden)
FATIMIDEN-KALIFAT VON KAIRO (bis 1171)
SULTANAT DER RUM-SELDSCHUKEN
KSR. TRAPEZUNT (1204–61)
REICH DER AYUBIDEN (Sultan Saladin 1171–93, ab 1193 Aufsplitterung, ab 1250 Mamelukenherrschaft)
ZYPERN 1192 Kgr.
Schwarzes Meer
Mittelmeer
Adria
ATLANT. OZEAN
Ägypten
Syrien
Armenien
Georgien
Kleinarmenien
Malta (Johanniter 1530–1789)
Konstantinopel 1204 1244
Jerusalem 1099 1244
Akkon
Hattin 1187
Antiochia 1098 1268
Edessa 1098 1141
Damaskus
Tripolis
Nikäa 1097
Dorylaion 1097 1147
Iconion 1097 1190
Damiette 1219 1249
Mansurah 1250
Kairo
Alexandria
Tunis 1270
Kairuan
Lissabon 1147
Toledo 1085
Zaragoza 1118
Valencia 1238
Córdoba 1236
Sevilla 1248
Granada 1492
Zara 1202
Manzikert 1071
Tanger

Als 1223 die südrussischen Fürsten in der Schlacht an der Kalka von den mongolischen Scharen DSCHINGIS KHANS geschlagen wurden, ahnte noch niemand in Europa von der Gefahr aus dem Fernen Osten. Auf einer Ratsversammlung der Stämme 1207 war der Begründer des mongolischen Weltreiches, TEMUDSCHIN, zum Oberherrscher aller Mongolen unter dem Titel **DSCHINGIS KHAN** erwählt worden. In kurzer Zeit wurden Mittelasien, Teile Persiens und Nordchinas erobert.

Nach dem Tode DSCHINGIS KHANS (1227) wurden weite Gebiete Osteuropas, Vorderasiens und Chinas in den mongolischen Machtbereich einbezogen. Die mongolischen Reiterheere mit beweglicher Kampfweise ließen sich von niemandem aufhalten. Ihr Siegeszug durch Osteuropa und Teile des östlichen Mitteleuropa 1237–41 wurde nur durch den Tod des Großkhans ÜGEDEI abgebrochen. Das ***mongolische Weltreich*** zerbrach dann allerding sehr bald an Thronstreitigkeiten: Im Westen gründete BATU KHAN das ***Khanat der Goldenen Horde***, im Osten eroberte das ***Reich des Großkhans*** unter KUBLAI KHAN (1259–94) Nordchina sowie nach und nach das südliche China, Tibet und Burma. Im Südwesten errichteten die Mongolen das Reich der ***Il-Khane*** mit Persien als Zentrum und in Zentralasien entstand das ***Khanat Tschagatai***. (→ K. 46/47)

Der europäische Westen, mit den islamischen Staaten in die Kreuzzüge verstrickt, versuchte zu den östlichen Ländern gute Beziehungen herzustellen. Die christlichen Staaten Europas trieb die Hoffnung, mit den Mongolen und dem im Fernen Osten vermuteten sagenhaften »Erzpriester JOHANNES« gemeinsam gegen die islamischen Staaten vorgehen zu können. So erreichten päpstliche Gesandte wie **CARPINI** und **RUBRUK** das mongolische Machtzentrum, ohne allerdings ein Bündnis zustande zu bringen. Damit wurden Hoffnungen des Papstes und des französischen Herrschers auf einen möglichen Verbündeten im Kampf gegen die Muslime endgültig zerstört. Italienische Kaufleute, allen voran die POLO-Brüder, die als Händler in das Reich des Großkhans gelangt waren und sich dort viele Jahre aufhalten konnten, profitierten von der »Pax Mongolica«, der relativen Reisesicherheit in der mongolischen Machtsphäre. Die Schilderungen **MARCO POLOS*** und anderer Reisender erlaubten dem Abendland einen gewissen Einblick in die Welt des Ostens, besonders Chinas. Die Unterstützung durch den Großkhan KUBLAI ermöglichte MARCO POLO, sich in weiten Teilen des ostasiatischen Großreiches kundig zu machen. Missionare wie **MONTECORVINO** und **ODORICO VON PORDENONE** ververtieften das Wissen über den Osten.

1368 brach die Mongolenherrschaft in China zusammen und das chinesische Mingreich wurde vorübergehend selber nach außen sehr aktiv. Eine herausragende Rolle spielten dabei die sieben großen Seereisen des Admirals **TSCHENG HO** (1405–33). Aber nach dem Tode des Admirals (1433) kehrte das »Reich der Mitte« zu seinem alten Isolationismus zurück und man betrachtete die Welt außerhalb Chinas mit Gleichgültigkeit. Die Beziehungen Asiens zu Europa wurden um 1400 durch den türkisch-mongolischen »Welteroberer« **TIMUR** (»TAMERLAN«) in Mittelasien völlig unterbrochen. Der Ausbau des Osmanischen Reiches führte am Ende des 15. Jh. zu der in Europa beklagten »Sperre« Vorderasiens und Nordafrikas durch die Türken. Einzelne Reisende wie **CONTI** und **NIKITIN** konnten zwar im 15. Jh. die Sperre überwinden, aber sie blieben Ausnahmen. Der hochinteressante Tagebuchbericht des russischen Kaufmanns NIKITIN wurde zudem erst Mitte des 19. Jh. allgemein bekannt.

Alles in allem wusste Europa trotz einiger interessanter Begegnungen mit dem Fernen Osten sehr wenig über die einzelnen asiatischen Regionen. Trotz alledem sind die frühen, oft angezweifelten Berichte nicht ohne Wirkung geblieben. Die Hinweise auf nestorianische Christen im Fernen Osten, vor allem aber die Berichte vom Überfluss an Gewürzen, Edelsteinen und -metallen lockten christliche Missionare ebenso wie Kaufleute und Abenteurer. Besonders aber beeindruckten sie die neuen absolutistischen Staaten Süd- und Westeuropas, allen voran Portugal und Spanien, die in der zweiten Hälfte des 15. Jh. nach einem Seeweg zu den Schätzen Asiens zu suchen begannen.

Europäische Kaufleute auf Reisen in Asien *(Ausschnitt aus dem Katalanischen Weltatlas von 1375)*
Nachdem sich das mongolische Weltreich Mitte des 13. Jahrhunderts fest etabliert hatte und sich in vier große Teilreiche auflöste, herrschte für etwa 150 Jahre eine relativ hohe Sicherheit und Glaubensfreiheit für reisende Diplomaten, Missionare und Kaufleute, als ***»Pax Mongolica«*** *bezeichnet. Reisende wie Carpini, Rubruk und Marco Polo* vermittelten Europa erstmals Kenntnisse von den Ländern Innerasiens und des Fernen Ostens.*

1245–47 reiste der Franziskanermönch Giovanni di Piano **Carpini** im Auftrag des Papstes Innozenz IV. mit einer kleinen Gesandtschaft in die Länder der Mongolen. Von Lyon aus gelangte er über Krakau und Kiew nach Sarai, wo Batu-Khan, Herrscher des mongolischen Teilreiches der *Goldenen Horde* residierte. In einem dreieinhalbmonatigen Gewaltritt durch die Kasachische Steppe erreichte er im Juli 1246 Siri Orda in der Nähe Karakorums, wo er die Wahl des neuen Großkhans erlebte. Auf das päpstliche Schreiben erhielt Carpini erst im November 1246 eine Antwort, die praktisch die Unterwerfung des Abendlandes unter mongolische Herrschaft forderte. Im November 1247 traf er wieder in Lyon ein. Sein Reisebericht beschrieb zum ersten Mal die Geschichte und Kultur der Mongolen. → K. 46/47 I

1253–55 Der flämische Franziskanermönch Wilhelm von **Rubruk** (Ruysbroeck) unternahm im Auftrag des Papstes Innozenz IV. und des französischen Königs Ludwig IX. eine Gesandtschaftsreise an den Hof des Mongolenherrschers Möngke (Mangu) in Karakorum (Mongolei). Über Konstantinopel, Sudak (Krim) zum Zeltlager Sarai an der unteren Wolga folgte er den Spuren Carpinis in die Mongolei. Vom Dezember 1253 bis Juli 1254 hielt er sich im Lager des Großkhans Möngke auf. Die Rückreise durch die Kasachische Steppe, am Westufer des Kaspischen Meeres entlang und über Armenien führte ihn nach Tripolis am Libanon, wo er aber den französischen König nicht mehr antraf. – Sein schriftlicher Bericht, ein geographisches Meisterwerk des Mittelalters, zerstörte alle Hoffnungen auf eine

Reisen in Asien und im Indischen Ozean (13.–15. Jh.)

100
120
140
Baikalsee
Onon
Angara
Jenissej
Ob
Amur
Selenga
Siri Orda
M o n g o l e i
Carpini 1245–47
Karakorum
Rubruk 1253–55
R e i c h d e s
G r o ß k h a n s
Ili
Hami
Shangtu
Kambaluk (Peking)
Hoang Ho
Japan. Meer
K o r e a
Gelbes Meer
Montecorvino 1294
Japan (Zipangu)
Dunhuang
Tarim
Kaschgar
Sütschou
K a n s u
Lanzhou
Chotan
Sian
Kaifeng
Nanking
Quinsay (Hangtschou)
Odorico von Pordenone 1318–30
T i b e t
Himalaya
Indus
Lahore
Multan
Delhi
Lhasa
M. Polo
Tschöngtu (Chengdu)
C h i n a
Tschungking
Jangtsekiang
PAZIF. OZEAN
Conti 1419–44
Ganges
Brahmaputra
I n d i e n
Conti
Awa
Zaitun
Sikiang
Kanton
Taiwan
Narbada
Tschittagong
Pagan
B u r m a
Salween
M. Polo 1292–95
Hainan
20
40
Godawari
Bidar
Montecorvino
Irawadi
Pegu
Golf v. Bengalen
Mekong
Khmer
Angkor
Champa
Chaban
Südchinesisches Meer
Malabarküste
Kalikut
1318–30
M. Polo 1291–95
Ceylon
1405–33
Tscheng Ho
DISCHER OZEAN
Sumatra
Borneo
Conti 1419–44
Palembang
Java
Surabaya
0
80
100
120

Hilfe oder Zusammenarbeit mit den Mongolen gegen die islamische Welt. → K. 46/47 I

1260–69 Reise der venezianischen Kaufleute, der Brüder **Nicolò** und **Maffeo Polo**, von Konstantinopel nach Kambaluk (Peking), der Hauptstadt des mongolischen Großkhans Kublai. Über Sudak (Krim) reisten beide zunächst in das mongolische Teilreich der *Goldenen Horde*, wo sie die Hauptorte Sarai und Bulgar aufsuchten. Wegen beginnender Thronwirren wichen sie über Urgentsch nach Buchara aus und konnten sich einer mongolischen Gesandtschaft aus Persien anschließen, die auf nicht genau bekannten Wegen der alten *Seidenstraße* an den Hof des Großkhans in Shangtu (Xanadu) und Kambaluk (Peking) gelangte. Hier wurden sie von Kublai Khan interessiert aufgenommen und schließlich mit einer Nachricht an den Papst entlassen, ihm hundert unterrichtete Leute zu schicken, um feststellen zu können, ob das Christentum dem Buddhismus tatsächlich überlegen sei. Die Brüder versprachen wiederzukommen und zogen auf annähernd gleichem Weg zurück, allerdings von der unteren Wolga ab über Armenien und Kleinasien nach Akkon in Palästina und schließlich nach Venedig. → K. 46/47 L.

1271–95 reisten die Brüder Nicolò und Maffeo Polo erneut nach Ostasien, dieses Mal in Begleitung des bei der Abreise erst siebzehnjährigen **Marco Polo**, Sohn des Nicolò. Ihr Weg führte sie über Ajas am Golf von Iskenderun durch Kleinasien in das mongolische *Reich der Il-Khane* in Persien. Über Täbris und Kirman reisten sie durch Chorassan nach Balch, überquerten den Pamir und folgten der südlichen *Seidenstraße* in östliche Richtung. Über Kansu reisten sie den nördlichen Hoang-Ho-Bogen entlang zur Sommerresidenz des Großkhans Kublai nach Shangtu. In seiner Winterresidenz Kambaluk (Peking) übertrug der Großkhan später Marco Polo Verwaltungsaufgaben. Dieser bereiste wichtige chinesische Provinzen und kam während einer Gesandtschaftsreise nach Burma ins Irawadital. Für einige Zeit war Marco Polo sogar Statthalter des Großkhans in der bedeutenden chinesischen Hafenstadt Quinsay (Hangtschou). Erst **1292** ergab sich für Nicolò, Maffeo und Marco Polo die Gelegenheit, das Land zu verlassen, indem sie beauftragt wurden, eine mongolische Prinzessin dem neuen Il-Khan von Persien als Braut zu überbringen. Mit großem Gefolge segelten die 13 Dschunken durch das Südchinesische Meer, die Straße von Malakka und den Golf von Bengalen in den Persischen Golf. In Hormus erfuhren sie von dem Ableben des Großkhans und von dem Tod des bereits 1291 verstorbenen Il-Khan Arghun, dem die mongolische Prinzessin zugeführt werden sollte. Von Persien, wo sich die Polos neun Monate aufhielten, reisten sie über Trapezunt und Konstantinopel nach Venedig, das sie 1295 erreichten. → K. 46/47 L.

1291–94 brach der italienische Franziskanermönch Giovanni de **Montecorvino** zu seiner zweiten Reise nach Persien auf und gelangte auf dem Seeweg an die indische Koromandelküste, wo er 13 Monate unter den Thomaschristen lebte. 1294 traf er in China ein, missionierte mit mäßigem Erfolg und gründete 1307 im päpstlichen Auftrag ein Erzbistum. Er starb in China um 1330. → K. 46/47 III

1318–30 Der italienische Franziskanermönch **Odorico von Pordenone** (Oderich von Portenau) reiste über Konstantinopel und Trapezunt nach Persien und Mesopotamien bis Hormus. Von hier aus setzte er die weitere Reise über die Meere fort, besuchte die indische Malabar- und Koromandelküste sowie Ceylon, Sumatra und Java und erreichte schließlich über Kanton die bedeutende südchinesische Hafenstadt Zaitun. Von hier aus setzte er seine ungewöhnliche Reise auf dem Landweg und dem Kaiserkanal nach Peking fort, wo er drei Jahre verweilte. Die Rückreise mit ungewissem Verlauf erfolgte über Tibet. Er berichtete als Erster über Lhasa, die Hauptstadt Tibets. → K. 46/47 II

1338–53 begab sich der florentinische Franziskanermönch Giovanni da **Manignola** im päpstlichen Auftrag nach China, um sich nach

***Marco Polo* auf dem Rückweg nach Europa in Hormus** *(Illustration aus dem 14. Jh.)*
Der bedeutendste europäische Landreisende vor dem Zeitalter der geographischen Entdeckungen, Marco Polo, wurde 1254 in Venedig geboren und starb um 1324 dort. Er begleitete seinen Vater Nicolò und dessen Bruder Maffeo Polo auf deren zweiter Asienreise an den Hof des residierenden Großkhans Kublai in Kambaluk (Peking). Im Auftrag des Großkhans, dessen Gunst der sprachgewandte Marco Polo erlangte, übernahm er Verwaltungsaufgaben und lernte so weite Teile Chinas kennen. Eine Zeit lang war er sogar Statthalter von Quinsay (Hangtschou). – Nach der Rückkehr der drei Polos nach Venedig 1295 kam Marco Polo nach einem Seetreffen in genuesische Gefangenschaft. In dieser Zeit diktierte er dem schreibgewandten Rustichello (Rusticiano) aus Pisa seinen Reisebericht. Der ersten französischen Ausgabe folgten unter verschiedenen Titeln (z. B. »Buch der Wunder der Welt«) bald 143 verschiedene Versionen, Übersetzungen ins Italienische und Lateinische (1447 auch ins Deutsche).

***Marco Polo** führte seinen Zeitgenossen eine ihnen unbekannte Welt vor und gab damit für viele Reisende bis weit in das 16. Jh. den Anstoß, Asien und die Wege dorthin zu erschließen. Seine Zeitgenossen spotteten vielfach über den »Millionenlügner«, dessen Buch man mit großem Vergnügen las, aber erst nach und nach erkannte man den Wahrheitsgehalt seiner Schilderungen an. Spätere wissenschaftliche Forschungen erwiesen seine Schilderungen als weitgehend richtig, auch wenn sie natürlich nicht frei von Fehlern und Irrtümern sind. So sind seine Entfernungsangaben meist zu hoch gegriffen, so dass Entdecker des 16. Jh. – von Kolumbus bis Magellan – den östlichen Rand Asiens viel zu weit nach Osten verlegten. Auf das Zeitalter der geographischen Entdeckungen hat sein Buch jedenfalls große Wirkungen ausgeübt.*

Es soll nicht verschwiegen werden, dass neueste Forschungen die Authentizität der Berichte Marco Polos in Frage stellen. So erwähnt er beispielsweise weder die Chinesische Mauer noch den Tee. In den Analen der traditionellen chinesischen Geschichtsliteratur soll er nicht erwähnt worden sein.

den kirchlichen Zuständen nach dem Tode Montecorvinos zu erkundigen. Nach dreijähriger Reise durch das nördliche Zentralasien erreichte er Peking, wo er drei Jahre blieb. Über Zaitun, Ceylon, Indien, Persien und Mesopotamien kam er 1353 nach Avignon zurück. (Sein Reiseweg durch Zentralasien ist nicht bekannt.)

1405–33 führten ***sieben große Seereisen der Chinesen*** der Ming-Dynastie unter dem Kommando des Admirals **TSCHENG HO** (CHENG HO, ZHENG HE), auch *»Eunuch der drei Juwelen«* genannt, in verschiedene Teile Südostasiens und des Indischen Ozeans von Taiwan bis Ostafrika. TSCHENG HO kam mit sieben Jahren in den Dienst des Onkels des regierenden Ming-Kaisers und wurde damaliger Sitte gemäß nach kaiserlichem Protokoll kastriert. In Feldzügen gegen die Mongolen bewies er Mut und Führungsstärke. Als sein Herr unter dem Namen YONG LE (MING CHENGDZU) 1402 die Macht an sich riss, beauftragte er TSCHENG HO mit mehreren Schiffsexpeditionen in die »Westlichen Meere«. Kaiser YONG LE wollte damit die chinesische Oberhoheit über die »unzivilisierten Länder« jenseits des Meeres herstellen.

Mit 63 seetüchtigen Dschunken unternahm TSCHENG HO 1405 die erste Expedition mit zahlreichen Seeleuten, Bewaffneten, aber auch Beamten, Wissenschaftlern, Ärzten, Kaufleuten, Buchhaltern und Dolmetschern. Die chinesische Seeschiffahrt war zu dieser Zeit der europäischen Seefahrt überlegen. Sie hatte ab ca. 1000 den Kompass praktisch eingesetzt, drei Jahrhunderte bevor er in Europa gebräuchlich wurde. Auch kannten die Chinesen für große Dschunken Schotten, mit denen lecke Teile des Rumpfes abgeriegelt werden konnten.

Zunächst wurden die Anrainerländer des Südchinesischen Meeres aufgesucht, vor allem Hinterindien, Java und Sumatra, aber auch die Handelsstädte an der vorderindischen Malabarküste. Später stießen die See-Expeditionen bis in den Persischen Golf und an die Seeküsten Arabiens vor, von wo aus TSCHENG HO, der Moslem war, auch Mekka aufsuchte. Die Küsten Ostafrikas wurden in die Erkundungen einbezogen. – TSCHENG HO war ausgesandt, um überall in Südostasien die Macht des chinesischen Herrschers zu demonstrieren, dessen Vasallen die besuchten Länder seien. Seine Reisen blieben überwiegend diplomatische Missionen; nur zweimal musste er militärisch eingreifen, davon einmal gegen Piraten. Als TSCHENG HO 1433 starb, kehrte China zu seinem traditionellen Isolationismus zurück, man betrachtete die Welt außerhalb Chinas mit Gleichgültigkeit. Reisen ins Ausland wurden weitgehend verboten und TSCHENG HOS Reiseberichte wurden teilweise vernichtet – das chinesische »Entdeckungszeitalter« war beendet. → K. 46/47

1419–44 reiste der venezianische Kaufmann NICCOLÒ DEI **CONTI** durch große Teile des südlichen Asiens, zu einer Zeit, als es für europäische Reisende so gut wie verschlossen war. In Begleitung seiner Frau und Kinder gelangte er von Damaskus über Mesopotamien, Vorder- und Hinterindien bis nach Java und Borneo und war vielleicht auch in China. Der arabischen und persischen Sprache mächtig, erschloss sich ihm die Kultur der Völker der bereisten Gebiete. Über das Arabische und Rote Meer und Kairo kehrte er nach dem Verlust seiner Familie nach Venedig zurück. Da er zum Übertritt zum Islam gezwungen worden war, erteilte ihm Papst EUGEN IV. unter der Bedingung Absolution, dass er einen Reisebericht liefert. Dieser vom Humanisten FRANCESCO POGGIO BRACCIOLINI bearbeitete und herausgegebene Bericht »Über den Wechsel des Glücks« wurde seinerzeit in mehrere Sprachen übersetzt und fand ähnliches Interesse wie der Bericht MARCO POLOS. → K. 46/47 II/III

1466–72 unternahm der aus Twer stammende russische Kaufmann AFANASSI **NIKITIN** eine bemerkenswerte Handelsreise Wolga abwärts über das Kaspische Meer durch Persien nach Vorderindien. Er ist neben CONTI der erste namentlich bekannte Europäer, der das Innere des Hochlands von Dekan kennen lernte. Auf der Rückreise über Oman, Hormus, Trapezunt und das Schwarze Meer nach Kaffa (Krim) kam NIKITIN bis in die Nähe von Smolensk, wo er den Reisestrapazen erlag. Sein Tagebuch wurde zwar früh in russische Chroniken aufgenommen, aber erst durch eine 1856 in Petersburg herausgegebene Bearbeitung allgemein bekannt. → K. 46/47

Asien im 16. Jh. → 92–99 I

Das Weltbild der Antike – die Erkenntnisse eines Eratosthenes und Ptolemäus (→ 28/29) von der Kugelgestalt der Erde – gerieten im Mittelalter nahezu in Vergessenheit. Am besten bewahrten ***arabische Gelehrte*** wie Edrisi im 12. Jh. das antike Wissen und die Vorstellung von der Kugelgestalt der Erde. Diese Kenntnisse hat er in einer Weltkarte und einer Schrift festgehalten. Bekannt wurde seine Weltbeschreibung unter der Bezeichnung »Rogerbuch« und seine Karte unter dem Namen »Charta Rogeriana« – ein Hinweis auf seinen Förderer, den Normannenkönig Roger II. von Sizilien. Über die islamisch-christlichen Kontaktzentren – Spanien und Sizilien – ging dieses Wissen auch im Abendland nicht völlig verloren. So schlummerte in den Bibliotheken und Archiven von Byzanz die geballten Kenntnisse der Antike, aber die Katastrophe des vierten Kreuzzuges, die 1204 zur Brandschatzung und Plünderung Konstantinopels führte, vernichtete die meisten antiken Schriften.

Ebenfalls aus dem Altertum überliefert war die Vorstellung von einer Erdscheibe, ein Bild, dass den maßgeblichen Kirchenvätern wie Augustinus zweifellos näher stand als die weniger begreifliche Theorie einer Erdkugel. Die ***christlich bestimmte Weltsicht*** ging von der runden Erdscheibe, allseits vom Ozean umflossen, aus – mit Jerusalem, dem Ort des Leidens und der Auferstehung Christi, im Mittelpunkt. Die *Rad-* oder *Rundkarten*, zumeist in einem so genannten *TO-Schema*, von klösterlichen Scriptoren erstellt, suchten gar nicht erst die Erde mit wissenschaftlichen Methoden exakt zu erklären. Die Karten entstanden aus einer christlich bestimmten Weltanschauung und dienten nach den Lehren der Bibel und den Dogmen der christlichen Theologie sowohl der Glaubenshilfe wie auch als Demonstration der göttlichen Schöpfung. So gesehen, wäre es verfehlt, die mittelalterlichen Radkarten ausschließlich als Rückschritt gegenüber den geographischen Leistungen des Altertums zu sehen.

Der sich entwickelnde ***Fernhandel der Seestädte*** Venedig und Genua ebenso wie der im Einzugsgebiet der Hanse im Nordsee- und Ostseeraum wurde Wegbereiter des Wissens von der Erde. Die stärkere Verbreitung der Geldwirtschaft, aufkommende Wechsel- und Kreditgeschäfte stärkten die Kräfte des Fernhandels, die sich besonders in der Zeit der Mongolenherrschaft (13./14. Jh.) zu kühnen Landreisen von Europa bis China entwickelten. In dieser Zeit kam mit der ***Portolanenkarte*** in den Mittelmeerländern ein ganz anderer, für den praktischen Gebrauch in der Seefahrt bestimmter Kartentyp auf. Man darf aber nicht annehmen, dass die Seeleute und ihre Kartographen im 14. und 15. Jh. diese von ihnen erstellten Portolanen im kritischen Geist – etwa im Gegensatz zu theologischen Lehrmeinungen – entwickelt hätten, sondern dass sie schlicht und einfach unter praktischen Zielsetzungen nach neuen Hilfsmitteln für die Schifffahrt – nunmehr mit Hilfe des Kompasses – suchten. Eine Stätte der Sammlung von geographischen Nachrichten aus der damals bekannten Welt war die berühmte jüdische »Kartographenschule von Mallorca«, die auch arabisches Material verarbeitete. So entstand im Auftrag des portugiesischen Infanten und nachmaligen Königs Johann I. 1375 der berühmte »Katalanische Weltatlas« des Abraham Cresques. (→ K. 54)

Die Rückbesinnung der **Humanisten** auf das antike Wissen führte im Laufe des 15. Jh. zu einer starken Beschäftigung mit den Werken der antiken Geographen, allen voran mit Claudius **Ptolemäus**. Die Vorstellungen von der Kugelgestalt der Erde hatten sich dadurch schon vor dem Zeitalter der geographischen Entdeckungen unter Gebildeten und Interessierten durchgesetzt.

Die unterschiedlichen Erddarstellungen bzw. Weltkarten führen uns anschaulich vor Augen, dass das Wissen von der Größe und Form der Erde noch nicht einheitlich war. Die viel versprechende Erkundung Asiens auf dem Landweg hatte sich Ende 14./Anfang 15. Jh. praktisch als schwerer Rückschlag erwiesen. Kann man die bisherige Entdeckungsgeschichte als eine Zeit der *Erkundung* kennzeichnen, so folgt ihr nun seit dem 15. Jh. die Zeit der von Europa ausgehenden *umfassenden geographischen Entdeckung und Eroberung*.

1 – Indischer Ozean, 2 – Ceylon, 3 – Malakka, 4 – Indien, 5 – China, 6 – Persischer Golf, 7 – Kaspisches Meer, 8 – Kaukasus, 9 – Schwarzes Meer, 10 – Mondberge, 11 – Arabien, 12 – Nil, 13 – Ghana, 14 – Fessan, 15 – Maghreb, 16 – Mittelmeer, 17 – Italien

Die nach Süden ausgerichtete ***arabische Weltkarte des Edrisi*** *entspricht im Wesentlichen noch dem Erdbild des Ptolemäus aus dem 2. Jahrhundert n.Chr. (→ K. 29), das allerdings durch Reisen islamischer Kaufleute und Gelehrter oder durch eigene Erkundungen des Edrisi verbessert worden ist. Das gilt besonders für Teile Afrikas (Sudan, Nilländer). Insgesamt kann die Karte als ein Höhepunkt der arabischen mittelalterlichen Kartographie angesehen werden. Selbst die antiken Vorstellungen von der Kugelgestalt der Erde gingen nicht verloren. Eigenartigerweise sind die Kenntnisse Edrisis von Südostasien auffällig unvollständig. Die Molukken, Celebes, und andere Sundainseln waren ihm offensichtlich nicht bekannt, obwohl sie schon früher von anderen arabischen Geographen erwähnt worden sind. → 38/39.*

1 – Kaukasus, 2 – See Genazareth, 3 – Jerusalem, 4 – Konstantinopel, 5 – Rom, 6 – Paradies, 7 – Rotes Meer, 8 – Nil, 9 – Afrikanische Völker

Die ***Londoner Psalterkarte aus dem 13. Jh.****, die die Erde als runde Scheibe mit einem Randmeer darstellt, zeigt das typische TO-Schema aus der christlich geprägten Weltsicht des mittelalterlichen Europa. (Das T steht für das Kreuz, das O für die runde Erdscheibe.) Der Ort des Leidens und der Auferstehung Christi, Jerusalem, steht als »Nabel der Welt« im Mittelpunkt der Erdscheibe. Im Osten, bei den mittelalterlichen »Mappae mundi« oben, ist das Paradies mit seinen vier Quellflüssen zu finden. Die drei bekannten Kontinente Asien (oben), Afrika mit seinen sagenhaften Völkern (rechts, d. h. im Süden) und Europa (links unten, d. h. im Nordwesten) sind durch das Mittelmeer, Schwarze Meer und Rote Meer, die T-förmig angeordnet sind, getrennt. Man bezeichnet Karten der christlichen Welt mit dem TO-Schema auch als Radkarten. Bekanntestes großformatiges Beispiel dafür ist die Ebstorfer Weltkarte (Kloster Ebstorf bei Uelzen) aus dem 13. Jahrhundert.*

Der abgebildete Ausschnitt der ***Katalanischen Weltkarte*** *(vermutlich* ***1450*** *entstanden) zeigt noch viel Übereinstimmung mit den Darstellungen im »Katalanischen Weltatlas« von 1375 aus der Kartographenschule des Abraham Cresques aus Mallorca, damals zum katalanischen Reich von Aragon gehörig. Erstaunlich genau sind die Umrisse der Küsten und Inseln des Mittelmeeres dargestellt.*

Von Afrika (im Mittelpunkt der Abbildung) sind die Nord- und Nordwestküsten bekannt, etwa bis zum Senegal. Deutlich erkennbar sind die beiden Quellflüsse des Nils. Eine Verbindung zwischen dem Atlantischen und dem Indischen Ozean ist lediglich durch einen Fluss angedeutet. Arabien und Indien mit Ceylon sind im rechten Teil des Kartenausschnitts vage angedeutet.

Die Karte gehört zum Typ der ***Portolanenkarte****, den auf Pergament gezeichneten Seekarten, die seit Ende des 13. Jh. mit der Benutzung des Kompasses aufkamen. Als Grundlage wurde ein Netz von Kompasslinien gezogen, die bei der Einzeichnung der Küstenlinien und Inseln halfen und den Seeleuten zur Kursplanung dienten. Seit dem 15. Jh. wurde dieser Kartentyp auch mit einem Gradnetz versehen. Die auf den Seiten 70/71 abgebildete Agnese-Karte (um 1550) stellt ein spätes Beispiel einer Portolanenkarte dar.*

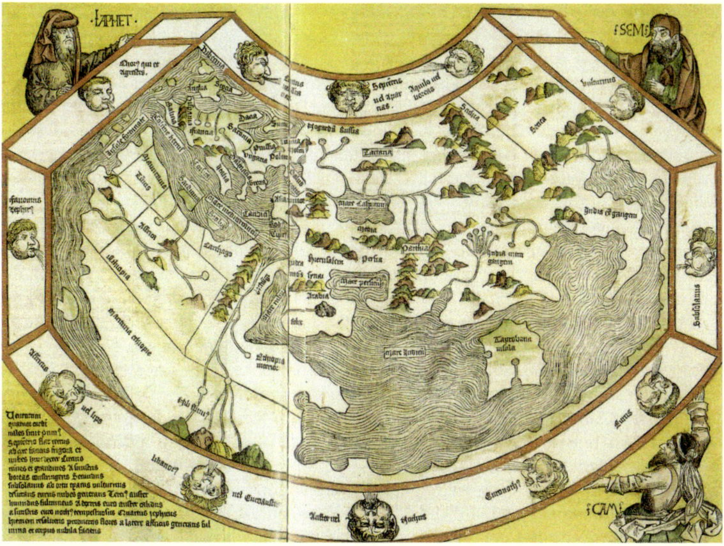

Die abgebildete ***Ptolemäische Weltkarte von 1493*** *stammt aus der berühmten Weltchronik des Nürnberger Arztes und Humanisten* HARTMUT SCHEDEL. *Die vereinfachte Karte zeigt das aus dem Altertum überkommene Erdbild des* CLAUDIUS **PTOLEMÄUS** *(→ 29) mit den drei damals bekannten Kontinenten Europa (links oben), Libyen oder Äthiopien (Afrika, links unten) und Asien (rechter Kartenteil). Die Verbindung zum christlichen Weltbild schaffen drei abgebildete biblische Figuren der Stammväter der Menschheit, von* NOAHS *Söhnen* JAPHET, SEM *und* HAM. *Indien diesseits und jenseits des Ganges und Serica (China) im rechten oberen Kartenbereich sowie die übertrieben große Insel Taprobane (Ceylon) im Indischen Ozean, der immer noch als Binnenmeer dargestellt wurde, vervollständigten die Kenntnisse über Asien.*

Die ersten gedruckten Ausgaben der »Geographica« von PTOLEMÄUS, *nunmehr »Kosmographien« genannt, erschienen ab 1462 in Italien. In Ulm kam 1482 die erste außerhalb Italiens gedruckte Fassung heraus und erschien zugleich als Holzschnittausgabe. Insgesamt gab es zwischen 1475 und 1600 über 40 verschiedene Ausgaben, teils im Holzschnitt, teils im Kupferstich. Seit 1513 wurden den Ptolemäusausgaben in zunehmendem Maße neue, dem Stand der geographischen Entdeckungen entsprechende Karten beigefügt.*

Das ***Zeitalter der geographischen Entdeckungen*** umfasst im engeren Sinne den Zeitraum vom Ende des 15. bis Mitte des 16. Jh. In dieser Epoche setzte sich die Vorstellung von der der Erde als Kugel endgültig durch und wurde praktisch durch die Weltumseglung unter Magellan und Elcano 1519–21 bewiesen. Zwar war das antike Wissen um die Kugelgestalt der Erde nie ganz verloren gegangen, aber die kirchliche Lehre vom geozentrischen Weltbild und der Erde als Scheibe dominierte bis weit in das 15. Jh. Auch das Wissen von der Größe der Erde, über die Weiten der Ozeane und die Verteilung der Landmassen wurde korrigiert. Die Entdeckung der »Neuen Welt« durch Kolumbus (1492) erschloss den bis dahin unbekannten amerikanischen Doppelkontinent.

Der Übergang zu dieser Epoche vollzog sich nicht schlagartig, sondern allmählich, und die Anfänge könnten mit den zielstrebigen Aktivitäten des portugiesischen Infanten **Heinrich** (genannt **»Der Seefahrer«**) ab 1416 in Verbindung gebracht werden. Noch weniger lässt sich das Ende dieses Zeitalters bestimmen. Auf die Seereisen und kolonialen Erwerbungen der ***Spanier*** und ***Portugiesen*** bezogen, könnte man etwa 1580, das Ende der Eigenständigkeit der portugiesischen Krone, festsetzen. In Hinblick auf die großen Landentdeckungen und Eroberungen neuer Mächte, der ***Engländer*** und ***Franzosen*** in Nordamerika sowie der ***Russen*** in Sibirien, lässt sich der Zeitraum ohne Weiteres unter entdeckungsgeschichtlichen Gesichtspunkten bis zur Mitte des 17. Jh. ausdehnen. Abgesehen von den Polargebieten und Australien, waren die Umrisse der Kontinente und Meere am Ende dieser Zeit in groben Zügen bekannt.

Geistesgeschichtlich sind die Anfänge dieser Epoche mit der Herausbildung der ***Renaissance***, die ihren Ausgang in Italien nahm, in Verbindung zu bringen. Die Rückbesinnung der europäischen ***Humanisten*** auf antikes Wissen, in Verbindung mit den arabisch-islamischen Erkenntnissen, spielte bei der Überwindung des mittelalterlichen Bildes von der Gestalt der Erde und der allmählichen Loslösung von starren theologischen Denktraditionen des Mittelalters eine ebenso herausragende Rolle wie die Vervollkommnung des technischen Wissens, die Einführung des Kompasses und die Verbesserung der Schiffsbautechnik. Dass diese Bestrebungen zur Entdeckung fremder Völker sich vielfach mit aufrichtigem Missionseifer verbanden, ist kein Widerspruch. Auch die ***Erfindung des Buchdrucks*** Mitte des 15. Jh. spielte eine nicht zu unterschätzende Rolle, einmal durch die gedruckte Herausgabe antiker Schriften, vor allem des Ptolemäus, aber auch durch die weite Verbreitung der Berichte von neuen Entdeckungen, die nun Allgemeingut der Gebildeten geworden waren.

Die um 1450 und 1650 bekannte Welt *(nebenstehende Karte)*

Oft genug ist die Frage gestellt worden, wer wen entdeckt hat. Häufig kamen europäische »Entdecker« in ihnen fremde Kulturbereiche, die eine der europäischen Entwicklung gleichwertige oder sogar höhere Entwicklungsstufe erreicht hatten – so z.B. Indien, China und manche Ländern der islamischen Welt. Völker dieser Kulturräume waren vielfach selber als Händler oder Schiffsführer zu »Entdeckern« der ihnen geographisch benachbarten, aber fremden Gebiete geworden. Deshalb ist es eigentlich widersinnig, von einer »Entdeckung« der Hochkulturen Asiens durch Europäer zu sprechen. Tatsächlich handelte es sich in diesen Fällen um ein gegenseitiges Kennenlernen – um Kulturkontakte, um Wissensvermittlung.

Dass die Völker des Ostens (aus europäischer Sicht) ebenfalls große Teile der Alten Welt kennen gelernt bzw. »entdeckt« hatten, soll die nebenstehende Karte verdeutlichen. Dabei ist zu beachten, dass die geographischen Kenntnisse der jeweiligen Kulturbereiche durch Kontakte zu Reisenden aus fremden Räumen weiter verbreitet wurden. Erinnert sei an die Mitteilungen des Venezianer Marco Polo (→ 48). Über chinesische Reisen entlang der Seidenstraße und Fahrten in den Indischen Ozean wurde bereits berichtet (→ 30), ebenso über die großen arabischen Landreisenden wie Ibn Battuta (→ 40). Erinnert sei auch an die Fahrten der Polynesier und Mikronesier, die weite Räume des Pazifischen Ozeans erschlossen (→ 102). Andererseits sind frühere Entdeckungen weitgehend unbeachtet geblieben oder in Vergessenheit geraten. Bestes Beispiel dafür sind die Entdeckungen der Wikinger in Nordamerika (→ 33).

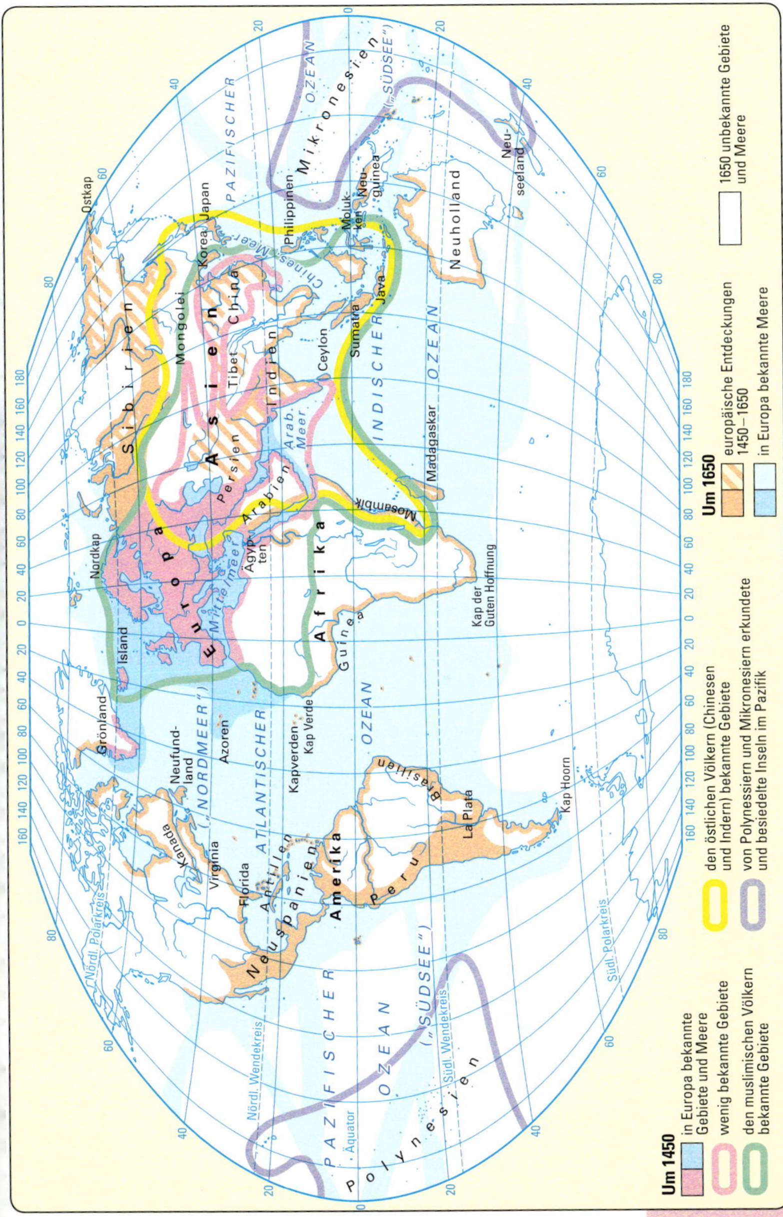
Um 1450
in Europa bekannte Gebiete und Meere
wenig bekannte Gebiete
den muslimischen Völkern bekannte Gebiete
den östlichen Völkern (Chinesen und Indern) bekannte Gebiete
von Polynesiern und Mikronesiern erkundete und besiedelte Inseln im Pazifik
Um 1650
europäische Entdeckungen 1450–1650
in Europa bekannte Meere
1650 unbekannte Gebiete und Meere
Nördl. Polarkreis
Nördl. Wendekreis
Äquator
Südl. Wendekreis
Südl. Polarkreis
PAZIFISCHER OZEAN („SÜDSEE")
Polynesien
Mikronesien
ATLANTISCHER OZEAN
(„NORDMEER")
INDISCHER OZEAN
Grönland
Island
Nordkap
Ostkap
Kanada
Neufund-land
Virginia
Florida
Antillen
Neuspanien
Amerika
Peru
Brasilien
La Plata
Kap Hoorn
Azoren
Kapverden
Kap Verde
Europa
Mittelmeer
Ägyp-ten
Afrika
Guinea
Kap der Guten Hoffnung
Mosambik
Madagaskar
Arabien
Arab. Meer
Persien
Asien
Sibirien
Mongolei
Tibet
China
Indien
Ceylon
Korea
Japan
Chines. Meer
Philippinen
Sumatra
Java
Moluk-ken
Neu-guinea
Neuholland
Neu-seeland

Mit der Einführung der Magnetnadel als ***Kompass*** im 14. und 15. Jh. konnten sich die Schiffe von den Küsten lösen; die Einführung der ***astronomischen Ortsbestimmung*** (Jakobsstab und Tabellen zur Ermittlung der geographischen Breite anhand der Sterne bzw. Sonnenhöhe) und die Weiterentwicklung der Kogge zum ***hochseetüchtigen Segelschiff***, vor allem den schnelleren und wendigeren ***Karavellen***, verbesserten die Seeschifffahrt.

Das Hauptziel der Entdeckungsfahrten war ***Indien***, das nach damaligen Vorstellungen ganz Süd- und Südostasien umfasste. Wichtigste Triebkraft für die Erkundungsreisen dieser Zeit war neben Missionseifer der Gewinn, den der ***Fernhandel*** zu bringen versprach, vor allem der Handel mit den Gewürzländern Asiens – den Reichtümern Indiens. Der bisherige Handel zwischen Indien/China und Europa war seit Jahrhunderten überwiegend ein Landhandel. Die als ***Orientwaren*** bezeichneten Produkte des Ostens (wertvolle Gewürze, Edelsteine, Perlen, aber auch Seide, Drogen und sog. Spezereien) mussten vielfach mit Edelmetallen bezahlt werden – und der Transport der Güter war nie durchgehend, sondern wurde oft durch mehrmaligen Zwischenhandel verteuert. Die europäischen Kaufleute, zumeist aus Venedig und Genua, schafften die Waren über das Mittelmeer oder Schwarze Meer in die süd- und westeuropäischen Häfen. Als sich mit der Ausbreitung der ***osmanischen Türken*** (1453 Fall von Konstantinopel, 1517 Eroberung Ägyptens) eine spürbare Verteuerung bzw. Störung des Orienthandels ergab, die in Europa als regelrechte ***»Handelsperre«*** empfunden wurde, war der »Seeweg nach Indien« aus europäischer Sicht zu einer gebotenen Notwendigkeit geworden.

Weder Entdeckergeist noch Ruhm, sondern die Suche nach Schätzen, vor allem nach Gold und Silber, war die ***Hauptmotivation*** vieler Entdecker dieser Epoche, die sich vor allem in der »Neuen Welt« als wahre ***Konquistadoren*** erwiesen und verständnislos die Zeugnisse fremder Hochkulturen vernichteten. Die Art und Weise des europäischen Zugriffs wurzelte in der Kreuzzugstradition. Auf Grund ihrer besseren Ausrüstung und Bewaffnung (Feuerwaffen) traten viele europäische Entdecker rücksichtslos und brutal in den neu entdeckten Ländern auf. Die Entstehung des von europäischen Mächten ausgebildeten ***Kolonialsystems*** war die Folge. Die einsetzende christliche ***Missionierung*** unterstützte, oft ungewollt, die tiefgreifende mentale Entwurzelung und die geistige bzw. kulturelle Angleichung der außereuropäischen Völker an europäische Vorstellungen und Normen. Man kann feststellen, dass mit dem Zeitalter der geographischen Entdeckungen und den daraus folgenden frühen Formen des ***Welthandels*** erste Züge einer weltweiten Europäisierung sichtbar wurden – allerdings mit großen regionalen Unterschieden. So blieben in den fest gefügten Staaten Asiens (China, Japan, Persien und Mogulreich in Indien) diese Auswirkungen zunächst wesentlich weniger spürbar als in der Neuen Welt. Afrika blieb zwar bis ins 19. Jh. abseits der Küstengebiete Terra incognita, wurde aber dennoch durch den übersteigerten ***Sklavenhandel*** der Europäer in seiner Entwicklung weit zurückgeworfen. Australien und Ozeanien wurden auf Grund der späten Entdeckung und Erschließung erst im 19. Jh. in diese Entwicklung einbezogen.

Die führenden See- und Handelsmächte dieser Epoche – Spanien und Portugal – rivalisierten im 16. Jh. um den Besitz der entdeckten und noch zu entdeckenden Länder. Die Berechtigung zur kolonialen Besitzergreifung in Amerika begründeten Spanien und Portugal mit der Pflicht der »Heidenmission«. Ab 1544 kämpften der Dominikaner BARTHOLOMÉ DE LAS **CASAS** und im 17. Jh. die Jesuiten für eine verbesserte Rechtsstellung der unterdrückten Indios. Als neue Gesetze die Sklaverei der Indianer verboten, wurde die Sklaveneinfuhr aus Afrika verstärkt.

Während Portugal anfangs Sieger des Wettlaufs war und die »Gewürzländer« (Molukken) in seinen Besitz brachte, hatte Spanien den Zugriff auf die reichen Edelmetallquellen der Neuen Welt erlangt. Als folgenschwer erwies sich jedoch der umfangreiche Edelmetallstrom aus Amerika, der stärker wuchs als die europäische Warenproduktion und damit zur Preisrevolution (Inflation) führte. Frühzeitig wurde die päpstliche Autorität eingeschaltet, um

Der Erdglobus des Martin Behaim (1492)

Im Jahr der Entdeckung Amerikas, 1492, stellte Martin Behaim in Nürnberg den ältesten erhaltenen »Erdapfel« fertig, der heute eine der größten historisch-kartographischen Kostbarkeiten des Nürnberger Germanischen Museums bildet. Da dieser Erdglobus noch ohne Kenntnis der Reise des Kolumbus' entstand und mit großer Wahrscheinlichkeit die verloren gegangene Karte des Florentiners Toscanelli (um 1474) berücksichtigt, auf die Kolumbus seine Pläne einer Westfahrt nach Indien stützte, ist der Globus entdeckungsgeschichtlich von unermesslichem Wert. Der 51 cm Durchmesser zählende Globus wurde nach Behaims Anweisungen von Georg Glockendon d. Ä. in Nürnberg gezeichnet.

***Martin Behaim** aus Nürnberg (1459–1507) ging 1484 nach Lissabon und wurde in die nautische Behörde »Junta der Mathematiker« aufgenommen. 1485–87 soll er Diogo Cão auf dessen zweiter Westafrikafahrt begleitet haben (→ 68). Jedenfalls wurde er in Portugal zum Ritter geschlagen. Der Hauptfehler Behaims – wie aller Kartographen des 15. Jh. – war die auf Ptolemäus zurückgehende fehlerhafte Berechnung des Erdumfangs. Die viel zu starke Ausdehnung der Landmassen von Portugal bis China mit 220–240 Längengraden verursachte die Fehlberechnung des Kolumbus', dass bei einer Westfahrt Indien/China auf kürzerem Wege zu erreichen sei. (→ 73)*

Spitzbergen
Bären-I.
Baffin 1616
Grönland
Barents
Island
Hudson 1610
Frobisher 1576–78
Cabot 1497
Neufrankreich
1
Cartier 1534–42
ENGLAND
London
NIEDER
(1581 unabh
FRANKR.
Paris
Neuengland 1620
Neu-amsterdam 1623
(Kalifornien)
Mississippi
Virginia 1607
Azoren 1427/31
Lissabon
T.
Z.
SPANIEN
Madrid
PORT.
Verrazano 1524
C.
OSMAN
1612 Bermudas
Vizekgr. Neuspanien 1535
Florida 1513
Kanaren 1479
MAROKKO
(1519/21 erob.)
Mexiko
Cortés 1519
Kuba
Hispaniola
1. Reise Kolumbus' 1492
AZTEKEN
MAYA
2
Kleine Antillen 1625/35
Drake 1579
Kapverden 1446 1460
Timbuktu
SONGHAI
BORNU
Niger
MALI
Kano
1519 Panama
Pizarro 1531–33
Bogota 1538
Kolumbus 1498
Guayana
Guinea
1471
Goldküste
PAZIFISCHER
Äquator
ATLANT.
„Amerika" (seit 1507)
A
OZEAN
S. Tomé 1493
Amazonas
1541/42
1482 KONG
(„SÜDSEE" 1513)
INKA-REICH
Lima 1535
(1532/33 erob.)
Brasilien
1500–1530
Bahia
OZEAN
Angola
1485
Vizekgr. Peru 1543
St. Helena 1651
Drake 1578
Vasco da Gama 1497
Rio de Janiero 1565
Paraná
Santiago 1541
Buenos Aires 1535, 1580
Tordesillas-Linie (ca. 46° w. L.)
Cabral 1500
(nach Ostindien)
1652 Kapstadt
Kap der Guten Hoffnung 1488
Magellan 1519/20
Magellan 1521
1494
Magellanstr.
Feuerland
Kap Hoorn 1616
ungefähre Grenze der um 1450 in Europa bekannten Welt
um 1650 unbekannte Gebiete und Meere
Osmanisches Reich 1487 und 1566
sonstige islamische Staaten und Völker im 16. Jh.
MAYA
indianische Hochkulturen und afrikanische Reiche um 1500
Wichtige Entdeckungen
Spanien
Portugal
spanisch-portugiesische Interessengrenze nach den Verträgen von Tordesillas und Zaragoza (1494 und 1529)
Kolonien im 16. Jh.
Russland um 155

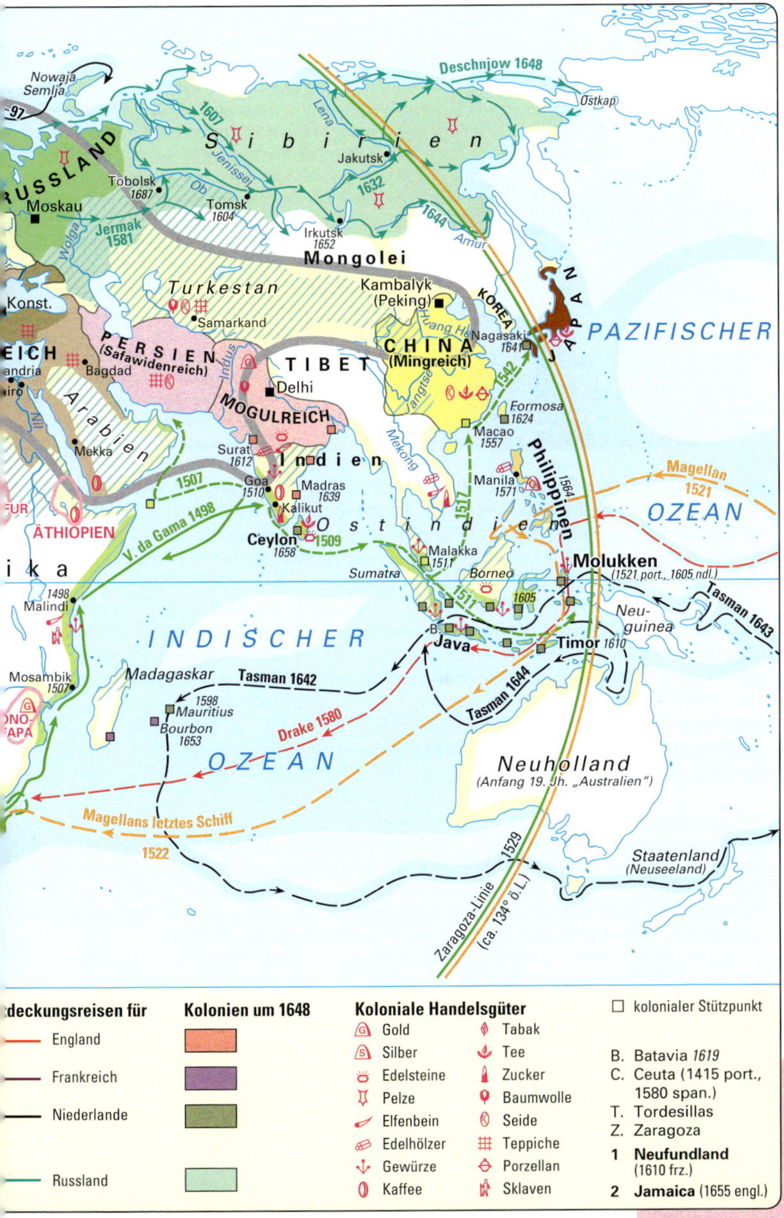
Nowaja Semlja
Deschnjow 1648
Ostkap
RUSSLAND
Moskau
Tobolsk 1687
Tomsk 1604
Jermak 1581
Wolga
Ob
Jenissei
Lena
Sibirien
1607
Jakutsk
1632
1644
Irkutsk 1652
Amur
Mongolei
Turkestan
Samarkand
Kambalyk (Peking)
KOREA
JAPAN
Nagasaki 1641
PAZIFISCHER OZEAN
Konst.
PERSIEN (Safawidenreich)
Bagdad
TIBET
CHINA (Mingreich)
Huang He
Jangtse
Indus
Delhi
MOGULREICH
Arabien
Nil
Mekka
Formosa 1624
Macao 1557
Surat 1612
Indien
Mekong
Goa 1510
Madras 1639
Kalikut
1507
1542
1517
Manila 1571
Philippinen
1564
Magellan 1521
ÄTHIOPIEN
V. da Gama 1498
Ceylon 1658
1509
Ostindien
Malakka 1511
Sumatra
Borneo
Molukken (1521 port., 1605 ndl.)
1605
Tasman 1643
1498 Malindi
Neu-guinea
INDISCHER OZEAN
B.
Java
Timor 1610
Mosambik 1507
Madagaskar
Tasman 1642
1598 Mauritius
Bourbon 1653
Drake 1580
Tasman 1644
Neuholland (Anfang 19. Jh. „Australien")
Magellans letztes Schiff
1522
1529
Zaragoza-Linie (ca. 134° ö. L.)
Staatenland (Neuseeland)
Entdeckungsreisen für
England
Frankreich
Niederlande
Russland
Kolonien um 1648
Koloniale Handelsgüter
Gold
Silber
Edelsteine
Pelze
Elfenbein
Edelhölzer
Gewürze
Kaffee
Tabak
Tee
Zucker
Baumwolle
Seide
Teppiche
Porzellan
Sklaven
kolonialer Stützpunkt
B. Batavia 1619
C. Ceuta (1415 port., 1580 span.)
T. Tordesillas
Z. Zaragoza
1 Neufundland (1610 frz.)
2 Jamaica (1655 engl.)

Bartolomeu Dias, der Entdecker des Kaps der Guten Hoffnung (→ 68), hier mit einem für Seefahrer vereinfachten ***Astrolabium*** *(→ 36), mit dessen Hilfe die geographische Breite gemessen werden konnte. Im Entdeckungszeitalter konnten selbst viele Kapitäne nicht mit dem Astrolabium umgehen. Diese Aufgabe war mathematisch und astronomisch ausgebildeten* ***Piloten*** *vorbehalten, den Vorläufern der Navigationsoffiziere späterer Zeiten. Als wichtige navigatorische Hilfsmittel dienten Ende des 15. Jh. auch Kompass, Quadrant, Jakobsstab (beide ebenfalls für die Messung der geographischen Breite), Sanduhr und Logleine (zur Geschwindigkeitsmessung). Die exakte geographische Länge konnte erst ab dem letzten Drittel des 18. Jh. mit dem Einsatz genau gehender Chronometer ermittelt werden – eine der Hauptursachen für die Schwierigkeiten bei der Rekonstruktion der früheren Reiserouten. → 122*

die Ansprüche beider Staaten zu schlichten. Der päpstliche »Schiedsspruch« führte zu den ***Verträgen von Tordesillas 1494*** (→ 64, 76) und ***Zaragoza 1529*** (→ 102), die beide die Interessen anderer europäischer Mächte ignorierten. Deshalb vertraten die Niederlande, die sich erst im ausgehenden 16. Jh. von spanischer Herrschaft befreit hatten, aber auch England und Frankreich das Recht der De-Facto-Inbesitznahme und forderten das »Freie Meer« (Traktat »*Mare Liberum*« des Niederländers Hugo Grotius von 1609). Die Behinderung der genannten westeuropäischen Mächte beflügelte die von diesen Ländern ausgehenden Entdeckungsunternehmungen ungemein. So wurde sowohl von den Niederlanden als auch von England und Frankreich intensiv nach einer ***nordwestlichen*** oder ***nordöstlichen Passage*** zu den Gewürzländern Asiens geforscht (→ 110). Im 17. Jh. waren die Teilungsverträge von Tordesillas und Zaragoza faktisch gegenstandslos geworden.

Anfänge der systematischen Forschung im 18. Jh. → 119

Historische Weltkarte um 1550 *(nebenstehende Karte)*

Die abgebildete Weltkarte des Genuesen ***Battista Agnese*** *(1514–64) stellt mit der Eintragung der Route der* ***Magellan-Weltreise*** *(1519–21) eine der ältesten historischen Karten zur Entdeckungsgeschichte dar. Battista Agnese wirkte 1536–64 als Kartograph in Venedig, wo in seiner Werkstatt ca. 100 handgezeichnete See-Atlanten (Portolane) entstanden. Die sorgfältig bearbeiteten Karten, jede ein kleines Kunstwerk, wurden offensichtlich für vermögende Auftraggeber hergestellt.*

Da die meisten dieser Portolane nicht datiert wurden, kann man ihr Alter nur nach inhaltlichen Details schätzen. So weiß man, das bei Agnese bis 1542 die Kalifornische Halbinsel fehlte und bis 1552 die Halbinsel Yucatán als Insel dargestellt wurde. Eine Besonderheit seiner hier abgebildeten Weltkarte stellt der Verzicht auf nebulöse Küstenlinien im Norden der Kontinente dar, die erst viel später entdeckt wurden. Auch die unbekannte Terra Australis ist im Süden der Magellanstraße nur angedeutet. Ein Vergleich mit der Weltkarte des Ortelius von 1579, (→ K. 100/101) verdeutlicht den Unterschied.

Aus Geheimhaltungsgründen wurden nicht alle Neuentdeckungen sofort berücksichtigt. So fehlen beispielsweise das 1542 entdeckte Japan und der von Orellana 1541/42 befahrene Amazonas (→ 90) Selbst Skandinavien war so wenig bekannt, dass seine Ausdehnung bis zum Nordpol dargestellt wurde. Die im Stile ptolemäischer Karten gezeichneten Bläserköpfe stellen die vorherrschenden Winde dar.

ÆQUINOCTIALIS
CIRCUS ARCTICUS
CIRCUS ANTARCTICUS
SUBSOLANUS

Noch zu Beginn des 15. Jh. gingen die europäischen Kenntnisse von Afrika nicht über den Norden des Erdteils hinaus und stützten sich auf die Autoritäten des Altertums, insbesondere PTOLEMÄUS (→ 51), und arabische Reisende, wie EDRISI oder IBN BATTUTA, die Nachrichten aus dem Sudan vermittelten. Auch wenn einzelne Reisende den Niger bei Timbuktu erreicht haben mögen, z. B. 1405–13 der französische Arzt ANSELM D'YSALGUIER aus Toulouse, wurden die Nachrichten darüber nicht allgemein bekannt. Frühe Seefahrten der Genuesen 1291 an die nordwestafrikanische Küste oder die Wiederentdeckung der Kanarischen Inseln durch LANZAROTE 1312 blieben Episoden, ebenso die Fahrten normannischer Seefahrer aus Dieppe und Rouen, die 1344 über das Kap Verde hinaus vorgedrungen sein sollen.

Wirkliche Fortschritte in der Kenntnis Afrikas sind vor allem den ***Portugiesen*** zuzuschreiben, die sich unter der gezielten Aussendung von Expeditionen durch den Prinzen **HEINRICH**, später **»DER SEEFAHRER«** genannt (1314–1460), zu einer seefahrenden Entdeckernation entwickelten. Die portugiesische Reconquista war zu dieser Zeit – im Gegensatz zu den benachbarten Königreichen Kastilien und Aragon – abgeschlossen, aber die konquistadorische Geisteshaltung lebte weiter. Deshalb entstand beim portugiesischen Adel das Interesse an überseeischer Expansion, auf Kosten der muslimischen Mauren. Ab 1415, nach der Eroberung Ceutas in Nordmarokko, bündelte Prinz HEINRICH als Hochmeister des Christusordens (Nachfolger der portugiesischen Templer) die entsprechenden Aktivitäten. Die ihm unterstellte Motivation der Suche des Seewegs nach Indien ist unwahrscheinlich. Vielmehr scheint er auf eine Verbindung mit dem sagenhaften Reich des »Erzpriesters Johannes« (Abessinien?) gehofft zu haben, um Unterstützung im Kampf gegen die Mauren zu finden. Handelsgeist und die Verbesserung der navigations- und schiffbautechnischen Möglichkeiten, aber auch aufrichtiger Missionseifer, werden ebenfalls eine Rolle gespielt haben, als Prinz HEINRICH zwischen 1416 und 1460 ca. 50 Schiffe zur Erkundung der atlantischen Küsten und Inseln Afrikas aussandte. Während die Küsten Abschnitt für Abschnitt systematisch untersucht wurden, blieb das Innere Afrikas weiterhin *Terra incognita*. So scheiterten alle Versuche, auf den großen Strömen vorzudringen, an Barren oder Stromschnellen. Erst nach HEINRICHS Tod warfen die ***Guineafahrten*** Gewinn ab; auch entwickelte sich ein gewinnbringender ***Sklavenhandel*** mit Schwarzafrikanern.

Nach der Eroberung Konstantinopels (1453) durch die ***osmanischen Türken*** und erst recht nach der türkischen Eroberung Ägyptens (1517) und großer Teile Nordafrikas geriet der ***Orienthandel*** der oberitalienischen Städte Venedig und Genua und damit die Versorgung Westeuropas mit Gewürzen, Seide und anderen Orientwaren in eine schwere Krise. Die traditionellen Handelsverbindungen waren entweder unterbrochen oder empfindlich gestört. So wurde im letzten Drittel des 15. Jh. die gezielte ***Suche nach einem Seeweg zu den Gewürzländern Asiens*** immer dringlicher. (S.a. die Bemühungen des KOLUMBUS' → 75) Um Kenntnisse »vor Ort« zu erlangen, wurde 1487 COVILHÃO auf dem Landweg nach Indien geschickt.

Auch in diplomatischer Beziehung wurde mit dem ***Vertrag von Tordesillas 1494*** durch ein Übereinkommen mit Spanien, das mit der ersten Reise des KOLUMBUS' Indien auf dem Westweg entdeckt zu haben glaubte, Klarheit geschaffen. (Bereits 1493 hatte Papst ALEXANDER VI. alle westlich der Kapverden zu entdeckenden Länder und Inseln Spanien zugebilligt, alle östlich dieser Linie befindlichen Gebiete sollte Portugal missionieren und erwerben dürfen.) Mit dem Tordesillas-Vertrag gingen Spanien und Portugal einen Kompromiss ein: die nach Westen verlegte Teilungslinie sollte nunmehr etwa 370 Leguas westlich der Kap Verden liegen (ca. 46° westl. Greenwich).

1498 konnte dann **VASCO DA GAMA*** die Vorarbeit früherer portugiesischer Seefahrer mit der ***Entdeckung des Seeweges nach Indien*** vollenden. Mit seinen Reisen und Taten begann die Vorherrschaft der Portugiesen im Bereich des Indischen Ozeans, die mit weiteren Entdeckungen in Asien verbunden war. (→ 92)

1416 Gonçalo **Velho** verließ als Erster mit einem Schiff Sagres, den Sitz Heinrichs des Seefahrers, und umsegelte das *Kap Nun* an Marokkos Atlantikküste, wo nach der damals herrschenden Auffassung der Atlantikschifffahrt ein Ende gesetzt war. → K. 66/67 L.

1418 sollen zwei Knappen des Prinzen Heinrich, João Gonçalves **Zarco** und Tristão Vaz **Teixeira**, in Seenot eine Nebeninsel Madeiras gefunden haben. Darauhin sandte Prinz Heinrich sie zurück. 1420 sollen sie die holzreiche Hauptinsel *Madeira (port. »Holz«)* entdeckt haben. Auf Madeira wurde bald erfolgreich Zuckerrohr angebaut. → K. 66/67 L.

1432 entdeckte Gonçalo **Velho**, inzwischen Ritter des Christusordens, einige östliche Azoreninseln. 1439 und 1457 fand man die restlichen Inseln der Azoren, die sehr bald von Portugiesen besiedelt wurden. → K. 66/67 L.

1434 umfuhr der vormalige Schildträger des Prinzen Heinrich, Gil **Eannes**, erstmalig das Kap Bojador, das nach den herrschenden Lehrmeinungen von den Klimazonen der endgültige Endpunkt jeglichen menschlichen Lebens sein sollte. → K. 66/67 L.

1435/36 Affonso Gonçalves **Baldaya** überquerte den Wendekreis des Krebses und berichtete nach seiner Rückkehr, dass an der westafrikanischen Küste Menschen und Kamele existierten. → K. 66/67 L.

1441–46 entsandte Prinz Heinrich weitere Schiffe nach Süden. Einer der Schiffsführer, der Ritter Nuño **Tristão**, entdeckte das Kap Blanco, 1443 fand er in der südlich anschließenden Bucht jene Insel, auf der 1448 *Arguin* errichtet wurde – die erste Zwingfeste einer europäischen Macht im tropischen Afrika. Umgehend begann der portugiesische Sklavenhandel mit Schwarzafrikanern. **1444** entdeckte Dinis **Dias**, Spross einer Lissaboner Seefahrerfamilie, das Kap Verde (»Grünes Kap«). Hier bemerkten die Portugiesen erstmals die auffällige Zunahme tropischer Vegetation, die fortan die weiteren Küstenstrecken begleitete. → K. 66/67 IV

Heinrich der Seefahrer *(Dom Enroue el Navegador), nachgeborener portugiesischer Prinz (1394–1460) und bedeutendster Förderer der portugiesischen Entdeckungsfahrten, an denen er selber nie teilgenommen hatte. Als Großmeister des Christusordens, der sich im Sinne der Reconquista dem Kampf gegen die muslimischen Mauren widmen sollte, errichtete er einen festen Stützpunkt am Kap São Vicente bei Sagres, wo Zusammenkünfte mit Gelehrten und Seefahrern stattfanden. Nach der Eroberung von Ceuta an der afrikanischen Seite der Straße von Gibraltar (1415) entsandte Heinrich regelmäßig Schiffe entlang der afrikanischen Westküste, die ihre Fahrten immer weiter nach Süden ausdehnten, bis zum Gambia in Westafrika, und dabei die Azoren und Kapverdischen Inseln entdeckten. Sein wichtigstes Ziel war, Verbindung mit dem sagenhaften christlichen Reich des »Erzpriesters Johannes« (Abessinien?) aufzunehmen. Wahrscheinlich hat Prinz Heinrich selber noch nicht daran gedacht, einen Seeweg nach Indien zu suchen. Seine Unternehmungen schufen aber die Voraussetzung für die späteren portugiesischen Entdeckungserfolge und den Aufstieg Portugals zur bedeutenden Seemacht.*

1446 Als Nuño **Tristão** über das Kap Verde hinaus fuhr, wahrscheinlich bis zum Rio Grande (Geba), wurde er im Kampf mit den Eingeborenen getötet. → K. 66/67 L.

1455/56 Alvisio **Cadamosto**, einer der fähigsten venezianischen Kapitäne, und der Genuese Antoniotto **Usodimare** wurden von Prinz Heinrich mit dem Auftrag ausgesandt, den Gambia aufwärts als vermuteten Weg zum »Priesterkönig

Wappenpfeiler portugiesischer Entdecker
Die portugiesischen Seefahrer Cão und Dias errichteten in den 80er-Jahren des 15. Jh. mehrere Wappenpfeiler (Padrão) als sichtbares Zeichen des Machtanspruchs Portugals. Aus rohem Marmor gefertigt, waren sie von einem Kreuz gekrönt, auf dessen Vorderseite das portugiesische Königswappen eingemeißelt wurde. Der Name des Königs, Datum und Name des Befehlshabers der Expedition standen auf der Rückseite.

Johannes« zu erkunden. Auf einer zweiten Fahrt 1456 entdeckte Cadamosto einige Kapverdische Inseln (die ab 1461 besiedelt wurden) und fuhr zusammen mit Usodimare den Gambia etwa 100 km aufwärts. Cadamosto war der einzige von Heinrichs ausgeschickten Seefahrern, der einen schriftlichen Bericht seiner Fahrten hinterließ. → K. 66/67 IV

1461/62 entdeckte Pedro de **Cintra** (Sintra) das hoch aufragende »Löwengebirge« (Sierra Leone). Er kam bis zum Kap Mesurado, nahe dem heutigen Monrovia. Dem Land gaben die Portugiesen den Namen »Pfefferküste« (nach dem Malaguetapfeffer). → K. 66/67 L.

1470 umrundete Soreiro da **Costa** im Auftrag des reichen Lissaboner Händlers Fernão Gomes das *Kap Palmas*, von dem aus sich die ***Guineaküste*** endgültig in östliche Richtung wendet. Er gelangte am *Kap der Drei Spitzen* in das Gebiet der »Goldküste« (heute Ghana). → K. 66/67 L.

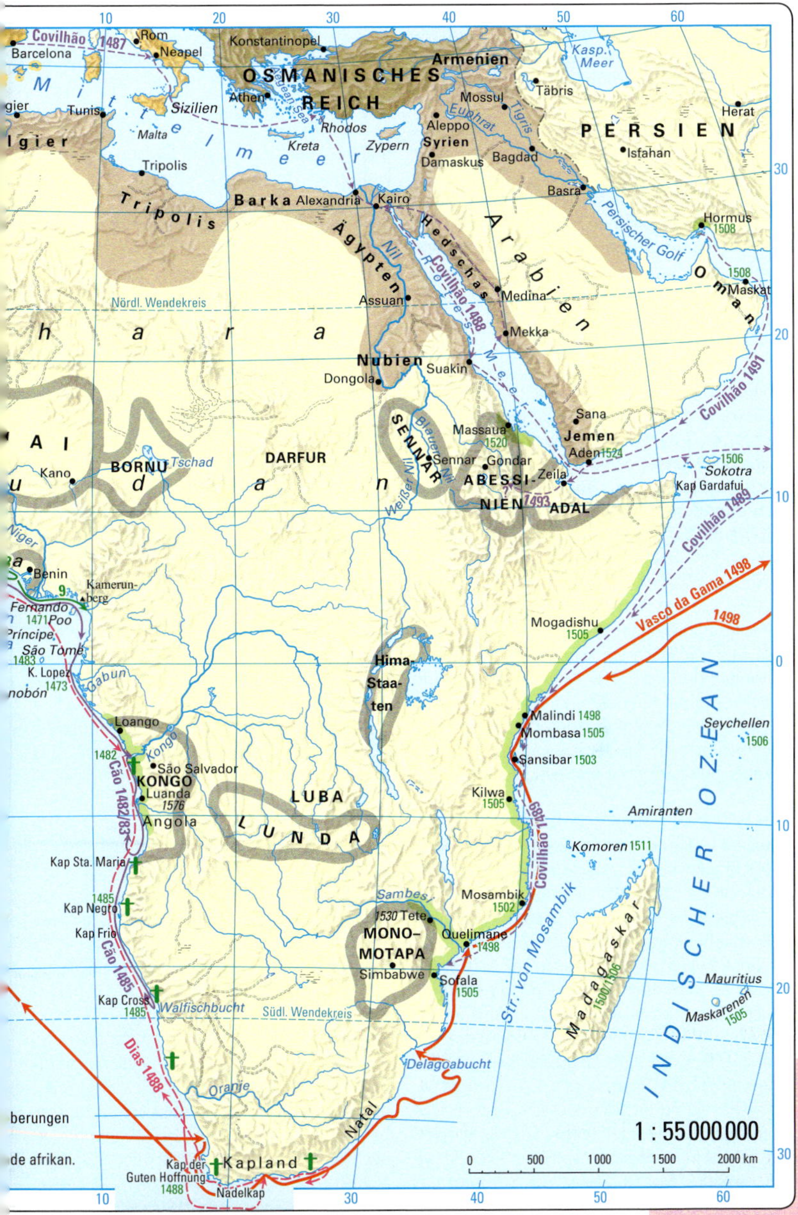

Covilhão 1487
Rom
Neapel
Barcelona
Konstantinopel
Armenien
OSMANISCHES REICH
Athen
Sizilien
Tunis
Malta
Rhodos
Kreta
Zypern
Tripolis
Mittelmeer
Täbris
Mossul
Aleppo
Syrien
Damaskus
Bagdad
Isfahan
Herat
PERSIEN
Basra
Barka
Alexandria
Kairo
Ägypten
Hedschas
Arabien
Persischer Golf
Hormus 1508
Oman
1508 Maskat
Nil
Covilhão 1488
Assuan
Medina
Mekka
Rotes Meer
Nördl. Wendekreis
Sahara
Nubien
Suakin
Dongola
Sana
Jemen
Aden 1524
Covilhão 1491
Massaua 1520
SENNAR
Sennar
Gondar
Blauer Nil
Weißer Nil
ABESSINIEN
1493
Zeila
ADAL
1506
Sokotra
Kap Gardafui
Covilhão 1489
BORNU
Tschad
Kano
DARFUR
Sudan
Niger
Benin
Kamerunberg
Fernando Poo 1471
Príncipe
São Tomé 1483
K. Lopez 1473
Annobón
Gabun
Vasco da Gama 1498
1498
Mogadishu 1505
Hima-Staaten
Malindi 1498
Mombasa 1505
Sansibar 1503
Seychellen 1506
Loango
1482
Kongo
São Salvador
KONGO
Luanda 1576
Cão 1482/83
Angola
LUBA
LUNDA
Kilwa 1505
Amiranten
Komoren 1511
Covilhão 1489
Kap Sta. Maria
1485 Kap Negro
Kap Frio
Cão 1485
Sambesi
Mosambik 1502
1530 Tete
MONOMOTAPA
Quelimane 1498
Simbabwe
Sofala 1505
Str. von Mosambik
Madagaskar 1500/1506
INDISCHER OZEAN
Mauritius
Maskarenen 1505
Kap Cross 1485
Walfischbucht
Südl. Wendekreis
Dias 1488
Delagoabucht
Oranje
Natal
Kap der Guten Hoffnung 1488
Kapland
Nadelkap
1 : 55 000 000
0 500 1000 1500 2000 km

1471 erreichten die Kapitäne Jão de **Santarem** und Pedro de **Escobar** die Goldküste, vermutlich bis zur Lagune von Lagos. → K. 66/67 L.

1471/72 erreichte der Kapitän Fernão de **Poo** den inneren Winkel der Bucht von Biafra und sah vermutlich als erster Europäer den 4095 m hohen Kamerunberg. In kurzer Folge entdeckten die Portugiesen die Golfinseln Fernando Poo, Princípe, São Tomé und Anobón. Enttäuscht mussten sie erkennen, dass die Küste erneut nach Süden abbog. Bereits **1473** wurde Kap Lopez erreicht. → K. 66/67 L.

1482/83 lief ein kleines Geschwader in Lissabon aus, um auf Befehl Königs Johann II. unter Leitung des Portugiesen Diogo **Cão** an der Goldküste einen befestigten Stützpunkt zu gründen und von Guinea offiziell Besitz zu ergreifen. So entstand 1482 das Fort São Jorge de Mina, kurz *Elmina* genannt, Tauschplatz für den Goldhandel, vor allem aber ältester Sklavenhandelsort an der Guineaküste. Auf der Weiterfahrt entdeckte Cão die Kongomündung und kehrte erst am Kap Santa Maria (südlich von Benguela) um. An der Kongomündung ließ er einen der berühmten portugiesischen Wappenpfeiler (Padrão) aufstellen. Mit Erstaunen bemerkten die Portugiesen hier die Existenz des mächtigen afrikanischen Kongoreiches. → K. 66/67 III

1485–87 Mit Ehren überhäuft und zum Ritter geschlagen, kehrte Diogo **Cão** mit einer Flotte zum Kongo zurück, wo er freundliche Aufnahme fand. Hier begann ein intensiver Kontakt zwischen den Portugiesen und Kongo-Bewohnern, der kurze Zeit später zur Christianisierung der Oberschicht des Kongoreiches, aber auch zur kolonialen Abhängigkeit desselben führte. Cão fuhr noch weiter südlich; am Kap Cross, nördlich der Walfischbucht, fand 1893 der deutsche Kreuzer »Falke« einen von Cão errichteten Wappenpfeiler. Cão hat damit insgesamt eine Küstenstrecke von 2500 km erkundet, also mehr als alle portugiesischen Entdecker vor ihm. Ob der deutsche Ritter Martin **Behaim**, der Schöpfer des ersten überlieferten Globus (→ 59), an der zweiten Cão-Unternehmung teilgenommen hat, ist bis heute nicht zweifelsfrei erwiesen. → K. 66/67 III

1487/88 Den Ruhm, die Südspitze Afrikas umrundet zu haben, erntete der portugiesische Ritter und erfahrene Seemann Bartolomëu **Dias** (→ 62). Fast gleichzeitig mit Colvilhão (→ 93) verließ Dias Portugal mit zwei Karavellen und einem Lastschiff mit Nahrungsmitteln. An der südangolanischen Küste ließ er das Versorgungsschiff zurück, entdeckte die Walfischbucht und wurde südlich der Oranjemündung zwei Wochen lang durch einen Sturm ins offene Meer nach Süden getrieben. So gelangte er in die Zone der »braven Westwinde« nach Osten. Als er keine Küste fand, wendete er sich nach Norden, wo er auf die kapländische Südküste traf. Er erkannte, dass er die Südspitze Afrikas umrundet haben musste. Die Verweigerung seiner Mannschaft, weiter nach Osten zu segeln, zwang Dias, vermutlich im Mündungsbereich des Großen Fischflusses, zur Umkehr. Auf der Rückfahrt stieß er 1488 auf das afrikanische Südkap und nannte es nach der Überlieferung »Kap der Stürme«. Der portugiesische König Johann II. habe ihm dann den Namen *Kap der Guten Hoffnung* gegeben, da nun die Hoffnung bestand, den Seeweg nach Indien zu finden. (Im Mai 1500 kam Dias als Begleiter der Expedition Cabrals ganz in der Nähe des Kaps der Guten Hoffnung ums Leben.) → K. 66/67 III

1497–99 Entdeckung des Seeweges nach Indien durch **Vasco da Gama***. Am 8. Juli 1497 verließ Vasco da Gama im Auftrag des portugiesischen Königs Manuel I. Lissabon mit dem Ziel, Indien auf dem Seeweg um Afrika herum aufzusuchen. Mit zwei Dreimastern und einem Frachtschiff segelte er über die Kanaren und Kapverdischen Inseln, weit westwärts bis in die Zone der »braven Westwinde« quer durch den Südatlantik, umfuhr am 22. November das Kap der Guten Hoffnung und erreichte Weihnachten 1497 die Küste der *Terra Natalis (Natal)*. Ab der Delagoabucht (10. Januar 1498) hatte die Flotte DA GAMAS mit schweren Stürmen und gegen den von Norden kommenden Mosambikstrom zu kämpfen, bevor sie in Quelimane, einem der südlichsten arabischen Stützpunkte, anlegen konnten. Über Mombasa gelangte die Flotte nach Malindi, wo man den arabischen Lotsen AHMED BEN MADJID für die Überfahrt über den Indischen Ozean gewinnen konnte. Am **20. Mai 1498** erreichte DA GAMA die langersehnte indische Küste bei Kalikut, ohne aber die Erlaubnis zur Gründung einer Handelsniederlassung zu bekommen. Am 5. Oktober 1498 verließ DA GAMA die indische Küste südlich Goa und erreichte erst nach dreimonatiger schrecklicher Fahrt Malindi an der ostafrikanischen Küste. Am 20. Febr. 1499 wurde das Kap der Guten Hoffnung umsegelt und Ende August/Anfang September 1499 Portugal erreicht. Von 160 Mann Besatzung kehrten nur 55 Mann heim – DA GAMA hatte ein Schiff verloren –, dennoch war die entdeckungsgeschichtlich herausragende Fahrt auch kaufmännisch ein voller Erfolg. → K. 66/67 und K. 94/95

***VASCO DA GAMA** (Buchmalerei, aus einem Buch über die Vizekönige von Indien. Paris 1683)*
Der portugiesische Seefahrer VASCO DA GAMA wurde 1469 in Sines geboren und starb am 24. Dezember 1524 in Kotschin (Indien). Militärisch gebildet und Diplomat adliger Abstammung, wurde er vom portugiesischen König MANUEL I. ausgesandt, um die Suche des Seeweges nach Indien abzuschließen. 1497–99 fand seine entdeckungsgeschichtlich epochale Indienfahrt statt, wobei er die durch seine Vorgänger CÃO und DIAS gewonnenen Erkenntnisse nutzen konnte. 1502/03 wiederholte VASCO DA GAMA seine Fahrt, aber dieses Mal als Eroberer mit einer Kriegsflotte von 13 mit Kanonen bestückten Schiffen. Vor allem indische Städte an der Malabarküste, aber auch arabisch-ostafrikanische Stadtstaaten wurden zur Anerkennung der portugiesischen Oberhoheit und zur Tributzahlung gezwungen und eine arabische Flotte vernichtet. Nach seiner Rückkehr wurde VASCO DA GAMA in den Grafenstand erhoben und 1524 als Vizekönig nach Indien geschickt, starb aber dort kurze Zeit darauf. Seine Taten wurden durch den portugiesischen Dichter CAMÕES in den »Lusiaden« verherrlicht.
Afrika 18./19. Jh. → 172–217

Afrika und Südasien um 1550 (Historische Karte)** → **K. 70/71
Die auf den folgenden Seiten abgebildete Portolanenkarte mit ihrem Netz von Routen für die Navigation stammt aus dem venezianischen Seeatlas von BATTISTA AGNESE (um 1550). Die Darstellung stützt sich auf Kopien früher portugiesischer und spanischer Karten, die nach Italien gelangten. Dargestellt sind die portugiesischen Entdeckungen nach VASCO DA GAMA, der Indien 1498 erreicht hatte, bis etwa 1540: Malakka (1509), Molukken (1511/12) und Südchina (Kanton 1517). Das 1542 aufgefundene Zipangu (Japan) fehlt.

Deutlich zu erkennen sind Madagaskar, das Rote Meer, der Persische Golf, Ceylon an der Südspitze Indiens und die Malakka-Halbinsel mit Sumatra unter dem Äquator. Die Indus- und Gangesmündungen sind hervorgehoben. Im unbekannten Inneren Afrikas sind der Nil und seine auf ptolemäischen Angaben beruhenden Quellseen sowie die schneebedeckten »Mondberge« eingezeichnet.

Historische Karte von Afrika und Südasien (um 1550)

Erläuterung → 69

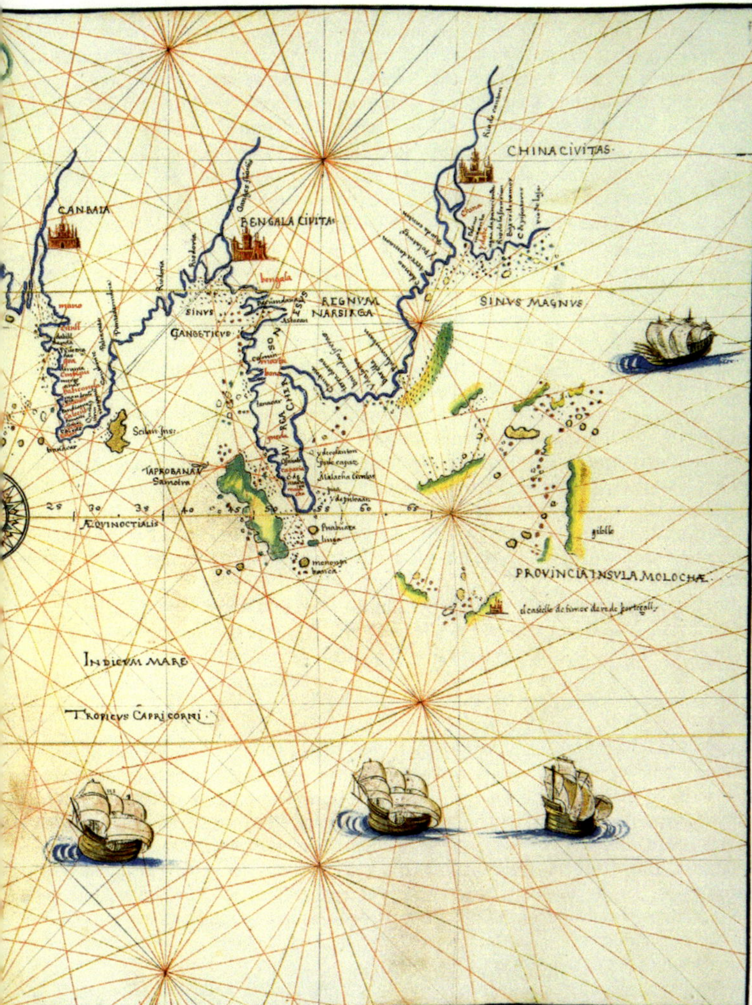
CANBAIA
BENGALA CIVITAS
CHINA CIVITAS
REGNVM NARSIAGA
SINVS MAGNVS
SINVS GANGETICVS
TAPROBANA
ÆQVINOCTIALIS
PROVINCIA INSVLA MOLOCHÆ
INDICVM MARE
TROPICVS CAPRICORNI

Obwohl aus nordischen Quellen hervorgeht, dass noch im 14. Jh. Fahrten der ***Normannen*** an die nordamerikanische Küste vorkamen, war davon im übrigen Europa fast nichts bekannt. Mit dem Untergang der grönländischen Normannen hörten auch die *»Vinlandfahrten«* auf (→ 33). Amerika musste aus europäischer Sicht neu entdeckt werden.

Damit ist die Tat des **Kolumbus** von erstrangiger Bedeutung, zumal von ihr weltgeschichtliche Wirkungen ausgingen. Auf der Suche eines westlichen Seeweges nach Indien landete Kolumbus* am ***12. Oktober 1492*** auf einer kleinen Bahama-Insel und fand damit – ungewollt – die ersten Spuren eines neuen Kontinents, übrigens sechs Jahre vor der endgültigen Entdeckung des östlichen Seeweges nach Indien durch den Portugiesen Vasco da Gama. Diese ***»Neue Welt«***, seit 1507 ***»Amerika«*** nach Amerigo Vespucci benannt (→ 83), wurde bis Mitte des 16. Jh. soweit entschleiert, dass man ihre Küsten, abgesehen vom hohen Norden, kannte. An der Erkundung waren auch Seefahrer aus England (Caboto) und Frankreich (Verrazano und Cartier) beteiligt.

Mit dem ***Vertrag von Tordesillas 1494*** war Amerika zunächst im 16. Jh. überwiegend eine Domäne Spaniens; nur der Osten Südamerikas, Brasilien, war in den portugiesischen Einflussbereich gefallen. Beide Mächte bauten vor allem nach der ***Eroberung Mexikos 1519–21*** und ***Perus 1532–34*** ihre großen ***Kolonialreiche*** in Amerika auf.

Die sprachliche und soziokulturelle Überformung der amerikanischen Ureinwohner, die seit Kolumbus' Irrtum zusammenfassend ***Indianer*** (span. *Indios*, d.h. Bewohner Indiens) genannt werden, führte zur Bezeichnung ***Lateinamerika*** für die mittel- und südamerikanischen Gebiete. Es entstand in weiten Teilen Lateinamerikas eine europäisch-indianische, christlich orientierte Mischlingsbevölkerung *(Mestizen)*, die zahlenmäßig bald die größte Bevölkerungsgruppe darstellte. Seit dem zweiten Drittel des 16. Jh. kam es in zunehmendem Maße zur Einfuhr ***afrikanischer Sklaven***, die seither die vielfältige Bevölkerungsstruktur Lateinamerikas mitbestimmen.

Obwohl einige große Ströme wie *Amazonas*, *La Plata* und *Orinoco* bis Mitte des 16. Jh. bekannt waren, wurden große Teile des Inneren Amerikas erst später entschleiert, z.T. erst im 19. Jh. (→ 156).

1492/93 Der italienische Seefahrer Christoph **Kolumbus*** entdeckte auf seiner ***ersten Reise*** in spanischen Diensten Amerika. Am 3. August 1492 verließ er mit dem Vollschiff *»Santa Maria«* (250 t) und den Karavellen *»Pinta«* (140 t) und *»Niña«* (100 t) den südspanischen Hafen Palos, segelte über die Kanaren ab 6. September in den offenen Atlantik nach Westen und erreichte am 12. Oktober 1492 wahrscheinlich die Bahama-Insel *Guanahani*, die *San Salvador* getauft wurde. Am 28. Oktober entdeckte Kolumbus die Nordostküste Kubas und am 6. Dezember Haiti, das er *Hispaniola (Kleinspanien)* nannte. Nachdem die »Santa Maria« untergegangen war, ließ Kolumbus 39 »Freiwillige« an der Nordküste Hispaniolas in dem befestigten Lager Navidad zurück und reiste am 16. Januar 1493 mit der »Nina« auf einem nördlichen Kurs nach Spanien. Bereits am 17. Februar erreichte er die *Azoren* und am 15. März 1493 Palos. Im Triumphzug reiste Kolumbus über Sevilla nach Barcelona an den Hof Isabellas von Kastilien und Ferdinands von Aragon. Seine Reiseschilderungen nach »Indien« erweckten beim Herrscherpaar große Hoffnungen auf Reichtümer. → K. 78/79 II

1493–96 ***Zweite Reise des Kolumbus.*** Am 25. September 1493 reiste Kolumbus als »Großadmiral des Weltmeeres« mit 17 Schiffen und fast 1500 Mann erneut nach Westen auf einem südlicheren Kurs als bei der ersten Fahrt, gelangte zu den Kleinen Antillen (Dominica, Guadeloupe, Antigua), entdeckte Puerto Rico und suchte Navidad auf Hispa-

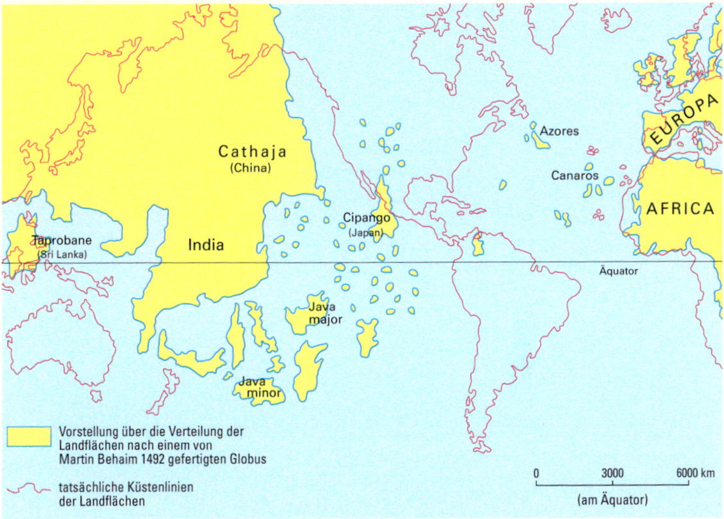

Das Bild der Erde nach dem Globus von Martin Behaim (1492)

Auf Martin Behaims Globus von 1492 (→ 59) sind die Räume zwischen Europa/Afrika und Ostasien so dargestellt wie auf dieser Abbildung. Durch rote Linien sind die tatsächlichen Lagebeziehungen der Kontinente angedeutet. ***Behaims Darstellung****, so wird allgemein angenommen, dürfte von der verschollenen Karte des florentinischen Astronomen Toscanelli (um 1474), auf die sich auch Kolumbus stützte, stark beeinflusst sein. Auf Grund der viel zu gering angenommenen Distanz zwischen Ostasien und Europa kam auch Kolumbus zu falschen Berechnungen, die ihn glauben ließen, Indien auf dem Westweg erreicht zu haben. Seine Entfernungseinschätzung trifft auf den vor 1492 völlig unbekannten amerikanischen Kontinent zu.*

niola auf, wo er die Zurückgelassenen nach Kämpfen mit den Indianern nicht mehr vorfand. Östlich von Navidad gründete Kolumbus Anfang 1494 die erste Stadt, die er seiner Königin zu Ehren *Isabella* nannte. 1494 entdeckte er auch Jamaika und die Südküste Kubas, kehrte dann aber nach Hispaniola zurück. Da die erwarteten Goldfunde ausblieben, kamen unter den Siedlern Enttäuschung und Unzufriedenheit auf, die sich gegen Kolumbus richteten. So kehrte er 1496 nach Spanien zurück, um sich zu rechtfertigen und sich eine erneute Expedition zusichern zu lassen. → K. 78/79 II/III

1497 Der italienische Seefahrer Giovanni **Caboto** (engl. John Cabot) erreichte in englischem Auftrag von Bristol aus mit der *»Metthew«*, einer 50-t-Karavelle, die östlichen Küstenabschnitte von Neufundland. Wie Kolumbus glaubte er, den Weg nach Ostasien entdeckt zu haben. Auf einer zweiten Fahrt **1498** mit fünf Schiffen soll er die Küsten von Labrador und Neuschottland gefunden haben, blieb dann aber verschollen. Durch Caboto wurden in Westeuropa die unermesslichen Fischgründe der Neufundlandbank bekannt, so dass sich fortan zahlreiche Fischer von den Azoren und aus der Bretagne sowie aus der Normandie dorthin begaben. → K. 111 III

1498–1500 ***Dritte Reise*** des **Kolumbus**, auf der er auf südlichem Kurs die Insel Trinidad und das gegenüberliegende südamerikanische

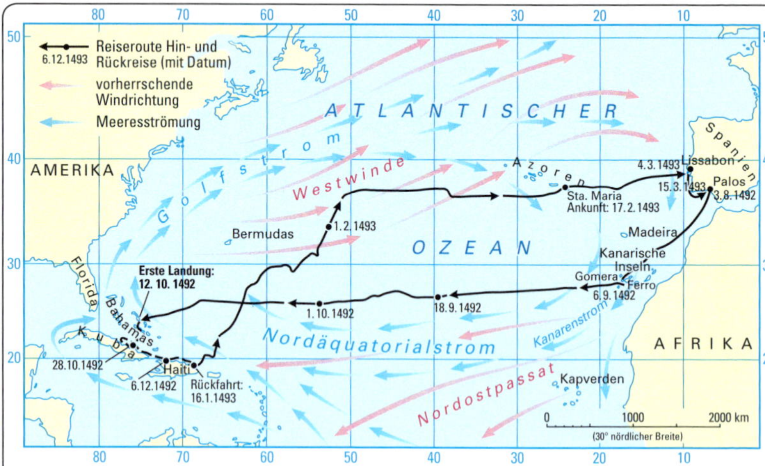

Karte der ersten Reise des Kolumbus (1492/93)
Kolumbus fand intuitiv die geeignete Reiseroute nach »Westindien« und zurück nach Europa. Von den Kanarischen Inseln aus trug der Nordost-Passat in Verbindung mit dem Kanaren- und dem Nordäquatorialstrom seine Schiffe nach Westen. Die nördlicher verlaufende Rückreise am Rande des Golfstroms und im Bereich der Westwinde war bis zum Beginn der Dampfschifffahrt im 19. Jh. die optimale Segelroute.

Festland im Bereich der Orinocomündung fand. In dem 1496 als Hauptort von Hispaniola gegründeten Santo Domingo schlugen ihm Unzufriedenheit und Feindschaft der Siedler entgegen. Der von der Krone 1500 eingesetzte Bevollmächtigte ließ Kolumbus in Ketten legen und nach Spanien bringen. Dort wurde Kolumbus wieder in seine Würden eingesetzt. → K. 78/79 II

1498–1502 entschleierten die so genannten ***»Kleinen Entdecker«*** (Hojeda, Vespucci, Pinzón und Bastidas) die südlichen Küsten des Karibischen Meeres. (→ 85 und 88)

1500 unternahm der portugiesische Seefahrer Gaspar **Cortereal** den Versuch, im Norden Amerikas eine Durchfahrt nach Ostasien zu finden. (Es gibt Vermutungen, dass sein Vater, Joao vaz Cortereal, in den 60er- oder 70er-Jahren des 15. Jh. bereits das östliche Nordamerika gefunden hatte, vielleicht als Teilnehmer der nach Grönland gerichteten dänischen Expedition unter Pining und Pothorst 1473.) Cortereal fuhr nach Norden bis in die Eisdriften Grönlands, mit denen er dann nach Neufundland gelangte. 1501 reiste er mit seinem Bruder Miguel nach Labrador, dann südwärts nach Neufundland und Neuschottland, von wo aus Miguel Cortereal zurückkehrte, während sein Bruder verschollen blieb. → K. 111 III

1502–04 führte **Kolumbus** seine ***vierte Reise*** von Cadíz aus durch, um endgültig südlich von Kuba eine Durchfahrt zum »wahren Asien« zu suchen. Auf dieser schwierigsten und entbehrungsreichsten seiner Reisen gelangte Kolumbus zum mittelamerikanischen Festland zwischen Honduras und Panama, ohne eine Durchfahrt zu finden. Als er die Suche weiter im Norden fortführen wollte,

***Die Schiffe der ersten Reise des Kolumbus':** die Karavelle **»Niña«** (»Die Kleine«), das Flaggschiff **»Santa Maria«** und die Karavelle **»Pinta«** (»Die Bemalte«) auf kubanischen Briefmarken des Jahres 1982.*

*Der Entdecker Amerikas, **CHRISTOPH KOLUMBUS** (italienisch CRISTOFORO COLOMBO, spanisch CHRISTÓBAL COLÓN), von dem es kein authentisches Bildnis gibt, wurde 1451 in Genua geboren und starb am 20. Mai 1506 in Valladolid (Spanien). Schon früh beschäftigte sich der Seefahrer mit Navigation und Entdeckungsfahrten und ging wie andere gebildete Zeitgenossen von der Kugelgestalt der Erde aus. 1479 ließ er sich in Lissabon nieder und unternahm größere Seereisen, unter anderem zum Golf von Guinea. Allmählich entwickelte er den Plan, das an Schätzen und Gewürzen reiche Indien auf dem Westwege zu erreichen. Darin bestärkt wurde er durch die Karte des florentinischen Astronomen TOSCANELLI (1397–1482), die dieser für den portugiesischen König angefertigt hatte (→ 73). Als die Verhandlungen mit dem portugiesischen König ergebnislos verliefen, wandte sich KOLUMBUS mit seinem Plan 1486 an die Königin ISABELLA VON KASTILIEN. Aber erst 1492, nach dem Abschluss der Reconquista, der Eroberung des maurischen Granada, konnte er seine Reisepläne verwirklichen.*

*Auf **vier Reisen 1492–1504** entdeckte KOLUMBUS als »Großadmiral und Vizekönig der zu entdeckenden Länder« große Teil der karibischen Inselwelt und die karibische Küste Mittelamerikas. Seine Gönnerin ISABELLA starb 1504; bei König FERDINAND aber bat KOLUMBUS vergebens um die Erfüllung der ihm zugesicherten Rechte. Enttäuscht und fast vergessen starb er zwei Jahre nach seiner letzten Reise.*

*Die **Entdeckung Amerikas** war wohl für die Menschheitsgeschichte die folgenreichste geographische Entdeckung überhaupt. KOLUMBUS selbst hat nicht erkennen wollen, dass er nicht, wie geplant, den Weg nach Indien, sondern einen neuen Erdteil gefunden hatte. So lebt denn auch in den Bezeichnungen »Westindien« für den karibischen Raum und »Indianer« (span. »Indios«) für die Urbevölkerung der Irrtum des KOLUMBUS' bis in die Gegenwart fort.*

strandete er 1503 auf Jamaika, wo er fast ein Jahr auf Hilfe aus Hispaniola warten musste. Im November 1504 landete er krank und verbittert im spanischen Hafen Cadíz. → K. 78/79 II/III

1513 stieß der Konquistador VASCO NÚÑEZ DE **BALBOA**, der Alkalde der 1510 gegründeten ersten Festlandskolonie Darién im Osten von Panama, auf der Suche nach Gold und auf Grund von Nachrichten über ein großes Meer im Westen über die Landenge von Darién vor und erreichte am 29. September am Golf von San Miguel das *Südmeer (Mar del Sur)*. Er nahm das Meer für die Krone Spaniens in Besitz. (Der 1514 neu ernannte Statthalter von Darién, PEDRARIAS DAVILA, ließ BALBOA 1517 hinrichten.) → K. 78/79 III

Historische Weltkarte des Cantino (1502)
Diese berühmte kolorierte Handzeichnung eines unbekannten Kartographen entstand in Portugal und wurde von Alberto Cantino, dem Gesandten des Herzogs Ercole d'Este von Ferrara, heimlich seinem Herren übermittelt. Der Ausschnitt zeigt die neuesten Entdeckungen der Spanier und Portugiesen. Deutlich sichtbar die senkrechte Demarkationslinie des ***Vertrages von Tordesillas 1494****, welche die westliche spanische und östliche portugiesische Machtsphäre trennt. Die beiden Inseln im Nordwesten – Kuba und Hispaniola – sowie die Nordostküste von Südamerika sind ebenso wie Europa und Afrika zu erkennen. Westlich von Europa am oberen Rand sind die Entdeckungen des Portugiesen Cortereal (Neufundland/Labrador) dargestellt.*

1513 Der spanische Statthalter von Puerto Rico, Juan **Ponce de León**, erkundete die Bahama-Inseln näher und entdeckte Florida, dessen Ost- und Westküste er befuhr. Zum Gouverneur von Florida ernannt, kehrte er 1520 dorthin zurück, ohne dass zunächst eine Besiedlung erfolgen konnte. → K. 78/79 I

1517 wurde Francisco Hernandéz **Córdova** vom Gouverneur von Kuba, Diege de Velásquez, ausgesandt, um die Küsten Yucatáns zu erkunden. Córdova gelangte bis in den Golf von Campeche und sah als erster Spuren der Maya-Hochkultur. Trotz ihrer waffentechnischen Überlegenheit verloren die Spanier 70 Mann. Bei der Rückkehr wurde die Expedition durch Sturm bis nach Westflorida getrieben. → K. 78/79 IV

1518 wurde Juan de **Grijalva** vom kubanischen Gouverneur ausgeschickt, um die Entdeckungen Córdovas fortzusetzen. An der südlichen Golfküste hörte er zum ersten Mal Nachrichten über das goldreiche »Mexiko«. Am Rio Pamuco (beim späteren Tampico) kehrte er mit der Kunde eines mächtigen und an Schätzen reichen indianischen Staatswesens *(Azteken)* um. → K. 78/79 IV

1519 wurde ALONSO DE **PINEDA** vom Gouverneur von Jamaika beauftragt, den noch unbekannten Küstenverlauf zwischen Florida und Mexiko zu erkunden. PINEDA entdeckte die gesamte nördliche Golfküste und fand als erster die Mississippimündung. Seither war klar, dass es im Golf von Mexiko keine Durchfahrt nach Westen gab. An der Küste Mexikos, bei Veracruz, überrumpelte ihn CORTÉS und konnte einen Teil der Mannschaft der Pineda-Expedition in seine Streitmacht zur Eroberung Mexikos eingliedern. PINEDA selbst gelang die Rückkehr nach Jamaika. → K. 78/79 I/IV

1519 – 21 ***Eroberung Mexikos*** durch den spanischen Konquistador HERNÁN **CORTÉS***. Auf Grund der Nachrichten von CÓRDOVA und GRIJALVA über die indianischen Hochkulturen *(Maya und Azteken)* stimmte der Statthalter von Kuba, VELÁSQUEZ, einer Expedition zur näheren Erkundung dieser Gebiete unter Leitung CORTÉS' zu. Mit 11 Schiffen, etwa 600 Mann, 16 Pferden und 14 kleinen Geschützen verließ die Expedition Santiago (Kuba) und gelangte entlang der Küste von Yucatán in den Golf von Mexiko. Unterwegs las CORTÉS eine aus Mexiko stammende adlige Indianerin auf, die unter dem Taufnamen »DOÑA MARINA« seine Gefährtin, vor allem aber seine Dolmetscherin und Beraterin wurde.

CORTÉS entschloss sich, entgegen seinem Auftrag, Mexiko zu erobern. Als Operationsbasis gründete er das mehrmals verlegte Veracruz an der Golfküste und begann seinen Feldzug gegen die Azteken. Zunächst besiegte er die Totonaken und den Stadtstaat Tlaxcala, mit dessen Bewohnern er ein Bündnis schließen konnte. Am 8. November 1519 erreichten die Spanier die aztekische Hauptstadt, Tenochtitlán, deren Herrscher MONTEZUMA sich im Glauben an eine geweissagte Wiederkehr der »weißen Götter« ohne nennenswerten Widerstand unterwarf.

Da inzwischen VELÁSQUEZ, der Statthalter Kubas, eine überlegene Truppenmacht unter PÁNFILO DE NARVÁEZ zur Absetzung CORTÉS' entsandt hatte, eilte dieser selbst im Mai 1520 an die Golfküste, überfiel seinen

Der spanische Konquistador, der Eroberer Mexikos, ***HERNÁN CORTÉS*** *(HERNANDO CORTEZ) wurde 1485 in Medellín (Estremadura) als Sohn eines Hidalgos (aus niederem Adel) geboren und starb am 2. Dezember 1547 in Castilleja de la Cuesta (bei Sevilla). Nach zweijährigem Jurastudium in Salamanca ging er 1504 nach Hispaniola und nahm 1511 an der Eroberung Kubas unter VÉLASQUEZ teil. Als dessen Sekretär und durch Einheirat in die Familie des Gouverneurs erreichte er den Aufstieg.*

1519 – 21 *gelang CORTÉS mit der Zerschlagung des Aztekenreiches die Eroberung Mexikos. Die jahrhundertelange Unterjochung der indianischen Völker unter spanische Herrschaft war die Folge. 1528 weilte CORTÉS am spanischen Hof, um sich gegen die Anklagen seiner Gegner zur Wehr zu setzen. Der spanische König KARL I. (als deutscher Kaiser KARL V.) empfing ihn zwar mit Auszeichnung und ernannte ihn zum Marqués de Valle de Oaxaca, es blieb ihm auch die Stellung des Generalkapitäns, aber die Verwaltung Mexikos wurde ihm entzogen. (1535 wurden die mittelamerikanischen Besitzungen Spaniens zum »Vizekönigreich Neuspanien« erhoben.) 1540 kehrte CORTÉS nach Spanien zurück und nahm 1541 an einem Feldzug in Nordafrika teil.*

CORTÉS hat den ersten »profitablen« Machtbereich der Spanier in Amerika erobert. 1527 schickte er die erste Flotte unter SAAVEDRA über den Pazifischen Ozean nach Südostasien (→ K. 104/105). Antrieb für seine Expeditionen waren kaum der Entdeckereifer, sondern Goldgier und Ruhmessucht. Der durchaus gebildete Konquistador verband großes diplomatisches und organisatorisches Geschick mit Skrupellosigkeit und rücksichtsloser Machtbesessenheit.

110
105
100
95
90
85
35
30
25
20
15
Colorado
Kansas
Missouri
Mississippi
Ohio
Arkansas
Gila
Oñate 1604/05
Cárdenas
Pueblo-
Santa Fe
1610
Zuñi
Indianer
Oñate 1601
Neumexiko
Rio Grande
Coronado 1540–42
Red River
Tennessee
De Soto
De Soto 1539–
Pecos
Brazos
Cabeza de Vaca 1535/36
Yaqui
Oñate 1595–1605
Coronado 1540
Moscoso 1542
De Soto 1542
Alabama
Texas
Colorado
Rio Bravo del Norte
Cabeza de Vaca
Golf von Kalifornien
De Ulloa 1539/40
Neu-Navarra
Neu-Leon
Pineda 1519
Moscoso 1543
Narváez 1528
Pineda 151
Culiacán
1533, 59
La Paz
1535
Monterrey
1590
Durango
1559, 63
Cabrillo 1542/43
Cortés 1532–35
Golf von Mexiko
Nördl. Wendekreis
Zacatecas
1545
Neugalicien
S. Luis Potosí
1586
Compostela
Tampico
1552
Mexiko
Cortés 1532
Guadalajara
1548
Querétaro
1550
Grijalva 1518
Córdova 1517
Cortés 1519
Narváez
Navidad
Tenochtitlán (Mexiko)
Golf von Campeche
Mérida
1549
Mayapán
Chichén Itzá
Grijalva 1518
Cozumel
Cortés 1519
Cortés 1519
Veracruz
1519
Pineda 1519
Campeche
1540
Montejo 1530
Tulum
Yucatan
Ulloa 1539/40
Zacatula
1522
Maya-Staaten bis 1524/41
Montejo 1527/28
Tabasco
Aztekenreich bis 1519/21
Acapulco
1550
Ordás 1522
Palenque
Tayasal
Cortés 1524/25
Golf von Honduras
Chiapas
Montejo
Tehuantepec
Alvarado 1523/24
Guatemala
1525 Trujillo
Copán
PAZIFISCHER OZEAN
Quezaltenango
Guatemala
1524
Gracias
1536
Honduras
San Salvador
1534
León
1524
Nicaragua
Granada
1524
Nicaragua-see
Cos
Cartago
1563
(Mar del Sur)
1513
Cortés´ Marsch nach Mexiko 1519
Teotihuacan
TOLTEKEN
TOTONAKEN
Golf von Mexiko
Texcocosee
Texcoco
Villa Rica de la Veracruz
Mai 1519
Jalapa
Tenochtitlán (Mexiko)
8.11.1519
Zempoala
Itztapalapan
Tlaxcala
23.9.
TLAXCATEKEN
Veracruz da Antigua
Xochimilco
Chalco
Landung April 1519
AZTEKEN
Cholula
San Juan de Ulúa
Veracruz
Tepeaca
Popocatépetl
5452 m
Rio Atoyac
1:5000000
0
50
100 km
OLMEKEN
90
85

0 200 400 600 800 km
1 : 25 000 000
Maya-Stadtstaat
1549 Ortsgründung bis 1600
bis 1500 entdeckte Küsten
spanischer Besitz Ende 16. Jh.
A. Andagoya 1522
ATLANTISCHER
OZEAN
Sargassosee
Karibisches Meer
Delaware-B.
Chesapeake-B.
Roanoke
Savannah
Verrazano 1524
Ayllón 1525
San Miguel de Gualdape 1525
Bermuda-In.
Bermúdez 1503
Saint Augustine 1566
Gómez 1524/25
Florida
Tocobaga 1567
San Antonio 1566
Floridastraße
De Soto 1539
Havana 1515, 19
Bahama-In.
Guanahani (San Salvador)
12. Okt. 1492
Kolumbus 1492 (1. Reise)
Kolumbus 1493
Kolumbus 1500
1504
Ponce de León 1513
Kuba
Trinidad 1514
Baracoa 1511
Santiago 1514
Navidad 1492
Isabella 1494
Hispaniola (Haiti)
Santo Domingo 1496
San Juán 1511
Puerto Rico
Jungfern-In.
2. Reise
Antigua
Kolumbus 1496
Kolumbus 1493 (2. Reise)
Guadeloupe
Dominica
Kolumbus 1502 (4. Reise)
Martinique
St. Lucia
Barbados
Grenada
Tobago
Trinidad
Kolumbus 6.1502
Jamaika
Hojeda u. Vespucci 1499/1500
Kolumbus 1498 (3. Reise)
Bastidas 1500/02
Bastidas 1502
Kleine Antillen
Aruba
Curaçao
I. Margarita
Coro 1527
Cumaná 1520
Caracas 1567
Santa Marta 1525
Maracaibo 1531, 71
Barquisimeto 1545
Neuandalusien
Venezuela
Ehinger 1531/32
Cartagena 1533
Nombre de Dios 1510
12. 1502
Veragua
Darién
Santa Maria (Darién)
Balboa 1509
1513
Panama 1519
Pizarro 1524/25
Davila 1521-25
Mérida 1558
v. Hutten 1541-44
Federmann 1536-39
Hohermuth 1535-38
Quesada 1536-39
Neugranada
Cauca
Magdalena
Apure
Meta
Orinoco
Ordás 1531
Guayana

Gegner und gliederte die meisten Spanier in seine Truppe ein. In Tenochtitlán hatte inzwischen spanischer Terror unter Pedro de Alvarado einen gewaltigen Aufstand ausgelöst und der gefangene Montezuma wurde von einem aztekischen Krieger tödlich verletzt. In der »traurigen Nacht« (»noche triste«) vom 30. Juni zum 1. Juli 1520 mussten die Spanier unter größten Verlusten die Stadt räumen. Erst durch Verstärkung der spanischen Kräfte und unter Hinzuziehung indianischer Hilfstruppen gelang Cortés am 13. Aug. 1521 nach 75-tägiger Belagerung die Rückeroberung Tenochtitláns, auf dessen Trümmern er die neue Hauptstadt Mexiko gründete. → K. 78/79 IV

1522 suchte Diego **Ordás** auf Befehl Cortés von Mexiko aus die Küste des »Südmeeres«. Er überquerte als erster Europäer die Landenge von Tehuantepec. → K. 78/79 IV

1523/24 Pedro de **Alvarado**, der Cortés bei der Eroberung Mexikos begleitet hatte – er tat sich in der »noche triste« maßgeblich hervor – wurde von Cortés in die Hochländer der Maya zur Eroberung ausgeschickt. Seinen Schreckenszug begann er in Tehuantepec nach Chiapas und Guatemala. Hier nutzte er die Uneinigkeiten der lokalen Maya-Fürsten und eroberte die Hauptstadt der Quiché, Utatlán. 1524 gründete Alvarado die Stadt Guatemala. In El Salvador stieß er auf einen Trupp Pedrarias Davilas von Darién (Panama), des Nachfolgers von Balboa. Damit war für die Spanier die Nichtexistenz einer Seeverbindung zwischen Karibischem Meer und dem Pazifischen Ozean erwiesen. → K. 78/79

1524 Der florentinische Seefahrer Giovanni **Verrazano**, ein Mann von Bildung, erkundete im französischen Auftrag einen langen Abschnitt der nordamerikanischen Ostküste zwischen Carolina und Neufundland, ohne dass er eine Durchfahrt nach Westen fand. Insbesondere untersuchte er die Narragansett Bay und Long Island. → K. 60/61 I und 78/79 I

1524/25 unternahm **Cortés** mit 100 Reitern, 50 Fußsoldaten und 3000 indianischen Trägern einen äußerst schwierigen und verlustreichen Eroberungszug durch die tropischen Regenwälder des Chiapas nach Honduras (Trujillo) und konnte diese Region seinem Machtbereich angliedern. Unterwegs ließ er den Aztekenherrscher Cuauhtémoc, den er mitgenommen hatte, ermorden. Durch diese Unternehmung wurde der Beweis erbracht, dass Yucatán keine Insel ist. → K. 78/79 III

1524/25 reiste Esteban **Gómez** im Auftrag Spaniens die nordamerikanische Ostküste entlang und war am Ende seiner Reise überzeugt, dass eine Durchfahrt nach Westen nur im hohen Norden möglich sei. → K. 78/79 I und 111 III

1525 landete Vásquez de **Ayllón** am Kap Fear (Carolina) und folgte dem Küstenverlauf nach Süden bis zur Winyah Bay, wo die Kolonie San Miguel de *Gualdape* gegründet wurde, die aber nur kurze Zeit bestand. → K. 78/79 I

1527 traf John **Rut** im englischen Auftrag bei 53° n. Br. auf Labrador und berührte die Ostküste Neufundlands, wo er zahlreiche normannische und bretonische Fischer antraf. Er gelangte bis Hispaniola.

1527/28 begann der spanische Konquistador **Montéjo** der Ältere mit der Eroberung der Maya-Staaten von Yucatán. Der größere Teil der Halbinsel wurde bis 1545 erkundet und unterworfen. Weite Gebiete im Inneren konnten sich dem spanischen Einfluss bis Ende des 17. Jh. entziehen. → K. 78/79 III

1528 landete Pánfilo de **Nárvaez** mit ca. 400 spanischen Siedlern an der Westküste von Florida, um die Entdeckungen Ponce de Léons fortzusetzen. Nach dem Verlust der Schiffe zwangen Hunger und Kämpfe mit Indianern die Expedition, mit kleinen Booten an der Golfküste entlang das Weite zu suchen, um auf diesem Wege nach Mexiko zu gelangen. Nachdem sie die Mississippi-

Idealisierte Darstellung der Coronado-Expedition 1540–42
*Charakteristisch für die **Konquistadoren** waren der Todesmut und die Kampfbereitschaft aus der Tradition der Reconquista, der Rückeroberung Spaniens von den muslimischen Mauren bis 1492, aber auch Rücksichtslosigkeit und Brutalität gegenüber der »heidnischen« Urbevölkerung. Der Indianer führt in die Richtung der geheimnisvollen »sieben Städte von Cibola«, wo die Konquistadoren viel Gold zu finden hofften.*

mündung erreicht hatten, wurden die Boote auseinander gerissen. Nur wenige Männer, darunter der königliche Schatzmeister der Expedition, Alváro Núñez **Cabeza de Vaca**, konnten sich retten. Cabeza de Vaca lebte lange Zeit auf einer Insel vor der Golfküste und streifte jahrelang, teilweise als Wunderheiler, unter Indianern in Texas umher, deren nomadische Lebensweise er studierte und später in einer Veröffentlichung beschrieb. **1535/36** durchstreifte er die Gebiete der Puebloindianer im südlichen Neumexiko und zog schließlich durch die Westliche Sierra Madre zur mexikanischen Westküste. Spanische Sklavenjäger brachten ihn in die mexikanische Hauptstadt. Seine Berichte über die *»sieben Goldstädte«* im Norden Mexikos regten zu weiteren Expeditionen in diese Gegenden an. (1541/42 führte Cabeza de Vaca eine Expedition in das Innere Südamerikas. → 90)
→ K. 78/79 IV

1532–35 drang **Cortés** auch in Westmexiko vor und gelangte bis auf die südliche Halbinsel Kalifornien, wo er 1535 die erste spanische Siedlung »Santa Cruz» (La Paz) gründete.
→ K. 78/79 IV

1534–36 unternahm der französische Seefahrer Jacques **Cartier**, der wahrscheinlich an der Fahrt Verrazanos teilgenommen hatte, im Auftrag des französischen Königs Franz I. zwei Reisen nach Neufundland und zum neu entdeckten Sankt-Lorenz-Golf, um Gold und eine Durchfahrt nach Ostasien zu finden. Während der zweiten Reise drang Cartier den St.-Lorenz-Strom aufwärts bis zum befestigten Indianerdorf Hochelaga (in der Nähe des späteren Montréal) vor und nahm das Land unter dem Namen »Nouvelle France« für Frankreich in Besitz. Eine dritte Reise **1541/42** zur Besiedlung des neu entdeckten Gebietes blieb ohne dauerhaften Erfolg. → K. 111 III/IV

1539/40 stach Francisco de **Ulloa** von Acapulco aus in See und erkundete den Golf von Kalifornien sowie einen Teil der Pazifikküste Niederkaliforniens. Mit dieser Reise war endgültig geklärt, dass Niederkalifornien keine Insel – wie bis dahin angenommen – darstellt. → K. 78/79 IV

1539–43 Der spanische Konquistador Hernado de **Soto**, der Pizarro bei der Eroberung des Inkareiches begleitet hatte und seit 1538 Statthalter von Kuba war, versuchte von Florida aus, goldreiche Gebiete und eine Durchfahrt vom Atlantik zum Pazifischen Ozean zu finden. Mit ca. 600 Mann und über 200 Pferden durchzog er den Südosten der späteren USA, gelangte dabei ins Gebiet der Cherokee in den Appalachen, überquerte in der Gegend des späteren Memphis mit Flößen den Mississippi, zog durch Arkansas enttäuscht zum Mississippi zurück, wo er am 21. Mai 1542 dem Fieber erlag. Sein Stellvertreter, Luis de **Moscoso**, versuchte vergeblich, durch Texas nach Mexiko zu gelangen, kehrte dann an den Mississippi zurück und befuhr ihn mit Booten bis zur Mündung. Entlang der Golfküste gelangten schließlich nur noch 311 zu Tode erschöpfte Teilnehmer der Expedition im September 1543 an den Rio Pánuco (bei Tampico), wo sie auf erstaunte Spanier trafen. Die Reiseroute ist trotz eines Reiseberichtes nur annähernd bekannt. → K. 78/79 I

1540–42 unternahm der Statthalter von Neugalicien, Francisco Vásquez de **Coronado**, im Auftrag des Vizekönigs von Neuspanien einen großen Entdeckungszug mit 220 Reitern und 60 Fußsoldaten nach Neumexiko, um die angeblich goldreichen *»sieben Städte von Cibola«* zu finden. Doch waren dies einfache Siedlungen der Zuñi und Puebloindianer; Goldschätze wurden nicht gefunden. Eine Gruppe von 12 Mann unter García López de **Cárdenas** wurde zum Colorado geschickt; sie fand den Grand Canyon. Schließlich durchzog Coronado 1541 weite Präriegebiete bis zum Arkansas, wo ihn seine erschöpften Soldaten in Quivira (Gebiet der Wichita) zur Umkehr zwangen. Mit 100 Mann kehrte er nach Mexiko erfolglos, aber reich an geographischem Wissen zurück. 1544 starb er in Ungnade gefallen. → K. 78/79 I/IV.

1542/43 Juan Rodríguez **Cabrillo** segelte in spanischem Auftrag von Navidad aus längs der pazifischen Küste an der Halbinsel Niederkalifornien vorbei und erreichte wahrscheinlich die kalifornische Küste beim späteren Monterrey, vielleicht sogar das Kap Mendocino. Bei der Rückfahrt starb Cabrillo. → K. 78/79 IV

1598–1605 leitete Juan de **Oñate** die spanische Besiedlung Neumexikos ein. Von Mexiko aus führte er eine größere Siedlergruppe über das Rio-Grande-Tal in das Gebiet der Puebloindianer, wo 1610 Santa Fe als dauerhafte spanische Siedlung gegründet wurde. 1604 erkundete Oñate den Colorado. → K. 78/79 IV

Nordamerika 17./18. Jh. → 123

Die »Neue Welt« nach Sebastian Münster (um 1540)

*Der kolorierte Holzschnitt aus **Sebastian Münsters »Cosmographia«** zeigt eindeutig die Auffassung von einem eigenständigen Kontinent, der 1492 entdeckt worden ist. Dabei fallen die starke Ost-West-Ausdehnung im Norden Südamerikas und die übertriebene Ostausdehnung im Norden des Erdteils auf, die dem Mangel einer verlässlichen Längenbestimmung geschuldet sind. Die Weltumseglung Magellans 1519–21 hat sich mit der Beschriftung der Magellanstraße im äußersten Süden und der Darstellung eines der Schiffe der Magellanflotte niedergeschlagen. Aber dennoch wird die Breite des Pazifischen Meeres unterschätzt; Zipangu (Japan), Cathay (China) und die 7448 Inseln Marco Polos liegen nahe der »Neuen Welt«. Während Mittelamerika (Cuba, Hispaniola und Florida) relativ genau kartiert ist, hat Münster keine nähere Kenntnis von dem 1519–21 unter Cortés eroberten Mexiko oder den Eroberungen Pizarros 1532/33 in Peru. Yucatán ist noch als Insel dargestellt.*

*Der von dem deutschen Humanisten und Kosmographen **Martin Waldseemüller** seit 1507 eingeführte Name **»America«**, nach dem Vornamen Vespuccis, ist nur nebenbei im Inneren Südamerikas angegeben.*

*Der italienische Seefahrer **Amerigo Vespucci**, am 18. März 1452 in Florenz geboren und am 22. Februar 1512 in Sevilla gestorben, will vier Reisen in die »Neue Welt« selber unternommen haben, nur zwei sind sicher belegt: 1498/99 mit Hojeda (→ 85) und 1501/02 an die Ostküste Südamerikas (→ 88). Nach seiner letzten Reise vertrat er als einer der ersten die Ansicht, dass es sich bei den neu entdeckten Ländern um einen selbständigen Erdteil handeln müsste. 1505 wurde er »Großpilot« des Indienamtes in spanischen Diensten. Seine anschaulichen Berichte in Briefen erregten europaweit Aufsehen, so dass selbst manche Humanisten glaubten, er sei der Entdecker der »Neuen Welt« gewesen.*

Sehr früh wurde auch die Nordküste Südamerikas von Europäern entdeckt. KOLUMBUS berührte bereits 1498 auf seiner dritten Reise südamerikanisches Festland. Bis zum Jahre 1500 hatten die sog. *»Kleinen Entdecker«* (HOJEDA, VESPUCCI, PINZÓN und BASTIDAS) die gesamte Küste zwischen Panama und Kap Agostin in Nordost-Brasilien erkundet.

Im Jahre 1500 entdeckte der portugiesische Seefahrer CABRAL auf seiner Ostindienfahrt die Ostküste Brasiliens und nahm das Land »rechtmäßig« in Besitz – lag es doch östlich der durch den Papst 1494 sanktionierten *Teilungslinie von Tordesillas*. Zwar setzte erst ab 1532 mit der Anlage von Plantagen die portugiesische Kolonisation de facto ein, aber der Grundstein für die ***Teilung Lateinamerikas*** in je einen spanischen und portugiesischen Teil war gelegt.

Spätestens mit der Entdeckung des *»Südmeeres«* durch BALBOA 1513 und infolge der Weltumseglung durch die MAGELLAN-Expedition (1519–21) wurde die *»Neue Welt«* als eigenständiger Kontinent begriffen. AMERIGO VESPUCCIS viel gelesene Berichte erregten in Europa großes Aufsehen, und da ihn viele als den vermeintlichen Entdecker des neuen Kontinents ansahen, wurde der Erdteil nach seinem Vornamen ***»Amerika«*** benannt.

Waren die Entdecker anfangs von dem Drang beseelt, vor allem nach einer Durchfahrt zu suchen, um in das an Edelsteinen und Gewürzen reiche Indien zu gelangen, änderte sich die Motivation schlagartig mit der erfolgreichen Eroberung Mexikos durch CORTÉS 1519–21. Die dort eroberten Schätze weckten die Gier der Konquistadoren in Südamerika, zumal Nachrichten von unermesslichen Reichtümern – Gold, Silber und Smaragde – nach Panama gelangten. PIZARRO und ALMAGRO gingen von hier aus planvoll und rücksichtslos an die ***Eroberung Perus***, wo sie mit der Zerschlagung des Inkareiches 1531–33 ihr Ziel erreichten. Ströme von Edelmetallen flossen fortan nach Spanien und beeinflussten die Geldwirtschaft großer Teile Europas.

Auch die weitere Eroberung wurde durch die Gier nach Gold bestimmt – der Mythos von einem Goldland ***»Eldorado«*** irgendwo im nördlichen Südamerika bestimmte weiterhin die Entdeckungsgeschichte, so die Eroberung *Neugranadas (Kolumbien)*, aber auch die Befahrung des Orinoco, Amazonas und La Plata. Eine besondere Entwicklung nahm *Venezuela*, das der spanische König an seine Geldgeber, das Handelshaus der *Welser* in Augsburg, 1527–55 verpfändet hatte.

Mit unfassbarer Grausamkeit und völliger Verständnislosigkeit gegenüber den indianischen Kulturen wurde die ***Conquista*** *(Eroberung)* durchgeführt, deren Wege ein Meer von Blut und Tränen und die Zerschlagung sowie Vernichtung kultureller Güter und menschlicher Existenzen begleiteten. Die blühenden indianischen Hochkulturen in den Andenländern zerbrachen unter dem Ansturm der europäischen Eroberer. Die spanische Krone glaubte sich zudem verpflichtet, das Christentum verbreiten zu müssen. Damit wurde auch die geistige Kultur der Hochlandindianer gebrochen. Wissenschaftliche Triebkräfte für die Entdeckung Amerikas fehlten dagegen ganz. Erst durch die ausgedehnte Tätigkeit der *Jesuiten* seit dem 17. Jh., die auch in das Innere des Kontinents vordrangen, wurden Teile der Tieflandindianer in den *Missiones* abgeschirmt und in mancher Hinsicht sogar vor dem Zugriff spanischer Kolonisten geschützt. Durch die Jesuiten wurden Paraguay, Ostbolivien und Gebiete am oberen Amazonas und Orinoco erschlossen.

Die schon während der Conquista durch LAS CASAS, dem »Apostel der Indianer«, einsetzende Menschenrechtskritik veranlasste schließlich die spanische Regierung, einige, wenn auch wenig wirksame Reformen durchzusetzen. Als sich herausstellte, dass die einheimische Bevölkerung der Arbeit auf den Plantagen der tropischen Gebiete nicht gewachsen war, setzte im Laufe des 16. Jh. die umfangreiche Einfuhr afrikanischer Sklaven ein. Wegen des Mangels an europäischen Frauen entstand in Brasilien und in den Andenländern, aber auch am La Plata bereits im 16. Jh. eine *Portugiesisch* bzw. *Spanisch* sprechende Mestizenbevölkerung.

1498 fand CHRISTOPH **KOLUMBUS*** auf seiner dritten Reise die Insel Trinidad und berührte die nahe gelegene südamerikanische Festlandküste zwischen Orinocomündung und der Insel Margerita. → K. 78/79 und K. 86/87

1499/1500 führten ALONSO DE **HOJEDA**, der KOLUMBUS auf der zweiten Reise begleitet hatte, und der italienische Seefahrer AMERIGO **VESPUCCI** eine Reise längs der Nordküste Südamerikas durch. Begleitet wurden sie von dem Piloten JUAN DE **LA COSA**, einem Teilnehmer der ersten Reise des KOLUMBUS. Sie trafen in Guayana auf die südamerikanische Küste. Während VESPUCCI dieser bis über die Amazonasmündung hinaus folgte, segelten HOJEDA und LA COSA über die Orinocomündung hinaus nach Westen und besuchten Trinidad und Curaçao; sie fanden als erste den Maracaibosee. Wegen der dortigen indianischen Pfahlbauten gaben sie dem Land den Namen *Venezuela* (»Klein-Venedig«). VESPUCCI folgte beiden. Über Hispaniola trafen die »Kleinen Entdecker« – wie man die drei Reisenden und den nachfolgenden PINZÓN nannte – 1500 in Spanien ein. Anstelle der erhofften Goldschätze wurden Perlen mitgebracht. (HOJEDA kehrte 1501–08 mehrmals an die Küste Venezuelas zurück und betrieb Sklavenhandel und Perlenraub.) → K. 78/79 II und K. 86/87 I

1500 erreichte der spanische Seefahrer VINCENTE YAÑEZ **PINZÓN**, jüngerer Bruder MARTIN ALONSO PINZÓNS, der als Kapitän der »Niña« KOLUMBUS 1492/93 begleitet hatte, die südamerikanische Nordostküste am Kap Agostin (26. Januar) und wurde so zum eigentlichen Entdecker Brasiliens – ein Vierteljahr vor CABRAL. Auf seiner Fahrt längs der Küste erreichte er die Mündung des Amazonas, den er wahrscheinlich 100 km aufwärts befuhr. Über die Orinocomündung und die Kleinen Antillen kehrte er nach Spanien zurück, ohne die erhofften Schätze gefunden zu haben. → K. 86/87 II

1500 entdeckte der portugiesische Seefahrer PEDRO ALVAREZ **CABRAL** auf seiner Ostindienfahrt (→ 60/61) die Ostküste Brasiliens. Am 1. Mai ergriff er in der Nähe des heutigen Porto Seguro im Namen der portugiesischen Krone Besitz von dem neu entdeckten Land, das er *Tierra de Santa Cruz* nannte, und das östlich der 1494 in Tordesillas gezogenen Teilungslinie lag. Wegen seines Reichtums an rotem Brasilholz wurde das Land Jahrzehnte später Brasilien genannt. → K. 86/87 II

***Weibliche Figur der Quimbaya** (gegossenes Tumbaga – eine Gold-Kupfer-Legierung)*

*Bei verschiedenen Völkern Kolumbiens waren bei Ankunft der Spanier Goldarbeiten verbreitet. Der reine Metallwert war für die Eroberer ausschlaggebend. Deshalb schmolzen sie die oftmals mit Kupfer versetzten Kunstwerke ein. Die Gier nach Gold lockte zahlreiche Abenteurer in das nördliche Südamerika. Es entstand die Sage vom **Eldorado** (El Dorado: span.; »der Vergoldete«). Darunter versteht man ein sagenhaftes Goldland, das im 16./17. Jh. von zahlreichen Entdeckern und Eroberern (Konquistadoren) vergeblich gesucht wurde.*

Wahrscheinlich geht der Mythos vom Eldorado auf eine reale Kulthandlung der Chibcha im Hochland von Bogotá zurück, wo ein Kazike der Muisca bei seiner Krönungszeremonie mit Goldstaub gepudert auf einem Floß in die Lagune von Guatavita fuhr und das edle Metall in größeren Mengen – außerdem zahlreiche Smaragde – als Opfer dargebracht haben soll.

1500–02 entdeckte der Spanier RODIGRO DE **BASTIDAS**, begleitet von JUAN DE LA COSA, den

1 : 35 000 000
0
500
1000
1500 km
ATLANTISCHER OZEAN
Karibisches Meer
ungefähre Demarkationslinie nach dem Vertrag von Tordesillas 1494
Äquator
Hojeda u. Vespucci 1499
Kolumbus 1498 (3. Reise)
Vespucci 1499
1499/1500
Pinzón 1500
Pinzón 1509
Vespucci
Magellan 1519
Kolumbus 1502
Bastidas 1500–02
Pizarro 1531
Pizarro 1526/27
Pizarro 1533
Belalcázar 1533
Belalcázar 1539
Almagro 1537
Orellana 1541/42
Ursua 1560
Aguirre 1561
Ordás 1531
Hohermuth 1535–38
Federmann 1536–39
v. Hutten 1541–44
Quesada 1536–39
Irala 1547
Guayana
Llanos
Venezuela
Neu-Granada
Selvas
Peru
Alto Peru
Natal 1597
Pernambuco (Recife) 1563
Salvador (Bahia) 1549
Ilhéus 1534
Porto Seguro 1500
Barbados
Trinidad
Cumaná 1520
Caracas 1567
Coro 1527
Maracaibo 1571
Maracaibo-see
Santa Marta 1525
Cartagena 1533
Darién 1509
Panama 1519
Bogotá 1538
Popayán 1537
Quito 1534
Guayaquil 1537
Tumbes
Paita 1532
Cajamarca
Trujillo 1535
Lima 1535
Cusco (1533 erob.)
Arequipa 1540
Arica 1537
Titicacasee
La Paz 1548
Potosí 1545
Chuquisaca 1538 (Charcas)
Santa Cruz 1560
Amazonas
Xingu
Madeira
Mamoré
Río Negro
Japurá
Río Napo
Ucayali
Marañón
Orinoco
Meta
Guaviare
Magdalena
Cauca
São Francisco
Parnaíba

ATLANTISCHER OZEAN
STILLER OZEAN („SÜDSEE")
Südl. Wendekreis
ungefähre Demarkationslinie nach der Papstbulle von 1493
Cabral 1500
Vespucci 1501/02
De Solís 1515/16
Pinzon 1509
Caboto 1526
Caboto 1526/27
Cabeza de Vaca 1541/42
Mendoza 1536/37
Magellan 1520
Magellan 1521
Ladrilleros 1558
Ulloa 1552
Valdivia 1540–47
1520
1536
Rio de Janeiro 1565
São Paulo 1532
Santos
Santa Catarina
Buenos Aires 1535, 1580
Río de la Plata
Uruguay
Paraná
Asunción 1537
Pilcomayo
Salado
Santa Fe 1573
Córdoba 1573
Santiago 1553
Tucumán 1565
Salta 1582
Mendoza 1561
Santiago 1541
Valparaíso 1541
Coquimbo 1537
Concepción 1550
Valdivia 1552
Colorado
Río Negro
Gran Chaco
La Plata
Pampas
Patagonien
Chile
San Julián
Magellanstr.
Feuerland
Davis-In. 1592
Südgeorgien
Juan Fernández In. 1563
Inkareich bis 1533
Chibcha-Staaten bis 1538
spanischer Besitz im 16. Jh.
portugiesischer Besitz im 16. Jh.
1552 Ortsgründung im 16. Jh.

Küstenabschnitt zwischen Venezuela und Panama, noch bevor Kolumbus auf seiner vierten Reise Panama berührte. → K. 78/79 II/III

1501/02 unternahm Amerigo **Vespucci** in portugiesischen Diensten eine Entdeckungsreise längs der brasilianischen Ostküste bis mindestens 25° s. Br. Nicht nachprüfbar ist, ob er tatsächlich – wie er angab – bis 52° s. Br. im Südatlantik (Südgeorgien?) gelangt ist. → K. 86/87 II

1509 suchten V. Y. **Pinzón** und Juan Díaz de **Solís** an der Ostküste Südamerikas eine westliche Durchfahrt und gelangten bis zur Rio de la Platamündung. → K. 86/87 II

1515/16 erreichte Juan Díaz de **Solís** auf der Suche nach einer Durchfahrt zum *»Südmeer«*, das Balboa 1513 entdeckt hatte (→ 75), die Rio de la Platamündung und drang den Strom aufwärts vor, wurde aber bei einem Landungsversuch von Indianern getötet. Die führerlose Mannschaft kehrte nach Spanien zurück. → K. 86/87 III

1519/20 Der portugiesische Seefahrer Ferdinand **Magellan*** segelte auf seiner Weltreise (→ 103) an der Ostküste Südamerikas entlang, erreichte im Januar 1520 den Rio de la *Plata*, überwinterte in der Bucht von San Julian, und fand in 21-tägiger Fahrt die nach ihm benannte Meeresstraße zwischen Patagonien und Feuerland, bevor er den »Stillen Ozean« durchquerte. → K. 86/87 III/IV

1522 unternahm Pascual de **Andagoya**, ein Unterführer des Pedrarias Dávila (→ 76), von Panama aus einen Vorstoß nach Süden längs der kolumbianischen Küste, scheiterte aber an der Landspitze Punta Pinas. Am Fluss *Biru* erfuhr er von indianischen Händlern Nachrichten über den Goldreichtum südlich gelegener Gebiete, welche die Spanier fortan »Peru« nannten. → K. 78/79 III

1524/25 Die Spanier Francisco **Pizarro*** und Diego de **Almagro**, die sich mit dem Priester und Geldgeber Hernando de **Luque** zu einem Unternehmen zur Eroberung der südlichen Goldländer verbunden hatten, scheiterten bei einem ersten Versuch nahe der Mündung des San Juan an dem Widerstand der dortigen Indios. → K. 78/79 III

1526/27 erfolgte ein zweiter Vorstoß **Pizarros** und **Almagros**. Sie erreichten mit ihrer kleinen Schar den nördlichen Herrschaftsbereich der Inka und wurden in Tumbes Zeuge der Prachtentfaltung des Inkareiches. Mit dem Schiff gelangten sie etwas über 8° s. Br., etwa an jene Stelle, an der Pizarro später Trujillo gründete. → K. 86/87 IV

1526/27 Sebastiano **Caboto**, Sohn Giovanni Cabotos, kam als Oberpilot einer spanischen Flotte an die La Platamündung, die er nach dem Silberschmuck einiger Indianer benannte und von wo aus er den Paraná bis zum Paraguay auf einer Strecke von 1500 km erkundete. 1530 kehrte Caboto zurück; 120 Spanier, die er zurückgelassen hatte, wurden von Indianern getötet. → K. 86/87 III

1531 befuhr Diego de **Ordás** als erster den Orinoco von der Mündung bis zu den Stromschnellen zwischen Atures und Maipures, etwa 1600 km flussaufwärts. Er wollte auf diesem Wege das sagenhafte *Eldorado* erreichen. Zu einer Besiedlung der Gebiete am Orinoco kam es aber nicht, da das Land zur Nutzung wenig geeignet erschien. → K. 78/79 III und → K. 86/87 I

1531/32 zog der deutsche Konquistador Ambrosius **Ehinger** (auch Alfinger oder Dalfinger genannt) auf der Suche nach dem Eldorado ins Innere des nördlichen Südamerika. Als Statthalter der ***Welser*** war er 1529 mit der Kolonisation Venezuelas beauftragt worden. 1531 zog er von Coro aus bis zum Rio Magdalena und Rio Cauca im heutigen Kolumbien, fand dann aber beim Weitermarsch im Kampf mit den Indios den Tod. → K. 78/79 III

1531–33 brachen Francisco **Pizarro*** und **Almagro** mit drei Schiffen, 180 Soldaten und Offizieren sowie 27 Pferden zur ***Eroberung***

des Inkareiches auf. Am 11. Mai 1532 erreichten die Konquistadoren Tumbes und im Sommer 1532 traten sie den folgenschweren Marsch in die Anden-Hochländer an. Die Thronstreitigkeiten zwischen den Inkabrüdern ATAHUALPA und HUASCAR lähmten den Widerstand des Reiches. In Cajamarca nahm PIZARRO am 15. November 1532 bei einem plötzlichen Überfall den Inkaherrscher ATAHUALPA gefangen und ließ diesen nach Erpressung eines unglaublich hohen Lösegeldes in Form von Gold und Silber am 19. Aug. 1533 ermorden. Nach Verstärkung durch eine 150-köpfige Streitmacht unter ALMAGRO zogen die Konquistadoren am 15. November 1533 in die Hauptstadt Cusco ein. Damit war der Widerstand des Inkareiches zusammengebrochen. → K. 86/87 IV

1533–39 SEBASTIÁN DE **BELALCÁZAR*** (auch BENALCÁZAR), der 1532 am Eroberungszug gegen das Inkareich teilgenommen hatte, wurde von PIZARRO in den Norden nach Ecuador gesandt, wo er den örtlichen Herrscher besiegte und 1534 Quito gründete. 1539 zog er von hier aus nach Bogotá, dem Zentrum der goldreichen Chibcha-Staaten, wo ihm von Norden her QUESADA zuvorgekommen war. → K. 86/87 IV

1535–37 unternahm DIEGO DE **ALMAGRO**, den die spanische Krone 1534 ermächtigt hatte, sich südlich von Peru eine eigene Statthalterschaft zu erobern, einen Entdeckungs- und Eroberungszug nach Süden durch das heutige Nord- und Mittelchile und das Hochland von Bolivien. Er gelangte bis 30° s. Br., Abgesandte kamen sogar bis zum Rio Maule (35° s. Br.). → K. 86/87 IV

1535–38 Der Statthalter der Welser, GEORG **HOHERMUTH** (auch GEORG VON SPEYER), führte von Coro aus einen verlustreichen Eroberungszug in das Goldland *Eldorado*. Er gelangte an den Südostfuß der Kordillere von Mérida zum Oberlauf des Guaviare, von wo aus er vermutlich bis an den Rand des Amazonasgebietes zog, fand aber keinen Zugang ins Hochland von Bogotá. Ca. 3 500 km Wegstrecke waren erfolglos zurückgelegt worden. PHILIPP VON

***FRANCISCO PIZARRO**, spanischer Konquistador, der Eroberer des Inkareiches, wurde 1478 im spanischen Trujillo (Estremadura) geboren und starb am 26. Juni 1541 in Lima. Er wuchs ohne Schulbildung auf und schiffte sich um 1510 nach der »Neuen Welt« ein. PIZARRO kämpfte als Soldat in Hispaniola und Kuba; 1513 war er Teilnehmer des Entdeckungszuges BALBOAS (1513). 1522 verband er sich mit DIEGO DE ALMAGRO und HERNANDO DE LUQUE, um das sagenhafte Goldland Peru zu erobern.*

Nach vergebl. Versuchen 1524/25 und 1526/27 gelang 1531–33 die Eroberung und Zerstörung des Inkareiches in Peru, mit Zustimmung Kaiser Karls V., der PIZARRO bereits 1529 zum Statthalter und Kapitän von Peru ernannt hatte. Der Zeitpunkt war insofern günstig, als das Inkareich sich wegen Thronstreitigkeiten im Bürgerkrieg befand. 1535 gründete PIZARRO Lima als neue Hauptstadt und schlug 1536/37 mit Hilfe ALMAGROS einen großen Indianeraufstand nieder. Da sich beide nicht über die Abgrenzung ihres Einflussbereiches einigen konnten, kam es zu Kämpfen zwischen beider Anhänger, aus denen PIZARRO siegreich hervorging, der ALMAGRO am 8. Juli 1538 im Gefängnis zu Cusco erdrosseln ließ. Freunde ALMAGROS ermordeten deshalb Pizarro in Lima.

Rücksichtslos, machtbesessen und ohne Verständnis für die fremden indianischen Kulturen, bewies F. PIZARRO andererseits große Ausdauer und eine bemerkenswerte Organisationsgabe.

***GONZALO PIZARRO** stand nach dem Tode seines Bruders an der Spitze des Widerstandes gegen den neu ernannten Vizekönig von Peru, NUNEZ DE VELA, der 1546 bei Quito getötet wurde. 1548 wurde G. PIZARRO von königstreuen Truppen bei Cusco besiegt und am 10. April des Jahres enthauptet.*

HUTTEN, der den Zug begleitete, schilderte die Expedition. → K. 78/79 III und → K. 86/87 I

1536/37 Im Februar 1536 landete PEDRO DE **MENDOZA** mit 11 Schiffen sowie 2400 Soldaten am Rio de la Plata, um eine Verbindung nach Peru zu erkunden und dort die Ordnung wieder herzustellen. Einer der Soldaten, der deutsche Landsknecht Ulrich SCHMIDEL, hinterließ später einen aufschlussreichen Bericht über diese Unternehmung. Bald nach der Gründung von Buenos Aires verstarb MENDOZA. Sein Nachfolger, JUAN DE **AYOLAS**, befuhr den Paraguay, bevor er bei seinem Vordringen durch den Gran Chaco in der Nähe der Anden von Indianern getötet wurde. → K. 86/87 III

1536–39 Der spanische Konquistador GONZALO JIMÉNEZ DE **QUESADA*** unternahm von Santa Marta aus einen Eroberungszug den Rio Magdalena aufwärts gegen die goldreichen Chibcha-Staaten und gründete in deren Zentrum **1538** Bogotá. Als kurze Zeit später von Quito her BELALCÁZAR und von Venezuela FEDERMANN im Hochland von Bogotá eintrafen, verhinderte nur ein Vergleich eine militärische Auseinandersetzung. Die Konquistadoren zogen gemeinsam zur karibischen Küste. QUESADA verfocht später vor dem Indienrat in Spanien vergeblich seine Ansprüche auf das nunmehr Neugranada genannte Hochland. → K. 78/79 III und → K. 86/87 I

1536–39 zog der deutsche Konquistador NIKOLAUS **FEDERMANN*** im Dienste der Welser auf der Suche nach dem *Eldorado* von Coro zum Ostfuß der Anden, erklomm 1539 von Südosten her die Hochebene von Bogotá, wo er die spanischen Konquistadoren QUESADA und BELALCÁZAR antraf. Dem Rio Magdalena folgend, erreichten sie gemeinsam die Küste bei Santa Marta. FEDERMANN hatte seine Reisen in der »Indianischen Historia« beschrieben. → K. 78/79 III und → K. 86/87 I

1540–47 Der spanische Konquistador PEDRO DE **VALDIVIA**, der 1535–37 an der Expedition ALMAGROS teilgenommen hatte, zog zur Eroberung ganz Chiles aus. Er gründete 1541 Santiago und Valparaíso. Als Statthalter von Chile gelangte er bis 42°s. Br. und begann mit der vergeblichen Unterwerfung der Araukaner, wobei er im Kampf gegen diese im Dezember 1553 fiel. → K. 86/87 III

1541/42 FRANCISCO DE **ORELLANA**, nahm zunächst als Unterführer von GONZALO PIZARRO (Bruder FRANCISCO PIZARROS) an der Suche nach dem Goldland *Eldorado* in den Tiefländern östlich von Ecuador teil. Vom Rio Napo aus, wo ein Schiff zur Nahrungsmittelbeschaffung gebaut wurde, erreichte ORELLANA den Amazonas, während G. PIZARRO unter unglaublichen Mühen ins Hochland der Anden zurückkehrte. ORELLANA befuhr den Amazonas in achtmonatiger Reise bis zur Mündung. Er gab dem Strom den bis heute gültigen Namen, da er angab, mit einem Stamm weiblicher Krieger zusammengetroffen zu sein. (Bei einer **1546** durchgeführten erneuten Suche nach dem Dorado von der Mündung des Amazonas aus blieb ORELLANA verschollen.) → K. 86/87 I

1541/42 landete der zum Statthalter des Rio de la Plata bestimmte ALVARO NÚÑEZ **CABEZA DE VACA** mit einer Flotte auf der Insel Santa Catarina vor der südbrasilianischen Küste. In einem viermonatigen Landmarsch mit 400 Mann zog er ohne Verluste nach Asunción in Paraguay, seinem neuen Wirkungsgebiet. Um die Verbindung mit Peru herzustellen, marschierte er den Paraguay aufwärts und durchzog den Gran Chaco bis an den Fuß der Anden, wo er mit seinen erschöpften Gefährten umkehren musste. (In Asunción wurde er von IRALA, dem Beherrscher dieses Gebietes, festgenommen und nach Spanien zurückgeschickt.) → K. 86/87 II/III

1541–44 PHILIPP VON **HUTTEN** (ein Neffe des bekannten Humanisten ULRICH VON HUTTEN) der 1535–38 am Entdeckungszug HOHERMUTHS teilgenommen hatte und nach dessen Tod 1540 Generalkapitän der Welserkolonie geworden war, zog mit 150 Mann von Coro aus nach Süden, um das goldreiche Eldorado zu suchen. Dabei durchstreifte er die Ebenen der Llanos bis an die Flüsse Guaviare und Inirida. HUTTEN hatte damit im nördlichen Südamerika weitere Gebiete durchzogen als irgendein anderer vor ihm. → K. 78/79 III und → K. 86/87 I

1547/48 Der spanische Konquistador DOMINGO MARTINEZ **IRALA**, der sein Herrschaftsgebiet in Paraguay gegen CABEZA DE VACA behauptet hatte, unternahm einen Entdeckungszug, um die sagenhaften »Silberberge« in den Anden zu finden. Über den Gran Chaco wandte er sich nach Westen und erreichte über Chuquisaca (heute Sucre) das Hochland von Bolivien. IRALA hatte damit eine Verbindung zwischen den spanischen Besitzungen am La Plata und in Peru hergestellt. → K. 86/87 IV

1552 Schickte VALDIVIA den Kapitän FRANCISCO DE **ULLOA** von Chile aus nach Süden, wo dieser auf dem Seeweg bis zur Magellanstraße vordringen konnte. Als es 1558 dem Spanier JUAN **LADRILLEROS** gelang, die Westküste Patagoniens näher zu erkunden und er die erste West-Ost-Fahrt durch die Magellanstraße volbrachte, konnten die Umrisse Südamerikas als bekannt angesehen werden. → K. 86/87 III

1560/61 suchte eine Expedition unter PEDRO DE **URSUA** im Auftrag des spanischen Vizekönigs von Peru erneut das Goldland *Eldorado*. Vom Marañon gelangte die Expedition am *Amazonas* in das Land der Omagua, wo der baskische Abenteurer LOPE DER **AGUIRE** ein Mordkomplott gegen URSUA anzettelte. Vermutlich über den Rio Negro – die genaue Route ist nicht bekannt – erreichten die Usurpatoren den Orinoco und anschließend die Insel *Margerita*, wo sie für einige Zeit ein Schreckensregime errichteten, bevor sie von königstreuen Truppen in Venezuela besiegt werden konnten. Seit dieser »Expedition« scheint den Spaniern die Wasserverbindung zwischen Amazonas und Orinoco bekannt gewesen zu sein. → K. 86/87 I

Südamerika im 18./19. Jh. → 156–163

*GONZALO **JIMÉNEZ DE QUESADA** – der Entdecker und Eroberer der Chibchastaaten, geboren um 1500 in Andalusien und gestorben am 16. Februar 1579 in Meriquita/Neugranada – hatte im historischen Wettlauf in die Gebiete der goldreichen Chibchastaaten im kolumbianischen Hochland den am wenigsten schwierigen Weg vom Karibischen Meer aus gewählt, während seine Konkurrenten BELALCÁZAR und FEDERMANN vom Süden bzw. Osten aus größte Marschprobleme zu überwinden hatten und demzufolge erst später dorthin gelangten. QUESADA verlor infolge des Klimas Dreiviertel seiner 800 Mann starken Truppe. Dennoch gelang ihm die Unterwerfung der Muisca, der Bewohner der Chibchastaaten. Im Gebiet der von QUESADA 1538 gegründeten Stadt Bogotá befand sich das Zentrum der Muisca, deren kunstvolle Goldarbeiten und traditionelle Zeremonien zum Mythos vom **»Eldorado«** beigetragen hatten (→ 85).*

*Der spanische Konquistador **SEBASTIÁN DE BELALCÁZAR** (BENALCÁZAR), 1495 in der Nähe Córdobas geboren und 1551 in Cartagena (Neugranada) gestorben, nahm an den Eroberungszügen PIZARROS in Peru teil. Er besiegte den örtlichen Herrscher im Hochland von Ecuador und gründete 1534 die Stadt Quito als sein Machtzentrum. Als er 1539 nach Norden zog, um die Chibchastaaten zu erobern, traf er dort bereits QUESADA an.*

*Der im Dienste der Welser stehende deutsche Konquistador **NIKOLAUS FEDERMANN**, um 1500 in Ulm geboren und 1542 in Gent (?) gestorben, erklomm im Auftrag des Statthalters von Venezuela, GEORG HOHERMUTH, 1539 vom Südosten aus die Hochebene von Bogotá.*

Als BELALCÁZAR und FEDERMANN eingetroffen waren, musste sich QUESADA auf Grund des Kräfteverhältnisses mit diesen einigen. Gemeinsam plünderten sie das an Gold und Smaragden reiche Hochland aus.

Der durch die italienischen Städte Venedig und Genua betriebene ***Orienthandel*** wurde mit dem Vordringen der osmanischen Türken (1453 Konstantinopel, 1517 Alexandria) so erschwert, dass Europa gezwungen war, nach neuen Wegen zu den Herkunftsgebieten der Schätze Asiens zu suchen. ***Portugal*** fiel dabei die führende Rolle zu, war es doch bezüglich der Hochseeschifffahrt und Nautik, aber auch wegen seiner geographischen Kenntnisse außerhalb des Mittelmeerraums bestens vorbereitet. So hatten vor allem portugiesische Kapitäne und Piloten seit HEINRICH DEM SEEFAHRER die Küsten Afrikas erkundet und damit die Suche eines ***Seeweges nach Indien*** systematisch vorangetrieben. (→ 64).

Mit der Landung **VASCO DA GAMAS 1498** an der indischen Malabarküste begann ein neuer Abschnitt der Beziehungen zwischen Europa und Süd- bzw. Südostasiens. In schneller Folge erweiterten die Portugiesen ihre geographischen Kenntnisse: 1511 bis Malakka und den Molukken, 1517 bis Südchina und 1542 bis Japan. Die ersten portugiesischen Vizekönige in Indien, ALMEIDA und ALBUQUERQUE*, besiegten infolge waffentechnischer Überlegenheit die vereinigten arabisch-indischen Flotten (so 1509 vor Diu) und begründeten damit die ***portugiesische Seemacht im Indischen Ozean***. Die Kolonien Portugals in Asien bestanden jedoch stets nur aus einzelnen, zumeist befestigten Stützpunkten an den Gestaden der asiatischen Meere. Hauptziel war natürlich die Erwerbung der »Gewürzinseln«, der Molukken. Große Gewinne brachte der Handel mit Gewürzen, Perlen, Elfenbein und Duftstoffen, später auch mit Indigo, Seide, Porzellan, Tee und Baumwolle.

1521 war mit der spanischen ***MAGELLAN-Expedition*** aus dem Osten, über den Pazifischen Ozean, die Kugelgestalt der Erde auch praktisch erwiesen worden. Obwohl mit dem Vertrag von Zaragoza 1529 der portugiesische Machtbereich bis etwa 15° östlich der Molukken festgelegt war, begannen die ***Spanier*** 1565, sich von Amerika aus auf den westlich der Zaragoza-Linie liegenden Philippinen dauerhaft festzusetzen.

Spätestens 1580, als die portugiesische Krone Spanien zufiel, begann die Macht Portugals in Südasien zu wanken, und zu Beginn des 17. Jh. traten die ***Niederländer*** und ***Engländer***, beide im Kampf gegen Spanien, auf den Plan. Ihre um 1600 gegründeten Ostindischen Handelsgesellschaften verdrängten Portugal in wenigen Jahrzehnten aus seinen Besitzungen – Goa, Diu und Daman ausgenommen. ***Dänen*** (1616) und ***Franzosen*** (1664) beteiligten sich durch eigene ostindische Handelskompanien.

Russland rückte mit der Eroberung des Tatarenkhanats von Astrachan 1556 fast bis an die Grenzen Persiens vor und dehnte im 17. Jh. mit der Erwerbung Sibiriens seinen Machtbereich bis zum Pazifischen Ozean aus. Von Europa fast unbemerkt, entdeckten und eroberten russische Kosaken zwischen 1587 und 1649 weite Gebiete im Norden Asiens. Die geographischen Kenntnisse der Russen wurden erst im 18. Jh. vom übrigen Europa wahrgenommen. → 115

Das ***Osmanische Reich*** und ***Persien*** in Vorderasien, das ***Mogulreich*** in Indien, ebenso das ausgedehnte ***Chinesische Reich*** und ***Japan*** in Ostasien stellten im 16. und 17. Jh. mächtige Bollwerke gegen die europäischen Kolonialbestrebungen dar, die mit den damaligen technischen und militärischen Mitteln nicht zu überwinden waren. So blieben die europäischen Aktivitäten im Allgemeinen auf die Küstengebiete beschränkt. Ins Innere der asiatischen Länder kamen höchstens einzelne europäische Händler und infolge der christlichen Missionsbestrebungen die Patres, vor allem die vielfach hochgebildeten ***Jesuiten***, die zu einer gewissen geographischen Kenntnis dieser Länder beitrugen. In Hochasien, also in den Gebieten zwischen dem russischen Sibirien und dem Himalaya, gingen die geographischen Kenntnisse nur unwesentlich über das durch MARCO POLO vermittelte Wissen hinaus. Als sich im 17. Jh. Japan, Korea und Tibet, weitgehend auch China, bewusst vor ausländischen (europäischen) Einflüssen abschirmten, stagnierte die Erweiterung der geographischen Kenntnisse der Europäer bis weit in das 19. Jh.

1487–93 reiste PEDRO DE **COVILHÃO** (COVILHAM) im Auftrag des portugiesischen Königs, zusammen mit ALFONSO DE PAYVA, über das Rote Meer, um den sagenhaften christlichen *»Priesterkönig Johannes«* zu finden und eine Verbindung nach Indien zu suchen. COVILHÃO gelangte mit einem Mekkaschiff nach Vorderindien, wo er Kananur, Kalikut und Goa besuchte. Auf der Rückreise lernte er die ostafrikanische Küste bis Sofala kennen. In Kairo erfuhr er vom Tode PAYVAS. 1491/92 folgte er einer neuen Weisung des portugiesischen Königs, nach Abessinien zu reisen, besuchte aber zunächst Aden, Hormus und sogar, als Pilger verkleidet, Mekka und Medina, bevor er sich nach Abessinien begab, von wo aus er nicht zurückreisen durfte. Sein aus Kairo abgesendeter Bericht verschwand wahrscheinlich in den portugiesischen Geheimarchiven. Nach 1520 starb er – hochgeachtet – in Abessinien. → K. 66/67 I, 94/95 IV

1498 erreichte der portugiesische Seefahrer **VASCO DA GAMA*** die Küste Vorderindiens bei Kalikut auf dem Seeweg. (→ 69) → K. 94/95 IV

1500/01 verließ eine portugiesische Flottenexpedition unter dem adligen Offizier und Seefahrer PEDRO ALVAREZ **CABRAL** Portugal mit 13 Schiffen und 1500 Mann, darunter der 50-jährige erfahrene BARTOLOMËU DIAS*. Die Flotte holte im Atlantik 10° weiter westwärts aus als die VASCO DA GAMAS 1497 und entdeckte im April 1500 Brasilien (→ K. 86/87 II). Von hier aus ging die Fahrt bei stürmischem Wetter, bei der mehrere Schiffe samt Besatzung (darunter DIAS) verloren gingen, über Kapland nach Indien, wo die Küste am 13. September 1500 in der Nähe Klaikuts erreicht wurde. CABRAL hatte damit die günstigste Segelroute nach Indien gefunden. Nach Auseinandersetzungen um die erste portugiesische Handelsniederlassung in Kalikut fanden die Portugiesen dann friedliche Aufnahme in Kotschin und Kananur. Beladen mit Pfeffer, Ingwer und Spezereien trat CABRAL am 16. Januar 1501 mit den verbliebenen 6 Schiffen die Rückfahrt an. Die Ladung deckte bei Weitem die Kosten der Expedition. → K. 60/61 und → K. 94/95 IV

Der abgebildete portugiesische Admiral ***AFFONSO D'ALBUQUERQUE*** *(1453–1515) war mehr Eroberer denn Entdecker und wurde als Vizekönig von Indien (1509–1515) der Begründer des portugiesischen Kolonialreiches in Südasien. 1505 segelte er mit einer Flotte nach Indien und eroberte 1507 Hormus im Persischen Golf. Er errichtete 1510 in Goa feste Stützpunkte. Goa baute er wegen seines sicheren Hafens zum Zentrum der portugiesischen Macht und der katholischen Mission in Indien aus. Rücksichtslos und strategisch denkend, eroberte er 1511 Malakka, die Drehscheibe des Gewürzhandels. 1513 unternahm er eine Expedition mit zahlreichen Schiffen und Soldaten, um den arabischen Handel über das Rote Meer zu unterbinden. Nach vergeblicher Belagerung Adens eroberte er 1515 endgültig Hormus am Ausgang des Persischen Golfes. Kaum in Goa angelangt, erfuhr er von seiner Absetzung als Vizekönig und starb kurz darauf. → K. 94/95 III/IV*

1502/03 wiederholte **VASCO DA GAMA*** die von CABRAL durchgeführte Reise mit dem Ziel, die arabisch-indische Vorherrschaft im Indischen Ozean zu brechen, wobei die Expedition mehr eine Kriegs- als eine Entdeckungsfahrt war. Die indischen Städte an der Malabarküste mussten die portugiesischen Oberhoheit anerkennen. Die ungewöhnlich reiche Ladung reizte den Lissaboner Hof zu weiteren Unternehmungen in Indien.

Portugiesische und andere europäische Entdeckungen in Asien

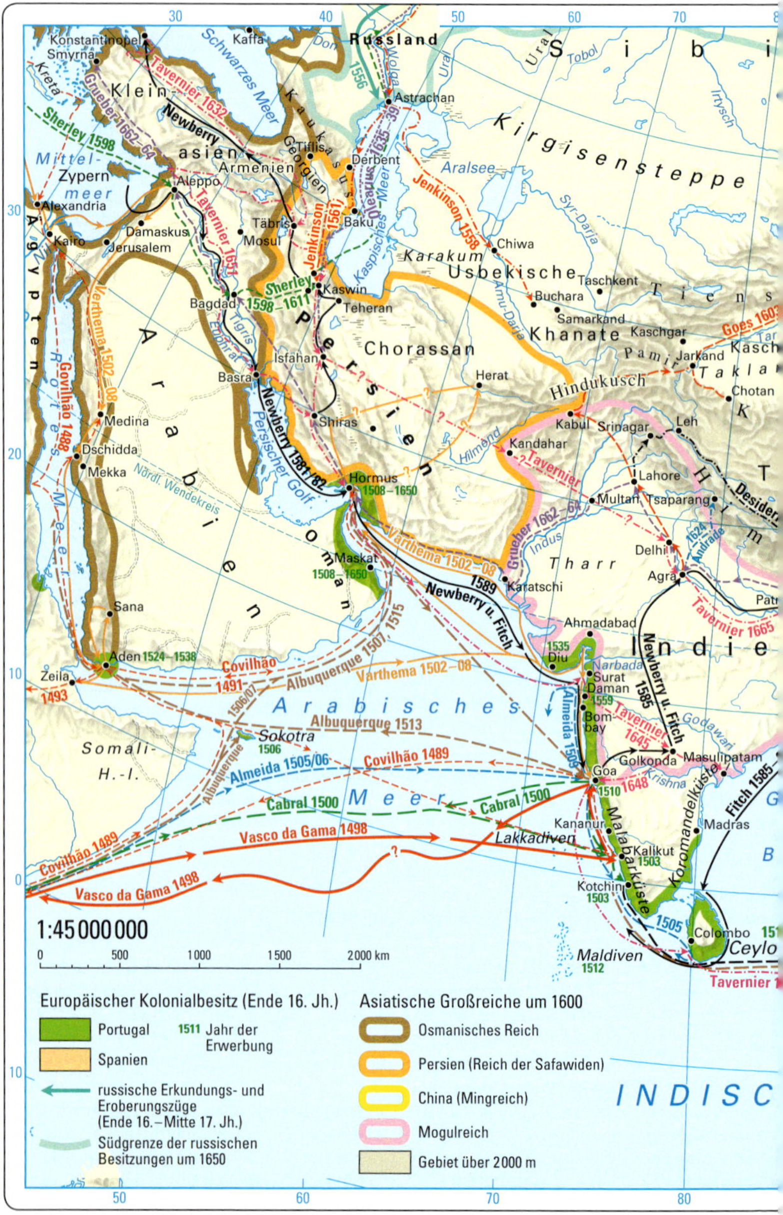

Mongolei
China
Japan
Korea
Mandschurei
Gobi
Tibet
Burma
Siam
Annam
Kambodscha
Sumatra
Borneo
Java
Philippinen
Molukken
Celebes (Sulawesi)
Formosa (Taiwan)
Jesso (Hokkaido)
Sachalin
Hondo
Shikoku
Kiushu
Hainan
Luzon
Mindoro
Samar
Negros
Palawan
Mindanao
Timor
Sumba
Flores
Bali
Kleine Sunda-In.
Riukiu-In.
Nikobaren
H.I. Malakka
PAZIFISCHER OZEAN
Südchinesisches Meer
Japanisches Meer
Gelbes Meer
Javasee
Sulu-see
Golf von Siam
Str. v. Malakka
Sunda-Str.
Äquator
Peking
Nanking
Kanton
Macao 1557
Malakka 1511
Makassar 1545
Timor 1612
Ternate
Ambon
Batavia
Bantam
Surabaya
Manila 1571 span.
Nertschinsk
Irkutsk
Hami
Turfan
Sütschou
Lhasa
Sian
Taijüan
Wutschang
Hangtschou
Liampo
Futschou
Tschöngtu
Jünnan
Hanoi
Saigon
Phnom Penh
Ayuthia
Pegu
Ava
Edo
Kyoto
Yamaguchi
Nagasaki
Deshima
Kagoshima
Tanegashima
Baikal-see
Jablonowygeb.
Sajan
Khangai
Amur
Jenissei
Hoang Ho
Jangtsekiang
Sikiang
Tsangpo
Brahmaputra
Irawadi
Saiween
Menam
Mekong
Lopnor
Petlin 1618
Goes 1607
Ricci 1595
Pinto 1542–45
Xaver 1549–51
Vries 1643
Hamel 1653
Gruebner u. d'Orville 1661/62
Fitch 1585–91
Andrade 1517
Noort 1598–1601
Urdaneta 1565
Magellan 1521
Elcano 1521
Tavernier
Middleton 1604–06
D'Abreu u. Serrao 1511
Houtman 1595–97
Drake 1579
Albuquerque 1511
Iturup
1652
1644, 1651
1533–45
1521
90
100
110
120
130
140
150
40
30
20
10
0

1502–08 reiste der italienische Abenteurer LUDOVICO DI **VARTHEMA** von Venedig über Alexandria und Kairo nach Damaskus, wo er sich einer Karawane anschloss, die ihn als einen der ersten europäischen Reisenden zu den heiligen Stätten des Islams, Mekka und Medina, führte. Nachdem er einige Zeit im Jemen verbracht hatte, gelangte er über Aden und Zeila nach Indien, wo er 1505 den portugiesischen Vizekönig ALMEIDA in Kalikut vor einem geplanten Überfall der arabisch-indischen Flotte warnte. Dafür wurde er 1508 in Lissabon zum Ritter geschlagen. Sein vielgelesener Reisebericht *»Itenario«* gibt vor, dass er auch in Burma, Malakka, Java und auf den Molukken gewesen sei. → K. 94/95 IV

1505–10 Der portugiesische ADMIRAL FRANCISCO **D'ALMEIDA** segelte mit einer Flotte von 22 Schiffen und 2500 Mann nach Indien und errichtete als portugiesischer Vizekönig Befestigungen in Kotschin, Kananur und in der Nähe Goas. 1506 und 1509 siegte er über die arabisch-indischen Flotten bei Kalikut und Diu und sicherte damit die portugiesische Vorherrschaft in dieser Region. → K. 94/95 IV

1509 Portugiesische Schiffe unter DIEGO LÓPEZ DE **SEQUEIRA** gelangten bis Malakka, dem damals wichtigsten Handelsknotenpunkt zwischen Indien, China und dem Malaiischen Archipel. → K. 94/95 III

1510/11 AFFONSO DE **ALBUQUERQUE***, seit 1509 portugiesischer Vizekönig in Indien, erobert Goa (1510) und Malakka (1511), zwei besonders wichtige Stützpunkte, die er befestigen ließ. Goa wurde das Zentrum der portugiesischen Besitzungen in Indien und Mittelpunkt der katholischen Mission in Asien.

1511 Nach der Eroberung Malakkas sandte der portugiesische Vizekönig ALBUQUERQUE drei Schiffe unter Antonie **D'ABRËU** und FRANCISCO **SERRÃO** aus, die Gewürzinseln zu suchen. Mit Hilfe der Karte eines javanischen Lotsen gelangte die Expedition über Java nach Ambon auf den Molukken. Während ABRËU zu den Banda-Inseln reiste, um Muskatnüsse und Gewürznelken einzuhandeln, gelangte SERRÃO nach Ternate auf den nördlichen Molukken, wo er in den Dienst des dortigen Radscha trat, bis er 1521, kurz vor dem Eintreffen der MAGELLAN-Expedition, verstarb. → K. 94/95 III

1517 segelte FERNÃO PEREZ **D'ANDRADE** mit einigen Handelsschiffen von Malakka nach Kanton in Südchina. Erst 1557 räumte China den Portugiesen nach ihrer Unterstützung im Kampf gegen Piraten Macao als Handelsstützpunkt ein. → K. 94/95 II

1521 erreichte der portugiesische Seefahrer FERDINAND **MAGELLAN***, in spanischen Diensten, vom Pazifischen Ozean aus die Philippinen, wo er den Tod fand. (→ 103) Sein Nachfolger, Juan Sebastian ELCANO landete auf den Molukken, d.h. im portugiesischen Einflussbereich, bevor er 1521 die Weltumseglung beendete. → K. 94/95 II und 104/105

1527 landete der von CORTÉS* in Mexico ausgesandte ALVARO DE **SAAVEDRA** auf den Molukken. (→ 106)

1542–45 gelangte der Abenteurer und Kaufmann FERNÃO MÉNDEZ **PINTO** im Bereich des Gelben Meeres in chinesische Gefangenschaft, erhielt aber nach einigen Monaten die Freiheit und wurde auf der Rückfahrt von Kanton nach Malakka durch Stürme auf die kleine südjapanische Insel Tanegashima verschlagen, wo er gut aufgenommen wurde. In Japan, dem seit MARCO POLO mystifizierten *»Zipangu«*, war man vor allem an portugiesischen Feuerwaffen interessiert. PINTO kehrte 1547 ein zweites Mal nach Japan zurück und wurde durch den Japanhandel wohlhabend. → K. 94/95 II

1549–51 weilte der Jesuit FRANZ **XAVER** in *Japan*. Der Mitbegründer des Jesuitenordens missionierte seit 1542 von Goa aus in Indien. Auf Einladung eines von PINTO zum Christentum bekehrten Japaners besuchte er 1549–51 Japan. Über Kagoshima und Yamaguchi gelangte er bis zur Residenz Kyoto,

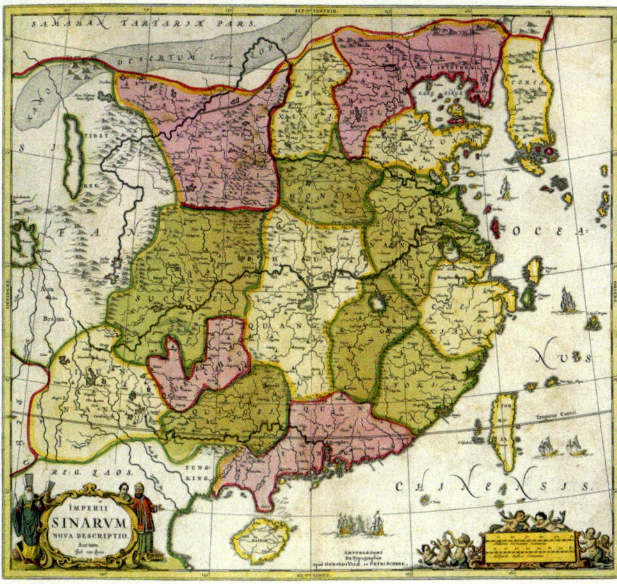

Historische Karte von China, 17. Jh. *(erschienen 1710 bei Joan Blaeu, Amsterdam)*
1582–1610 weilte der italienische Jesuit ***Matteo Ricci*** *(1552–1610) in China, bis 1595 in Macao, später 10 Jahre am Hof in Peking. Ricci, der in Rom Geographie und Mathematik studiert hatte, erkannte, dass eine erfolgreiche christliche Mission im »Reich der Mitte« nur durch Anpassung an die Kultur des Landes möglich war. Er übertrug eine europäische Weltkarte ins Chinesische – China im Mittelpunkt – und begann mit der Arbeit an einer mehrere Quadratmeter großen Karte von China.*

Ein nachfolgender Ordensbruder, der Südtiroler ***Martino Martini*** *setzte diese Arbeiten fort und veröffentlichte 1655 den »Novus Atlas Sinensis«. Die Karten basierten teilweise auf dem 1311/12 entstandenen Werk des chinesischen Kartographen Chu Sze-pen, teilweise auf eigenen astronomischen Ortsbestimmungen und waren bis weit in das 18. Jh. die wichtigsten kartographischen Quellen, auf die sich J. Blaeu stützte.*

wodurch die frühe Japankenntnis erweitert wurde. Bei der Vorbereitung einer Reise nach China starb er. (Xaver wurde 1622 heilig gesprochen.) → K. 94/95 II

1558, 1561 Der englische Kaufmann Anthony **Jenkinson** reiste von Russland aus nach Buchara (1558) und Persien (1561). → 110 und → K. 94/95 I

1565 nahm Miguel López de **Legaspi** im spanischen Auftrag die Besitzergreifung der Philippinen vor, obwohl diese Inselgruppe eindeutig westlich der Vertragslinie von Zaragoza (1529) lag. Dem Mönch und Kosmographen Fray Andrés **d'Urdaneta**, der die Expedition begleitete, gelang erstmals erfolgreich die Rückkehr über den Pazifik nach Mexiko. (→ 106) → K. 94/95 II und 104/105 I

1579 Mit Francis **Drake**, der 1577–80 eine Weltreise unternahm, kreuzten die Engländer erstmals in den Gewässern der Molukken auf. → 106 und → K. 104/105 IV

1581–91 Die Engländer John **Newberry** und Ralph **Fitch** bereisten Vorderasien und Indien über Hormus und Goa, wo sie in portugiesische Gefangenschaft gerieten. Nach ihrer Flucht gelangte Fitch bis nach Bengalen, Burma und Siam, während Newberry verschollen blieb. → K. 94/95 III/IV

1595–97 schickten die Niederländer ihre erste Expedition unter Cornelis **Houtman** nach Java, die aber ohne nennenswerten Erfolg in den portugiesischen Machtbereich gelangte. → K. 94/95 III

1585/95–1610 weilte der hochgebildete italienische Jesuit Matteo **Ricci*** in China und lernte die chinesische Kultur mit allen ihren Facetten gründlich kennen. → 97 II

1598–1601 kam Oliver van **Noort** auf der ersten niederländischen Weltreise zu den Philippinen, Borneo und nach Java. Seither begannen die Niederländer erfolgreich, die Portugiesen aus malaiischen Gewässern zu verdrängen. → K. 94/95 II/III

1598–1611 Die englischen Brüder Anthony und Robert **Sherley** reisten nach Kaswin zum persischen Schah Abbas dem Grossen, um Handelsbeziehungen anzuknüpfen. Der Schah entsandte nacheinander beide Brüder ohne besonderen Erfolg als Gesandte nach Europa, um ein gemeinsames Vorgehen gegen das Osmanische Reich zu erwirken. → K. 94/95 IV

1603–07 suchte Benito de **Goes**, ein Jesuitenpater am Hofe des Großmoguls in Agra, vermutete christliche Gemeinden jenseits des Himalaya (vielleicht *Nestorianer*) aufzuspüren. Als muslimischer Händler verkleidet, zog er über Lahore, Kabul und den Pamir längs der alten *Seidenstraße* bis Turfan, sah sogar weiter östlich die *Große Chinesische Mauer*. Eine Antwort auf seinen Brief an Ricci in China erreichte ihn erst auf dem Sterbebett (1607). → K. 94/95 I

1604–06 Englische Expedition unter Henry **Middleton** zu den Molukken, die zu Spannungen mit den Niederländern führte. Diese hatten inzwischen versucht, die portugiesische Vormacht im Bereich der Gewürzinseln zu brechen. → K. 94/95 III

1618 zog der Kosak Iwan **Petlin** im Auftrag des russischen Zaren von Tomsk in Sibirien durch die mongolischen Khanate nach Peking, um Handelsbeziehungen anzuknüpfen. → K. 94/95 I

1624 Der Jesuit Antonio **d'Andrade** versuchte ebenfalls, die legendären Christen jenseits des Himalaya zu finden. Vom indischen Pilgerort Badrinath aus (nordöstlich Delhi) reiste er allein als erster Europäer über den Himalaya und erhielt in Tsaparang die Genehmigung zur Gründung einer Mission, die aber nur 16 Jahre Bestand hatte. → K. 94/95 IV

1631–68 reiste der Franzose Jean-Baptiste **Tavernier** durch Asien. 1631 kam er mit einer Gesandtschaft Richelieus nach Konstantinopel und ging 1632 nach Persien. 1638–48 weilte er in Indien, zwischendurch nach Frankreich zurückgekehrt, war er nochmals in Persien, auf Ceylon und Java. Als er heimkehrte, öffneten seine Persien- und Indienerfahrungen Frankreich die Märkte dieser Länder, und er wurde von König Ludwig XIV. geadelt. Seine vielgelesenen Berichte vertieften die Kenntnisse über Persien und Indien. → K. 94/95 III/IV

1635–39 Der Deutsche Adam **Olearius** (eigentlich Ölschläger) reiste im Dienste des Herzogs Friedrich II. von Holstein-Gottorp mit einer Gesandtschaft nach Persien. Über die Ostsee, Narwa, Moskau, Wolga abwärts und über das Kaspische Meer gelangte Olearius nach Isfahan. Die geplanten Handelsverbindungen konnten nicht hergestellt werden; Olearius lieferte außerordentlich wertvolle und zuverlässige Berichte über Persien. → K. 94/95 IV

1643 gelangte der niederländische Seefahrer de **Vries** bei einer Japanfahrt bis nach Sachalin, dessen Inselcharakter er nicht erkannte. Er entdeckte Jesso (Hakkaido); eine südliche

Kurileninsel, vermutlich Iturup, nannte er »Staaten Landt«. → K. 94/95 I/II

1653 strandete der niederländische Ostindiensegler *»Sperwer«* während der Reise von Batavia nach Japan im Ostchinesischen Meer an der südkoreanischen Küste. Die Überlebenden wurden in dem abgeschotteten Korea als Gefangene behandelt. Erst 13 Jahre später konnten acht Männer nach Japan flüchten und sie gelangten nach Deshima, dem einzigen niederländischen Handelsstützpunkt bei Nagasaki. Einer der unfreiwilligen »Korea-Fahrer«, der französische Matrose Henri **Hamel**, veröffentlichte nach 1668 einen Bericht über Korea – lange Zeit die einzige Quelle über dieses Land. → K. 94/95 II

1661/62 Tibet wurde zum ersten Mal von den Jesuiten Johannes **Grueber**, der 1658 nach Peking gekommen war, und Albert **d'Orville** durchquert. Sie wählten diesen Landweg, weil der Seeweg über das portugiesische Macao de facto von den verfeindeten Niederlanden blockiert war. Sie weilten sechs Wochen in Lhasa, wo Grueber im tibetischen Buddhismus Parallelen zum Christentum zu finden glaubte. Über den Himalaya reisten sie nach Agra, wo Orville starb. Grueber kehrte allein über Delhi, Hormus, Bagdad und Smyrna 1664 nach Rom zurück. Seine veröffentlichten Briefe an den Orden trugen wesentlich zur vertieften China- und Tibetkenntnis bei. → K. 94/95 I

1690–92 weilte der umfassend gebildete deutsche Arzt Engelbert **Kaempfer** in Japan. Als Sekretär einer schwedischen Gesandtschaft war er über Moskau und Astrachan 1683 nach Persien gekommen, reiste dann im Dienste der Niederländisch-Ostindischen Kompanie über Arabien, Ceylon, Indien, Sumatra, Siam und Java in das hermetisch abgeschlossene Japan. Von der niederländischen Handelsstation Deshima gelangte er mit zwei Gesandtschaftsreisen bis Edo (Tokyo). Seine Japanberichte waren die gründlichsten bis in das frühe 19. Jh.

1714–21 reiste der aus Italien stammende Jesuit Ippolito **Desideri** von Lahore in Indien über Srinagar nach Leh am oberen Indus und weiter über den oberen Tsangpo bis nach Lhasa, der Hauptstadt Tibets. Hier erlernte er die tibetische Sprache und schrieb eine kritische Auseinandersetzung mit dem Buddhismus. Durch seinen Aufenthalt in Tibet bis 1721 war er eigentlich einer der besten Kenner der tibetischen Verhältnisse. Nach seiner Rückkehr nach Italien schrieb er einen vierbändigen Reisebericht über Tibet, starb dann aber im Alter von 48 Jahren vor der Veröffentlichung desselben. Seine Beschreibung wurde erst 1875 in Pistoia (Toskana) wiederentdeckt. → K. 94/95 I

Asien im 18./19. Jh. → 226–241

Weltkarte des Abraham Ortelius (um 1579) → *K. 100/101*

Der auf den Seiten 100/101 abgebildete kolorierte Kupferstich verdeutlicht eindrucksvoll die Erfolge der geographischen Entdeckungen seit dem Auffinden Amerikas durch Kolumbus 1492. Während die Umrisse Europas, Afrikas, Südasiens sowie Mittel- und Südamerikas sich halbwegs der Realität nähern, ist der noch unentdeckte hohe Norden Asiens und Amerikas phantasievoll gestaltet. Die Breite Nordamerikas und Asiens wird übertrieben und damit die Größe des Pazifischen Ozeans unterschätzt. In beiden Fällen geht Ortelius gemäß der herrschenden Auffassung von Meeresverbindungen aus, d.h. von der Existenz einer Nordwestlichen bzw. Nordöstlichen Durchfahrt. Auffällig ist auch die Darstellung eines riesigen noch nicht entdeckten Südkontinents, der »Terra Australis nondum cognita«, und eines kleineren »unbekannten Nordkontinents«.

***Abraham Ortelius** (1529–98) übernahm 1570 das Kartenbild von Gerhard Mercator (1512–94) aus dessen berühmter Weltkarte von 1569, fügte aber 1579 und später neue geographische Erkenntnisse und Veränderungen des Dekors hinzu. Sein **»Theatrum Orbis Terrarum«** erschien ab 1570 mit großem Erfolg als erster Atlas mit einheitlichen Blattgrößen und in einem einheitlichen Kartenstil.*

100 Weltkarte des Abraham Ortelius (um 1579)

Erläuterung → 99

TERRARVM
Mongol.
Tartaria
Cathaio
ASIA
Turchestan
Mar de Bachu
Persia
China.
India orientalis.
Arabia.
Aegyptus
AFRICA.
Agisymba
Nubia
Abissini
Manicongo.
OCEANVS AETHIOPICVS.
MAR DI INDIA
Lantchidol mare.
Psitacorum regio,
NONDVM COGNITA.
HVMANIS. CVI AETERNITAS
SIT MAGNITVDO. CICERO:

Traditionelles polynesisches Doppelboot
Mit Doppelbooten, die bis zu 100 Personen aufnehmen konnten, wurden Hawaii und andere Inseln von Polynesiern besiedelt. Sie dienten auch als Kriegsboote.

Mit ca. 17000 km Ausdehnung von Ost nach West und kaum weniger von Nord nach Süd umfasst der Pazifische Ozean fast ein Drittel der Erdoberfläche. Lange vor den Europäern waren die mit ca. 25000, zumeist sehr kleinen Inseln gefüllten unermesslichen Weiten von den ozeanischen Völkern, *Melanesiern, Polynesiern* und *Mikronesiern*, entdeckt und besiedelt worden. Vor allem die ***Polynesier*** erkundeten und besiedelten seit etwa 1000 v. Chr. mit ihren Doppelbooten von Fidschi aus Samoa und die Tonga-Inseln, zwischen 100 vor und 700 n. Chr. die ostpolynesischen Inseln bis zur Osterinsel (um 400 n. Chr.). Wahrscheinlich von Tahiti aus wurden zwischen 8. und 13. Jh. Hawaii und Neuseeland erreicht. Die Polynesier orientierten sich an den Sternen; die Mikronesier verfertigten aus Holzstäbchen, Kokosfasern und Muscheln zur Positionierung von Inseln eine Art Karten, die sog. *Stabkarten*.

Bis zum Jahre 1513 war die Existenz eines dritten Weltmeeres neben dem Atlantik und dem Indischen Ozean in Europa völlig unbekannt. Erst mit der Entdeckung des »Südsee« genannten Meeres jenseits der mittelamerikanischen Landbrücke durch Balboa und infolge der Weltumseglung durch Magellan* und Elcano entstanden bei den Europäern erste Vorstellungen von der Existenz des Pazifischen Ozeans. Außerdem wurde mit der Reise Magellans endgültig der Beweis erbracht, dass Kolumbus 1492 einen neuen Kontinent entdeckt hatte.

Da zunächst die »Gewürzinseln«, die Molukken, das Ziel waren, diese aber ebenso wie andere Inseln Südostasiens nach dem ***Teilungsvertrag von Zaragoza*** 1529 (ca. 15° östl. der Molukken) zum portugiesischen Machtbereich gehörten und der Weg um Afrika ausschließlich durch die portugiesische Machtsphäre führte, fanden nachfolgende Entdeckungsunternehmungen der Spanier und Engländer (z. B. Drake) stets von Osten her, d. h. von Südamerika aus statt.

Ende des 16. Jh. traten die ***Niederländer*** auf den Plan, die die Konfrontation mit den Portugiesen nicht scheuten und die Molukken eroberten. Sie gründeten 1602 die *Vereenigte Oostindische Compagnie (VOC)*. Der Abschluss eines Waffenstillstandes zwischen den Niederlanden und Spanien 1609 gestattete die volle Entfaltung der VOC in Südostasien. Die Niederländer, die anfangs ebenfalls von Südamerika aus zu den »Gewürzinseln« reisten, fanden sehr bald den günstigeren Weg zu den Molukken um das Kap der Guten Hoffnung und durch den südlichen Indischen Ozean im Bereich der »Braven Westwinde«. Dabei stießen sie mehrfach auf den australischen Kontinent, den sie *Neuholland* nannten, der aber wegen der kargen Landesnatur für sie wirtschaftlich uninteressant blieb.

Diese Fahrten, aber auch die Handelsverbindungen zwischen Mexiko und den Philippinen, erweiterten die geographische Kenntnis des Pazifischen Ozeans kaum. Die eigentliche Inselwelt Ozeaniens wurde ebenso wenig wie die Existenz eines selbständigen australischen Kontinents wahrgenommen. Da die geographische Länge mit den damaligen Mitteln nur sehr ungenau festgestellt werden konnte, wurden viele entdeckte Inseln später nicht wieder aufgefunden. Deshalb sind die in der Karte 104/105 dargestellten Segelrouten von Südseefahrern in vielen Fällen nur sehr grob rekonstruierbar. Außerdem geisterte die Existenz eines großen, wenngleich unbekannten »Südlandes«, der ***Terra australis incognita***, als Gegengewicht zu den nördlichen Landmassen bis ins 18. Jh. durch die Köpfe der Geographen und Kartographen, bis James Cook mit seinen drei Reisen (1768–79) diese Vorstellungen widerlegte.

1513 Vasco Núñez de **Balboa** ist der erste Europäer, der den Stillen Ozean erblickte. Als Alkalde der spanischen Kolonie Darién am Golf von Urabá im heutigen östlichen Panamá erhielt er Kunde von einem weiten Meer im Westen. 1513 überschritt er mit einer kleinen Truppe in einem beschwerlichen Marsch von 120 Tagen die Landenge von Darién und nannte das sich nach Süden ausdehnende Meer *Mar del Sur (»Südsee«)*. → K. 78/79

1519–21 Ferdinand **Magellan***, der erste Weltumsegler, fuhr in spanischen Diensten am 20. September 1519 von Sanlúcar ab, um einen westlichen Weg nach den berühmten »Gewürzinseln«, den Molukken, zu suchen. Mit fünf Schiffen segelte er an der Ostküste Südamerikas entlang, erreichte im Januar 1520 den Rio de la Plata, überwinterte in der Bucht von San Julian (Patagonien) und fand in 21-tägiger Fahrt die lange, klippenreiche Meeresstraße zwischen Feuerland und Südamerika, die später nach ihm benannt wurde. Mit drei ihm verbliebenen Schiffen durchsegelte er unter Ausnutzung des Humboldt- und Süd-Äquatorialstromes sowie der Südost-Passatwinde in 3 Monaten und 20 Tagen den Großen Ozean, den er *Mar Pacifico (»Stiller Ozean«)* nannte, da er während der Überfahrt keinen Sturm erlebte. Die Mannschaft litt sehr an Skorbut; 19 Besatzungsmitglieder verstarben. Am 6. März 1521 erreichte Magellan die »Diebesinseln« oder Ladronen, die heutigen Marianen, und am 16. März die Lazarusinseln (50 Jahre später »Philippinen« genannt), den äußersten Bereich des islamischen Handelsgebietes. Hier fand er im Kampf mit den Bewohnern am 27. April 1521 den Tod. Zwei der verbliebenen Schiffe erreichten die »Gewürzinseln«, die Molukken, aber nur das Schiff *»Victoria«* unter Juan Sebastián **Elcano** (del Cano, Delcano) konnte unter Umgehung der portugiesischen Seewege um das Kap der Guten Hoffnung und über die Kapverden am 6. September 1521, reich mit Gewürzen beladen, den Ausgangshafen Sanlúcar erreichen. Von 237 Seeleuten kehrten nur 18 zurück. Damit war zum ersten Mal die Erde umsegelt worden und die Kugelgestalt derselben praktisch erwiesen. – Eine Beschreibung der Reise lieferte der italienische Teilnehmer der Fahrt, der Rhodos-Ritter Antonio **Pigafetta**, der als erster das Problem der Datumsgrenze erkannte. → K. 60/61 und 104/105

***Ferdinand Magellan**, portugiesisch Fernão de **Magalhães**, spanisch Fernando **Magallanes**, portugiesischer Seefahrer, wurde um 1480 in Sabrosa bei Pôrto (Portugal) geboren, starb am 27. April 1521 auf der Philippineninsel Mactan. Als junger Seeoffizier ging er 1504 in portugiesischen Diensten nach Ostindien und lernte von Malakka aus 1509/11 die südostasiatische Handelswelt kennen. 1517 trat er in spanische Dienste und warb für den Plan, die seit 1512 von Portugiesen beanspruchten Molukken auf dem Westweg zu erreichen. Der spanische König Karl I. (als deutscher Kaiser Karl V.) stellte ihm die Mittel und fünf Schiffe zur Verfügung. Die gelungene Weltumseglung, die Magellan persönlich nicht überlebte, kann durchaus würdig neben die glanzvollen Erfolge eines Kolumbus' gestellt werden.*

1525 sollte Garcia Jofré de **Loaysa** im Auftrag Kaiser Karls V. die Reise Magellans wiederholen. Nach der Passage der Magellanstraße durchsegelte er in Begleitung Elcanos die Südsee, erreichte die Marianen und schließlich die Molukken, wo beide 1526 verstarben. Reste der Mannschaft wurden zwei Jahre später von Saavedra gefunden. → K. 104/105 I

Entdeckungsreisen im Pazifik (16. bis Anfang 18. Jh.)

Nordamerika
1:80 000 000
0 1000 2000 3000 km
Kalifornien
Sta. Fé 1610
Mississippi
Rio Grande
ATLANTISCHER OZEAN
Golf von Mexiko
Mexiko
Havanna
Kuba
Bahamas 1492
Westindien
Veracruz 1519
Mexiko 1521 erob.
Jamaika
Hispaniola 1492
Sto. Domingo
Acapulco 1550
1519/21
Karibisches Meer
Guatemala 1524
1569
Mendãna u. Gamboa 1568
Drake 1579
Villalobos 1542
Saavedra 1527
Panamá 1519
Darién 1509
Loaysa 1525/26
Äquator
1535 Galápagos-In.
1534 Quito
Guayaquil 1537
Amazonas
(SÜDSEE)
Drake 1579
Süd-
Peru
amerika
Marquesas-In. 1595
Mendaña u. Quirós 1595
Mendaña u. Gamboa 1567
1537 Callao
Lima 1535
Sagittara (Tahiti) 1606
Le Maire u. Schouten 1616
Quirós u. Torres 1605/06
Oster-I. 1722
Juan-Fernandez-In. 1563
Valparaíso 1541
Santiago 1541
Chile
Valdivia 1552
Patagonien
Roggeveen
Drake 1578
Magellanstraße
1520
Magellan 1520
Le Maire u. Schouten 1616
Roggeveen 1721
Feuerland 1520
Kap Hoorn 1616
Drakestraße
ATLANT. OZEAN
Magellanstraße
Bucht von San Juan 3.–8.1520
Patagonien
Rio Santa Cruz
ATLANTISCHER OZEAN
Rio Gallegos
Magellan
Magellanstraße
21.10.1520 Kap Virgenes
Cabo Deseado 27.11.1520
Magellanstraße
Terra de los Fuegos (Feuerland)
Kap San Diego
Staaten-I. 1616
Le Maire-Str.
Falsches Kap Hoorn
Kap Hoorn 1616
1578 Drakestraße
OZEAN
100 200 km

1527 entsandte Hernán Cortés von Mexiko aus Alvaro de **Saavedra** Cerón mit drei kleinen Schiffen zu den Molukken, um Gewürze einzuhandeln und nach dem Verbleib Loaysas zu forschen. Saavedra stieß bei der Westfahrt auf Guam und erreichte schließlich die Molukken, wo er die Restbesatzung der Loaysa-Unternehmung aufnahm. Bei dem Versuch einer Rückfahrt entdeckte er **1528** die Nordküste Neuguineas sowie die Marshallinseln und starb 1529 auf offener See. Die Mannschaft fiel nach der Rückkehr zu den Molukken den portugiesischen Konkurrenten in die Hände. → K. 104/105 I/IV

1542/43 Eine Flotte von sechs Schiffen unter Ray López de **Villalobos** wurde von Mexiko ausgesandt, um die spanische Herrschaft über die Philippinen zu sichern. Unterwegs wurden die westlichen Karolinen und Palau-Inseln gesichtet. Nach Villalobos' Tod auf der Insel Luzón versuchte sein Nachfolger, Ortiz de **Retez**, vergeblich, nach Mexiko zurückzukehren. Er gab **1545** der Insel Neuguinea ihren Namen, weil ihn die dunkelhäutigen Bewohner derselben an die Bevölkerung der afrikanischen Guineaküste erinnerten. Auch Retez musste sich den Portugiesen ergeben und die Schiffe ausliefern. Entscheidend war, dass nach dem spanisch-portugiesischen ***Vertrag von Zaragoza 1529*** die Molukken (und eigentlich auch die Philippinen) zum portugiesischen Machtbereich gehörten. → K. 104/105 I

1564/65 nahm Fray Andrés de **Urdaneta**, ein Augustinermönch und Kosmograph, der schon Loaysa begleitet hatte, an der Fahrt Miguel López de Legaspí zur Eroberung der Philippinen teil. Urdaneta gelang 1565 erfolgreich die Rückfahrt nach Acapulco in Mexiko, indem er unter Ausnutzung der starken West-Ost-Strömung (Kuro-Shio) einen deutlich nördlicheren Kurs einschlug. Damit war erstmalig die West-Ost-Überquerung des Pazifik gelungen und der Weg für die ständige Verbindung zwischen Mexiko und den Philippinen, d.h. eine zweckmäßige Route für die Schifffahrt, gefunden. → K. 104/105 I

1567–69 Alvaro **Mendaña** de Neyra, Neffe des spanischen Vizekönigs von Peru, und Pedro Sarmiento de **Gamboa**, ein Mann der Wissenschaft, der die Reise angeregt hatte, führten von Callao (Peru) mit zwei Schiffen eine Fahrt in den Südpazifik aus, um das geheimnisvolle »Südland« zu entdecken und dessen Bewohner zu taufen. Sie fanden 1568 das vermeintliche Goldland »Ophir« König Salomos (die südlichen Salomonen) und kehrten 1569 auf einer nördlichen Route nach Callao zurück. → K. 104/105 II

1577–80 Francis **Drake*** unternahm die erste englische Weltumseglung. Im Auftrag der englischen Königin Elizabeth sollte er den spanischen Handel im Pazifischen Ozean stören. Ende 1577 fuhr er mit fünf Schiffen von Plymouth aus durch den Südatlantik, durchsegelte die Magellanstraße und entdeckte **1578** mit der nach ihm benannten Meeresstraße den Inselcharakter Feuerlands. Allein mit seinem Flaggschiff »Golden Hind« brandschatzte er die spanisch-amerikanische Westküste. Er wurde mit seiner Fahrt über Kalifornien hinaus (wahrscheinlich bis zum 48° n. Br.) zum Entdecker der nordamerikanischen Westküste, ohne aber eine gesuchte Passage zum Nordatlantik zu finden. Über die Molukken, Java und um das Kap der Guten Hoffnung kehrte Drake 1580 mit reicher Beute zum Heimathafen Plymouth zurück. → K. 60/61 und 104/105 II/IV

1595/96 Alvaro **Mendaña** de Neyra versuchte in Begleitung des portugiesischen Piloten Pedro Fernandéz de **Quirós** von Callao aus, erneut die Salomonen zu erreichen, um 50 spanische Kolonisten mit ihren Frauen dort anzusiedeln. Die Marquesas-Inseln (nach Mendañas Gönner Marqués de Mendoza benannt) wurden **1595** entdeckt, der Ansiedlungsversuch auf den Santa-Cruz-Inseln, den vermeintlichen Salomonen, scheiterte (Mendaña starb dort 1595) und Quirós führte 1596 die Kolonisten nach Manila. → K. 104/105 II/IV

1601 Der Portugiese Manuel Godinho de **Erida** gelangte vermutlich als erster Europäer von den portugiesischen Besitzungen in Südostasien aus zur Melville-Insel und dem gegenüber liegenden Abschnitt der nordaustralischen Festlandsküste, eine Entdeckung, die lange Zeit geheim gehalten wurde. → K. 104/105 IV

1605/06 Willem **Janszoon** stieß auf das nordaustralische Festland im Bereich der Kap-York-Halbinsel, als er im Dienst der Niederländisch-Ostindischen Kompanie eine Durchfahrt südlich Neuguineas nach Osten suchte. → K. 104/105 IV

1605/06 Pedro Fernandéz de **Quirós** brach in spanischen Diensten von Callao aus mit drei Schiffen und 300 Mann Besatzung erneut zu den Santa-Cruz-Inseln auf. Über Tahiti, das er wahrscheinlich entdeckte und *Sagittara* nannte, die Manihiki-Inseln, an den Samoa- und Fidschi-Inseln vorbei, wurde 1606 die Insel Espíritu Santo (Neue Hebriden) entdeckt und versucht, die Bevölkerung zu taufen. Quirós kehrte unter ungeklärten Umständen mit seinem Schiff 1606 nach Peru zurück. Der Navigator eines zweiten Schiffes, Luis Vaez de **Torres**, übernahm die begonnene Expedition und befolgte die Order; er suchte weiter südlich bis 21° s. Br. das sagenhafte »Südland«. Bei der Weiterfahrt nach Manila entdeckte er **1606** die nach ihm benannte Meeresstraße und bewies die Inselnatur Neuguineas. Diese Entdeckung wurde wie viele andere von den Spaniern bis 1762 geheim gehalten. → K. 104/105 II/IV

1615/16 Der niederländische Kaufmann Jakob **Le Maire** und der Seefahrer Cornelisz Willem van **Schouten** nahmen an einer Südseefahrt teil, die von der Stadt Hoorn am Zuiderzee nach Feuerland führte, wo sie bei ihrer Südfahrt **1616** die Staaten-Insel und das Kap Hoorn entdeckten. Nach Durchquerung des Pazifiks wurde die Nordküste Neuguineas genauer erkundet. Die Reise endete in Batavia; Le Maire starb auf der Heimfahrt nach Holland. Die Staaten-Insel und Neuguinea hielten Le Maire und Schouten für die Nordküsten der *Terra australis, des »Südlandes«*. → K. 104/105 II

*Mit dem Flaggschiff **»Golden Hind«** gelang **Francis Drake** 1577–80 die erste englische Weltumseglung. Das Schiff war 23 m lang und hatte 12 Kanonen; 1977 wurde eine Nachbildung gebaut. Drake wurde um 1540 im englischen Devonshire geboren und starb am 28. Januar 1596 in Porto Bello (Panama). 1567–69 nahm er als Kapitän an Sklavenhandelsfahrten nach Guinea teil. 1570–73 führten ihn drei Kaperfahrten nach Westindien, die ihn in England berühmt machten. Für seine erfolgreiche Kaperfahrt und Weltumseglung 1577–80 wurde er von der englischen Königin Elizabeth I. geadelt. 1585–96 nahm er als Vizeadmiral an den Kämpfen gegen die spanische Armada und an Unternehmungen in den spanischen Kolonien Mittelamerikas teil.*

1616 Der niederländische Seefahrer Dirk **Hartog** landete, vom Kap der Guten Hoffnung kommend, an der westaustralischen Shark Bay, wo er einen Pfahl mit einer berühmt gewordenen Inschrift errichtete. → K. 104/105 IV

1619 Frederik de **Houtman**, ebenfalls ein niederländischer Seefahrer, entdeckte größere Teile der Westküste *Neuhollands*, wie damals Australien genannt wurde. → K. 104/105 IV

1626/27 Kapitän Francois **Thijszoon** und das Mitglied des niederländischen Ostindienrates, Pieter **Nuyts**, erkundeten die Südküste Westaustraliens. → K. 104/105 IV

1642/43 Abel Janszoon **Tasman***, einer der bedeutendsten niederländischen Seefahrer, umrundete Neuholland (Australien), ohne diesen

ABEL JANSZOON TASMAN, einer der bedeutendsten niederländischen Seefahrer und Entdecker, wurde 1603 in Lutjegast (Provinz Groningen) geboren und starb im Oktober 1659 in Batavia. 1639 besuchte er Japan. Vom niederländischen Gouverneur von Batavia, ANTON VAN DIEMEN, beauftragt, das unbekannte »Südland« zu suchen, unternahm er 1642/43 und 1644 seine berühmten Entdeckungsfahrten. Es wurde offensichtlich, dass Neuholland (Australien) nicht zum »Südland« gehören konnte.

Kontinent zu berühren. Auf der Suche nach dem »Südland« entdeckte er von Mauritius aus **1642** die Südküste Tasmaniens, die er nach seinem Auftraggeber *Vandiemensland* nannte, und Neuseeland, **1643** fand er die Tonga- und Fidschi-Inseln sowie Neubritannien und Neuirland im Bismarck-Archipel, die er für Teile Neuguineas hielt. In Neuseeland vermutete TASMAN die Nordküste des »Südlandes« und nannte es *Staatenland* – in Anlehnung an die Entdeckungen LE MAIRES und SCHOUTENS südöstlich Feuerlands 1616. → K. 60/61 und K. 104/105 III/IV

1644 Die zweite Auftragsreise **TASMANS** diente der Klärung der Frage, ob Neuguinea mit Neuholland eine Einheit bildet. Dabei erforschte er die Küsten des Carpentariagolfes und Nordaustraliens, ohne die von TORRES 1606 entdeckte Meeresstraße zu finden. → K. 104/105 IV

1699/1700 WILLIAM **DAMPIER**, englischer Freibeuter und Südseefahrer, sollte im Auftrag der englischen Admiralität das immer noch unbekannte *»Südland«* suchen, erkundete mit dem Schiff »Roebuck« die australische Nordwestküste, segelte 1700 nach Timor, untersuchte die Nordküste Neuguineas genauer und fand die nach ihm benannte Meeresstraße zwischen Neubritannien und Neuguinea. – DAMPIER trat auch schriftstellerisch in herausragender Weise in Erscheinung (u.a. beschrieb er die Auffindung des Matrosen SELKIRK – Urbild des ROBINSON – auf den Juan-Fernández-Inseln vor den Küsten Chiles). → K. 104/105 IV

1721–23 JAKOB **ROGGEVEEN**, ein niederländischer Seefahrer, befuhr im Auftrag der Niederländischen Westindien-Handelskompanie die Südsee, um das »Südland« zu suchen. **1722** umsegelte er das Kap Hoorn und entdeckte am 1. Ostertag desselben Jahres die Osterinsel (die möglicherweise schon 1687 von dem englischen Piraten EDWARD DAVIS gesehen wurde). Die berühmten Steinstatuen wurden in seinem Bericht erwähnt. Auf der Weiterfahrt nach Batavia fand er die Samoa-Gruppe und Futuna sowie die Horninseln. → K. 104/105 II.

Südsee im 18. Jh. → 137–151

*Die auf der gegenüberstehenden Seite abgebildete historische **Karte des Pazifischen Ozeans** von **ABRAHAM ORTELIUS** zeigt den Kenntnisstand um **1590**. Die Küsten des südlichen Nordamerika und Südamerikas sind bereits verhältnismäßig genau dargestellt; China, Japan und Neuguinea dagegen sind noch sehr ungenau kartiert und das lateinisch als »Terra Australis« benannte »Südland« ist phantasievoll abgebildet. Im Mittelpunkt der Karte steht die Darstellung der Karavelle »Victoria«, die als einzige von fünf Schiffen die Weltumseglung MAGELLANS überstand.*

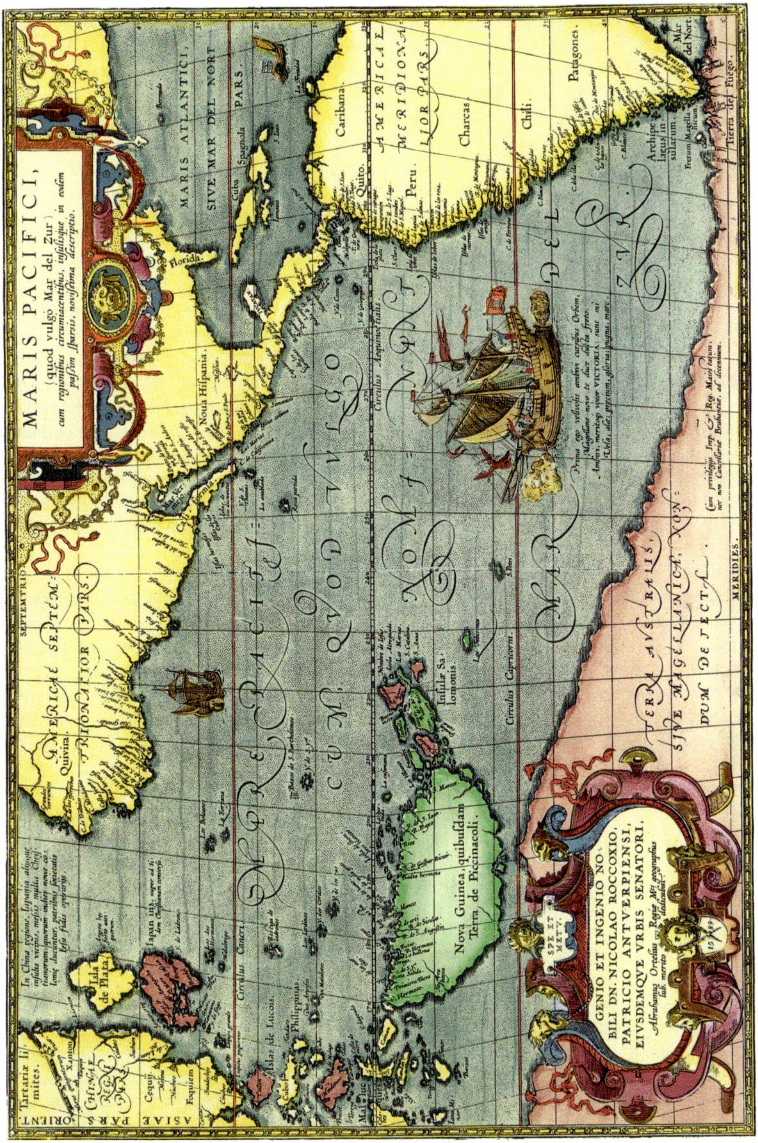
MARIS PACIFICI,
(quod vulgo Mar del Zur)
cum regionibus circumiacentibus, insulisque in eodem passim sparsis, novissima descriptio.
SEPTEMTRIO
MARIS ATLANTICI, SIVE MAR DEL NORT PARS.
Florida.
Cuba
Spagnola
Noua Hispania.
AMERICAE SEPTEMTRIONALIS PARS.
Quivira.
Caribana.
AMERICAE MERIDIONALIS PARS.
Quito.
Peru.
Charcas.
Chili.
Patagones.
Archipelagus insularum.
Tierra del Fuego.
Mar del Nort.
MARE PACIFICUM, QUOD VULGO MAR DEL ZUR
Circulus Cancri
Circulus Aequinoctialis
Circulus Capricorni.
Prima ego velivolis ambivi cursibus Orbem, Magellane novo te duce ducta freto. Ambivi, meritoq; vocor VICTORIA: sunt mi Vela, alae; precium, gloria; pugna, mare.
Insulae Salomonis.
Nova Guinea, quibusdam Terra de Piccinacoli.
TERRA AUSTRALIS, SIVE MAGELLANICA, NONDUM DETECTA.
MERIDIES.
Japan ins.
Ilda de Plata.
Islas de Lucois.
Philippinas.
CHINAE REGNI PARS
Tartariae limites.
ASIAE PARS ORIENT.
SPE ET METU
GENIO ET INGENIO NOBILI DN. NICOLAO ROCCOXIO, PATRICIO ANTVERPIENSI, EIVSDEMQVE VRBIS SENATORI,
1589

Ein nördlicher Seeweg nach Kathai und Indien im 16. Jh.?

Angesichts der weltweiten spanischen und portugiesischen Vorherrschaft im 16. Jh. war anderen europäischen Handelsnationen, besonders den ***Engländern*** und ***Niederländern***, der direkte südliche Seeweg zu den Gewürzländern Asiens, nach China (Kathai), Japan (Zipangu) und Indien, versperrt. So schien der Weg über den Norden, um Europa/Asien oder Nordamerika, die einzige Möglichkeit zu bieten, gleichfalls zu den »Schätzen Asiens« zu gelangen.

Im Grunde genommen hatte bereits Giovanni Caboto mit der Entdeckung Nordamerikas 1497 fest geglaubt – wie Kolumbus – Asien erreicht zu haben (→ 73). Sein Sohn, Sebastiano Caboto, regte 1553 den ersten Versuch einer ***Nordostpassage*** an, der zur Entstehung der englischen Kaufmannsgilde der »Merchant Adventurers« führte, die ab 1553 Willoughby, Chancellor, Jenkinson u.a. auf die Suche nach einem geeigneten See- oder Landweg schickten. Sir Humphrey Gilbert, ein Halbbruder von Walter Raleigh, gab mit seiner »Abhandlung zum Beweis der Möglichkeit einer ***Nordwestpassage*** nach Kathai und Ostindien« Anfang 1576 den Anstoß zu den Reisen Frobishers, Davis und Hudsons.

Bald traten auch die Niederländer auf den Plan, die in jenen Jahren um ihre Unabhängigkeit von Spanien kämpften. Als der spanische König Philipp II. 1594 den traditionellen Weitertransport der in Lissabon eintreffenden Gewürze durch ihre Schiffe untersagte, bemühten sich die Niederländer ebenfalls um die Suche einer Passage nach Ostasien (→ Barents).

Anfang des 17. Jh. zeichnete sich immer mehr die Unmöglichkeit einer Nordost- oder Nordwestpassage ab. Die Niederländer orientierten sich um 1600 auf die Südseefahrten und die Fahrt um das Kap der Guten Hoffnung. Sie jagten in wenigen Jahren den Portugiesen die wichtigsten asiatischen Besitzungen ab. Für die Engländer wurde mit der Erwerbung Virginias 1607 und Neuenglands ab 1620 die Kolonisation der Ostküste Nordamerikas wichtiger als die auswegslose und teure Suche nach einem nördlichen Seeweg nach Asien.

1553/54 begann unter dem Kommando von Hugh **Willoughby** und Kapitän Richard **Chancellor** eine englische Expedition im Auftrag reicher Londoner Kaufleute mit der Suche nach einer *Nordostpassage* nach China und Indien. Durch einen Sturm auf der Höhe der Lofoten getrennt, erreichte Willoughby vermutlich Nowaja Semlja, kam aber im Januar 1554 mit samt der Mannschaft ums Leben, als er an der Murmanküste die Überwinterung versuchte. – **Chancellor** umsegelte mit seinem Schiff die Kola-Halbinsel, erreichte das Weiße Meer und kam in Cholmogory an der Dwinamündung, nahe dem späteren Archangelsk, mit Russen in Kontakt. Auf Einladung des Zaren Iwan IV. (des »Schrecklichen«) reiste er auf dem Landweg nach Moskau, wo ein englisch-russischer Handelsvertrag unterzeichnet wurde, der zur Gründung der *»Moskowitischen Handelsgesellschaft«* führte. Bei der Rückkehr von einer zweiten Reise kam Chancellor 1556 an der schottischen Küste ums Leben. → K. 111 II

1556 Der Seefahrer Stephen **Burrough**, ein Teilnehmer der Reisen Chancellors, entdeckte die Meeresstraße zwischen Nowaja Semlja und der Insel Waigatsch und damit die Zufahrt zur Karasee, die allerdings russischen Küstenbewohnern (Pomoren) seit längerem bekannt war. → K. 111 II

1557/58 empfing Zar Iwan IV. als neuen Vorsteher der Moskowitischen Handelskompanie Anthony **Jenkinson**, der von Moskau aus Buchara (1558) und auf einer zweiten Reise Persien (1561) erreichte. Jenkinson verdankt Europa genauere Berichte sowie eine neue Karte über Russland und Zentralasien. → 97 und → K. 94/95 I

1576–78 Drei Fahrten des englischen Seefahrers Martin **Frobisher** auf der gezielten Suche nach einer *Nordwestpassage*. Auf der ersten Reise, die er mit Unterstützung englischer Kaufleute unternahm, entdeckte er **1576** die Südküste Grönlands im Umfeld des Kaps Farvel, und die Baffininsel im Bereich der nach

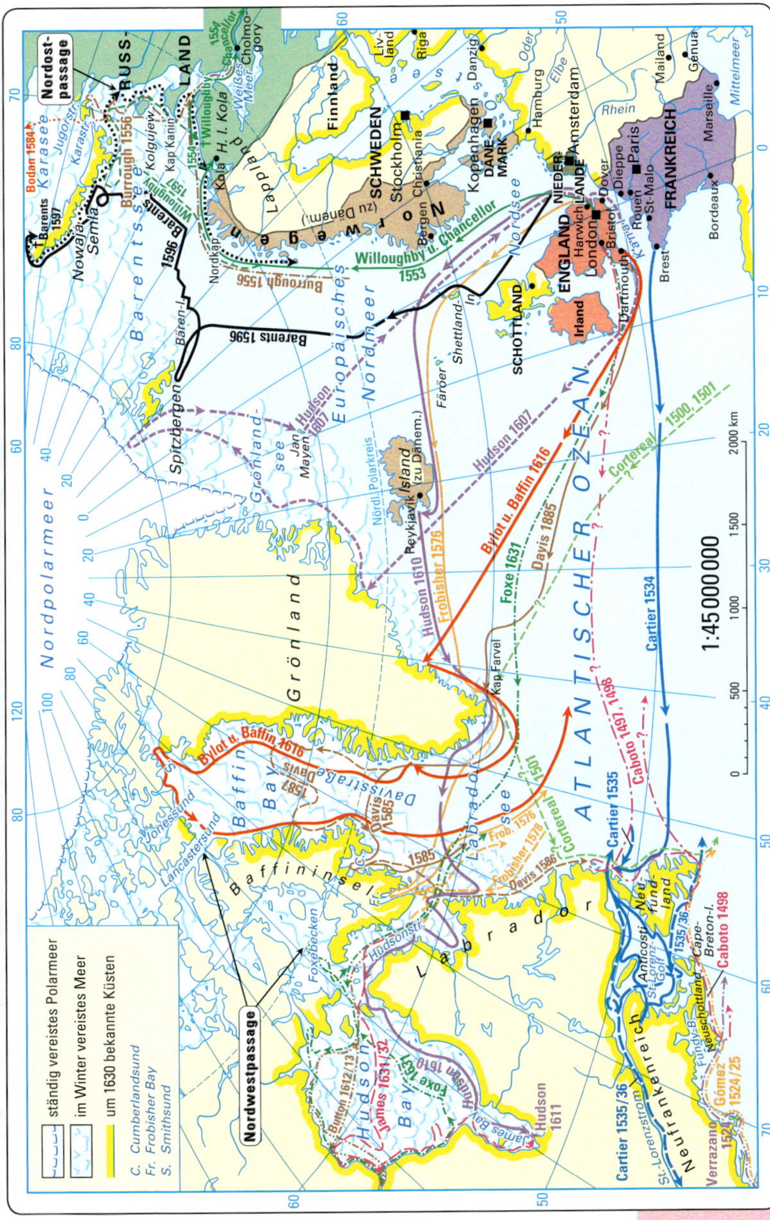
ständig vereistes Polarmeer
im Winter vereistes Meer
um 1630 bekannte Küsten
C. Cumberlandsund
Fr. Frobisher Bay
S. Smithsund
Nordwestpassage
Nordostpassage
1:45 000 000
0 500 1000 1500 2000 km
Nordpolarmeer
Karasee
Barentssee
Grönlandsee
Europäisches Nordmeer
Nordsee
ATLANTISCHER OZEAN
Labradorsee
Baffin Bay
Davisstraße
Hudson Bay
James Bay
Hudsonstr.
Foxebecken
Lancastersund
Jonessund
Baffininsel
Labrador
Grönland
Kap Farvel
Island (zu Dänem.)
Reykjavik
Nördl. Polarkreis
Jan Mayen
Spitzbergen
Bären-I.
Nowaja Semlja
Kolgujew
Kap Kanin
Jugorstr.
Karastr.
Weißes Meer
H. I. Kola
Kola
Cholmogory
Nordkap
RUSSLAND
Finnland
SCHWEDEN
Stockholm
Lappland
Norwegen (zu Dänem.)
Bergen
Christiania
Kopenhagen
DÄNEMARK
Danzig
Livland
Riga
Hamburg
Amsterdam
NIEDERLANDE
SCHOTTLAND
ENGLAND
Irland
Färöer
Shetland-In.
Harwich
London
Bristol
Dartmouth
Dover
Kanal
Dieppe
Paris
Rouen
St-Malo
Brest
FRANKREICH
Bordeaux
Marseille
Mailand
Genua
Rhein
Elbe
Oder
Mittelmeer
Neufundland
Anticosti
St.-Lorenz-Golf
Cape-Breton-I.
Neuschottland
Fundy-B.
St.-Lorenzstrom
Neufrankreich
Barents 1596
Barents 1597
Bodan 1584
Burrough 1556
Willoughby 1553
Willoughby u. Chancellor
Chancellor 1554
Hudson 1607
Hudson 1610
Hudson 1611
Frobisher 1576
Frobisher 1578
Davis 1585
Davis 1586
Davis 1587
Bylot u. Baffin 1616
Foxe 1631
James 1631/32
Button 1612/13
Corterreal 1500, 1501
Caboto 1497, 1498
Caboto 1498
Cartier 1534
Cartier 1535
Cartier 1535/36
Gómez 1524/25
Verrazano 1524

*Die **Barents-Expedition** überwinterte 1596/97 acht Monate an der Nordostspitze von Nowaja Semlja in diesem aus Treibholz und Resten des Schiffes erbauten Holzhaus. Deutlich sichtbar die Polarfuchsfallen (kolorierter Holzschnitt von 1598). **Willem Barents** (Barendsz), ein herausragender niederländischer Seefahrer, Kartograph und Erforscher der nach ihm benannten See, wurde um 1550 geboren und starb am 20. Juni 1597 während der Rückfahrt im Norden der Doppelinsel Nowaja Semlja. Seine Karte dieser Region war für die nächsten 150 Jahre richtungsweisend für die Polarkartographie.*

ihm benannten Bay, von wo er Europa erstmals Kunde von den Eskimos überbrachte. Während der dritten Reise 1578 fand Frobisher den Eingang zur Hudsonstraße, ohne diese näher zu untersuchen. – Die Fahrten 1577 und 1578 in die gleiche Gegend (»Meta Incognita«) wurden von der englischen Königin Elizabeth I. unterstützt und waren mehr vom Goldhunger als vom Entdeckergeist geprägt. Das vermeintliche »Golderz«, das er in größeren Mengen mitbrachte, erwies sich später als wertloser Schwefelkies. Dennoch erstrahlte Frobishers Ruhm weiter, zumal er sich 1588 erfolgreich im Kampf gegen die spanische Armada hervortat, wofür er geadelt wurde. → K. 111 III/IV

1580 versuchten die Engländer Arthur **Pet** und Charles **Jackman**, Teilnehmer der zweiten Frobisher-Reise, über die Karasee nach China vorzustoßen, mussten aber vor dem Eis ausweichen. Pet erreichte mit seinem Schiff die Themsemündung; Jackman blieb verschollen.

1584 erreichte eine englische Expedition unter dem in Russland geborenen **Bodan** die Obmündung und lieferte wertvolle Berichte über die Samojeden (Nenzen). → K. 111 I

1585–87 Der englische Seefahrer John **Davis** setzte mit seinen drei Reisen im Auftrag der englischen *»Merchant Adventurers«* die Suche nach der Nordwestpassage fort. **1585** sichtete er SO-Grönland, landete an der südwestgrönländischen Küste nahe dem späteren Godthåb und verhandelte dort mit Eskimos. Danach durchquerte er auf der Höhe des Polarkreises die nach ihm benannte Meeresstraße und entdeckte den Cumberlandsund auf der Baffininsel. – Auf der 2. Reise **1586** bestimmte Davis die genaue Lage der Hudsonstraße und befuhr die Küste Labradors bis Neufundland. – Während der 3. Reise **1587** stieß er an der grönländischen Küste bis 72°12′ n. Br., etwa die Gegend des späteren Upernavik, vor. Er lieferte genauere Karten und Beschreibungen, vor allem aber förderten seine Beobachtungen den Walfang in den grönländischen Gewässern. Davis gilt als Erfinder des reflektierenden *Davis-Quadranten*, der über 200 Jahre in Gebrauch blieb, bevor er vom Sextanten abgelöst wurde. → K. 111 III/IV

1594 gelangte der niederländische Seefahrer Willem **Barents*** auf der Suche nach einer *Nordöstlichen Durchfahrt* nach China im Regierungsauftrag von der Kola-Halbinsel zur Westküste von Nowaja Semlja, während zwei

*Die auf der gegenüberstehenden Seite abgebildete historische **Karte des Nordpolargebietes** beruht auf einer **1636** von Hondius in Amsterdam herausgegebenen Darstellung. Sie spiegelt den bis dahin erreichten geographischen Kenntnisstand wider: Deutlich zu erkennen sind Skandinavien, Island, Grönland und Spitzbergen in der Mitte, aber auch die Hudson Bay im Westen und die Westküste der Doppelinsel Nowaja Semlja im Osten. Bemerkenswert ist die bildliche Darstellung des mühevollen Walfangs und der Verarbeitung der Wale.*

POLI ARCTICI
ET CIRCUMIACENTIUM
TERRARUM DESCRIPTIO
NOVISSIMA.
PER F. DE WIT.
OCEANUS DEUCALEDONIUS
TERRA INCOGNITA
Baffins Bay
Buttons Bay
New North Wales
New South Wales
Nova Zembla
MOURMANSKOY MORE
Canada

andere Teilnehmer der Expedition die Karasee erreichten. **1595** segelte **Barents** mit sieben Schiffen vergeblich bis zur Jugorstraße, die er vom Eis verschlossen fand.

1596 gelang es **Barents***, die Amsterdamer Kaufmannschaft für einen dritten Versuch zu gewinnen. Diesmal sollte auf Empfehlung des Kosmographen Plancius der kürzeste Weg nach Ostasien – über den Nordpol – genommen werden, wo man offenes Meer vermutete. Zwei Schiffe unter dem Kommando von Jakob Heemskerck und Jan Corneliszoon Rijp waren dafür vorgesehen. Barents war als »Obersteuermann« auf dem Schiff Heemskercks die treibende Kraft. Sie entdeckten Spitzbergen (das im 12. Jh. bereits den Normannen bekannt war), mussten aber wegen der Eisverhältnisse einen südöstlichen Kurs einschlagen. Auf der Bäreninsel trennte sich Rijp von der Expedition, die schließlich die Nordküste Nowaja Semljas erreichte und umfuhr. Hier wurde ihr Schiff bereits im August 1596 vom Eis eingeschlossen und musste aufgegeben werden. So kam es zur ersten Überwinterung einer europäischen Expedition unter härtesten Polarbedingungen. Erst im Juni **1597** konnten die 17 Überlebenden auf offenen Booten die Rückfahrt antreten, auf der Barents verstarb. 12 Mann erreichten die Niederlande. → K. 111 I/II

1607 suchte der englische Seefahrer Henry **Hudson** im Auftrag der *Moskowitischen Handelsgesellschaft* den Nordpol zu entdecken und eine Passage zu den *»Gewürzinseln«* zu finden. Er erreichte in Ostgrönland 73°n. Br., bevor er vor den Eismassen nordöstlich ausweichen und bei Spitzbergen bei 80°12′ umkehren musste. → K. 111 II/III

1609 unternahm **Hudson**, diesmal in niederländischen Diensten, eine Fahrt bis in die Barentssee, kehrte dann aber wegen ungünstiger Eisverhältnisse um und begann in Nordamerika eine westliche Durchfahrt nach Asien zu suchen, die er in dem nach ihm benannten Fluss vermutete. Er befuhr den Hudson River aufwärts, bis er seinen Irrtum erkannte. (Sein Bericht lieferte den Anstoß zur niederländischen Kolonisation in Amerika. → K. 125 II

1610 fand **Hudson**, nun wieder in englischen Diensten, die nach ihm benannte Meeresstraße und glaubte die »Südsee« gefunden zu haben. Am Südende der James Bay überwinterte die Expedition. Im Juni 1611, als Hudson die Weiterfahrt befahl, meuterte die Mannschaft. Hudson, sein Sohn und 7 treue Gefährten wurden ohne Hilfsmittel in einem Boot ausgesetzt und sind seither verschollen. Die Mannschaft erreichte unter großen Entbehrungen England, wo sie eingekerkert wurde. → K. 111 III/IV

1612/13 sandte die *»Handelsgesellschaft Londoner Entdecker der Nordwestpassage«* eine weitere Expedition unter Thomas **Button** aus, der an der Westküste der Hudson Bay überwintern musste und an der Nelsonmündung vergeblich nach einer Westpassage suchte. → K. 111 IV

1616 suchten Robert **Bylot** als Kapitän und William **Baffin** als Pilot und erfahrener Polarseefahrer die Nordwestpassage nördlich der Davisstraße. Sie folgten der grönländischen Westküste nach Norden in die damals eisfreie Baffin Bay bis zum Smithsund (78°n. Br.), entdeckten dann während der Fahrt nach Süden zwei nach Westen führende Meeresstraßen, die sie nach ihren Auftraggebern Jones- und Lancastersund nannten, sowie die gesamte NO-Küste der Baffininsel. → K. 111 I/III

1631 erforschte Luke **Foxe** das gesamte West- und Nordwestufer der Hudson Bay, ohne eine Passage zu finden. → K. 111 IV

1631/32 untersuchte Thomas **James** die SW- und Südküste der Hudson Bay und überwinterte mit seiner Mannschaft in der nach ihm benannten *James Bay*. Sein Expeditionsbericht entmutigte die englischen Kaufleute, die Suche nach einer Nordwestpassage fortzusetzen. → K. 111 IV

Polarforschung im 19. Jh. → 251

Das nördliche Asien, ***Sibirien***, blieb im Altertum und Mittelalter nahezu unbekannt. Lediglich der südliche Randstreifen wurde mit der Gründung des mongolischen »Weltreiches« unter DSCHINGIS KHAN oberflächlich in den ostasiatischen Kulturkreis einbezogen. Südwestsibirien gehörte seither zum »Reich der Goldenen Horde«. Nach dessen Zerfall um 1500 bildeten sich mehrere tatarische Nachfolge-Khanate heraus, darunter das ***Khanat Sibir*** zwischen Ural, Ob und Irtysch, während das übrige Sibirien von Jäger- und Fischerbevölkerungen und Rentiernomaden ohne jegliche staatliche Organisation besiedelt war.

Russland, das Mitte des 16. Jh. bereits die Tatarenkhanate Kasan und Astrachan erobert hatte, dehnte mit der Eroberung des sibirischen Khanats ab 1581 innerhalb 70 Jahren seinen Macht- und Einflussbereich in Sibirien bis zum Pazifischen Ozean aus.

Zunächst war die Erwerbung des Khanats Sibir eine Privatangelegenheit der mächtigen und einflussreichen Unternehmerfamilie der STROGANOWS, welcher der Zar das Recht zugestanden hatte, beiderseits des Urals ihre Wirtschaftsaktivitäten auszudehnen. Kurz vor dem Tode **JERMAKS*** 1584 stellte sich heraus, dass die dauernde Eroberung nicht ohne staatliche Macht und Sanktionierung zu bewerkstelligen war und der russische Staat übernahm sehr bald auch die Verwaltung dieser Gebiete.

Träger der Machtausweitung und Kundschafter waren ***Kosaken*** aus dem Don- und Wolgagebiet, Händler und seefahrende Küstenbewohner Nordrusslands, die ***Pomoren***, die in den Weiten Sibiriens mit bewaffneter Macht und Überlegenheit durch Feuerwaffen kleine befestigte Stützpunkte (Ostrogs) gründeten, von denen aus sie von den Eingeborenen den Pelztribut (Jassak) gewaltsam erhoben. Lediglich im Amurgebiet konnten chinesische Truppen ihr Vordringen stoppen.

*Der Kosakenführer **TIMOFEJEWITSCH JERMAK** wurde zwischen 1520 und 1530 geboren. Er starb am 15. September 1584 in den Fluten des Irtysch. Im Krieg Russlands gegen die livländischen Ritter und Schweden befehligte er eine Kosakenabteilung. Später wurde er vom Zaren IWAN IV. wegen seiner Räubereien an der Wolga geächtet. 1579 trat er als Kommandeur einer Privatarmee von ein paar hundert Bewaffneten in den Dienst der russischen Unternehmerfamilie STROGANOW. Deren Handels- und Unternehmensgebiet zwischen oberer Kama und Ural wurde durch einen Ukas des Zaren auf westsibirische Gebiete zwischen Ural und Ob ausgedehnt. Da der dortige Khan des Reiches Sibir den Pelztribut verweigerte, befahlen die STROGANOWS, das sibirische Tatarenkhanat zu unterwerfen. 1581 begann JERMAK mit einer Truppe von 800 Bewaffneten mit der Eroberung Sibiriens.*

Die russischen »Entdeckungen« wurden in Europa – selbst im europäischen Teil Russlands – kaum beachtet, wie das Beispiel DESHNJOWS, des Entdeckers des asiatischen Ostkaps zeigt, dessen Berichte in den Archiven von Jakutsk für mehr als 80 Jahre unbeachtet blieben. (1898 wurde das Ostkap auf Befehl des Zaren in »Kap Deshnjow« umbenannt.) Erst seit dem großen russischen Modernisierer, Zar PETER I., kann mit der Entsendung gezielter Forschungsexpeditionen im 18. Jh. von einer bewussten Kenntnisnahme der Topographie Sibiriens gesprochen werden.

1581/82 überschritt der Kosakenführer TIMOFEJEWITSCH **JERMAK*** im Auftrag der Kaufmannsfamilie STROGANOW den Ural, um das Khanat Sibir zu erobern. Von Orjol bei Solikamsk an der Kama zog seine Truppe von 800 Mann längs der Flüsse Tschussowaja, Tagil, Tura und Tobol zum Irtysch, wo *Isker*, der Hauptort Sibirs, 1582 erobert wurde. Bei weiteren Kämpfen gegen den Tatarenkhan KUTSCHUM ertrank JERMAK 1584 im Irtysch. Die endgültige Niederlage KUTSCHUMS datiert erst von 1598. Inzwischen war **1587** Tobolsk als befestigter Ort (Ostrog) und künftiges Verwaltungszentrum Sibiriens gegründet worden. → K. 117 IV

1593–1607 gründeten russische Küstenbewohner vom Weißen Meer ***(Pomoren)*** Berjosowo (1593) und Obdorsk (1595) am unteren Ob. Sie drangen über den Tas, wo 1601 der sagenhafte Handelsplatz Mangaseja entstand, zum Jenissej vor und legten 1607 Turuchansk als Ostrog an, um im Umfeld wertvolle Pelze einzutreiben. Kosaken gründeten am mittleren Ob Narym (1596) und an einem Nebenfluss des Ob Tomsk (1604). → K. 117

1610 Eine Gruppe von Kaufleuten aus Archangelsk unter KONDRATIJ **KUROTSCHKIN** fuhr mit Schiffen (Kotschken) von Turuchansk aus den Jenissej abwärts bis zur Mündung ins Eismeer und kehrte über den Pjassinafluss zurück. – Um 1610 war der russische Machtbereich bis zum Jenissej ausgedehnt. 1618 und 1619 wurden Kusnezk und Jenissejsk gegründet. → K. 117 IV

1618 reiste der Kosak IWAN **PETLIN** im Regierungsauftrag von Tomsk über die Mongolei nach Peking, um Handelsbeziehungen mit China anzuknüpfen. → K. 94/95 I und 117 III

1620 führte **PENDA** einen Zug von 40 Kosaken von Turuchansk die Untere Tunguska aufwärts und erreichte die Lena in der Nähe des späteren Kirensk (1631 gegründet). Der Trupp kehrte über die Angara und den mittleren Jenissej nach Turuchansk zurück. Der Zug PENDAS gehörte zu den kühnsten Unternehmungen zur Entschleierung Sibiriens, der die Entdeckung Jakutiens vorbereitete. → K. 117 III

1632 erreichte PJOTR **BEKETOW** mit einer größeren bewaffneten Gruppe die mittlere Lena und erbaute inmitten des Landes der Jakuten ein hölzernes Fort, den Lenski Ostrog (das mehrmals verlegte Jakutsk), wenig später das Verwaltungszentrum Nordostsibiriens. → K. 117 II/III

1633–42 Über Shigansk (ebenfalls 1632 gegründet) befuhr der Tobolsker Kosak IWAN **REBROW** 1633 mit über 100 Begleitern die untere Lena bis zur Mündung, um in den nachfolgenden Jahren den Pelztribut (Jassak) in Nord-Jakutien einzutreiben. Eine Teilgruppe erreichte 1634/35 die untere Jana. REBROW fuhr 1636–38 sogar über die Laptewsee und erreichte das Gebiet der Indigirkamündung und 1642 den unteren Olenjok. → K. 117 I

1636–39 erschloss IWAN **BUSA**, von Jenissejsk über Jakutsk anreisend, die Gebiete am unteren Olenjok und an der Jana dem russischen Pelzhandel. → K. 117 I

1636/37 Über das Werchojansker Gebirge brach eine Abteilung Jenissejsker Kosaken unter POSNIK **IWANOW** ins Land der Jukagiren auf, um im oberen Janagebiet den Jassak einzutreiben (Gründung von Werchojansk 1638). Teile des Trupps, darunter DESHNJOW, erreichten in Verbindung mit STADUCHIN 1641 die Indigirka. → K. 117 II

1639–42 Im Jahre 1639 wurde vom Kosaken-Ataman DMITRI KOPYLOW, der im Aldantal den Pelztribut eintrieb, eine Gruppe von 31 Mann unter IWAN J. **MOSKWITIN** ausgesandt, um das nahe gelegene unbekannte Meer aufzufinden. MOSKWITIN folgte dem Majafluss, überschritt das Dshugdshurgebirge und erreichte **1639** westlich der späteren Stadt *Ochotsk* (1649 gegründet) das Ochotskische Meer – ein Nebenmeer des Pazifischen Ozeans. Bis 1642 wurden die Küsten bis zur Uda im Süden und im Norden bis in die Gegend des heutigen Magadan erforscht. → K. 117 II

1643 erkundete WASSILIJ **SITCHOW**, Führer einer kleinen Kosakentruppe, Nordsibirien,

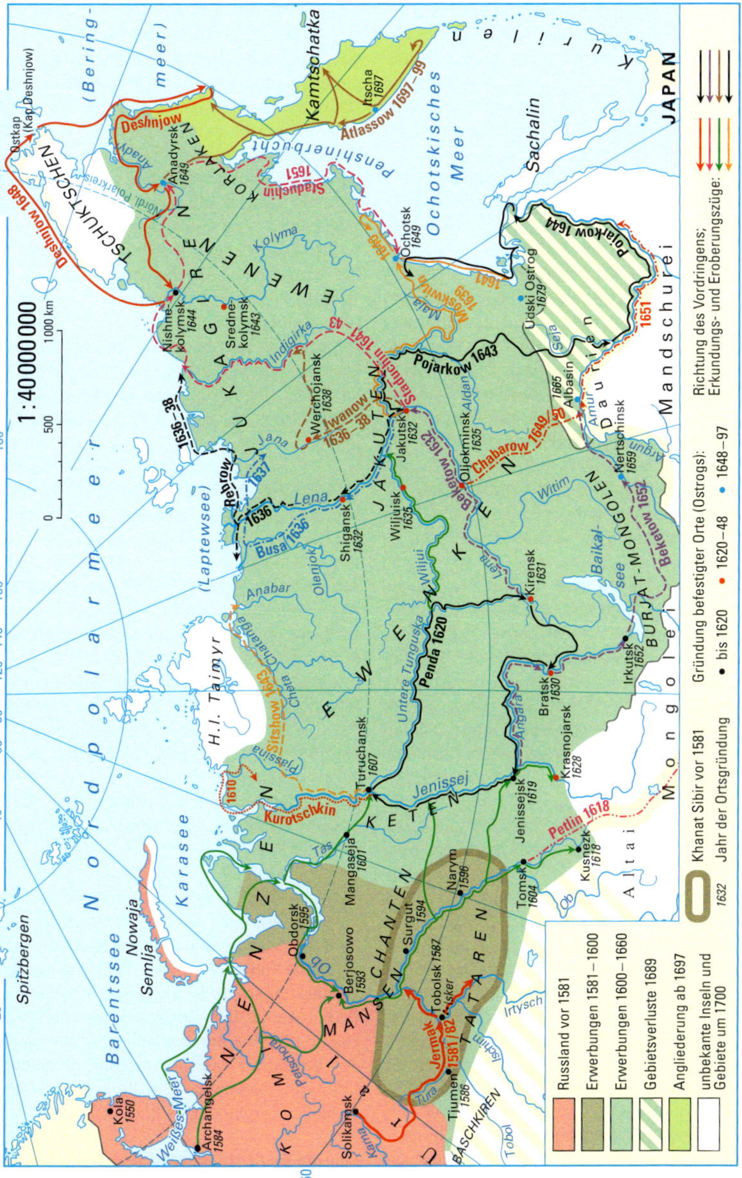
1 : 40 000 000
0 500 1000 km
Nordpolarmeer
Barentssee
Karasee
(Laptewsee)
(Beringmeer)
Ochotskisches Meer
Penshinerbucht
Weißes Meer
Spitzbergen
Nowaja Semlja
H.I. Taimyr
Kamtschatka
Sachalin
Kurilen
JAPAN
Ostkap (Kap Deshnjow)
Nördl. Polarkreis
TSCHUKTSCHEN
KORJAKEN
JUKAGIREN
EWENEN
JAKUTEN
EWENKEN
NENZEN
KETEN
CHANTEN
MANSEN
TATAREN
KOMI
BASCHKIREN
BURJAT-MONGOLEN
Daurien
Mandschurei
Mongolei
Altai
Kola 1550
Archangelsk 1584
Solikamsk
Tjumen 1586
Tobolsk 1587
Isker
Berjosowo 1593
Obdorsk 1595
Surgut 1594
Narym 1596
Mangaseja 1601
Tomsk 1604
Turuchansk 1607
Kusnezk 1618
Jenissejsk 1619
Krasnojarsk 1628
Bratsk 1630
Kirensk 1631
Shigansk 1632
Jakutsk 1632
Wiljuisk 1635
Oljokminsk 1635
Werchojansk 1638
Srednekolymsk 1643
Nishnekolymsk 1644
Ochotsk 1649
Anadyrsk 1649
Irkutsk 1652
Nertschinsk 1659
Albasin 1665
Udski Ostrog 1679
Itscha 1697
Jermak 1581/82
Kurotschkin 1610
Petlin 1618
Penda 1620
Rebrow 1636
Busa 1636
Iwanow 1636–38
Sitshow 1643
Stadtchin 1641–43
Stadtchin 1651
Beketow 1632
Beketow 1652
Moskwitin 1639
Pojarkow 1643
Pojarkow 1644
Chabarow 1649/50
Deshnjow 1648
Deshnjow
Atlassow 1697–99
Ob
Irtysch
Tobol
Ischim
Tura
Kama
Petschora
Tas
Jenissej
Untere Tunguska
Angara
Lena
Wiljui
Olenjok
Anabar
Chatanga
Cheta
Pjassina
Jana
Indigirka
Kolyma
Anadyr
Aldan
Maja
Witim
Seja
Amur
Argun
Baikalsee
Russland vor 1581
Erwerbungen 1581–1600
Erwerbungen 1600–1660
Gebietsverluste 1689
Angliederung ab 1697
unbekannte Inseln und Gebiete um 1700
Khanat Sibir vor 1581
1632 Jahr der Ortsgründung
Gründung befestigter Orte (Ostrogs):
bis 1620
1620–48
1648–97
Richtung des Vordringens; Erkundungs- und Eroberungszüge:

d.h. die nördlichsten bewohnten Areale am Südrand der Taimyr-Halbinsel. Er folgte von Turuchansk aus dem Jenissej, bog in der Gegend des heutigen Norilsk ins Pjassinatal ein und erreichte über die Cheta-Chatanga und Laptewsee den Anabarfluss, wo er den Jassak eintrieb. → K. 117 I

1643–46 Als Moskwitin erste Kunde von Getreidefeldern und Viehzucht am Amur nach Jakutsk brachte, entsandte der dortige russische Gouverneur eine Expedition an diesen Strom, um die schmale Ernährungsbasis in Jakutsk zu verbessern. Unter Führung Wissilij Danilowitsch **Pojarkows** zogen 132 Mann den Aldan aufwärts, überquerten das Stanowoigebirge und erreichten über den Sejafluss das Land der Dauren am Amur, an dessen Mündung die Expedition 1643/44 überwinterte. Erst 1646 kehrte Pojarkow mit 33 Überlebenden und einer ausführlichen Beschreibung des Ochotskischen Meeres über den Majafluss nach Jakutsk zurück. → K. 117 II

1648 In diesem Jahr umrundete Semjon Iwanowitsch **Deshnjow** (Deshnew) das 1898 nach ihm benannte asiatische Ostkap. 1648 verließ Deshnjow zusammen mit dem Händler Fjodor A. Popow mit 6 Booten Nishnekolymsk an der unteren Kolyma. Das Ostkap wurde bei Nebel umsegelt, und im Sturm wurden die Boote auseinander getrieben. Deshnjow erreichte – ohne Popow – die Küste des Korjakengebirges und zog im Sommer 1649 mit verbliebenen 12 Mann zum Mittellauf des Anadyr, wo er den Ostrog Anadyrsk begründete. Deshnjow traf erst 1662 in Jakutsk ein (und starb 1673 in Moskau).

Sein schriftlicher Bericht über die denkwürdige Fahrt, die bewies, dass Asien und Amerika durch eine Meeresstraße getrennt sind, verschwand in Jakutsk im Archiv. Erst 1736 wurde dieser von dem deutschen Teilnehmer der *Großen Nordischen Expedition*, Gerhard Friedrich Müller, aufgefunden und später bekannt gemacht. → K. 117 I/II

1649–51 Der Händler Jerofei Pawlowitsch **Chabarow** aus Nordrussland unternahm 1649 einen erneuten Versuch, das Land Daurien am Amur vor allem wegen der Sicherung der Getreideversorgung zu unterwerfen. Bei einem zweiten Versuch 1650 eroberte er den Hauptort der Dauren, Albasin, und fuhr 1651 amurabwärts bis in die Gegend der heutigen Stadt Chabarowsk, wo seine 200 Kosaken dank ihrer Feuerwaffen eine zehnfach größere chinesische Truppe schlagen konnten. 1653 kehrte er nach Jakutsk zurück.

Die durch seine Aktivitäten aufgeworfene russisch-chinesische Grenzfrage wurde 1689 im *Vertrag zu Nertschinsk* zu Gunsten Chinas geregelt (*1858* allerdings im russisch-chinesischen *Vertrag von Aigun* im russischen Sinne verändert). Damit waren ab 1689 die Voraussetzungen für einen geregelten Handel zwischen Russland und China geschaffen. → K. 117 III

1650/51 Der russische Kosakenführer und Kaufmann Michael **Staduchin**, der bereits 1641–43 die Indigirka hinabfuhr und das untere Kolymagebiet erreicht hatte, unternahm von Nishnekolymsk aus einen der kühnsten Züge über den oberen Anadyr zur Penshinerbucht und befuhr dann das Ochotskische Meer bis Ochotsk, wo er 1651 eintraf. Er hatte damit einen neuen Weg von der Lena ins Ochotskische Meer erschlossen. → K. 117 II

1652/53 bereiste Pjotr **Beketow** von Jenissejsk aus längs der Angara und über Irkutsk (1652 gegründet) den Baikalsee (seit 1643 bekannt) und Transbaikalien bis an den Amur. → K. 117 III

1697–99 Der russische Kosak und Pelzhändler Wladimir Wassiljewitsch **Atlassow** beendete mit der Erkundung der fernöstlichen Halbinsel Kamtschatka die frühen russischen Entdeckungen in Sibirien und im Fernen Osten. Auf Grund eingegangener Berichte zog er mit 120 Mann von Anadyrsk aus längs der Westküste fast bis zur Südspitze der Halbinsel. Damit war die Eroberung Kamtschatkas eingeleitet. → K. 117 II

Sibirien im 18. Jh. → 130

Abgesehen von der in Europa kaum bemerkten russischen Eroberung Sibiriens, verlief das **17. Jahrhundert** ohne spektakuläre Neuentdeckungen. Das gesamte 18. Jahrhundert dagegen ist entdeckungsgeschichtlich eine erfolgreiche Epoche, die sich aber vorwiegend auf die Erkundung und die Erforschung der Ozeane bezog. Seit dem Abfall der nördlichen Niederlande von Spanien (1581) und der Niederlage der Armada gegen England (1588) verloren Spanien und Portugal an Bedeutung. Auf den Plan traten die ***Niederlande***, ***England*** und ***Frankreich***. Sie bestimmten fortan das sich herausbildende europäische Kolonialsystem, den Sklavenhandel und die sich entwickelnden weltweiten Wirtschafts- und Handelsbeziehungen. England und Frankreich schrieben im 18. Jh. das Hauptkapitel der Entdeckungsgeschichte: die Suche nach dem »Südland« – die Klärung der Verteilung der Landmassen und Meere. Auf dem Landwege waren die ***Russen*** in Sibirien und ***Franzosen*** in Nordamerika erfolgreich.

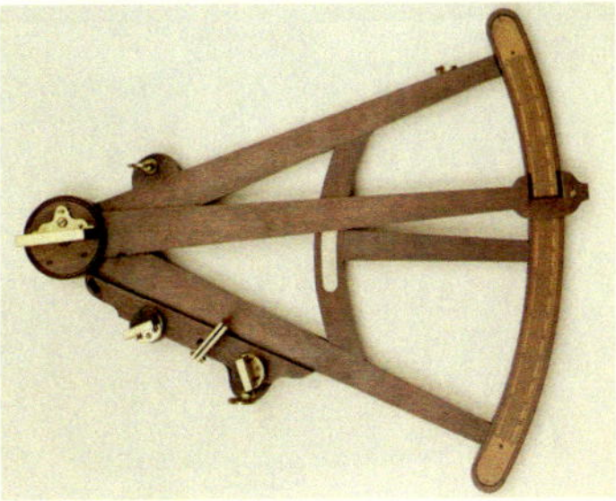

Hölzerner Oktant um 1750
Dieser nach dem Prinzip des Davis-Quadranten in den 1730er-Jahren entwickelte Oktant diente bis Ende 18. Jh. zur Messung des Sonnenstandes oder des Standes der Gestirne über dem Horizont, wodurch der Breitengrad eines Ortes auf wenige Minuten genau ermittelt werden konnte. 1736 gelang dem englische Astronomen Edmond Halley auf Anregung Isaac Newtons die Konstruktion eines Spiegeloktanten, auf dessen Grundlage der verbesserte Spiegelsextant entstand, der sich in der Seefahrt allerdings erst Anfang des 19. Jh. allgemein durchsetzte. James Cook stand während der zweiten Reise dieses neuartige Instrument zur Verfügung.

Die ***britisch-französische Konkurrenz*** wurde im 18. Jh. mehrmals in Form von Kriegen, insbesondere dem Siebenjährigen Krieg (1756–63), in Übersee ausgetragen. Mit dem Frieden von Paris 1763 wurde die britische Überlegenheit festgeschrieben. Die Entstehung der ***Vereinigten Staaten von Amerika*** (1776/83) und die ***Französische Revolution*** von ***1789/95*** veränderten noch einmal die Kräfteverhältnisse am Ende des 18. Jh.

Entdeckungsgeschichtliche Höhepunkte dieser Zeit sind ohne Frage die ***»Große Nordische Expedition«*** in Sibirien unter Leitung des Dänen Bering und die ***drei Weltreisen Cooks***. Letztere verbannten endgültig den Glauben an ein »Südland« als Gegengewicht zu den nördlichen Landmassen. Um 1800 war die Verteilung der Landmassen und Wasserflächen der Erde in groben Zügen bekannt. Dagegen blieben das Innere Afrikas, Neuhollands (Australiens) und Zentralasien sowie die Polargebiete weitgehend unbekannt.

*Die umseitig abgebildete **Weltkarte mit Schifffahrtsrouten (1705)** von Nicolas de Fer, dem Geographen des französischen Dauphins und des Königs von Spanien, zeigt die Umrisse der Erdteile und Ozeane entsprechend dem Stand der geographischen Entdeckungen am Ende des 17. Jh. aus dem »Atlas curieux«, der 1705 in Paris veröffentlicht wurde.*

Während Europa, Teile Amerikas, Afrika und Südasiens in ihren Umrissen einigermaßen realistisch dargestellt sind, ist der Norden Amerikas und Asiens unbekannt. Die Küsten Neuhollands (Australiens) sind nur im Westen und Norden streckenweise erkundet und Neuguinea ist als Teil Australiens dargestellt. Das Innere Afrikas und Asiens, aber auch große Teile Nordamerikas sind noch unerforscht. Das vermutete »Südland«, die »Terra Australis«, ist nicht – wie in dieser Zeit häufig üblich – abgebildet. Ein Vermerk am unteren Kartenrand besagt aber, dass manche Geographen dort ein großes Land vermuten.

Historische Weltkarte mit Schifffahrtsrouten (1705)

Erläuterung → 69

Spitaberg
MER GLACIALE
Nouvelle Zemble
C. Nord
Arcangel
EUROPE
SUEDE
MOSCOVIE
Moscou
Stokolm
Lithuanie
Varsovie
POLOGNE
Cracovie
Hombourg
Amsterdam
Bruxelles
Paris
ALLEMAGNE
FRANCE
Milan
Venise
Hongrie
TURQUIE EN EUROPE
Constantinople
ESPAGNE
Madrid
Tolede
Mer Noire
Caffa
GEORGIE
Mer Caspiene
Burse
TURQUIE
Alepe
Cotatis
Hispaham
Ierusalem
PERSE
ASIE
GRANDE TARTARIE
Sellingham
Pekim
CHINE
MOGOL
Agra
Inde Oriental
Inde Occidental
Surate
Goa
Siam
Ceilan I.
IAPON
Meaco
Iedo
LES ISLES PHILIPEINES ou Manilles
LES Is MARIANE autrefois des Larrons
LES Is MOLUQUES
ORIENT
Nouvelle Guinée
LES ISLES DE LA SONDE
Maldives Isles
Nouvelle Hollande
MER ORIENTALE
MER MEDITERRANEE
Alger
Fes
Maroc
BARBARIE
BILEDULGERID
le Caire
EGIPTE
ARABIE
la Mecque
DESERT DE SAARA
AFRIQUE
NIGRITIE
NUBIE
Ambama
ABISSINIE
AJAN
GUINÉE
BIAFAR
ETHIOPIE
CONGO
ZANGUEBAR
MONOEMUGI
MONOMOTAPA
CAFRERIE
MADAGASCAR
I. de Bourbon
I. S. Helene
Route des Indes
Cap de Bonne Esperance
R
IONALE
s grandes Terres & des Royaumes jusques
Inconnus.
A PARIS
Chez l'Auteur dans l'Isle du Palais a la Sphere Royale
Avec privil. du Roy
1705.
C. Inselin Sculps.

HARRISONS **Chronometer**
Bis weit in das 18. Jh. hinein konnten die Seefahrer zwar die Breite, nicht aber die geographische Länge exakt bestimmen. Das englische Parlament setze 1714 einen Preis von 20 000 Pfund für denjenigen aus, der eine höchst präzise arbeitende Uhr zur Längenbestimmung entwickeln würde. Ab 1735 konstruierte der englische Uhrmacher JOHN HARRISON mehrere neuartige Chronometer, aber erst 1761 lag mit der H 4 ein 13 cm großes, ausreichend präzise arbeitendes Chronometer vor. 1772 erhielt J. COOK für seine zweite Reise eine Kopie dieses Chronometers, das er zur vollsten Zufriedenheit testete.

Entscheidend für die Erfolge in der geographischen Forschung waren die Fortschritte im Schiffbau und in der Entwicklung nautischer Instrumente. Der ***Spiegelsextant***, der die freihändige Winkelmessung auch auf See ermöglichte, gestattete eine exaktere Beobachtung der Gestirnhöhe und damit der geographischen Breite als das hölzerne Astrolabium oder der im 17. Jh. übliche Quadrant. Das seit 1731 entwickelte und ständig verbesserte ***Chronometer*** als verlässlicher Zeitmesser ermöglichte eine praktikable Errechnung der geographischen Länge durch den Vergleich der Ortszeit mit der Zeit eines angenommenen Nullmeridians (Ende 18. Jh. *Ferro* auf den Kanarischen Inseln, *Paris* oder *Greenwich* bei London). Die allgemeine Einführung des ***Fernrohrs*** und die technische Verbesserung anderer nautischer Instrumente (z. B. Kompassaufhängung), aber auch die systematische Präzisierung der ***Seekarten*** und Segelanweisungen und eine verbesserte Ausbildung der Marineoffiziere und Kapitäne trugen zum Erfolg der weltweiten geographischen Expeditionen bei.

BOUGAINVILLE*, **COOK*** und **LAPÉROUSE*** verkörpern den Übergang zu einem neuen Entdeckertyp. Zwar erfüllten auch sie die geopolitischen Aufgaben im Dienste ihrer Auftraggeber, traten aber nicht mehr als Eroberer, Missionare oder gar Zerstörer fremder Kulturen auf. Das Bild des »Entdeckers« wandelte sich zum »Forscher«; neben dem kühnen Seefahrer, Freibeuter, Missionar und Händler traten mehr und mehr wissenschaftlich gebildete Reisende und Naturforscher in den Vordergrund, die nicht nur »entdecken« wollten, sondern die Ursachen und Zusammenhänge zwischen den Naturerscheinungen zu erforschen beabsichtigten.

Mit der Entwicklung der ***Naturwissenschaften*** im 18. Jh. wurde auch die Wissenschaft von der Erde, die ***Geographie***, durch exaktere Untersuchungs- und Beobachtungsmethoden weiter entwickelt. Die Auffassung vom »unzivilisierten Wilden« wurde unter dem Einfluss der ***Aufklärung*** abgelöst von der Vorstellung der in glücklichen Zuständen lebenden *»Naturvölker«*. Dass ausgerechnet Captain COOK, der nicht nur den Skorbut, die Geißel der Seefahrer, besiegte, sondern eine menschenfreundliche Gesittung in die »christliche« Seefahrt einführte und mit den neu entdeckten Völkern der Südsee verständnisvoll umging, von Hawaiianern im Kampf getötet wurde, ist besonders tragisch.

Im Laufe des 18. Jh. entwickelten sich viel gelesene ***Reisebeschreibungen*** zu beachtlicher Höhe, die sich im Zeitalter der Aufklärung und der aufkommenden Naturwissenschaften auch den Menschen widmeten. Sie enthielten neben geographischen Berichten vor allem naturwissenschaftliche Beobachtungen und geschichtliche Betrachtungen fremder Völker. Vorläufigen Höhepunkt dieser Entwicklung stellen die Schriften GEORG FORSTERS (→ 148) dar, der die Gesamtheit der Natur zu erfassen und in literarischer Form auszudrücken suchte.

War noch im 16. Jh. das Interesse an Nordamerika seitens der Engländer und Franzosen auf die Suche nach der »westlichen Durchfahrt« zur »Westsee« oder »Südsee«, dem freien Weg nach Ostasien gerichtet, trat im 17. und 18. Jh. die Kolonisation, d. h. die Besiedlung und Erschließung für den Handel, in den Vordergrund. Während sich die ***Engländer*** – und zeitweilig auch ***Niederländer*** und ***Schweden*** – auf die amerikanische Ostküste konzentrierten, drangen die ***Franzosen*** den Sankt-Lorenz-Strom aufwärts in das Gebiet der Großen Seen und später ins Mississippigebiet *(Louisiana)* vor. Die unwirtlichen Länder an der *Hudson Bay* wurden das Revier der gleichnamigen englischen Pelzhandelsgesellschaft.

Samuel de Champlain, französischer Forscher, Diplomat und vor allem Kolonisator Kanadas, wurde um 1567 in Brouage bei Rochefort geboren und starb am 25.12.1635 in Quebec. Er unternahm 11 Reisen nach Neufrankreich (Kanada) und wirkte über 30 Jahre unermüdlich für die Konsolidierung und Erforschung der neuen französischen Kolonie. 1601 zum »Geographen des Königs« Heinrich IV. ernannt, war er 1603 das erste Mal am Sankt-Lorenzstrom und befürwortete eine nachhaltige Kolonisation »Neufrankreichs«. Seine ausführlichen Beschreibungen warben um Verständnis für die Indianer, ohne deren Unterstützung ihm die Kolonisation Kanadas unmöglich erschien.

Dabei vollzog sich die Erkundung und Erschließung Nordamerikas weitgehend in Konkurrenz zwischen Engländern und Franzosen, was zu mehreren Kolonialkriegen führte. So verloren die Franzosen 1713 im Frieden von Utrecht alle Ansprüche auf die Hudson Bay und mussten Neufundland und Acadia (das spätere Neuschottland und Neubraunschweig) an Großbritannien abtreten. Im ***Siebenjährigen Krieg 1756–63*** verloren sie – bis auf die beiden kleinen Inseln Saint Pierre und Miquelon – sämtliche nordamerikanischen Kolonien an die britische Siegermacht, die nun ihrerseits als Folge des Unabhängigkeitskampfes der ***Vereinigten Staaten von Nordamerika*** (1775–1783) alle Gebiete südlich von Kanada aufgeben musste.

Bei der Erkundung und Erschließung durch die ***Engländer***, von der amerikanischen Ostküste ausgehend, waren zwar Jäger und Händler Wegbereiter, ihnen folgten aber sehr bald die Siedler, die die »Grenze« im ständigen Kampf gegen Indianer nach Westen vorschoben. So erreichte die europäische Besiedlung in der zweiten Hälfte des 18. Jh. das Appalachengebirge. Verlierer waren die Indianer, die amerikanische Urbevölkerung, die teils ausgerottet, teils nach Westen verdrängt worden waren. Als »Verbündete« der Engländer gegen die Franzosen erwiesen sich dabei die Irokesen.

Ganz anders vollzog sich die Erschließung Nordamerikas durch die ***Franzosen***. Zwar betrieben auch sie im Sankt-Lorenz-Tal Siedlungskolonisation, vor allem aber waren sie an den fischreichen Neufundlandbänken und am Pelzreichtum der nördlichen Waldzone interessiert. So unterschied sich ihr Vorgehen durch die Mitarbeit von Missionaren, besonders ***Jesuiten***, die im Einvernehmen mit den Indianern agierten. Vor allem aber als ***»Waldläufer«*** *(coureurs de bois)* bezeichnete Jäger, Fallensteller und Händler erlangten große entdeckungsgeschichtliche Bedeutung. Ihre wagemutigen, oft spektakulären Alleingänge – vergleichbar mit Zügen der Kosaken in Sibirien – trieben die Entdeckungsgeschichte Nordamerikas voran. Auch nach dem Machtwechsel in Kanada blieb die französische Bevölkerung im Sankt-Lorenzgebiet vorherrschend.

1584/85 organisierte der englische Seefahrer und Günstling der Königin ELISABETH I., SIR WALTER **RALEIGH**, Entdeckungsfahrten zwecks Gründung einer englischen Kolonie in Nordamerika, die er seiner »jungfräulichen Königin« zu Ehren *Virginia* nannte. Nach Erforschung der Küsten Floridas und Carolinas wurde auf der Insel Roanoke, nördlich Kap Hatteras, **1587** eine Niederlassung mit 80 Männern und 20 Frauen gegründet. Als 1590 ein Versorgungsschiff eintraf, fand man von den Siedlern keine Spur mehr. → K. 125 II

1603 und **1607** erforschten die englischen Kapitäne **PRING** und **WEYMOUTH** fast gleichzeitig mit den Franzosen die Küsten des späteren Maine. (Die 1607 an der Mündung des Kennebac angelegte englische Siedlung wurde 1608 aufgegeben.)

1604/05 nahm SAMUEL DE **CHAMPLAIN*** an einer französischen Expedition nach Acadia, dem heutigen Neubraunschweig und Neuschottland, teil. Die Ansiedlung von 79 französischen Kolonisten misslang, aber CHAMPLAIN untersuchte genauestens die Küsten der Fundy Bay und die amerikanische Küste südlich bis Cape Cod. → K. 125 II

1607 landeten drei Schiffe der London Company mit 143 Siedlern in Virginia. Unter maßgeblicher Beteiligung des Abenteurers JOHN **SMITH**, der die Chesapeake Bay genauer erforschte, wurde 1607 die erste dauerhafte englische Siedlung Jamestown gegründet. → K. 125 II

1608 gründet S. DE **CHAMPLAIN*** Quebec als erste ständige französische Siedlung in Kanada. 1609 erforschte er weitere Teile des Sankt-Lorenzstromes und entdeckte den nach ihm benannten See. → K. 125 II

1609 suchte der englische Seefahrer HENRY **HUDSON**, diesmal in niederländischen Diensten, an der amerikanischen Ostküste eine westliche Durchfahrt nach Ostasien. Er gelangte westlich von Neuschottland an die Festlandsküste, die er bis zur Chesapeake Bay untersuchte, betrat Manhattan und befuhr den *Hudson River* bis in die Gegend des späteren Albany, wo er erkannte, dass es sich nicht um eine Durchfahrt handeln konnte. – Seine Berichte regten die niederländische Kolonisation ab 1614 in den von ihm entdeckten Gebieten an (1623 Gründung von Neuamsterdam – 1664 als New York von England übernommen). → K. 125 II

1614/15 erforschte JOHN **SMITH** die Küste zwischen der Penobscot Bay und Cape Cod; auf ihn geht die Benennung Neuengland für diesen Küstenabschnitt zurück. SMITH schrieb fesselnde Reiseberichte und lieferte relativ genaue Karten der amerikanischen Ostküste. Die Besiedlung Neuenglands erfolgte aber erst mit der Ankunft der puritanischen Flüchtlinge, der »Pilgerväter« auf dem Schiff »Mayflower«, die **1620** Plymouth gründeten. → K. 125 II

1615/16 führte der französische Waldläufer ETIENNE **BRÛLÉ**, der die Sprache der Huronen erlernt hatte, S. DE **CHAMPLAIN*** den Ottawa aufwärts zum Huronsee (Georgian Bay). CHAMPLAIN kehrte über den Ontariosee nach Quebec zurück, während BRÛLÉ die Erkundung bis zum Oberen See (1621) fortführte. → K. 125 I/II

1634 erreichte der Waldläufer JEAN **NICOLLET** im Auftrag S. DE CHAMPLAIN das NW-Ufer des Michigansees und erkundete von der Green Bay aus den Foxe River, wo er Nachrichten vom nahen Mississippi erhielt. → K. 125 I

1640 Entdeckung der ***Niagara-Fälle*** durch französische Jesuiten.

1659/60 Die Franzosen MÉDARD CHOUART DES **GROSEILLIERS** und PIERRE-ESPRIT **RADISSON** erkundeten das Südufer des Oberen Sees bis zum äußersten Westende und verbrachten sechs Wochen unter den Sioux-Indianern.→ K. 125 IV

1665 – 67 Der Jesuitenpater CLAUDE **ALLOUEZ**, Gründer mehrerer Missionsstationen am Oberen See, überquerte denselben und entdeckte den Nipigonsee. → K. 125 I

1670 Gründung der englischen Pelzhandelsgesellschaft ***Hudson Bay Company***, die von

Hudson Bay
Labradorsee
Labrador
Rupertsland
Hudson 1610
Foxe 1631
Hearne 1770
Hearne 1770–72
Ft. Prince of Wales 1718
Churchill
Port Nelson 1670
York Factory 1691
Nelson
Hayes River
Hendry 1754
Severn
Cumberland House 1774
Saskatchewan
Winnipegsee
Pond 1768
1739
Nain 1771
James Bay
Ft. Albany 1670
Albany
1611
Moose Factory 1671
Rupert
Rupert House 1668
Mistassinisee
Albanel 1671/72
Champlain 1608
Saguenay
Tadoussac 1600
St.-Lorenz-Strom
Québec 1608
Acadia (bis 1713 franz.)
Neuschottland
Halifax 1749
F.
1604/05
Montréal 1642
Ottawa
Kanada
Ft. Dauphin 1741
Manitobasee
Ft. Maurepas 1734
Ft. La Reine 1738
Vérendrye 1742/43
St. Charles 1732
Red River
Missouri
Ft. La Tourette 1684
Nipigonsee
G. u. R. 1661/63
Vérendrye 1731
Allouez 1665–67
Ft. Kaministiquia 1679
Oberer See
G. u. R. 1659/60
Sault Ste.-Marie 1668
Brûlé 1621
Champlain 1615/16
Ft. St-Croix 1680
Nicollet 1634
Huronsee
Hennepin 1680
Ft. La Baye 1718
Ft. d'Huillier 1700
Mississippi
Michigansee
Ft. Rouillé (Toronto) 1729
Ontariosee
Brûlé 1611
Niagara
Ft. Pontchartrain 1701
Eriesee
La Salle 1678/79
Ft. St. Joseph 1680
Ft. Orange 1623
1609 Hudson
Neuengland
Champlain 1604/05
Boston 1630
Pl.
Kap Cod
Smith 1614/15
New York (1623 Neuamsterdam)
Hudson 1609
Pennsylvania
B.
Ph.
M.
D.
V.
Appalachen
Blue Ridge
Platte
Brüder Mallet 1739/40
Illinois
Saint Louis 1680
Ft. Crèvecoeur 1680
Ft. Orléans 1722
1672/73
St. Louis 1764
Ohio
Batts u. Fallam 1671
Gist 1750/51
Jamestown 1607
Smith 1607
ATLANTISCHER OZEAN
Roanoke 1587
Arkansas
Brüder Mallet 1740
Jolliet u. Marquette 1672/73
Needham u. Arthur 1673/74
Carolina
Raleigh 1584/85
Ft. Prudhomme (Memphis) 1682
La Harpe 1719–22
Red River
Brazos
Louisiana
La Salle 1682
Woodward 1674
Charleston 1672
Ft. Toulouse 1714
Alabama
Georgia
Savannah 1733
Natchitoches 1714
St-Denis 1714–16
1718 New Orleans
Ft. M.
Pensacola 1696
Florida
St. Augustine 1565
San Antonio 1718
La Salle 1687
Texas
D'Iberville 1699
La Salle 1684/85
Tocobaga 1565
Golf von Mexiko
Rio Grande
Mexiko
1:30 000 000
0 500 1000 km
B. Baltimore 1729
Ft. Fort
Ft. M. Ft. Maurepas 1699
Pl. Plymouth 1620
Ph. Philadelphia 1682
D. Delaware
M. Maryland
V. Virginia
F. Fundy Bay
Entdeckungen/Forschungen
englische bzw. britische
französische
G. u. R. Groseilliers und Radisson 1659/63
Städte, Forts, Handelsposten
vor 1700 gegründet
1700–1776 gegründet
1608 Jahr der Siedlungsgründung
Kolonialgebiete vor 1756/63
spanische Kolonien
britische Kolonien (engl. Siedlungsgebiete um 1700 in dunkler Farbe)
französische Kolonien (franz. Siedlungsgebiet um 1756 in dunkler Farbe)
Handelsgebiet der brit. Hudson Bay Company um 1750

***Sieur de* La Salle*, René Robert* Cavelier**, *französischer Forscher und Kolonisator, wurde 1643 in Rouen geboren und am 19. März 1687 in Texas ermordet. La Salle trat mit 15 Jahren dem Jesuitenorden bei, wanderte 1666 nach Neufrankreich (Kanada) aus, wo er mehrere Reisen in das Gebiet der Großen Seen und des oberen Ohio zur Erkundung der Möglichkeiten des Pelzhandels unternahm. Er leitete 1674 den Bau des Forts Frontenac am Ontariosee und wurde für seine Verdienste geadelt. 1679–82 gründete er mehrere französische Stützpunkte südlich des Michigansees und befuhr den Mississippi bis zu seiner Mündung in den Golf von Mexiko, womit er als erster Forscher das Innere Nordamerikas von Nord nach Süd durchquert hatte. Das Einzugsgebiet des großen Stromes nahm er 1682 unter der Bezeichnung »Louisiana« für den französischen König Ludwig XIV. in Besitz. Eine großangelegte Unternehmung zur Kolonisation Louisianas (1684–87) scheiterte im Süden von Texas.*

den Gebieten der Hudson Bay aus agierte und in Konkurrenz zu dem von Neufrankreich (Kanada) aus organisierten französischen Pelzhandel stand. Die Entdeckung und Erforschung der Hudson Bay erfolgte zwischen 1610 und 1670 im Rahmen der Suche nach einer *Nordwestlichen Durchfahrt* (→ 114).

Nach 1670 hielten die Engländer ihre Kenntnisse in diesem Gebiet weitgehend geheim.

1671 überschritten Thomas **Batts** und Robert **Fallam** von Virginia aus die Blue Ridge und die Appalachen und folgten dem New River, von dem sie annahmen, er fließe ins »Westmeer«. → K. 125 II

1671/72 Pater Charles **Albanel** zog von Tadoussac den Saguenay aufwärts, entdeckte den Mistassinisee und den Rupertfluss sowie die James Bay, wo sich 1670 die englische *Hudson Bay Company* niedergelassen hatte. Bei einer Wiederholung der Reise 1674 wurde er festgenommen und nach England gebracht, wirkte aber ab 1676 wieder als Geistlicher in Kanada. → K. 125 I/II

1672/73 entdeckten der Pelzhändler Louis **Jolliet** und der französische Jesuitenpater Jacques **Marquette** im Regierungsauftrag den Mittellauf des Mississippi. Mit fünf Begleitern brachen sie vom Nordende des Michigansees auf, um über den gesuchten großen Fluss im Westen einen Zugang zum Pazifischen Ozean zu finden. Über die Green Bay und den unteren Wisconsin erreichten sie den Mississippi, den sie bis zur Einmündung des Arkansas befuhren, wo sie erkannten, dass der Strom in den Golf von Mexiko mündet. Sie hatten auch die Mündungen des Missouri und des Ohio gefunden. Um nicht in spanische Hände zu fallen, kehrten sie um und erreichten über den Illinois den Michigansee. → K. 125 IV

1673/74 James **Needham** und Gabriel **Arthur** erkundeten von Virginia aus die Gegend der südlichen Appalachen. Needham kam bei dieser Reise ums Leben. → K. 125 III

1674 Einer der ersten Siedler Carolinas, Henry **Woodward**, drang in die damals von Spanien beanspruchten Gebiete im späteren Georgia vor. 1685 gründete er in Coweta, der späteren Stadt Columbus, eine Handelsniederlassung. → K. 125 III

1679–82 Der französische Kolonisator und Forscher Sieur de **La Salle*** reiste über den Erie- und Ontariosee zum Michigansee in das Gebiet des Illinois, gründet hier 1680

*Der hier abgebildete Ausschnitt einer Nordamerikakarte von **PETER SCHENK** (Amsterdam 1708) ist eine Reproduktion der Karte des berühmten französischen Kartographen **GUILLAUME DELISLE**, die dieser 1700 erstmals veröffentlichte. DELISLE bemühte sich um Auswertung aller geographisch relevanten Berichte und um richtige Festlegung der Objekte im Gradnetz. – Relativ genau dargestellt sind die gesamte Ostküste, der Golf von Mexiko, die Hudson Bay und die fünf Großen Seen. Außerdem ist der 1682 von LA SALLE befahrene Mississippi eingetragen. Völlig unbekannt sind die Gebiete westlich des großen Stromes.*

das Fort Crèvecoeur (»Herzeleid«) u.a. Stützpunkte und befuhr schließlich 1682 mit einer fast fünfzigköpfigen Mannschaft – zur Hälfte Indianer – den Mississippi bis zur Mündung in den Golf von Mexiko. Dort wurde das Einzugsgebiet des großen Stromes unter der Bezeichnung *Louisiana* für den französischen König Ludwig XIV. in Besitz genommen. La Salle kehrte mit seinen Begleitern auf dem gleichen Weg zurück. → K. 125 III/IV

1680 Ein Teilnehmer der Expedition La Salles, der belgische Franziskanerpater Jean-Louis **Hennepin**, erkundete selbständig den Oberlauf des Mississippi, allerdings nicht bis zur Quelle. → K. 125 IV

1684–87 führte **La Salle*** von Frankreich aus mit vier Schiffen und über 200 Siedlern eine Expedition, die zur Besiedlung Louisianas geplant war. Er verfehlte die Mississippimündung und landete in der Matagorda Bay in Süd-Texas, wo er einen Stützpunkt gründete. Die Erbitterung enttäuschter Siedler und Zwietracht führten 1687 zur Ermordung La Salles. Überlebende der Expedition durchquerten Texas, gelangten nach Kanada und überbrachten Nachricht von dem Scheitern der Expedition. → K. 125 IV

1699 fand Pierre le Moyne **d'Iberville** vom Meer aus die Mississippimündung. Er gründete 1699 das Fort Maurepas, das spätere Biloxi, als erste französische Siedlung im Süden Louisianas. (New Orleans wurde 1718 gegründet.) → K. 125 III

1714–16 durchstreifte Louis Juchereau de **Saint-Denis** Gebiete zwischen dem unteren Mississippi und Red River bis zum Rio Grande, um Handelsmöglichkeiten mit Indianern und Spaniern zu erkunden. → K. 125 IV

1719–22 bereiste der französische Händler Bérnard de **la Harpe** das westliche Louisiana im Bereich des Red River und des Arkansas. Er scheiterte mit seinen Handelsabsichten am spanischen Widerstand. → K. 125 IV

1731–39 erforschte der französische Pelzhändler und Kolonisator Pierre Gaultier des **Varrenes**, bekannter als Sieur de La **Vérendrye** auf der Suche nach dem »Westmeer« die Region nordwestlich des Oberen Sees. Er gründete dort mehrere befestigte Handelsposten, so 1734 das Fort Maurepas am Südende des Winnipegsees. **1738** suchte er die Mandan-Indianer am oberen Missouri auf. Er fand als einer der ersten Forscher die nordamerikanischen Plains bzw. Prärien und beschrieb die Sioux. **1739** erforschte sein Sohn Pierre die Gebiete am Saskatchewan. → K. 125 IV und 129 III

1739/40 erreichten die Brüder Pierre und Paul **Mallet** von Louisiana aus über Texas das spanische Santa Fe. Aber auch diese Unternehmung blieb ohne entdeckungsgeschichtliche Folgen. → K. 125 IV

1742/43 Die Söhne La **Vérendryes**, Françoise und Louis-Jospeh, brachen noch einmal zu den Mandan am oberen Missouri auf und zogen mit den Cheyenne u.a. Indianerstämmen nach Osten bis an den Fuß der Rocky Mountains (wahrscheinlich die Big Horn Mountains), wo sie umkehrten, da sich keine Anzeichen eines nahen »Westsees« fanden. → K. 125 IV

1750/51 Christopher **Gist** aus Maryland, der später George Washington als Führer diente, erkundete im Auftrag der *Ohio Land Company* das Ohiogebiet und die Bluegrassregion in Kentucky. → K. 125 III

1754/55 Einen ersten wichtigen Vorstoß von der Hudson Bay aus unternahm der britische Pelztierjäger Anthony **Hendry**. Von der York-Faktorei zog er den Hayes River aufwärts zum Winnipegsee und erkundete die Präriegebiete am Red Deer River, dem Streifgebiet der Blackfeet-Indianer. → K. 125 I und 129 III

1768–88 Der Pelzhändler Peter **Pond** aus Connecticut erschloss die Gebiete am Athabasca- und Großen Bärensee dem Pelzhandel für die *North-West Company*. **1787** entdeckte er den Ausfluss des später von Mackenzie befahrenen

Stromes am Westende des Großen Bärensees, der seiner Auffassung nach zum Pazifik führen würde. → K. 129 III/IV

1770–72 Der britische Pelzhändler Samuel **Hearne** brach 1770 nach zwei fehlgeschlagenen Versuchen im Auftrag der *Hudson Bay Company* vom Fort Prince of Wales an der Churchillmündung ins völlig unbekannte Innere Nordkanadas auf, um eine Verbindung zum Pazifik zu finden. Er stieß im Juli **1771** im Bereich des Kupferminenflusses auf die vereiste Nordpolarküste, wo seine indianischen Begleiter ein Massaker unter Eskimos anrichteten. Über den Großen Sklavensee kehrte er zur Hudson Bay zurück. → K. 129 I

1789 reiste der schottische Pelzhändler und Kommandant des Fort Chipewyan am Athabaskasee, Alexander **Mackenzie**, im Auftrag der *North-West Company* zum Großen Sklavensee, wo er einen Handelsstützpunkt gründete. Den Hinweisen seines Vorgängers Pond folgend, befuhr er mit seinen Begleitern den mächtigen, später nach ihm benannten Strom bis zur Mündung. Enttäuscht, das Polarmeer statt des erhofften Stillen Ozeans erreicht zu haben, unternahm er **1792/93** einen weiteren Versuch über den Peace River, die Rocky Mountains übersteigend, zum oberen Frazer und erreichte die Pazifikküste im Bereich des Bella Coolaflusses. Kurz zuvor hatte **Vancouver** (→ 150) diese Küstenregion vom Pazifik aus erforscht. Mackenzie hatte als erster Europäer den amerikanischen Kontinent im Norden durchquert. → K. 129 IV

Nordamerika im 19. Jh. → 164–171

Die russische Erkundung Sibiriens war mit der Erwerbung Kamtschatkas um 1700 im Wesentlichen abgeschlossen (→ 115). Kosaken, Händler und Abenteurer hatten das riesige Land durchstreift und den Jassak, den Pelztribut, eingefordert. Als der große Erneuerer Russlands, **Zar Peter I.**, in seiner Regierungszeit (1689–1725) die Modernisierung von Verwaltung, Armee, Schifffahrt und Handel nach westeuropäischem Vorbild durchzusetzen versuchte, wurde bald klar, dass man Sibirien zwar besaß, aber seine Natur, Ressourcen und nicht einmal die Grenzen, geschweige denn brauchbare Karten, kannte. Zwar war der Zar weiterhin am sibirischen Zobel interessiert, aber auch an wichtigen geographischen Fragen: Waren Asien und Amerika miteinander verbunden? Wie weit reichte das Imperium tatsächlich nach Norden und Osten? Eignete sich Kamtschatka für den Handel mit Japan und China?

Für die wissenschaftliche Erschließung der Ressourcen Sibiriens griff der Zar zunächst auf die Hilfe westeuropäischer Gelehrter zurück. Geistiges Zentrum der geographischen und naturwissenschaftlichen Erforschung und Systematisierung wurde die Petersburger Kunstkammer, die Keimzelle der späteren *Kaiserlichen Akademie* der Wissenschaften, der renommierte Gelehrte des Auslandes angehörten. So plante Peter I. 1724 eine größere Expedition, mit deren Führung er V. Bering*, einen dänischen Offizier in russischen Diensten, beauftragte. Obwohl Peter I. 1725 starb, wurden die ***Erste Kamtschatka-Expedition*** (1726–29) und die ***Große Nordische Expedition*** (1733–43), wie man eine ganze Reihe von Expeditionen unter Oberleitung Berings später nannte, durchgeführt. Unter zunehmender Beteiligung russischer Offiziere und Geodäten wurden die Küsten, Flussläufe und Inseln vermessen und es entstanden infolge der systematischen Forschung verhältnismäßig genaue Landkarten.

1712/13 wurden von Kamtschatka aus zwei russische Expeditionen zu den *Kurilen* gesandt, die der Kosak Iwan **Kosirewski** kartographisch erfasste. → K. 132/133 III

1716/17 Der nach dem ostsibirischen Hafen Ochotsk entsandte russische Kosak K. **Sokolow** versuchte einen Seeweg nach Kamtschatka zu finden, das bis dahin nur über den umständlichen Landweg erreicht werden konnte. Er fand die Halbinsel im Mündungsgebiet des Tagil, wo er überwinterte; eine Umseglung Kamtschatkas gelang ihm nicht. Das 1703 gegründete Nishne-Kamtschatsk an der Ostküste erreichte er nach Durchquerung der Halbinsel. → K. 132/133 III

1719–27 bereiste der Danziger Arzt und Naturforscher Daniel Gottlieb **Messerschmidt** weite Teile Sibiriens im Auftrag der Petersburger Kunstkammer, um diese durch ethnologische, botanische, zoologische und mineralogische Exponate zu bereichern. Über Tobolsk, Krasnojarsk, die Untere Tunguska und Irkutsk erforschte er Teile Transbaikaliens. In Tobolsk hatte sich ihm der kriegsgefangene schwedische Offizier Philipp Johann **Tabbert** (später geadelt unter dem Namen von Strahlenberg) angeschlossen, von dem die ersten Berichte und eine detaillierte Karte Sibiriens stammen. → K. 132/133 IV

1726–29 Der dänische Seefahrer Vitus J. **Bering*** erreichte im Rahmen der ***»Ersten Kamtschatka-Expedition«*** 1726 den ostsibirischen Hafen Ochotsk, setzte 1727 nach Ust-Bolscherezk an der Westküste Kamtschatkas über und ließ das Expeditionsgut auf Hundeschlitten durch die Halbinsel nach Nishne-Kamtschatsk transportieren. Mit der dort gebauten »Sankt Gabriel« segelte Bering in Begleitung von Alexej I. **Tschirikow** im Juli/August **1728** zur später nach ihm benannten Meeresstraße bis 67°18′ n. Br., ohne allerdings die amerikanische Küste zu sichten. Immerhin war damit der Beweis erbracht, dass Asien und Amerika keine Landverbindung haben konnten. → K. 132/133 II/III

1732 wiederholten der russische Seemann Iwan **Fjodorow** und der Geodät Michael **Gwosdew** auf dem Schiff »Sankt Gabriel« die Fahrt

Berings und Tschirikows zur Beringstraße, landeten auf einer der Diomedes-Inseln und entdeckten die gegenüber liegende amerikanische Küste im Bereich des Kaps Prince of Wales. Sie sind damit zweifellos die europäischen Erstentdecker Alaskas. → K. 132/133 II

1734–37 erforschte Dmitri **Owzyn** in mehreren Expeditionen den Obbusen. Vom Packeis aufgehalten, erreichte er erst 1737 die Jenissejmündung und befuhr den Strom bis zur Siedlung Jenissejsk. → K. 132/133 IV

1735/36 führte Wassili **Prontschistschew** eine Abteilung der ***»Großen Nordischen Expedition«*** mit dem Ziel, die Polarmeerküste zwischen Lena- und Jenissejmündung zu erforschen. Er fuhr mit 50 Mann auf einer Kotsche (kielloses Segelschiff) von der Lena- bis zur Olenjokmündung, wo er überwinterte, und verfolgte die Ostküste der Taimyr-Halbinsel bis 77°29′ n. Br. Prontschistschew starb auf der Rückreise. → K. 132/133 I

1736/37 erforschten Stepan G. **Malygin**, Autor des ersten russischen Navigationshandbuches, und A. **Skuratow** die Küstengebiete der Karasee von der Jugorstraße bis zum Obbusen. → K. 132/133 I

1736–41 erforschte Dmitri J. **Laptew**, ein anderer Abteilungskommandant der *»Großen Nordischen Expedition«*, auf dem Schiff »Irkutsk« die Polarküste zwischen Lena und Kolyma. Da die Küste der Tschuktschen-Halbinsel in jenen Jahren nicht eisfrei war, zog er **1741/42** von Nishne-Kolymsk auf dem Festland zum Anadyrfluss, dem er bis zur Mündung folgte. Er fertigte von allen bereisten Gebieten genaue Karten an. → K. 132/133 I

1737–41 durchreiste der russische Naturforscher Stepan P. **Krascheninnikow**, der bereits 1733–36 die Gelehrten Gmelin und Müller begleitet hatte, Kamtschatka in alle Richtungen. Er wurde 1750 Professor für Naturgeschichte und Botanik der Petersburger Akademie und veröffentlichte 1755 einen fesselnden Bericht über Kamtschatka. → K. 132/133 L.

*Der dänische Seeoffizier **Vitus Jonassen Bering**, 1681 in Horsens (Jütland) geboren, am 19.12.1741 auf der Beringinsel gestorben, stand seit 1703 als Teilnehmer des Nordischen Krieges in russischen Diensten. (Ob die Abbildung tatsächlich ihn darstellt, wird neuerdings auf Grund forensischer Untersuchungsergebnisse angezweifelt.) 1724 beauftragte Zar Peter I. ihn mit der Führung der **»Ersten Kamtschatka-Expedition«**, die der Klärung der Ausdehnung Sibiriens im Osten galt. 1732 erhielt Bering den Auftrag zur Organisation der »Zweiten Kamtschatka-Expedition«, die später als **»Große Nordische Expedition«** bezeichnet wurde. 1733 brach Beringer in Begleitung von 570 Expeditionsteilnehmern von St. Petersburg auf und erreichte 1734 über Tobolsk und Jenissejsk die Ausgangsbasis, die Stadt Jakutsk. Von hier aus entsandte Bering die einzelnen Abteilungen, die zwischen 1734 und 1743 den Verlauf der sibirischen Polarküste von der Petschora bis östlich der Kolymamündung erforschten und genau kartierten.*

*In Begleitung Berings waren russische Kapitäne, wie **Alexej Iljitsch Tschirikow** (1703–48) als zweiter Kommandant und Befehlshaber des Schiffes »Sankt Paul«, aber auch namhafte ausländische Gelehrte, so der Chemiker, Botaniker und Arzt **Johann Georg Gmelin** aus Tübingen und der deutsche Historiker und Völkerkundler **Gerhard Friedrich Müller**, der 1736 in den Archiven von Jakutsk den Bericht von Deshnjow (→ 118) über die Umsegelung des Ostkaps 1648 fand. Der deutsche Naturforscher **Georg Wilhelm Steller**, der Bering bis zu dessen Tode begleitete, wurde durch die Beschreibung der um 1768 ausgerotteten »Stellerschen Seekuh« berühmt.*

Forschungsreisen in Sibirien und Alaska (18. Jh.)

N.-K. Nishne-Kamtschatsk *1703*
P. Petropawlowsk *1740*
S. Sitka (Neu-Archangelsk) *1799, 1803*

1739 Der Däne MARTIN **SPANBERG**, ein Begleiter BERINGS, erforschte von Ust-Bolscherezk auf Kamtschatka aus die Kurilen und erreichte Japan. Teilnehmer seiner Expedition sichteten **1742** die Insel Sachalin. → K. 132/133 III

1739–42 erforschte CHARITON P. **LAPTEW**, ein Vetter DMITRI LAPTEWS, als Teilnehmer der »*Großen Nordischen Expedition*« auf der »Jakutsk« das Küstengebiet von der Lena bis zur Taimyr-Halbinsel. **1739** erreichte er das Kap Faddei der Halbinsel, wo er am Eisrand umkehren musste. **1741** fuhr er mit Schlitten von der Chatangamündung über den Taimyrsee zur Taimyrmündung und dann westwärts bis zur Jenissejmündung. **1742** versuchte er vergeblich, von Turuchansk aus über die Pjassina und den Taimyrsee das »Nordost-Kap« zu erreichen. → K. 132/133 I

1741 segelten **BERING*** (mit dem Schiff »Sankt Peter«) und **TSCHIRIKOW** (Befehlshaber der »Sankt Paul«) von dem entstehenden Peter-Pauls-Hafen (Petropawlowsk) in Richtung Amerika. Unterwegs ging die Verbindung zwischen den Schiffen verloren. BERING entdeckte im Juli 1741 die Küste Alaskas in der Nähe des Mount St. Elias und landete auf der Kayak-Insel. Kurz zuvor hatte TSCHIRIKOW den Alexander-Archipel an der amerikanischen Norwestküste erreicht und kehrte westwärts zurück, einige Alëuten-Inseln entdeckend. Während TSCHIRIKOW bereits im Oktober 1741 Kamtschatka erreichte, entschloss sich BERING, auf der später nach ihm benannten Insel zu überwintern, wo er und 18 weitere Besatzungsmitglieder an Skorbut starben. Der Naturforscher STELLER und der Rest der Besatzung erreichten im August 1742 Petropawlowsk. → K. 132/133 II/III

1742 gelangte der russische Seeoffizier SEMJON I. **TSCHELJUSKIN** an die Nordspitze Asiens. Als Teilnehmer der Expedition CH. LAPTEWS zog er mit Hundeschlitten von der Chatanga aus zur Pjassina und kam bis zum Kap Sterlegow bei 76°42′ n. Br. Im Winter 1741/42 reiste er von Turuchansk über Dudinka zur Chatangamündung, von wo aus es ihm gelang, die Taimyr-Halbinsel zu umfahren. Am 19. Mai 1742 entdeckte er das »Nordost-Kap«, das historische *Promontorium Tabin*, das im 19. Jh. nach ihm benannt wurde. → K. 132/133 I

1768–74 bereiste der Naturforscher PETER SIMON **PALLAS** aus Berlin im Auftrag der Petersburger Akademie das südliche Sibirien, besuchte 1771 die Hüttenwerke am Altai, 1772 den Baikalsee und Transbaikalien. Seine vorbildlichen geographischen, geologischen und naturkundlichen Forschungen und seine Beschreibungen der nichtrussischen Völkerschaften sicherten ihm eine herausragende Stellung unter den wissenschaftlichen Reisenden des 18. Jh. → K. 132/133 IV

1778 berührte der englische Weltumsegler JAMES **COOK*** während seiner dritten Reise (1776–79) die Küste Südalaskas, durchquerte auf der Suche nach der Nord-West-Passage die Beringstraße und kam bis zum Eiskap in Nord-Alaska bei 70°41′ n. Br. Dort zwang ihn das Packeis zur Umkehr. Auf der Alëuten-Insel Unalaska kam er mit russischen Pelztierjägern in Berührung. → K. 132/133 II

1783/84 unternahm der russische Kaufmann GRIGORI I. **SCHELICHOW**, der 1775 eine Handelsgesellschaft gegründet hatte, von Kamtschatka aus eine Forschungs- und Handelsreise zu den Alëuten und gründete 1784 auf der

Die auf der gegenüberstehenden Seite abgebildete verkleinerte Karte stellt einen Ausschnitt aus der von HOMANNS Erben in Nürnberg 1739 herausgegebenen Karte »Imperii Russici« dar. Diese geht augenscheinlich auf die ***»Generalkarte des Russischen Imperiums«*** *von I. KIRILOW aus dem Jahre* ***1734*** *zurück, d.h. sie zeigt den Kenntnisstand nach der »Ersten Kamtschatka-Expedition« unter BERINGS Leitung (1726–29), wie die Darstellung Kamtschatkas und des Ostkaps Sibiriens zeigt.*

Die Karte berücksichtigt noch nicht die Ergebnisse der »Großen Nordischen Expedition« (1733–43), am deutlichsten erkennbar an der fehlerhaften Darstellung des Obbusens und der unklaren Zuordnung der Doppelinsel Nowaja Semlja sowie dem völligen Fehlen der Taimyr-Halbinsel im Norden.

OCEANUS GLACIALIS ARCTOUS
OCEANI ORIENTALIS PARS
MARE ANADIRIUM
RUSSICI

136 Historische Karte von Ostsibirien und Alaska (um 1785)

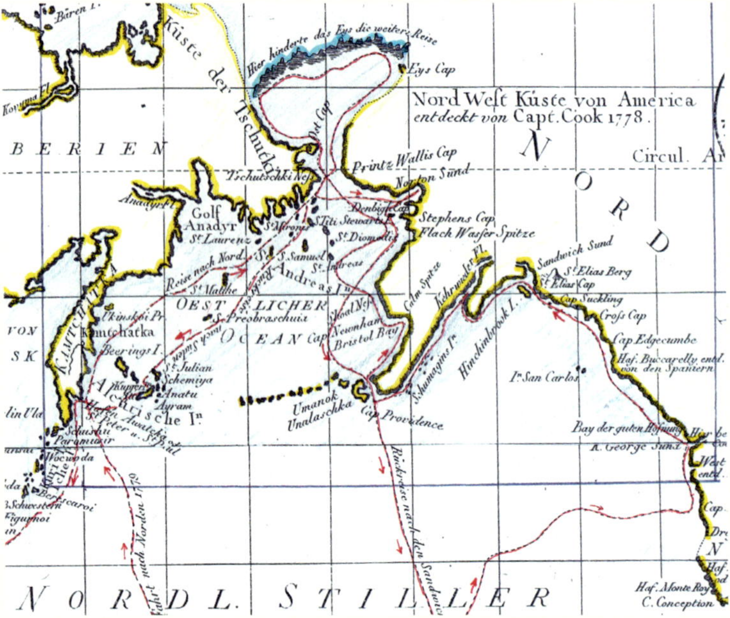

*Diese historische Karte zeigt einen verkleinerten Ausschnitt einer Karte der von **James Cook** durchgeführten dritten Reise (1776–79). Die gerissene Route stellt den Reiseweg nach Cooks Tod (14.2.1779) unter Leitung des Kapitäns Clerke dar. – Das später so genannte »Beringmeer« wird hier noch als »Oestlicher Ocean« bezeichnet, das »Kap Deshnjow« als »Ost Cap«. Kamtschatka ist relativ genau dargestellt, während Alaska noch sehr lückenhaft kartiert ist. Die Aleuten sind auf russischen Karten dieser Zeit genauer abgebildet.*

Kodiak-Insel die erste dauerhafte russische Siedlung »Drei Heiligen« → K. 132/133 II

1786 Im Verlauf seiner Weltreise kam der französische Comte de **Lapérouse*** zur Südküste Alaskas und segelte südwärts bis nach Kalifornien. → K. 132/133 II

1790–96 erforschte und erschloss der russische Kaufmann **Baranow** etliche Aleuten-Inseln sowie die Insel Kodiak und gründete mehrere Pelzhandelsposten in Südalaska. → K. 132/133 II

1793/94 erforschte der englische Seefahrer → George **Vancouver**, der James Cook auf zwei Reisen begleitet hatte, die Südküste Alaskas, wo er 1794 die Kodiak-Insel, das Cook Inlet und den Prince William Sound kartographisch aufnahm. → K. 132/133 II

1799 Gründung der *»Russisch-Amerikanischen Kompanie«*, die – unter Kontrolle der russischen Regierung – von A. **Baranow** bis 1818 geleitet wurde. Baranow gründete 1799 Neu-Archangels (Sitka) als Hauptort Russisch-Alaskas und dehnte den Handel 1811 bis Kalifornien aus, wo er nördlich von San Francisco an der Bodegabucht Fort Ross gründete, das 1841 verkauft wurde. → K. 132/133 II. und 168/169 IV

Sibirien im 19. Jh. → 226 und 251

Zur Wiederbelebung der Entdeckungsfahrten in die Südsee kam es seit der Mitte des 18. Jh., nach der Kaperfahrt des englischen Commodore ANSON (1740–44), als die Engländer BYRON, WALLIS und CARTERET und der Franzose BOUGAINVILLE den Pazifischen Ozean auf der Suche nach dem vermuteten »Südland« (Terra Australis incognata) von der Südspitze Amerikas aus in Richtung Südostasien durchsegelten. Nach Beendigung des Siebenjährigen Krieges (1763) wetteiferten ***Engländer*** und ***Franzosen*** um Erfolge bei der »Entdeckung« neuer Länder und Inseln im Pazifik. Höhepunkte dieses Wettlaufs waren die drei Reisen des Engländers **JAMES COOK*** (1768–79), der die Nichtexistenz des »Südlandes« bewies, und die französische Expedition LAPÉROUSES* (1785–88).

Spanier und ***Portugiesen*** traten kaum mehr in Erscheinung, und die ***Niederländer*** waren mit dem Ausbau und der Verwaltung ihrer reichen Besitzungen in der südostasiatischen Inselwelt vollauf beschäftigt. Von Europa kaum bemerkt blieben die Entdeckungen und Erwerbungen der ***Russen*** im nördlichen Pazifik, wo etwa seit 1726/28 weite Räume von Kamtschatka bis Alaska von dem in russischen Diensten tätigen dänischen Kapitän BERING* erkundet wurden.

Von entscheidender Bedeutung für den neuen Entdeckungseifer war der technische Fortschritt bei der Entwicklung nautischer Instrumente zur ***Ortsbestimmung***. Die Erfindung präziser ***Chronometer*** erlaubte erstmalig durch einen Zeitvergleich mit dem angenommenen Nullmeridian (Ferro auf den Kanarischen Inseln, Greenwich oder Paris) eine verlässliche Längenbestimmung und damit eine ausreichend genaue Ortbestimmung für den Eintrag in Karten. (→ 122)

Unter dem Einfluss der ***Aufklärung*** trat seit den 60er Jahren des 18. Jh. neben die wirtschaftlichen Aufgaben das wissenschaftliche Interesse, das sich in der Teilnahme zahlreicher Naturwissenschaftler und anderer Gelehrter an den Reiseunternehmungen äußerte. Zum ersten Male zeigte sich auch ein ungewöhnliches Interesse an den Lebensformen und Gesellschaften der »entdeckten« Völker. Unter dem Einfluss französischer Aufklärer glaubte man, in den Südseevölkern die »edlen Wilden« gefunden zu haben, die in einem glücklichen Naturzustand lebten.

Entdeckungsgeschichtlich waren am Ende des 18. Jh. die Küsten der Länder und Inseln des Pazifik im Wesentlichen bekannt. Größere »weiße Flecken« gab es noch in Neuguinea in einem Teil der melanesischen und mikronesischen Inselwelt. Der australische Kontinent wurde zwar ab 1788 besiedelt, die Erforschung des Inneren blieb jedoch dem 19. Jh. vorbehalten.

1740–44 war ein britisches Geschwader unter Commodore GEORGE **ANSON** in der Südsee, das die Eroberung des spanischen Peru versuchen sollte. Da unterwegs fünf Schiffe verloren gingen, konnte ANSON nach Durchsegelung der Magellanstraße lediglich mehrere spanische Schiffe kapern und die nordperuanische Stadt Paita brandschatzen. Am Ende erreichte er allein mit seinem Flaggschiff *»Centurion«* und nur 100 Mann von vormals 2000 die Marianeninsel Tinian und schließlich das portugiesische Macao in China. Von hier aus gelang es ihm 1743, eine spanische Manila-Galeone vor der Philippineninsel Samar zu kapern und mit unermesslichen Schätzen, den spanischen Segelinstruktionen und Karten des Pazifik nach England zurückzukehren, wo er zum Flottenadmiral befördert wurde. → K. 142/143 I/II

1764–66 durchfuhr der englische Weltumsegler JOHN **BYRON**, der Großvater des Dichters Lord BYRON, die Südsee, entdeckte die Tokelau- und Gilbert-Inseln, erreichte ohne nennenswerte größere Entdeckungen Java und kehrte über das Kap der Guten Hoffnung nach England zurück. → K. 142/143 I/II

1766–68 schickte England eine weitere Expedition unter Leitung von SAMUEL **WALLIS** in den Pazifik, um das vermutete »Südland« zu suchen. Unbemerkt von den Spaniern,

Louis Antoine de Bougainville *wurde am 11. November 1729 in Paris als Sohn eines geadelten Justizbeamten geboren; er starb am 31. August 1811. Zunächst Anwalt, galt sein Interesse der Mathematik, und er wurde Anhänger und Verfechter der französischen Aufklärung. Seine Traktate über die Integralrechnung führten zur Mitgliedschaft in der Royal Society in London.*

Während des Siebenjährigen Krieges (1756–63) kämpfte er in Kanada und Deutschland. 1763 trat er in die französische Marine ein und gründete auf den Falklandinseln eine französische Siedlungskolonie, die aber kurze Zeit später Spanien überlassen werden musste. Die Inselgruppe nannte er zu Ehren der Hafenstadt St-Malo »Malouinen« (Malwinen). Seine gründlich vorbereite Weltumseglung 1766–69, insbesondere aber sein Bericht ***»Reise um die Welt 1766–69«****, der bereits 1771/72, also zwei Jahre vor der Veröffentlichung der Wallis-Reise erschien, erregte überall in Europa großes Aufsehen. Die Schilderung der »paradiesischen« Kulturzustände bei den polynesischen Völkern inspirierten die französischen Aufklärer Diderot und Rousseau zu ihrem Konzept des »edlen Wilden«, der in einem glücklichen Naturzustande lebe.*

Im Unabhängigkeitskrieg der Vereinigten Staaten von Amerika befehligte Bougainville mehrere Kriegsschiffe. Seit 1790 war er vorwiegend mit wissenschaftlichen Arbeiten befasst.

durchfuhr er die Magellanstraße, verlor dort aber sein Begleitschiff unter Philip Carteret. **1767** entdeckte Wallis *Tahiti*, das 1606 bereits von → Quiros berührt worden war. Hier knüpfte er während eines fünfwöchigen Aufenthalts friedliche Kontakte zu den polynesischen Bewohnern an. Über die Gilbert- und Marshallinseln und die Marianen erreichte er mit seinem Schiff *»Dolphin«* Batavia und gelangte über die Kap-Route zurück nach England.

Philip **Carteret**, Kapitän des Begleitschiffes *»Swallow«*, entdeckte nach der Trennung von Wallis **1767** die Insel Pitcairn, fand einige Inseln der Salomonen, entdeckte den St.-Georgs-Kanal zwischen Neubritannien/Neuirland sowie die Admiralitätsinseln. Er erreichte über Java und die Kap-Route 1769 England. → K. 142/143

1766–69 leitete Louis Antoine de **Bougainville*** die berühmt gewordene erste französische Weltumseglung. Nach Durchfahrt der Magellanstraße landete er **1768** auf Tahiti, das er überschwänglich »Neu-Kythera« nannte, fand die Schifferinseln (Samoa), Futuna und die Horninseln sowie die nördlichen Neuen Hebriden. Bei der Weiterfahrt in Richtung Neuholland (Australien) stieß er auf das Große Barriere-Riff und musste nördlich und schließlich östlich ausweichen. Er entdeckte einige Salomoneninseln (z.B. Choiseul und Bougainville), den Louisiade-Archipel und untersuchte Neubritannien genauer. Über die Molukken, Batavia und die Kap-Route gelangte er 1769 zum Heimathafen Saint-Malo zurück.

Durch die Teilnahme des Botanikers Philibert Commerson (1727–73) und des Astronomen Pierre Antoine Veron (1736–70) sowie einer Reihe gebildeter Adliger wurde die Reise eine der frühesten wissenschaftlichen Expeditionen. → K. 142/143 L.

1768–71 Die ***erste Weltreise*** führte James **Cook*** zusammen mit dem englischen Gelehrten Joseph Banks* (1743–1820), dem Naturforscher Daniel Solander (1736–82), einem Schüler des schwedischen Gelehrten

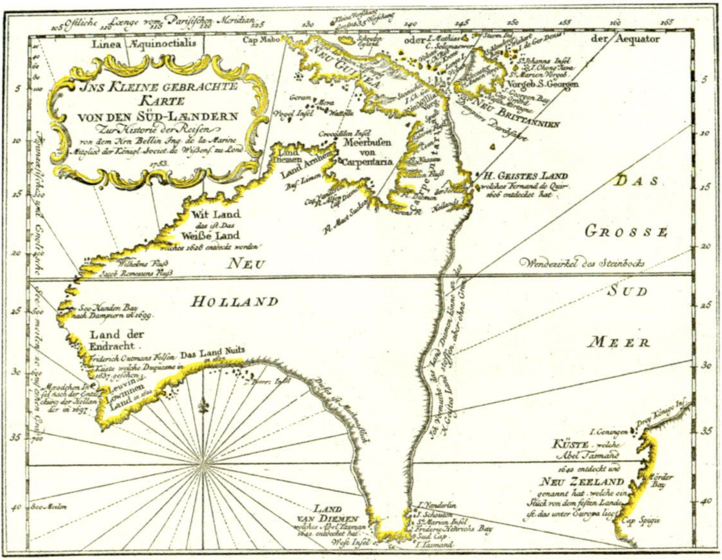

*Diese **Karte aus dem Jahre 1753** zeigt den Kenntnisstand infolge der Reisen TASMANS und DAMPIERS. Neuguinea wird als Teil Neuhollands (Australiens) dargestellt; die 1606 gefundene Torresstraße blieb bis 1762 unbekannt. Die Nord- und Westküste Australiens ist relativ genau kartiert; die völlig unbekannte Ostküste entdeckte erst 1770 JAMES COOK. Neuseeland wird als Teil des sagenhaften »Südlandes« aufgefasst.*

CARL VON LINNÉ, CHARLES GREEN, dem königlichen Astronomen aus Greenwich, u.a. Wissenschaftlern in die Südsee. Dort sollte im Auftrag der Royal Society der für den 3. Juni 1769 vorausgesagte Durchgang des Planeten Venus vor der Sonne auf Tahiti gemessen und die von BYRON, WALLIS und CARTERET begonnene Suche nach dem »Südland«, der Terra Australis, fortgeführt werden. Mit dem Schiff *»Endeavour«* landete die Expedition nach Umseglung des Kaps Hoorn am 13. April **1769** auf Tahiti, wo die astronomischen Beobachtungen durchgeführt wurden. Ab Mitte Juli 1769 erforschte COOK die übrigen Gesellschaftsinseln, nahm dann deutlich südlichen Kurs und stieß am 7. Oktober auf Neuseeland, das er vollständig umfuhr und kartographisch aufnahm. Am 20. April **1770** gelangte er westwärts zur noch unbekannten Ostküste Neuhollands (Australiens), landete in der Botany Bay und folgte der Ostküste, hinter dem Großen Barierre-Riff, bis zur Torresstraße, die er wieder entdeckte. In der Nähe der heutigen Stadt Cooktown musste er in wochenlanger Arbeit die stark beschädigte *»Endeavour«* reparieren. Über Batavia, das er am 11. Oktober 1770 erreichte, segelte er auf der Kap-Route nach England zurück, wo er am 12. Juli 1771 anlangte. → K. 142/143 L. und → K. 144/145

1772–75 fand die ***zweite Expedition* COOKS** statt, diesmal mit den beiden Schiffen *»Resolution«* und *»Adventure«*, in Begleitung der deutschen Naturforscher JOHANNES REINHOLD FORSTER* und dessen Sohn GEORG* sowie anderer Gelehrter. Die von Westen nach Osten führende Reise sollte vorrangig der Suche nach dem »Südland« dienen. So

JAMES COOK, eine der erfolgreichsten Persönlichkeiten der Entdeckungsgeschichte, vor allem aber englischer Südseeforscher, leitete drei große Weltreisen. Er wurde am 27. Oktober 1728 in Marton (Yorkshire) als Sohn eines Landarbeiters geboren und starb am 14. Februar 1779 auf Hawaii eines gewaltsamen Todes.

Cook arbeitete sich aus eigener Kraft hoch – vom Matrosen zum Marineingenieur. Er diente zunächst in der Handelsmarine, trat 1755 der königlichen Kriegsmarine bei, erwarb sich bei Vermessungsarbeiten am St.-Lorenzstrom (Kanada) und in Neufundland hohes fachliches Ansehen und erhielt 1768 als »Erster Leutnant« das Kommando auf der »Endeavour« für die britische **Weltumseglung 1769–71**, *deren wissenschaftlicher Leitung JOSEPH BANKS unterstand.*

Die **zweite Reise 1772–75** *trat COOK als berühmter Entdecker und »Kapitän«, in Begleitung namhafter Gelehrter auf der »Resolution« an, begleitet von einem zweiten Schiff, der »Adventure« unter Kapitän TOBIAS FURNEAUX, Teilnehmer der WALLIS-Expedition. Im Ergebnis der Reise wurde die Existenz eines »Südlandes« als Gegengewicht zur nördlichen Landmasse ausgeschlossen. Die glänzenden Ergebnisse dieser Reise stellen COOK in eine Reihe mit KOLUMBUS, VASCO DA GAMA und MAGELLAN.*

COOKS **dritte Reise 1776–79**, *auf der er den Tod fand, erweiterte die Kenntnisse vom Nordpazifik beträchtlich.*

Cooks Expeditionen galten bereits der Lösung wissenschaftlicher Aufgaben und seine Karten mit exakten **geographischen Lagebestimmungen** *trugen entscheidend zur Entwicklung des modernen Seewesens bei. COOK schuf die exakten Grundlagen für die Kenntnis der Verteilung von Wasser und Land auf der Erde, ein Erfolg seiner präzisen geographischen Ortsbestimmungen, teils mit Hilfe der neuen Chronometer, die eine exaktere Längenbestimmung erlaubten, teils durch sorgfältige astronomische Messungen.*

Aber auch sein erfolgreicher, oft mühsamer **Kampf gegen den Skorbut**, *der von allen Seefahrern gefürchteten Vitaminmangelkrankheit, verbesserte die Lebensbedingungen auf den damaligen Segelschiffen. So setzte er unter anderem die konsequente Sauerkraut- und Frischgemüseversorgung seiner Besatzung durch.*

COOK selbst hat nur seine zweite Reise beschrieben (1777). → *K. 144/145*

durchforschte COOK alle drei großen Ozeane zwischen 60° und 70° südl. Br. und überquerte dreimal den Südlichen Polarkreis, einmal bis 70°10′, wo ihn Packeis an einem weiteren Vorstoß nach Süden hinderte. Er konnte so den Nachweis erbringen, dass in den bisher angenommen Breiten zwischen 40° und 60° südl. Br. das vermutete »Südland« nicht existieren konnte. In den Monaten des Südwinters erforschte COOK weitere Inselgruppen der Südsee, so die Marquesas- und Tonga-Inseln, die er »Freundschaftsinseln« nannte, die Neuen Hebriden und Neukaledonien. Mehrmals suchte er Tahiti und Neuseeland auf. Durch Einsatz neuer Chronometer und mittels astronomischer Ortsbestimmungen konnte die geographisch korrekte Länge für wichtige Inseln ermittelt werden. Über die Drakestraße, Kapstadt und die Azoren kehrte er am 30. Juli 1775 mit glänzendem Erfolg nach England zurück. → K. 142/143 und 144/145 L.

1776–80 erfolgte die ***dritte Reise*** **COOKS***, diesmal mit den Schiffen »*Resolution*» und »*Discovery*«. Zielsetzung war die Suche einer Durchfahrt vom nördlichen Pazifik zum Atlantik, eines Handelsweges um das nördliche Amerika. Die Expedition führte über das Kap der Guten Hoffnung nach Tasmanien, Neuseeland und Tahiti in den nördlichen Pazifischen Ozean, wo COOK im Januar **1778**

Cooks Schiffe der zweiten Expedition: die »Resolution« und die »Adventure« 1773 in der Matavaibucht von Tahiti *(Ausschnitt aus dem Gemälde von William Hodges).*

Cook selbst konnte Schiffe und Mannschaften für die Expeditionen nach seinem Ermessen aussuchen. Die Schiffe sollten über ausreichenden Laderaum und geringen Tiefgang verfügen, um notfalls auch seichte Landeplätze aufsuchen zu können. Auch sollte es möglich sein, diese für Reparaturzwecke ans Ufer zu ziehen. Dafür kamen weder Fregatten noch Korvetten in Frage. Cook entschied sich für Kohletransporter aus der Werft von Whitley mit fast quadratischem Heck und großem Laderaum, die für die Expeditionszwecke umgebaut wurden. So war die »Endeavour« (»Bemühung/Anstrengung«) der ersten Reise ca. 35 m lang, 9 m breit und hatte einen Tiefgang von 4,50 m. Der 370-Tonnen-Transporter erhielt nur 6 Kanonen. Die umgebaute ***»Resolution«*** *(462 Tonnen) und die* ***»Adventure«*** *(336 Tonnen) der zweiten Reise stammten aus derselben Werft. Diese Schiffe nach Cooks Wahl haben sich für Expeditionszwecke außerordentlich bewährt.*

die Hawaii-Inseln entdeckte, die er nach dem Leiter der britischen Admiralität »Sandwich-Inseln« nannte. (Hawaii ist vermutlich bereits um 1555 von spanischen Schiffen erreicht worden, ohne dass diese Entdeckung in Europa bekannt wurde.) Seine Reise nach Norden führte zur Erkundung der amerikanischen Nordwestküste und der Gebiete um das Beringmeer, die allerdings den Russen weitgehend bekannt waren (→ 134). Eine Durchfahrt zum Atlantik wurde nicht gefunden. Zu Beginn des Jahres **1779** fand Cook bei Auseinandersetzungen mit Hawaiianern den Tod.

Seine Nachfolger stießen noch einmal vergeblich über die Beringstraße hinaus nach Norden vor und kehrten über Kamtschatka, Macao, Batavia und das Kapland im Oktober 1780 nach England zurück. → K. 144/145, 146/147, 132/133 I/II und 136

1787–89 wurde William **Bligh**, ein Teilnehmer der dritten Reise Cooks, mit dem Schiff

Entdeckungsreisen in die Südsee (1740 – 1775)

Britische Entdeckungsfahrten
1740–68
1. Reise J. Cooks (1768–71)
2. Reise J. Cooks (1772–75)
Französische Entdeckungsfahrt
Bougainville (1766–69)
Kolonialbesitz um 1775
spanisch
portugiesisch
niederländisch
britisch
französisch
sonstige bekannte Länder und Inseln
Mexiko
Mexiko
Acapulco
Yukatán
Guatemala
Jamaika
Hispaniola
Karibisches Meer
Panamá
Neu-Granada
Äquator
Galápagos-In.
Quito
Guayaquil
Marañon
Paita
Peru
Callao
Lima
S C H E R
E A N
S E E)
Anson 1743
Anson 1742
Cook IV. 1774
Marquesas-In.
Tahiti
Tuamotu-In.
Tubuai-In.
Pitcairn
Bougainville 1768
Wallis 1767
Byron 1765
Oster-I.
Carteret 1767
Juan-Fernández-In.
Valparaíso
Santiago
Chile
Valdivia
Patagonien
Cook 1769
Cook VII. 1773
Cook I. 1774
Cook XII. 1774
Cook II. 1774
Cook I. 1774
Wallis 1767
Magellanstr.
Anson 1740
Cook 1769
Byron 1764
Bougainville 1769
ATLANT.
Malwinen/ Falkland-In.
Feuerland
Kap Hoorn
Anson 1741
Drakestraße
Cook 1775
Südgeorgien
OZEAN
Südl. Sandwich-In.
150
140
130
120
110
100
90
80
70
60
50
40
30
20
10
0

 Die Reisen James Cooks (1768–1779)

ständiges Packeisgebiet

Schelfeis

um 1780 bekannte Länder und Inseln

Reisen James Cook

- 1. Reise (1768–71)
- 2. Reise (1772–75)
- 3. Reise (1776–79)
- † Todesort James Cooks (14.2.1779)
- Weiterfahrt der „Resolution" (1779/80)

Sibirien
RUSSISCHES REICH
Nördl. Polarkreis
Jakutsk
Lena
Ochotsk
Kolyma
Anadyrsk
Nome
Yukon
Beringstr.
Cook 1778
(Beringmeer)
Aleuten
Kamtschatka
Ochotskisches Meer
Petropawlowsk 1740
Irkutsk
Baikalsee
Urga
Amur
Sachalin
Mandschurei
Kurilen
CHINESISCHES REICH
Peking
Korea
Japanisches Meer
JAPAN
Lapérouse 1787
Hoang Ho
Gelbes Meer
Kyoto
Edo
Nagasaki
Nanking
Hangtschou
Jangtsekiang
Ost-chines. Meer
„Resolution" 1779
PAZIFISCHER OZEAN
Kanton
Macao (port.)
Taiwan (Formosa)
Nördl. Wendekreis
Lapérouse 1786
Vancouver 1794
Südchinesisches Meer
Philippinen
Luzon
Manila
Marianen
Guam
Mindanao
Karolinen
Palau-In.
(Marshall-In.)
Borneo
Celebes
Molukken
Ambon
Makassar
Java
Bali
Timor
D'Entrecasteaux 1793
Admiralitäts-In.
Neurirland
Neubritannien
Neuguinea
Salomonen
Gilbert-In.
Torresstraße
Bligh 1789
Lapérouse 1788
Sta.-Cruz-In.
Carpentariagolf
INDISCHER OZEAN
Flinders
Flinders 1802/03
Neue Hebriden
Fidschi-In.
Samoa-In.
Meuterei auf der „Bounty"
Tonga-In.
Neukaledonien
Südl. Wendekreis
D'Entrecasteaux 1792
Neuholland
Neusüdwales
Sydney 1788
Norfolk
Cook 1777
Flinders 1803
Flinders 1801–02
Melbourne 1788
Flinders u. Bass 1798/99
D'Entr. 1792
D'Entrecasteaux 1793
(Tasmansee)
Neuseeland
Vancouver 1791
Tasmanien
Chatham-In.
D'Entr. 1792

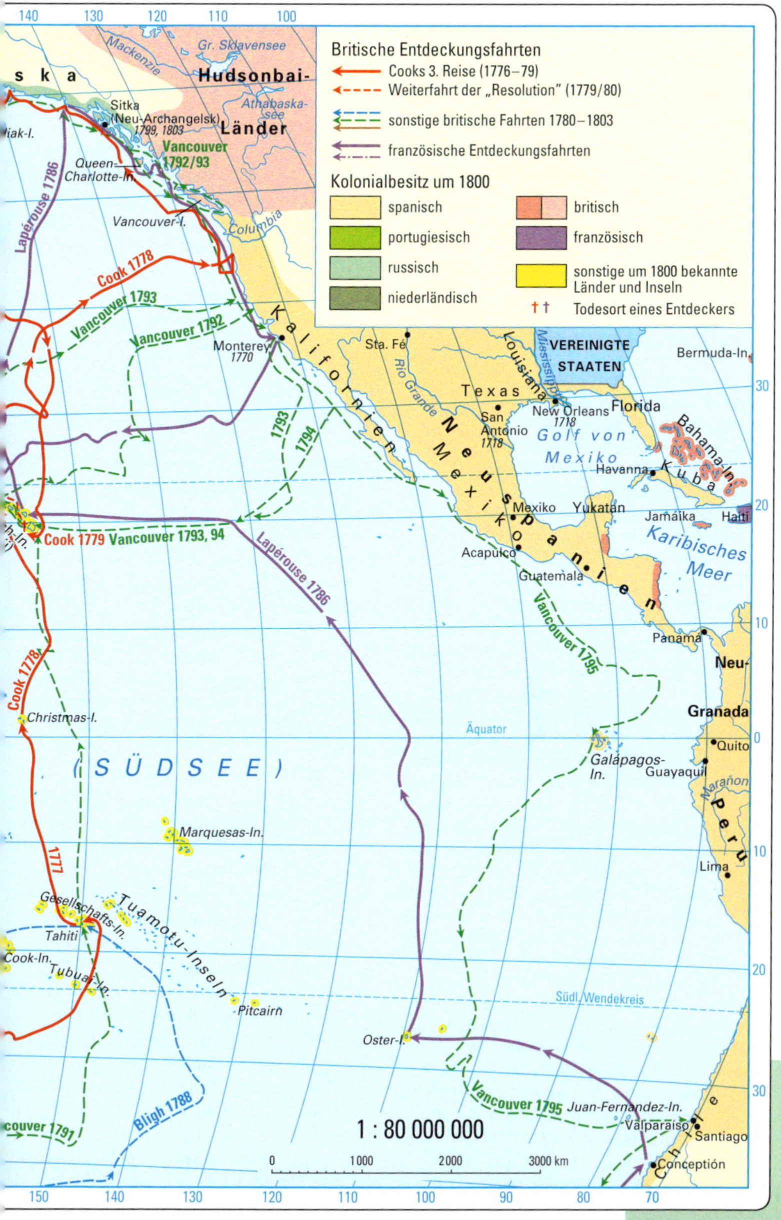
Britische Entdeckungsfahrten
Cooks 3. Reise (1776–79)
Weiterfahrt der „Resolution“ (1779/80)
sonstige britische Fahrten 1780–1803
französische Entdeckungsfahrten
Kolonialbesitz um 1800
spanisch
portugiesisch
russisch
niederländisch
britisch
französisch
sonstige um 1800 bekannte Länder und Inseln
Todesort eines Entdeckers
140
130
120
110
100
Gr. Sklavensee
Mackenzie
Hudsonbai-
Länder
Athabaska-see
Sitka
(Neu-Archangelsk)
1799, 1803
Vancouver 1792/93
Queen-Charlotte-In.
Vancouver-I.
Columbia
Lapérouse 1786
Cook 1778
Vancouver 1793
Vancouver 1792
Monterey
1770
Kalifornien
Sta. Fé
Rio Grande
Louisiana
Mississippi
VEREINIGTE STAATEN
Bermuda-In.
Texas
San Antonio
1718
New Orleans
1718
Florida
Golf von Mexiko
Bahama-In.
Havanna
Kuba
Neuspanien
Mexiko
Yukatan
Jamaika
Haiti
Karibisches Meer
Acapulco
Guatemala
1793
1794
Cook 1779
Vancouver 1793, 94
Lapérouse 1786
Vancouver 1795
Panama
Neu-Granada
Äquator
Quito
Guayaquil
Galápagos-In.
Marañon
Peru
Lima
Cook 1778
Christmas-I.
(SÜDSEE)
Marquesas-In.
1777
Gesellschafts-In.
Tahiti
Tuamotu-Inseln
Cook-In.
Tubuai-In.
Pitcairn
Südl. Wendekreis
Oster-I.
Bligh 1788
Vancouver 1791
Vancouver 1795
Juan-Fernandez-In.
Valparaiso
Santiago
Chile
Concepción
1 : 80 000 000
0
1000
2000
3000 km
150
140
130
120
110
100
90
80
70
30
20
10
0
10
20
30

*Charakteristisch für die Reisen JAMES COOKS war die Teilnahme von Gelehrten. Der deutsche Naturforscher **JOHANN REINHOLD FORSTER** (1729–98) nahm zusammen mit seinem Sohn GEORG an COOKS zweiter Reise (1772–75) teil. Ursprünglich Pfarrer, bereiste er in russischen Diensten das Gebiet der Wolga-Deutschen. Seit 1766 in England lebend, nahm er das Angebot, an COOKS Reise teilzunehmen, an. Als Erster maß er die Temperaturen größerer Meerestiefen, erforschte den Bau von Korallenriffen und erkannte in Australien einen selbständigen Erdteil. Sein Streben richtete sich weniger auf Einzelforschungen, sondern auf die großen Zusammenhänge naturwissenschaftlich-geographischer Erscheinungen. Da er sich an seine Verpflichtung hielt, außerhalb des amtlichen Berichtes COOKS keine Reisebeschreibung zu veröffentlichen, überließ er die Aufzeichnungen seinem Sohn **GEORG FORSTER** (1754–94), der dieselben 1778/80 herausgab. GEORG FORSTER wurde damit zum Begründer der wissenschaftlich-künstlerischen Reisebeschreibung. Als Professor für Naturkunde begleitete er 1790 den jungen ALEXANDER VON HUMBOLDT auf einer Europareise und führte diesen in die Kunst des erfolgreichen Reisens und der wissenschaftlichen Beobachtung ein. Als Abgeordneter der Mainzer Republik ersuchte er 1793 in Paris um die Vereinigung derselben mit dem revolutionären Frankreich.*

*Ein anderer englischer Gelehrter, der junge und wohlhabende **JOSEPH BANKS** (1743–1820), war während der ersten Reise COOKS Wissenschaftlicher Leiter der Expedition. Als Präsident der Royal Society zu London (1777), der African Association (1788) und Mitglied des »Geheimen Rates« (1797) gewährte er später vielen Forschungsreisenden Unterstützung.*

»Bounty« nach Tahiti gesandt, um auf Vorschlag JOSEPH BANKS Pflanzlinge des Brotfruchtbaumes nach Jamaika zu bringen. Autoritäres Verhalten und strengste Disziplinforderungen provozierten während der Rückfahrt am 28. April **1789** eine Meuterei. BLIGH wurde mit 17 Begleitern in der Nähe der Tonga-Inseln in einer Barkasse ohne Schusswaffen und Kartenmaterial ausgesetzt. Nach einer abenteuerlichen Fahrt von 41 Tagen – ca. 7000 km – erreichte das Boot durch die Torresstraße Timor und später Batavia. Dabei entdeckte BLIGH noch einige nördliche Inseln der Neuen Hebriden. → K. 146/147 III/IV

Die ***Meuterer der Bounty*** segelten nach Tahiti zurück, wo sich 14 Männer niederließen, bis sie 1791 von einer britischen Strafexpedition aufgegriffen und im September 1791 in England abgeurteilt wurden (3 Meuterer wurden gehenkt).

Der Anführer der Meuterei, der erste Offizier FLETCHER CHRISTIAN, ließ sich mit 9 anderen Matrosen sowie 6 Männern und 12 Frauen aus Tahiti auf der 1767 von CARTERET entdeckten einsamen Insel ***Pitcairn*** nieder, wo – zunächst unbemerkt – eine kleine englischsprachige christliche Gemeinde entstand, die noch heute existiert. FLETCHER CHRISTIAN verschwand allerdings sehr bald auf ungeklärte Weise.

1785–88 fand die bis dahin aufwändigste französische Forschungsreise in die Südsee unter Leitung **LAPÉROUSES*** statt. 1785 verließen die beiden Expeditionsschiffe *»Boussole«* und *»Astrolabe«* Brest, umsegelten das Kap Hoorn und wandten sich **1786** über Chile, die Osterinsel und die Hawaii-Inseln zur Südküste Alaskas in der Nähe des Mount Elias. Von hier aus begann die Erforschung der von COOK nur oberflächlich erkundeten Nordwestküste Amerikas bis nach Kalifornien, wobei die Queen-Charlotte-Inseln und Prince of Wales-Gruppe näher untersucht wurden. Allerdings fanden am 2. Juli 1786 in der Baie des Français (heute Lutuya Bay in Südalaska) 21 Seeleute, darunter 5 Offiziere, den Tod. Sie ertranken bei einer Erkundungsfahrt mit Booten.

Die Tötung* COOKS *auf Hawaii – eine der phantasievollen Darstellungen *(von* JOHN WEBBER*)*
COOK ging im Januar 1779 in Kealakekuabucht an der Westküste der Hauptinsel Hawaii vor Anker. Mit den Hawaiianern hatte man freundschaftliche Kontakte geknüpft. COOK, der fast göttliche Verehrung genoss, wusste nicht, dass er für einen der mythologischen Helden gehalten wurde, der eines Tages auf einer »schwimmenden Insel« zurückkehren werde. Als er und einige seiner Offiziere und Soldaten unwissentlich gegen Tabus der Urbevölkerung verstießen, kam es zu Spannungen zwischen Europäern und Hawaiianern. Ausgelöst durch den Diebstahl einer Schalupe, wurde COOK am 14. Februar 1779 in offene Feindseligkeiten verwickelt. Gerade als er den Befehl zur Feuereinstellung geben wollte, wurde er hinterrücks niedergestochen und erschlagen.

Von Monterey in Kalifornien reiste die Expedition, der Acapulco-Manila-Route folgend, nach Macao in China und erreichte im Februar **1787** Manila. Von hier aus begann eine ergiebige Forschungsfahrt ins Japanische Meer: die Küsten südlich der Amurmündung, der Tatarensund und die nach LAPÉROUSE benannte Meeresstraße zwischen Hokkaido und Sachalin wurden genauestens kartiert. Von Petropawlowsk/Kamtschatka wurden Tagebücher und Karten auf dem Landweg über Sibirien nach Europa gesandt.

Eine äußerst leidensreiche Fahrt führte **LAPÉROUSE** über Samoa und Tonga nach Australien. Auf der Samoa-Insel Tutuiula verlor die Expedition am 11. Dezember **1787** bei der Trinkwasseraufnahme infolge eines Angriffs der polynesischen Bevölkerung 12 Mann, darunter den Kapitän der »Boussole«, DE LANGLE, und den Naturforscher CHEVALIER DE LAMANON.

In der australischen Botany Bay übergab LAPÉROUSE im Februar 1788 Teilnehmern der britischen Expedition, die gerade die erste englische Niederlassung (Sydney) gründen wollten, Briefe und Karten, aus denen hervorging, dass die Expedition die bisher kaum berührten Gebiete zwischen Neuseeland und Neuguinea erforschen wollte. Seither verlor sich die Spur der Expedition; LAPÉROUSE blieb verschollen. → K. 146/147

Erst 1826 wies der englische Kapitän DILLON auf den Ort des Untergangs der Expedition in

***Jean François de Galaup, Comte de La Pérouse* (*Lapérouse*)** *wurde am 22. August 1741 in Le Guo bei Albi geboren; er starb 1788 bei der Insel Vanicoro (Santa-Cruz-Inseln). Nach mehreren Seereisen zeichnete er sich im Seekrieg gegen England aus und wurde 1778 zum Kapitän zur See ernannt. Während des Amerikanischen Unabhängigkeitskrieges gelangen ihm mehrere erfolgreiche Aktionen, so gegen die englischen Stützpunkte an der Hudson Bay (1782).*

1784, hoch geehrt, wegen seiner ritterlichen Art auch von den englischen Feinden geachtet, wählte ihn König Ludwig XVI. zum Leiter einer geplanten Weltreise – eine Entdeckungsreise, die den Reisen des Engländers James Cook Ebenbürtiges entgegensetzen sollte. Neben der Aufnahme von Handelsbeziehungen sollten die Küsten möglichst vieler Länder und Inseln des pazifischen Raumes vermessen werden. Die Reise wurde unter Auswertung der Cook'schen Berichte gründlich vorbereitet. Modernste astronomische Geräte und Chronometer wurden mitgeführt und namhafte Wissenschaftler für die Expedition gewonnen, darunter Naturforscher, Mathematiker und Astronomen. Lapérouse entschied sich nach dem Vorbild Cooks für Transportschiffe: die 40 m lange »Boussole« (500 Tonnen, 4,75 m Tiefgang) und die wenig kleinere »Astrolabe«. Aus Prestigegründen bezeichnete man beide Schiffe offiziell als »Fregatten«.

Lapérouse war von den aufklärerischen Ideen seiner Zeitgenossen geprägt; er glaubte an das natürlich Gute in den »Wilden«, sah sich aber diesbezüglich nach den tragischen Ereignissen auf Samoa im Dezember 1787 sehr ernüchtert – wie er in einem letzten Brief an einen Freund von Australien aus schrieb.

der Nähe der Santa-Cruz-Insel Vanicoro hin und 1828 fand der Südseeforscher → Dumont d'Urville Überreste der Schiffe.

1788 Gründung Sydneys. Nach dem endgültigen Verlust der 13 amerikanischen Kolonien (1783) schien für Großbritannien die von Cook entdeckte ostaustralische Küste eine brauchbare Alternative für die Ansiedlung von Strafgefangenen zu sein. Im Mai 1787 verließ eine Flotte von 11 Schiffen unter Leitung Arthur Phillips England, um die erste Siedlungskolonie in Neusüdwales zu gründen. An Bord waren außer ca. 800 Strafgefangenen auch Matrosen und Marinesoldaten, z.T. auch Familienangehörige, die im Januar 1788 in der Botany Bay landeten, aber kurze Zeit später weiter nördlich das besser geeignete Port Jackson, das spätere Sydney, gründeten.

1792/93 war der Marineoffizier Antoine Raymond Joseph de Bruni **d'Entrecasteaux** im Auftrag der französischen Nationalversammlung auf der Suche nach der Lapérouse-Expedition, von der seit 1788 jede Nachricht fehlte. Er gelangte über Tasmanien, Tonga, Neukaledonien, die Salomonen, die Louisiaden und den nach ihm benannten D'Entrecasteaux-Archipel nach Neubritannien/Neuirland, ohne eine Spur von Lapérouse zu finden. Nach schwerer Krankheit starb er am 21. Juli 1793 westlich der Admiralitätsinseln. Durch die Teilnahme des Wissenschaftlers Labillardière war die Reise dennoch entdeckungsgeschichtlich erfolgreich. → K. 146/147 III/IV

1792–94 erforschte George **Vancouver**, Teilnehmer der Cook'schen Reisen 1772–75 und 1776–80, im Auftrag der britischen Regierung die amerikanische Nordwestküste. 1791 war er über das Kap der Guten Hoffnung, Tasmanien, Neuseeland und Tahiti zu den Hawaii-Inseln gereist. Letztere benutzte er als Winteraufenthalt für drei Reisen zur sorgfältigen Erforschung und Kartierung des gesamten Archipels zwischen der Kodiak-Insel in Südalaska und der nach ihm benannten Vancouver-Insel im Westen des

*Das Gemälde von N. A. MANSIAUX im Museum von Versailles zeigt König LUDWIG XVI., der **LAPÉROUSE** (links im Bild) Order für seine Weltreise erteilt. Der König nahm in der Tat großen persönlichen Anteil an der Förderung und Vorbereitung der Expedition.*

heutigen Kanada. Auf diese Gebiete erhob Großbritannien seither Besitzansprüche, obwohl Russland wie Spanien ältere Rechte geltend machen konnten. 1795 reiste VANCOUVER über die Galápagos-Inseln, Chile und die Magellanstraße zurück nach England. → K. 146/147 I–III

1798/99 entdeckte der englische Wundarzt GEORGE **BASS** die nach ihm benannte Meeresstraße, die Tasmanien vom australischen Festland trennt und bewies mit dem englischen Seefahrer MATTHEW **FLINDERS** durch Umfahren Tasmaniens dessen Inselnatur. → K. 146/147 III

1801–03 MATTHEW **FLINDERS** erhielt von der britischen Admiralität den Auftrag, mit der »Investigator« die noch unbekannten Küstenabschnitte Australiens zu erforschen. FLINDERS umfuhr nicht nur als erster englischer Seefahrer ganz Australien, sondern erforschte und kartierte gezielt die noch unbekannten Küstenabschnitte, so 1801/02 die Südküste vom Kap Leeuwin im Südwesten bis Tasmanien, wobei er den Spencergolf und den St.-Vincent-Golf entdeckte. Weiterhin erforschte er die Ostküste und das Große Barriere-Riff näher und nahm die Küsten des Carpentariagolfes kartographisch auf. Für den neuen Erdteil schlug er 1814 zur Erinnerung an das vergeblich gesuchte »Südland«, die »Terra australis incognita«, den Namen »Australien« vor, der sehr bald den bisherigen Namen »Neuholland« ersetzte. → K. 146/147 III/IV

Australien im 19. Jh. → 218–225
Südsee im 19. Jh. → 242–250

 Historische Weltkarte um 1790 (Text → 154)

MAPPE-MONDE
SUIVANT LA PROJECTION
DES CARTES RÉDUITES;
où l'on a tracé les Routes de Mr. de
Bougainville, et les deux dernieres
Voyages du Capitaine Cook.
MER GLACIALE
NOVA ZEMLA
Golfe de la Mer Glaciale
SAMOIEDES
TARTARIE RUSSIENNE
SIBÉRIE
ASIE
RUSSIE D'EUROPE
TARTARIE CHINOISE
TARTARIE INDEPENDANTE
PERSE
ARABIE
INDOSTAN
CHINE
Tibet
AMERIQUE
Détroit du Nord
Iles Aleutiennes
Iles aux Renards
Philippines
Iles Marianes
MER DES INDES
Tropique du Capricorne
NOUVELLE HOLLANDE
Terre de Diemen
Nle ZÉLANDE
Dernier Voyage de Cook en 1777
Isles Maldives
Ceylan
Canal de Mozambique
Archangel
Tobolsk
Pekin
Canton
Nankin
Samarcand
Delhi
Bengale
Amsterdam
I. S. Paul
1 de Sandwich
Nle Irlande
Nle Bretagne
Nle Caledonie
Norfolk
Ochotz
Kamtschatka
de l'Isle de Fer
dien de Paris.
André sculp.

Um die Wende vom 18. zum 19. Jh. vollzog sich in der Entdeckungsgeschichte der Erde eine entscheidende Wandlung. Die intensive Erforschung bereits erkundeter Regionen unseres Planeten trat immer mehr in den Vordergrund. Die Ursachen sind in der ***Industrialisierung***, der verstärkten Zunahme des ***Welthandels*** sowie den ***kolonialen und imperialen Ambitionen*** der damaligen europäischen Mächte zu suchen. Dampfschifffahrt, Eisenbahn und später Kraftfahrzeug und Flugzeug, aber auch die Telegrafie revolutionierten den ***Verkehr***, ließen alle Weltgegenden enger zusammenrücken und die Forscher schneller an ihre Ziele gelangen. ***Moderne Techniken*** sowie verbesserte medizinische, hygienische und ernährungswissenschaftliche Kenntnisse schufen die nötige Sicherheit für Gesundheit und das Überleben der Forschungsreisenden.

Wie schon im 18. Jh., waren die laufend verbesserten ***wissenschaftlichen Instrumente und Arbeitsmethoden*** von entscheidender Bedeutung für die verstärkten Forschungsinteressen. Die Entwicklung des *Theodoliten* als universelles Instrument für die Messung von Horizontal- und Vertikalwinkel gestattete präzise geographische Ortsbestimmungen. Die Fotografie ersetzte im letzten Drittel des 19. Jh. die mühsame und zeitaufwendige Zeichenarbeit. Sie brachte im 20. Jh. die *Fotogrammetrie*, die Bildmessung, zum Durchbruch, die die schnelle Erfassung ganzer Regionen und Länder gestattete und die rationelle Herstellung präziser Karten erlaubte.

Die Ära der wissenschaftlichen Durchdringung der Kontinente und Meere ließ einen neuen Typ des Forschers heranwachsen, der seine Reisen räumlich beschränkte und sie sorgfältig vorbereiten musste, der aber auch – vielseitig gebildet – bestrebt war, das Einzelne zu beobachten, daraus ein logisches Ganzes zu formen und die Beziehungen zwischen Mensch und Natur zu einem Gesamtbild zu erfassen.

Mit der Reise **Alexander von Humboldts** nach Lateinamerika (1799–1804) und vor allem mit seinen vorbildlichen Veröffentlichungen und Interpretationen begann eine neue Epoche in der Entdeckungsgeschichte unseres Planeten. Geographen und Naturforscher, wie **Charles Darwin** mit seiner *Evolutionstheorie*, revolutionierten die Wissenschaften. Wenn auch Gelehrte wie Humboldt und Darwin keine neuen Länder entdeckten, so wurden sie durch ihre neuen Methoden des Beobachtens, Vergleichens und Interpretierens sowie Beschreibens zum Vorbild für zahlreiche nachfolgende Reisende. Zudem trugen sie mit ihren Untersuchungen und Veröffentlichungen zur Herausbildung zahlreicher Einzelfachrichtungen der ***Geowissenschaften*** und zur Etablierung geographischer Institute an Universitäten und Akademien bei. Die Anregung zur Gründung von ***Forschungsgesellschaften*** erfolgte oftmals durch erfolgreiche Reisende, wie das Beispiel der British African Association 1788 (→ 172) zeigt, deren Mitbegründer, Joseph Banks, an der ersten Fahrt James Cooks teilnahm. (→ 148)

*Die auf den Seiten 152/153 abgebildete undatierte **Weltkarte mit den Reisen Bougainvilles und Cooks** zeigt den Stand der geographischen Entdeckungen **um 1790**. Die Ergebnisse der aufwändig vorbereiteten französischen Reise Lapérouses (1785–88) sind noch nicht berücksichtigt.*

Die Karte stammt von dem französischen Geographen, Historiker und Kartographen Edme Metelle (1730–1815), der im Auftrag Ludwig XVI. und Napoleons I. auch Erdgloben herstellte.

Die Fortschritte in der Erforschung der Kontinente und Meere im 18. Jh. werden bei einem Vergleich mit der Weltkarte von 1705 (→ 120/121) deutlich, ganz besonders die Lagebeziehungen im Kartennetz, orientiert an dem Meridian von Paris (unterer Kartenrand) und zum Vergleich nach dem Meridian von Ferro (oberer Rand). Chronometer und verbesserte Sextanten erlaubten seit dem letzten Drittel des 18. Jh. die exakte Feststellung der geographischen Länge. Wenig wusste der Autor über den Norden Amerikas und das noch unerforschte Innere Afrikas und Australiens. Die Inselnatur Tasmaniens wurde erst durch Bass und Flinders 1799/1803 bekannt.

Das Innere der Kontinente, aber auch Teile Melanesiens und des Malaiischen Archipels und vor allem die Polarregionen zeigten zu Beginn des 19. Jahrhunderts noch viele »weiße Flecken«. ***Nord- und Südamerika*** wurden im 19. Jh. zunehmend genauer erforscht. Vor allem das Innere ***Afrikas*** und ***Australiens***, aber auch die Wüsten und Hochregionen ***Innerasiens*** erlebten die Blütezeit ihrer geographischen Erforschung. Auch die Probleme der ***Nordwestlichen*** und ***Nordöstlichen Durchfahrt*** wurden im Laufe des 19. Jahrhunderts gelöst. Zu Beginn des 20. Jahrhunderts, spätestens mit dem Ausbruch des Ersten Weltkrieges (1914–18), war – von den Polargebieten abgesehen – die Entdeckungsgeschichte weitgehend abgeschlossen. Sicher, es gab noch regionale Lücken, so in der Libyschen Wüste und in den Hochgebirgen Zentralasiens, aber die spektakulären Forschungen konzentrierten sich nun auf noch unbekannte ***Polargebiete***. Weite Räume der ***Antarktis*** wurden erst in der zweiten Hälfte des vergangenen Jahrhunderts bekannt. Vor allem die von vielen beteiligten Staaten unternommenen Forschungen seit dem *Internationalen Geophysikalischen Jahr 1957/58* bereicherten die Kenntnisse und das Wissen über die Polargebiete. Die systematische Erforschung der ***Weltmeere*** begann mit den herausragenden ozeanographischen Unternehmungen des 19. Jahrhunderts, der *»Beagle«-Reise* unter Kapitän FITZROY 1831–36 (→ 249), an der CHARLES DARWIN teilnahm, und der bahnbrechenden *Challenger-Expedition* 1872–74 (→ 250). Diese Forschungen erlebten im 20. Jh. einen gewaltigen Aufschwung.

Die Erforschung der Erde hat nicht nur die Geowissenschaften bereichert und ein Gesamtbild unseres Planeten entstehen lassen, sondern sie hat nahezu auf allen Gebieten die Erde umgestaltet. Die Forscher wurden – oft unbewusst – die Wegbereiter der Missionare, Händler und Siedler – und vor allem der kolonialen Eroberer. Besonders in Afrika zeigte sich 1885–1914, als die Hochphase der ***kolonialen Aufteilung durch imperialistische Mächte*** erfolgte, dass viele Reisen militärisch abgesichert oder gar in Form von Militärexpeditionen durchgeführt wurden, die zugleich der Annexion der noch unerschlossenen Räume dienten. In Nordamerika und Australien, z.T. auch in Sibirien, folgte der Erforschung die ***europäische Besiedlung***, die sogleich in den vermeintlich menschenleeren Räumen begann und dabei zumeist die Vertreibung der Urbevölkerungen nach sich zog und in manchen Fällen regelrecht zur Vernichtung derselben führte, wie die Beispiele der Tasmanier und zahlreicher indianischer Ethnien beweisen.

Die extensive Erforschung der Erdoberfläche ist im Laufe des 20. Jahrhunderts beendet worden. Die wissenschaftliche Nachlese, die nie versiegende Detailforschung, ist fast ausnahmslos Teamarbeit und entzieht sich den Möglichkeiten des Einzelnen. So kennen wir das Alter unseres Planeten, das Werden seiner Oberflächengestalt, die exakte Verteilung der Land- und Meeresflächen. Von allen Teilen der Erde existieren präzise Landkarten. Seit der Entwicklung der *GIS-Technologie* in den 60er-Jahren des 20. Jahrhunderts und mit der Einbindung des *Global Positioning Systems (GPS)* als Navigationshilfe 1973 gibt es keine Geheimnisse mehr bezüglich der Oberflächengestalt unseres Planeten. Zahlreiche ***Geoinformationssysteme*** *(GIS)* stehen heute zur Verfügung. – Gegenwärtig und in Zukunft rücken andere Aufgaben in den Mittelpunkt der Geoforschung, so beispielsweise die Erforschung der Klimaveränderung, der seismologischen Vorgänge, einschließlich der Tsunami-Voraussagen und vieles andere mehr. Dies alles ist nicht mehr die Aufgabe eines Atlas und Nachschlagewerkes, das sich mit der Erforschung der Erdoberfläche beschäftigt. *Die Geschichte der geographischen Entdeckungen, ein spannendes und erregendes Kapitel der Menschheitsgeschichte, hat ihren Abschluss gefunden.*

Südamerika war bereits im 16. Jh. von kühnen Seefahrern und Konquistadoren auf der Jagd nach Gold relativ genau erkundet worden. Amazonas, Paraná und Orinoco hatten als große Ströme das Eindringen der »Entdecker« und Eroberer wesentlich erleichtert. Von Guayana abgesehen, war Südamerika eine koloniale Domäne der Spanier und Portugiesen (Brasilien), die ihre Kolonialreiche vor englischen, französischen und niederländischen Konkurrenten abschirmten.

Die *»Bandeiranten«* genannten Sklavenjäger aus São Paulo erkundeten im 17./18. Jh. zwar weite Gebiete des Brasilianischen Berglandes bis nach Paraguay, hinterließen aber weder Karten noch geographische Berichte. Die einzigen Fremden waren im 17./18. Jh. Jesuitenmissionare, die zum Schutz vor Übergriffen der Sklavenjäger getaufte Indianer in Reduktionen genannten, teilweise befestigten Dörfern ansiedelten. Einer der bekanntesten Jesuitenmissionare, der böhmische Pater **Samuel Fritz**, wirkte ab 1686 am oberen Amazonas unter den Omagua- und Yurimagua-Indianern. Mit einfachsten technischen Mitteln fertigte er die erste genauere Amazonas-Karte an. Die Reise der französischen Gradvermessungs-Expedition unter **La Condamine** (1736–44) wurde zwar genehmigt, aber vor Ort kaum unterstützt.

Mit der Expedition **Alexanders von Humboldt** und **Aimé Bonplands** (1799–1804) begann eine neue Epoche in der Entdeckungsgeschichte Südamerikas. Die Unabhängigkeitskriege 1810–25 und damit die Öffnung der neu entstandenen unabhängigen Staaten – abgesehen von Paraguay – schufen schließlich die Voraussetzung für neue Unternehmungen, bei denen sich französische, deutsche und britische Reisende besonders hervortaten. Charakteristisch war, dass – abgesehen von Patagonien – weniger neue Länder, Flüsse und Gebirge zu entdecken waren, als es vielmehr galt, dieselben in jeder Beziehung detailliert zu erforschen und kartographisch aufzunehmen. So waren denn auch die meisten Reisenden wissenschaftlich ausgebildet, vorwiegend Naturforscher wie Humboldt, Darwin, Bates, Burmeister u.a. oder Völkerkundler. Humboldt und Darwin haben kaum neue Länder oder Flüsse entdeckt, aber mit ihren Erkenntnissen und Forschungen die Geographie und Naturgeschichte revolutioniert; Darwins *Evolutionstheorien* schufen ein neues naturwissenschaftliches Weltbild.

Von über 100 Reisenden, die der deutsche Geograph Wilhelm Sievers *(Petermanns Geographische Mitteilungen, 1900)* auflistete, kann hier nur eine Auswahl der bedeutendsten Unternehmungen Berücksichtigung finden. Am Ende des 19. Jahrhunderts war Südamerika im Wesentlichen entschleiert; zahlreiche kleinräumliche »weiße Flecken« wurden allerdings erst im 20. Jh. getilgt.

1736–44 nahm der französische Mathematiker Charles-Marie de **La Condamine** im Auftrag der Pariser Akademie der Wissenschaften an einer Gradmessungsexpedition in Südamerika teil. In Begleitung der Akademiemitglieder P. Bougouer und Louis Goudin wurden im Hochland von Ecuador sorgfältige Messungen vorgenommen, die zusammen mit Messungen am Polarkreis (Lappland) Rückschlüsse auf die Größe und Abplattung der Erde ermöglichten. Auf der Rückreise 1743 befuhr La Condamine allein den Amazonas von Ecuador bis Pará (Belém) und entwarf die erste zuverlässige Karte dieses Stromes, die auf astronomischen Berechnungen beruhte. → K. 160/161 I/IV

1781–1802 bereiste einer der wenigen spanischen Südamerikaforscher, Felix **d'Azara**, die La-Plata-Länder. Ursprünglich war ihm als Offizier die Aufgabe übertragen worden, die wenig bekannten spanisch-portugiesischen Grenzen Südamerikas exakt festzustellen. Daraus entwickelten sich Untersuchungen über die Oberflächengestalt, Klima, Pflanzen- und Tierwelt der Pampa und des Paraguay-Parana-Beckens. Die umfangreichen Veröffentlichungen der Forschungsergebnisse erfolgten erst 1809.

1783–93 Der Spanier A. R. **Fereira** befuhr von Peru aus den gesamten Amazonas und erkundete die Unterläufe mehrerer großer Nebenflüsse (Rio Negro, Madeira, Rio Branco und Guaporé).

1799–1804 Forschungsreise Alexander von **Humboldts***, in Begleitung des Naturforschers Aimé **Bonpland***, in die tropischen Gebiete Spanisch-Amerikas. In Madrid hatte Humboldt als erster ausländischer Wissenschaftler die Erlaubnis erhalten, sich in den spanischen Kolonien Amerikas zu Forschungszwecken frei bewegen zu dürfen.

Am 17. Juni 1799 betraten Humboldt und Bonpland Venezuela, erkundeten die Landschaften der *Llanos* bis zum Apure, befuhren den wenig bekannten Orinoco, drangen zum oberen Rio Negro bis zur Grenze des spanischen Machtbereichs gegen Brasilien vor und erforschten die berühmte Flussgabelung (Bifurkation) des Orinoco, den *Casiquiare*.

Über Kuba (November 1800) reisten beide Forscher ab März 1801 den Rio Magdalena in Kolumbien aufwärts über Bogotá nach Quito (September 1801), wo sie sich vor allem dem Studium der Vulkane widmeten. Am 23. Juni 1802 bestieg Humboldt den Chimborazo bis 5 881 m, ein Höhenrekord, der fast drei Jahrzehnte Bestand hatte.

Bei der Weiterreise über Lima in Peru nach Acapulco in Mexiko (März 1803) entdeckte und untersuchte Humboldt den kalten Meeresstrom, der später seinen Namen erhielt. Nach Forschungen in Mexiko führte die Reise über Havanna (März 1804), Philadelphia und Washington zurück nach Europa (August 1804), wo beide Reisenden in Paris begeistert empfangen wurden.

Die ungewöhnlich reiche Ausbeute der fünfjährigen Expedition (1500 geographische Ortsbestimmungen, zahlreiche Höhenmessungen, 6000 Pflanzenbelege, darunter Tausende von neuen Arten) wurde von Humboldt in Paris fast zwei Jahrzehnte lang ausgewertet. 1805–34 veröffentlichte er in 30 Bänden den französisch verfassten Bericht seiner Lateinamerikareise (deutsch *»Reise in die Äquinoktialgegenden der Neuen Welt«*). → K. 160/161 I/IV

***Alexander Freiherr von Humboldt** auf einem Gemälde von G. F. Weitsch (1809).*

Der deutsche Gelehrte und Forschungsreisende wurde am 14.9.1769 in Berlin geboren und starb dort am 6.5.1859. Während seiner Studienzeit in Frankfurt/Oder und Göttingen und als Schüler des bekannten Freiberger Geologen A. G. Werner zeigte sich bereits seine Begabung für Geologie, Mineralogie und Botanik. Als Zwanzigjähriger begleitete er 1790 auf einer Westeuropareise Georg Forster (→ 148), dessen Fähigkeit der Naturbeobachtung und -beschreibung für Humboldts spätere Forschungsreisen entscheidende Bedeutung erlangte. 1792–97 als Berghauptmann, später als Oberbergmeister in Ansbach-Bayreuth tätig, erhielt er durch Erbschaft die notwendigen Mittel für seine Reisen und Forschungen.

Humboldts Expedition nach Lateinamerika 1799–1804, in Begleitung des französischen Botanikers Aimé Bonpland, leitete die wissenschaftliche Erforschung Südamerikas ein. 1829 führte Humboldt auf Veranlassung des Zaren Nikolaus I. eine Reise in den Ural und nach West- und Südsibirien bis zum Altai und ans Kaspische Meer. Die Fähigkeit Humboldts, aus der Beobachtung von Einzelheiten eine Gesamtschau zu formen, machte ihn zum Bahnbrecher der wissenschaftlichen Erforschung der Erde; er wurde zum Initiator neuer Wissenszweige: Vulkanologie, Erdmagnetismus, Pflanzengeographie, Klimatologie und Landschaftsökologie. Humboldts Hauptwerk, der »Kosmos, Entwurf einer physischen Weltbeschreibung« (5 Bände, 1845–62), umfasst das gesamte naturwissenschaftlich-geographische Wissen der ersten Hälfte des 19. Jh.

Wenn auch Humboldt kaum neue Länder entdeckt hat, so ist er doch durch seine neuen Methoden des Beobachtens, Vergleichens, Forschens und Beschreibens zum Vorbild für zahlreiche nachfolgende Forschungsreisende geworden.

*ALEXANDER VON **HUMBOLDT** und AIMÉ **BONPLAND** in einem provisorischen Labor im venezolanischen Urwald (Gemälde von E. ENDER).*

*AIMÉ **BONPLAND** (1773–1858), französicher Botaniker und Reisebegleiter HUMBOLDTS 1799–1804, ging 1818 nach Südamerika, wo er in Buenos Aires als Professor für Naturgeschichte wirkte und ausgedehnte Reisen durch die Pampa bis zu den Anden unternahm. Bei einer Reise den Paraná aufwärts wurde er in Paraguay als vermeintlicher Spion verhaftet und acht Jahre lang, bis 1829, gefangen gehalten.*

1815–17 MAXIMILIAN **PRINZ ZU WIED-NEUWIED** forschte im brasilianischen Küstengebiet zwischen Rio de Janeiro und Bahía. Er beschrieb die im Hinterland lebenden, damals weitgehend unberührten indianischen *Botokuden* in seiner viel gelesenen *»Reise nach Brasilien 1815–17«* (2 Bände, 1819–22). → K. 160/161 II

1817–20 Die Naturforscher CARL FRIEDRICH PHILIPP **MARTIUS** und JOHANN BAPTIST **SPIX** begannen mit der wissenschaftlichen Erforschung des nordöstlichen Berglandes von Brasilien und Amazoniens. Über Ouro Prêto und Diamantina bereisten sie gemeinsam das Gebiet des Rio São Francisco und befuhren 1819/20 den Amazonas. SPIX gelangte bis Tabatinga an der brasilianischen Westgrenze und untersuchte den unteren Rio Negro. MARTIUS gelangte den Japurá aufwärts bis zum Andenvorland. Beide Forscher erwiesen sich mit ihren veröffentlichten Ergebnissen als würdige Schüler HUMBOLDTS. → K. 160/161 I/II

1825–29 Der deutsche Naturforscher GEORG HEINRICH VON **LANGSDORFF**, Teilnehmer der ersten russischen Weltreise unter KRUSENSTERN (1803–05) und seit 1812 russischer Generalkonsul in Brasilien, unternahm ab 1825 eine Reise in das weitgehend unbekannte Innere Brasiliens: von São Paulo, Corumbá am oberen Paraguay und Cuiabá, dem Tapajós folgend nach Pará (Belém). Einer seiner Begleiter, L. **RIEDEL**, bereiste von Cuiabá aus den Madeirafluss und den unteren Amazonas bis Pará. LANGSDORFF, der auf dieser Reise an Fleckfieber schwer erkrankte, konnte die wissenschaftlichen Forschungsergebnisse seiner Reise nur unvollständig veröffentlichen. → K. 160/161 I/II

1827–32 Der sächsische Botaniker EDUARD **PÖPPIG** forschte seit 1827 in den chilenischen Anden, bestieg dort 1829 den Vulkan Antuco, reiste über Lima zum fast unbekannten Huallaga, einem Quellfluss des Marañon, und durchquerte bis 1832 ganz Südamerika von West nach Ost auf dem Amazonas. Mit seinen reichen botanischen und zoologischen Sammlungen und auf Grund seines vorbildlichen Berichtes gilt seine Expedition als zweite bedeutende wissenschaftliche Forschungsreise nach Amazonien. → K. 160/161

1830–33 Der französische Paläontologe ALCIDE DESSALINES **D'ORBIGNY**, der seit 1826 für das *Museum der Naturwissenschaften* zu Paris zunächst Brasilien, Uruguay und Argentinien bereiste, segelte 1830 um Kap Hoorn nach Tacna, von wo aus er Bolivien bis 1833 geographisch und geologisch erforschte, zunächst das Hochland, anschließend die *Llanos de Mojos* und *Chiquitos*. Mit reichen Sammlungen kehrte der »eigentliche Begründer der physikalischen Geographie Boliviens« nach Paris zurück. → K. 160/161 I/IV

1831–36 Der englische Naturforscher CHARLES **DARWIN*** (→ 249) nahm nach Abschluss seines Studiums an der Expedition und Weltreise des Vermessungsschiffes *»Beagle«* unter dem Kommando des Kapitäns ROBERT FITZROY (1831–36) teil. Dabei wurde Südamerika

Ansicht der Maya-Ruinen von Uxmal *(Stich von 1843 nach einer Zeichnung von* CATHERWOOD*)*
Mittelamerika, seit der Unabhängigkeit von Spanien 1821 durch Bürgerkriege ins Chaos gestürzt, war Mitte des 19. Jh. geographisch halbwegs bekannt. Unbekannt geblieben war jedoch bis zu den Reisen STEPHENS *und* CATHERWOODS *1839–41 die präkolumbische Kultur der Maya. Zwar gab es seit der Entdeckung des Ruinenkomplexes von Palenque 1787 vage Berichte über weitere archäologische Stätten, die aber von der Archäologen nicht zur Kenntnis genommen wurden.*

umschifft, wurden Patagonien, Feuerland, die Falkland-Inseln und die chilenische Küste sowie die Galápagosinseln vermessen und kartographisch aufgenommen. (Während der weiteren Weltreise wurden zahlreiche ozeanische Inseln, einschließlich Neuseeland, und Australien besucht.) Mehrere Landgänge DARWINS wurden für seine weiteren Forschungen und später entwickelte Selektionstheorie bedeutsam: 1833 Durchquerung der Pampas und Uruguays, 1833/34 der Besuch mehrerer Plätze Patagoniens, der Falklandinseln und Feuerlands, 1834/35 Reisen in Mittel- und Südchile, einschließlich Überquerung der Anden sowie 1835 der Besuch der Galápagosinseln). → K. 160/161 III/IV

1835/36 Die englischen Landvermesser W. **SMITH** und F. **LOWE** brachen von Lima aus in das Gebiet des Ucayali und des oberen Marañon, den beiden Quellflüssen des Amazonas, auf, um deren exakte Verläufe kartographisch zu dokumentieren. Sie lernten dabei große Teile Nordperus kennen und befuhren 1836 den Amazonas abwärts bis Pará (Belém). → K. 160/161 IV

1835–44 Die deutschen Brüder ROBERT und RICHARD **SCHOMBURGK** bereisten im Auftrag der britischen *Royal Geographical Society* das völlig unbekannte Hinterland Guayanas bis zum Orinoco, Rio Negro und Rio Branco und erforschten geographische Beschaffenheit, Pflanzen- und Tierwelt sowie die verschiedenen Indianergruppen dieser Region. Sie versuchten, die umstrittene Grenze zwischen Britisch-Guayana und Venezuela *(Schomburg-Linie)* festzulegen. → K. 160/161 I

1839–41 Der amerikanische Rechtsanwalt und Diplomat JOHN LLOYD **STEPHENS** sowie der englische Architekt und Landschaftszeichner FREDERICK **CATHERWOOD** (beide bereits als Orientreisende archäologisch tätig gewesen), bereisten Honduras, Guatemala, Chiapas und Yucatán und erkundeten dort bedeutende Ruinenstätten der Maya: Copán, Quiriguá, Palenque, Uxmal u.a. Die Existenz solcher Ruinen in dieser Region war zwar bekannt, aber kaum beachtet. Die Publikation STEPHENS 1843, ausgestattet mit Stichen nach präzisen Zeichnungen CATHERWOODS, machte beide schlagartig bekannt und zu den Begründern der

1 : 35 000 000
0
500
1000
1500 km
ATLANTISCHER OZEAN
PAZIFISCHER
Karibisches Meer
KOLUMBIEN
VENEZUELA
ECUADOR
PERU
BOLIVIEN
BRASILIEN
Brasilianisches Bergland
Llanos
Guayana
Brit.-
Ndl.-
Franz.-
Barbados
Trinidad (brit.)
Cumaná
Caracas
Maracaibo
Cartagena
Panamá
Bogotá
Angostura
Georgetown
Paramaribo
Cayenne
Belém (Pará)
São Luís
Ceará
Natal
Pernambuco (Recife)
Juazeiro
Salvador (Bahia)
Carolina
Goiás
Diamantina
Cuiabá
Mato Grosso
Corumbá
Santa Cruz
Pto. Velho
Manaus
Santarém
Tabatinga
Quito
Cuenca
Guayaquil
Trujillo
Lima
Callao
Cusco
La Paz
Potosí
Arica
Iquique
Äquator
Amazonas
Orinoco
Apure
Meta
Guaviare
Magdalena
Cauca
Maracaibosee
Casiquiare
R. Negro
R. Branco
Essequibo
Vaupés
Japurá
Putumayo
R. Napo
Marañón
Ucayali
Juruá
Purus
Madeira
Mamoré
Guaporé
Beni
Juruena
Xingu
Araguaia
Tocantins
Parnaíba
São Francisco
Paranaíba
Titicacasee
Humboldt 1799
Humboldt 1800
Humboldt 1801
Humboldt 1803
H. 1803
La Condamine 1736
La Condamine 1744
La Cond. 1744
1737
1743
Darwin 1832
Darwin 1835
Spix u. Martius 1819
Spix u. Martius 1817
Spix 1820
Martius 1820
Prinz zu Wied-Neuwied 1815–17
v. Langsdorff 1825
v. Langsdorff 1828
L. Riedel 1828
Pöppig 1831
Pöppig 1832
d'Orbigny 1830–33
Schomburgk 1839
Schomburgk 1841
Smith u. Lowe 1835
de Castelnau 1843
de Castelnau 1844
de Castelnau 1845
de Castelnau 1846/47
Wallace 1850–52
Bates 1848–59
Tschudi 1857
Raimondi 1851–69
Chandless 1864
Chandless 1865
Chandless 1867
Chandless 1868
Chandless 1869
Reiß u. Stübel 1869–74
Wells 1873–75
Crevaux 1876
Crevaux 1877
Crevaux 1879
Crevaux 1881
Cr. 1882
Hettner 1883/84
Hettner 1888/89
Sievers 1884/85
v. d. Steinen 1884
Ehrenreich 1887–89, 1892/93
Ehrenreich 1889
Coudreau 1895
Coudreau 1897
Coudreau 1899

ATLANTISCHER OZEAN
OZEAN
Gebiet über 2000 m
Gebiet des Tropischen Regen- und Höhenwaldes
Grenze der spanischen und portugiesischen Besitzungen um 1810
Staatsgrenze Ende 19. Jh.
Forschungsreisen
1736–1744 La Condamine
1799–1804 Alexander von Humboldt
1810–1830
1831–1860
1861–1900
Rio de Janeiro
Santos
São Paulo
Santa Catarina
Darwin 1832
Porto Alegre
Rio Grande
Montevideo
Río de la Plata
URUGUAY
Uruguay
Asunción
PARAGUAY
Paraná
Santa Fe
1833
Buenos Aires
Rosario
1859
Córdoba
Crevaux 1882
Salado
Tucumán
Gran
ARGENTINIEN
Pampas
1832
1833
Carmen
Bahía Blanca
Colorado
Río Negro
Salado
Chubut
Patagonien
Darwin 1833
1834
1833
Pöppig 1827
Falkland In. (brit.)
(Malwinen)
Magellanstr.
Sta. Cruz
Punta Arenas
Feuerland
Kap Hoorn
Darwin 1833
Drakestraße
Musters 1869/70
Steffen 1891–99
Steffen
1834
Tschudi 1858/59
1859
Burmeister
Philippi
Mendoza
1835
Santiago
Valparaíso
Copiapó
CHILE
Concepción
Pöppig 1829
Valdivia
Chiloe
Juan Fernández In.
Desventurados In.
Südl. Wendekreis
30
40
50
20
30
40
50
60
70
80
90
100

Maya-Archäologie. **1843** begründete der amerikanische Historiker William Hickling **Prescott**, ein halbblinder Stubengelehrter, mit seinen Forschungen über die Azteken, die er in seinem Werk *»Die Eroberung von Mexiko«* zusammenfasste, die Archäologie Altmexikos.

1843–47 Der Naturforscher Francis de la Porte Comte de **Castelnau** unternahm im französischen Regierungsauftrag die bis dahin aufwändigste wissenschaftliche Expedition nach Südamerika, die den Kontinent gleich zweimal durchquerte. Die Expedition gelangte von Rio de Janeiro über Goias und Cuiabá an den Araguaia und Tocantins, zum oberen Paraguay, weiter über die Llanos von Santa Cruz zum Hochland von Bolivien bis zur peruanischen Hauptstadt Lima. Von dort folgte de Castelnau über Cusco dem Ucayali und dem Amazonas bis Pará (Belém). → K. 160/161 II/IV

1848–59 Die englischen Naturforscher Alfred Russel **Wallace** und Henry Walter **Bates** bereisten 1848–52 gemeinsam den brasilianischen Abschnitt des Amazonas, wobei die Untersuchungen überwiegend naturwissenschaftlichen Erkenntnissen dienten. Bei seiner Rückreise 1852 verlor Wallace infolge Schiffbruch seine umfangreichen Sammlungen und Tagebücher. (Wallace, der als Begründer der *Tiergeographie* gilt, gelangte zu ähnlichen Erkenntnissen über die Abstammungslehre wie Darwin.) Bates forschte bis 1859 in Amazonien, sammelte über 14 000 Pflanzen, darunter 8 000 bisher unbekannte Arten. (Als Sekretär der *Königlichen Geographischen Gesellschaft* zu London förderte Bates später andere Reisende.) → K. 160/161 I

1850–59 Hermann **Burmeister**, seit 1837 Professor der Zoologie in Halle, forschte 1850–52 in Brasilien und ging 1856 nach Montevideo, bereiste das nördliche Argentinien und überquerte 1859 die Anden auf neuen Wegen nach Copiapó. (Er lebte ab 1861 in Buenos Aires und leitete das dortige Naturhistorische Museum, war außerdem an der naturwissenschaftlichen Fakultät der Universität Cordobá tätig.) → K. 160/161 II/IV

1851–69 Der Italiener Antonio **Raimondi** erreichte bei seinen systematischen Forschungen in Peru eine vergleichbare Bedeutung wie Burmeister in Argentinien. → K. 160/161 IV

1853/54 R. A. **Philippi** aus Kassel erforschte die Atacamawüste. Als Professor für Naturgeschichte, der seit Anfang der 1850er Jahre in Chile lebte, entfaltete er eine lebhafte wissenschaftliche Tätigkeit, vergleichbar mit dem Wirken Burmeisters. → K. 160/161 IV

1857–59 Der Naturforscher Johann Jakob von **Tschudi** aus der Schweiz, der sich bereits 1838–42 archäologischen Forschungen in Peru gewidmet hatte, bereiste Brasilien im Gebiet von Diamantina (Minas Gerais), durchzog danach die La-Plata-Länder und Anden bis Cobija. → K. 160/161 II/IV

1862–69 Der Engländer William **Chandless** nahm in siebenjähriger Vermessungstätigkeit den Amazonas (1862) und wichtige, teilweise kaum bekannte Nebenflüsse kartographisch auf: Tapajós (1864), Purus (1864/65), Juruá (1867) u. a. 1869 musste er auf dem Beni umkehren. → K. 160/161 I

1868–76 Die deutschen Reisenden Wilhelm **Reiss** und Alphons **Stübel** unternahmen eine ausgedehnte Reise in die nördlichen Andenländer. Des Geologen Stübel Hauptinteresse galt der Vulkanforschung. Von Santa Marta in Nordkolumbien, über den Rio Magdalena gelangten sie nach Bogotá. Ab 1870 erforschten sie die Vulkane Ecuadors (1872 Erstbesteigung des Cotopaxi durch Reiss). In Peru widmeten sie sich der Erforschung alter Inkaruinen. Über den Huallaga folgten sie dem Amazonas bis zur Mündung, wobei sie exakte Höhenmessungen vornahmen. → K. 160/161 I/IV

1869/70 Der englische Seeoffizier George Ch. **Musters** durchquerte das noch völlig unbekannte Innere Patagoniens von Punta Arenas aus nach Norden auf einer bahnbrechenden, 2 000 km langen Reise, begleitet von Tehuelche-Indianern. → K. 160/161 III

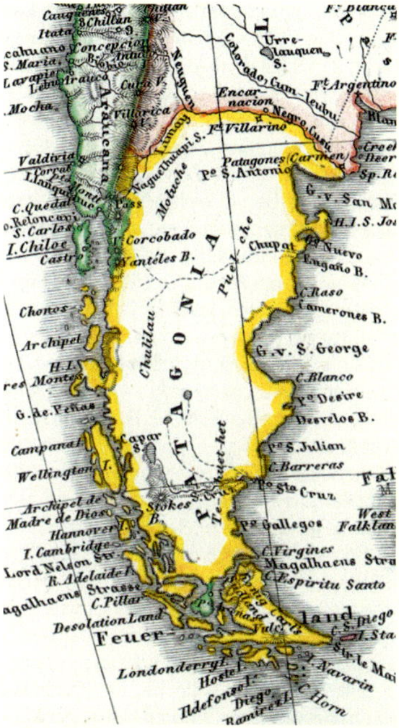

Patagonien und Feuerland *in »Stieler's Hand-Atlas« von* ***1868****, kurz vor der bahnbrechenden Forschungsreise George Ch. Musters 1869/70. Erst 1881 wurde Patagonien zwischen Chile und Argentinien geteilt; die genaue Grenzziehung erfolgte 1902.*

1876 wurden die Forschungen Musters von dem Argentinier Francisco P. **Moreno** fortgesetzt; 1879–86 erfolgte die militärische Angliederung Ostpatagoniens an Argentinien.

1873–75 J. F. **Wells** erforschte einen großen Teil des Inneren NO-Brasiliens, insbesondere die kaum bekannten Gebiete am Tocantins und dem unteren Rio São Francisco. → K. 160/162 II

1877–82 Der rührige französische Arzt und Forscher Jules Nicolas **Crevaux** bereiste 1877–79 das Innere Französisch-Guayanas bis an den unteren Amazonas, folgte dann dem Amazonas aufwärts, dem Putumayo bis zu dessen Quelle und dann den Japurá abwärts. 1880/81 erforschte er von Kolumbien aus den Guaviare und Orinoco. → K. 160/161 I

1882 zog **Crevaux** vom La Plata aus den Paraná und Salado aufwärts, um die unbekannten Gran-Chaco-Gebiete am Pilcomayo zu erforschen, wo er aber von unabhängigen Toba-Indianern am 13. Mai 1882 getötet wurde. → K. 160/161 IV

1883 Auf der Suche nach Crevaux durchquerte Arthur **Thouar** von Bolivien aus, dem Pilcomayo folgend, als erster Forscher den Gran Chaco. → K. 160/161 III/IV

1883/84 und **1888/89** Der bekannte deutsche Geograph Alfred **Hettner** forschte in den ostkolumbischen Anden und im südlichen Peru und angrenzenden Andenregionen Boliviens. → K. 160/161 IV

1883–95 Der französische Geograph Henri **Coudreau** setzte die Forschungen von Crevaux in Guayana fort. **1895–97** untersuchte er vom Norden her den Tapajós, Xingu und den Araguaia-Tocantins. Am 10.11. 1899 starb Coudreau an den Ufern des nördlichen Amazonaszuflusses Rio Trombetas. → K. 160/161 I

1884 und **1887/88** Der deutsche Völkerkundler Karl von den **Steinen** ging 1884 nach Zentralbrasilien, bereiste von Cuiabá aus den Xingu bis zur Mündung, womit eine der größten Lücken in der Kenntnis Innerbrasiliens geschlossen wurde. 1887 ging er abermals zum oberen Xingu, wo er zusammen mit Ehrenreich die Indianerstämme der *Bakairi* und *Bororó* beschrieb. Der Völkerkundler Paul **Ehrenreich** erforschte **1892/93** weitere *Xingu-Indianer*, aber auch die *Karayá* am Rio Araguaia und Stämme am Rio Purus. → K. 160/161 I/II

1891–99 leitete **H. Steffen** (ab 1893 im chilenischen Regierungsauftrag) die Erforschung der nahezu unbekannten patagonischen Kordilleren ein. Zeitweise waren daran weitere Wissenschaftler beteiligt. → K. 160/161 III

Nach dem amerikanischen Unabhängigkeitskrieg 1776–83 dehnte sich die Besiedlung der neu entstandenen Vereinigten Staaten in breiter Front über die Appalachen aus und erreichte kurz nach 1800 den Mississippi. Forschergeist ging dabei mit Erkundungen der Trapper und den Interessen vorwärts dringender Siedler einher. Nachdem die USA ***1803*** Frankreich ***Louisiana***, d.h. das Stromgebiet des Mississippi-Missouri, abgekauft hatten, überschritten die Siedler bald den Mississippi (→ K. 168/169).

Im Grunde genommen waren die neu erworbenen Gebiete weitgehend unbekannt; die Quellgebiete des Mississippi, Missouri und Arkansas lagen 1803 im Dunkeln und von den Rocky Mountains hatte man nur ungenaue Vorstellungen. Lediglich die pazifische Küste Nordamerikas war durch die Reisen Cooks, Lapérouses und Vancouvers sowie im Norden durch russische Untersuchungen bekannt. Einzelne kühne Forschungsunternehmungen Mackenzies (→ 129) und Thompsons hatten seit 1789 zu ersten Erkenntnissen über die Weiten des kanadischen Nordwestens geführt. Die südwestlichen Gebiete – Kalifornien, Neumexiko und Texas – waren als Teile des spanischen Vizekönigreiches Neuspanien vage bekannt, keinesfalls aber näher erforscht.

1804–06 führten **Lewis*** und **Clark*** im Auftrag des amerikanischen Präsidenten Jefferson eine Expedition den Missouri aufwärts über das Felsengebirge nach Oregon, dem Land am Pazifik. Reiche Erkenntnisse brachten auch die Streifzüge **Pikes** 1805–08 zum oberen Mississippi und nach Santa Fé in Neumexiko. Die Unternehmungen im Auftrag des Pelzhändlers John Jacob Astor, besonders die Reisen **Hunts** 1811–13, führten nicht nur zur Gründung der ersten amerikanischen Siedlung *Astoria* am Pazifik, sondern vertieften auch die Kenntnis des Oregongebietes, auf das während des 1812 ausgebrochenen *amerikanisch-britischen Krieges* die von Kanada aus operierende *North West Company* mit militärischer Unterstützung britischer Schiffe Besitzansprüche erhob. Erst 1846, nachdem 1843 die amerikanische Besiedlung dieses Gebietes begonnen hatte, konnte der Streit um Oregon zu Gunsten der USA beigelegt werden (→ K. 165).

Eine besondere Rolle bei der Erkundung der Westgebiete Nordamerikas spielten die ***Mountain Men***, die *»Männer der Berge«*, amerikanische Trapper und Pelzhändler, die von den Bergen der Rocky Mountains aus operierten und damals zu Mexiko gehörende Gebiete durchstreiften. Aus der Reihe dieser Männer ragte der Trapper J. S. **Smith** hervor, der zwischen 1824 und 1829 weite Gebiete des *Großen Beckens* erkundete.

In zunehmendem Maße wurden militärische Erkundungszüge betrieben, vielfach in Begleitung von Geologen, Landvermessern und Naturwissenschaftlern, z.B. die Unternehmungen **Longs**, der 1817–20 die Präriegebiete zwischen den Flüssen Platte und Canadian erforschte. Die umfassendsten Erkenntnisse erbrachte in den 40er-Jahren **Frémont**, der mehrere Expeditionen durchführte, wichtige Wege (Trails) für Auswanderer erkundete und mit seinen Streifzügen durch das mexikanische Kalifornien, Utah und Neumexiko die amerikanische Annexion dieser Gebiete 1848 vorbereite bzw. einleitete. In Zusammenarbeit mit einem seiner Begleiter, dem Kartographen und Landvermesser Karl Preuss, entstand eine erste recht zuverlässige Karte des Westens der USA.

Infolge des ***Goldrauschs von 1848*** strömten Zehntausende Goldsucher und Glücksritter, aber auch Siedler und Kaufleute nach Kalifornien. Die Besiedlung Oregons begann ab 1843/44, die Utahs ab 1847 nach der Auswanderung der *Mormonen* zum Großen Salzsee und der Gründung von Salt Lake City. Um 1860 war der Westen der USA relativ genau bekannt und kartographisch erfasst. Nach dem *amerikanischen Bürgerkrieg (1861–65)* und insbesondere mit der Fertigstellung der ersten durchgehenden ***Pazifikbahn 1869*** verstärkte sich die Besiedlung des Westens. Mit der Gründung des *United States Geological and Geographical Survey* und des *Bureau of Ethnology* wurde ab 1879 eine systematische und koordinierte Forschung und Landesvermessung betrieben, so dass Ende des 19. Jh. die USA zu den am besten bekannten außereuropäischen Gebieten zählten.

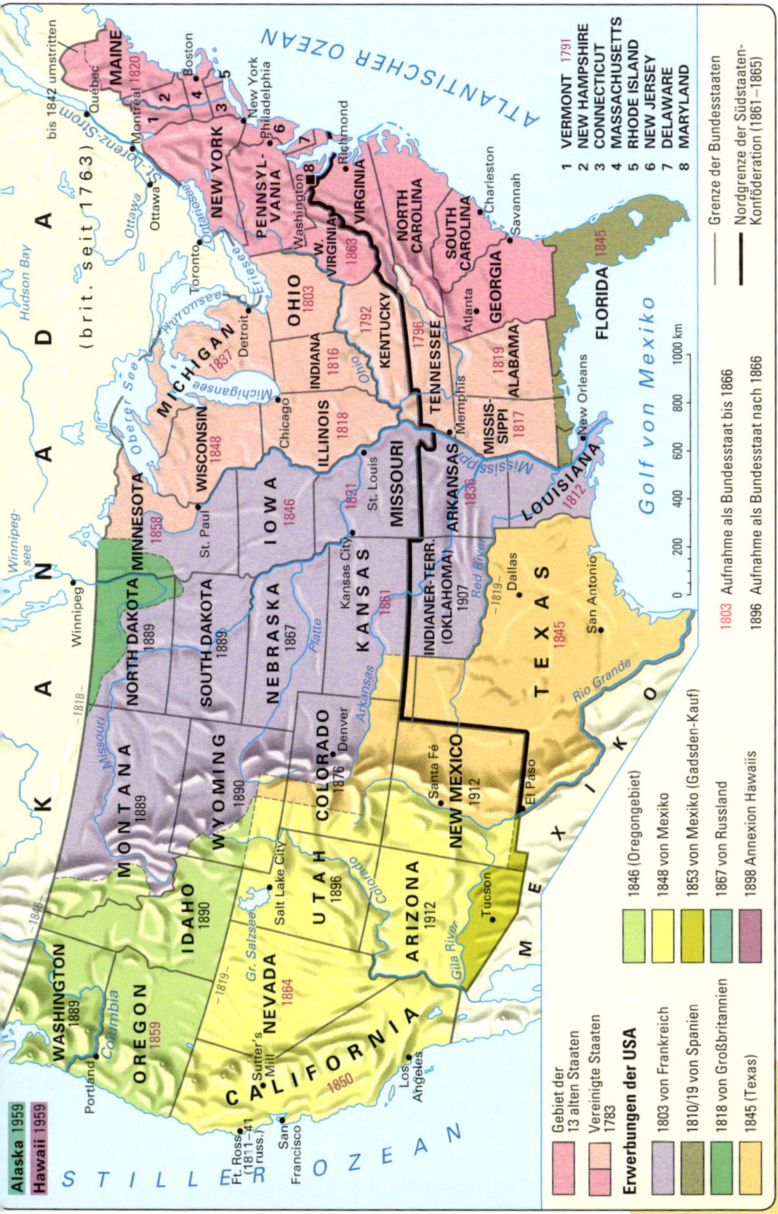

Gebiet der 13 alten Staaten
Vereinigte Staaten 1783
Erwerbungen der USA
1803 von Frankreich
1810/19 von Spanien
1818 von Großbritannien
1845 (Texas)
1846 (Oregongebiet)
1848 von Mexiko
1853 von Mexiko (Gadsden-Kauf)
1867 von Russland
1898 Annexion Hawaiis
1803 Aufnahme als Bundesstaat bis 1866
1896 Aufnahme als Bundesstaat nach 1866
Grenze der Bundesstaaten
Nordgrenze der Südstaaten-Konföderation (1861–1865)
1 VERMONT 1791
2 NEW HAMPSHIRE
3 CONNECTICUT
4 MASSACHUSETTS
5 RHODE ISLAND
6 NEW JERSEY
7 DELAWARE
8 MARYLAND
Alaska 1959
Hawaii 1959
K A N A D A
(brit. seit 1763)
bis 1842 umstritten
ATLANTISCHER OZEAN
STILLER OZEAN
Golf von Mexiko
M E X I K O
Hudson Bay
Winnipegsee
Oberer See
Michigansee
Huronsee
Eriesee
Ontariosee
St.-Lorenz-Strom
Ottawa
Québec
Montréal
Toronto
Winnipeg
MAINE 1820
NEW YORK
PENNSYL-VANIA
VIRGINIA
W. VIRGINIA 1863
NORTH CAROLINA
SOUTH CAROLINA
GEORGIA
FLORIDA 1845
OHIO 1803
MICHIGAN 1837
INDIANA 1816
ILLINOIS 1818
KENTUCKY 1792
TENNESSEE 1796
ALABAMA 1819
MISSIS-SIPPI 1817
LOUISIANA 1812
ARKANSAS 1836
MISSOURI 1821
WISCONSIN 1848
MINNESOTA 1858
IOWA 1846
KANSAS 1861
NEBRASKA 1867
INDIANER-TERR. (OKLAHOMA) 1907
TEXAS 1845
NORTH DAKOTA 1889
SOUTH DAKOTA 1889
MONTANA 1889
WYOMING 1890
COLORADO 1876
NEW MEXICO 1912
ARIZONA 1912
UTAH 1896
NEVADA 1864
IDAHO 1890
WASHINGTON 1889
OREGON 1859
CALIFORNIA 1850
Boston
New York
Philadelphia
Washington
Richmond
Charleston
Savannah
Atlanta
Detroit
Chicago
St. Louis
Memphis
New Orleans
St. Paul
Kansas City
Dallas
San Antonio
Denver
Santa Fé
El Paso
Tucson
Salt Lake City
Gr. Salzsee
Portland
Sutter's Mill
Ft. Ross (1811–41 russ.)
San Francisco
Los Angeles
Columbia
Missouri
Platte
Arkansas
Red River
Mississippi
Ohio
Rio Grande
Colorado
Gila River
–1846–
–1818–
–1819–
0 200 400 600 800 1000 km

1804–06 ***Erste transkontinentale amerikanische Expedition*** unter **Lewis*** und **Clark*** zur Erkundung eines Landweges vom Osten der USA zum Pazifik im Auftrag des damaligen amerikanischen Präsidenten Thomas Jefferson (1801–09), der Louisiana 1803 durch Kaufvertrag von Frankreich erworben hatte. Diese Expedition mit über 40 Teilnehmern wurde von Meriwether Lewis geführt. Von Mai bis Oktober 1804 fuhr die Gruppe von St. Louis den Missouri aufwärts zu den Dörfern der Mandan-Indianer (im heutigen Nord-Dakota), wo überwintert wurde. Hier schloss sich ihnen der frankokanadische Trapper Toussaint Charbonneau an, dessen junge indianische Frau vom Stamme der Schoschonen, Sacajawea, als Dolmetscherin und Führerin wertvolle Dienste leistete. Im April 1805 ging es den Missouri aufwärts zu den *Großen Fällen*. Über die Rocky Mountains und Bitterroot Mountains gelangte die Expedition zum Snake River, schließlich zum unteren Columbia River und dessen Mündung in den Pazifischen Ozean (Oregongebiet), wo sie wiederum überwinterte. Von März bis September 1806 dauerte der Rückmarsch, weitgehend auf der gleichen Route, wobei Clarke allein den Yellowstone River entlang zog. – Während Lewis naturwissenschaftliche und ethnographische Forschungen betrieb, erstellte Clark wertvolle Routenaufnahmen. Die Expedition hatte eine Strecke von 10 000 km größtenteils durch unbekannte Gebiete zurückgelegt. Es zeigte sich, dass die gewählte Strecke weder für den Handel, noch für eine Besiedlung sonderlich geeignet erschien. Die Lewis-Clark-Expedition begründete die amerikanischen Besitzansprüche auf das Oregongebiet. → K. 168/169 I/IV

1805 Leutnant Zebulon Montgomery **Pike** reiste im Auftrag des amerikanischen Präsidenten Jefferson in das kaum bekannte obere Mississippigebiet und kehrte 1806 im Glauben zurück, die Quelle des Stromes entdeckt zu haben. (Tatsächlich wurde diese erst 1832 im Norden des Lake Leech gefunden.) → K. 168/169 II

1806 reiste **Pike** mit 20 Mann militärischer Begleitung durch die mittleren und südlichen Regionen der neu erworbenen Gebiete. Von St. Louis aus erkundete er den oberen Arkansas bis zu den Rocky Mountains, betrat die Colorado-Hochebene und entdeckte den 4 300 m hohen Pikes Pik. Am Oberlauf des Rio Grande del Norte, also eindeutig auf spanischem Gebiet, wurde er 1807 von Spaniern gefangen genommen und über Santa Fé, Chihuahua und durch Texas nach Louisiana abgeschoben. Sein 1810 veröffentlichter, viel gelesener Bericht weckte in den USA das Interesse für den *»Wilden Westen«*. → K. 168/169 III

1806/07 John **Colter**, einer der Unteroffiziere der Lewis- und Clark-Expedition, kehrte in die Rocky Mountains zurück und erkundete die Gebiete zwischen dem Missouri-Quellgebiet und dem oberen Rio Grande del Nort bis Santa Fé. Er war höchstwahrscheinlich der erste Amerikaner, der das Gebiet des späteren Yellowstone-Parks betrat.

1807–11 überschritt David **Thompson**, ein englisch-kanadischer Topograph und Pelzhändler, der seit 1788 weite Gebiete der Hudsonbai-Länder durchstreift hatte und 1797 in den Dienst der *North West Company* getreten war, die Rocky Mountains und erforschte den Columbia River in seiner gesamten Länge. **1811** traf er an der Mündung des Stromes auf *Astoria*, den Stützpunkt der Agenten Johann Jakob Astors. (1813/14 schuf Thompson eine ausführliche Karte des heutigen West-Kanada.) → K. 168/169 I

1808 befuhr der schottisch-kanadische Pelzhändler Simon **Fraser** vom 1807 gegründeten Fort George aus den 1 300 km langen Fraser River bis zur Mündung. (Die Quellen des Fraser wurden erst 1875 entdeckt.) → K. 168/169 I

1811–13 bereiste Wilson Price **Hunt**, Agent der Unternehmungen des reichen Pelzhändlers Johann Jakob Astor (1763–1848), den amerikanischen Nordwesten auf neuen Wegen. Er durchquerte die Prärien vom mittleren Missouri aus über die Bighorn Mountains und erreichte über den Snake River den unteren Columbia und *Astoria*, die 1811 gegründete

***Lewis* und *Clark* und die Schoschonen-Indianerin *Sacajawea* auf einer Lithographie.**
Meriwether Lewis wurde am 18.8.1774 in Albermale (Virginia) geboren und starb am 11.10.1809 bei Nashville (Tennessee). Als erfahrener Jäger und Captain der amerikanischen Armee hatte er sich auch botanische und zoologische Kenntnisse angeeignet. Er war seit 1801 Privatsekretär des dritten amerikanischen Präsidenten, Thomas Jefferson, und wurde von diesem mit der Führung einer umfassenden Expedition durch das 1803 neu erworbene Louisiana bis zum Pazifischen Ozean beauftragt. Von 1807 bis zu seinem Tode 1809 war er Gouverneur von Louisiana.

*Er wählte den Offizier **William Clark** zum Mitverantwortlichen der Expedition. Dessen topographische Kenntnisse waren für die zuverlässigen Kartenaufnahmen von besonderer Bedeutung. Zwischen beiden bestand während der gesamten Expedition eine seltene Harmonie und sie zollten den Indianern tiefen Respekt. Clark wurde am 1.8.1770 in Virginia geboren und starb am 1.9.1838 in St. Louis. Er war 1807–13 Brigadegeneral der amerikanischen Miliz und 1813–21 Gouverneur von Missouri, 1822–38 Generalintendant für indianische Angelegenheiten in St. Louis.*

erste amerikanische Siedlung am Pazifischen Ozean. 1812/13 kehrte er auf südlicherem Wege über den Snake und Platte River nach St. Louis zurück, womit er im Prinzip den späteren *Oregon-Trail* gefunden hatte. → K. 168/169 I/IV

1812–14 ***Der Englisch-Amerikanische Krieg*** unterbrach die Erkundung des Westens. Astoria musste aufgegeben werden; die britischen Gebiete am Nördlichen Red River fielen 1818 bis zum 49. Breitengrad an die USA. → K. 165

1817–20 erkundete Stephen Harriman **Long**, amerikanischer Pionieroffizier, weite Gebiete der südlichen Prärien zwischen Mississippi-Missouri und dem Red River bis zu den Rocky Mountains. Er erforschte Teile des Platte- und Arkansastales genauer und den bis dahin unbekannten Canadian River in seiner gesamten Länge. Sorgfältig beschrieb er die Natur und die angetroffenen Indianerstämme. → K. 168/169 III

1821–25 Will Henry **Ashley**, Fabrikant und Pelzhändler und seit 1820 Vizegouverneur von Missouri, gründete die *Rocky Mountains Fur Company*, die bis in die dreißiger Jahre viel für die Erforschung der Rocky Mountains und des Großen Beckens tat. Ashley selbst entdeckte **1825** den Utahsee. In den 20er und

Queen-Charlotte-In.
Vancouver-I.
PAZIFISCHER OZEAN
Brit. Columbia
Rocky Mountains
Washington-Terr.
Oregon
Nebraska Terr.
Utah-Terr.
Kalifornien
Neumexiko-Terr.
MEXIKO
Gebi
Hud
Ft. George 1807
Edmonton 1801
Kootenay House
New Westminster 1859
Victoria 1843
Astoria 1811
Portland 1845
Ft. Walla Walla
Ft. Benton
Ft. Union
Ft. Mandan
Ft. Hall
Südpass
Ft. Laramie
Salt Lake City 1847
Sacramento
Ft. Ross (1811–41 russ.)
San Francisco
Monterey
Los Angeles
San Diego
Tucson
El Paso
Santa Fé
Pueblo
Chihuahua
Peace R.
Athabaska
Rentiersee
Churchil
Nördl. Saskatchewan
Südl. Saskatchewan
Fraser
Columbia
Snake
Missouri
Yellowstone
Colorado
Gila
Rio Grande
Rio Pecos
Gr. Fälle
Bitter-root Mts.
Bighorn Mts.
Black Hills
Gr. Salzsee
Utahsee
Sierra Nevada
Fraser 1808
1802
1798
1790
Thompson
1807
1800
Thompson 1811
Lewis u. Clark 1805
Lewis und Clark 1804–06
Clark 1806
Hunt 1811
Hunt 1812
Hunt 1813
O.T.
C.T.
Smith 1821
Smith 1826
Smith 1826/27
Walker 1833
Frémont 1843
Frémont 1845
Frémont 1842/43
Frémont 1846
Frémont 1853
Frémont 1844
Frémont 1848
1845
Pattie 1827–29
Sta.-Fé-Trail 1821
Pike 180
130
120
110
50
40
30
Von Europäern besiedelte Gebiete
um 1800
um 1830
Siedlungsgrenze um 1860
Grenzen um 1860
Um 1830 unbesiedelte Naturlandschaften („Indianderland“)
Waldgebiet
Grasland, Steppen und Halbwüsten
1854 Jahr der Ortsgründung

Hudson Bay
Labrador
Port Nelson
Thompson 1792
Nelson
t der
on Bay
Company
Severn
Winnipeg-
see
Albany
James
Bay
La Grande Rivière
Eastmain
Lac
Mistassini
Rupert
House
Nipigonsee
Québec
Kanada
Ft. Garry
1821
Lake
of the Woods
Thompson 1797
Oberer See
1798
Nördl. Red River
Nicollet 1839
Minnesota
Schoolcraft
1832
Michigan
Huronsee
Ottawa
Montréal
Ottawa
1858
St. Lorenzstrom
Maine
Vermont
N.H.
St. Paul 1836
Wisconsin
Toronto
Ontariosee
New
York
Albany
Boston
Mass.
Conn. Rhode I.
Niagara-
Fälle
Michigansee
Mississippi
Pike 1805
Hudson
Frémont 1841
Iowa
Des Moines
Chicago
1803
Detroit
Eriesee
Pennsylvania
New York
New Jersey
Philadelphia
Pittsburgh
Appalachen
Maryland
Delaware
Washington
Omaha
1854
Illinois
Springfield
Indi-
ana
Indianapolis
Ohio
Columbus
Cincinnati
Virginia
St. Louis
Kansas City
1838
Missouri
Pike 1806
Missouri
Ohio
Kentucky
Arkansas
Long 1820
Nashville
North Carolina
Tennessee
Tennessee
Memphis
South
Carolina
Savanna
dianer-
Arkan-
sas
Terr.
Little Rock
Long 1817/18
Red River
Atlanta
Charleston
ATLANT.
Mississippi
Alabama
Georgia
Savannah
Alabama
Fort Worth
Natchitoches
Jackson
Brazos
Mississippi
OZEAN
Florida
xas
Lousiana
New Orleans
Houston
1836
San
Antonio
Golf von Mexiko
90
80
70
50
40
30
Forschungsreisen
bis 1812/13
1814–1839
1840–1860
wichtige Trails (Besiedlungs- und Postwege) um 1850
O. T. Oregon Trail 1843
C. T. California Trail 1849
0
200
400
600 km
1 : 24 000 000

30er Jahren durchzogen 2000 bis 3000 *Mountain Men* (Trapper und Pelzhändler) den »Wilden Westen«: **1824** sah JAMES **BRIDGER** vermutlich als erster Weißer den Großen Salzsee, den er für einen Meeresarm des Pazifischen Ozeans hielt; 1830 untersuchte er das Gebiet des späteren Yellowstone Parks. **1825** entdeckte PETER S. **OGDEN** den Humboldtfluss im Großen Becken.

1826–29 Der wohl bekannteste *Mountain Man* war JEDEDIAH STRONG **SMITH**, der bereits 1822 mit ASHLEY in das Gebiet der Mandan- und Assiniboin-Indianer am oberen Missouri gezogen war, den Südpass und Snake River erreicht hatte und ab 1826 Routen durch das Große Becken nach Kalifornien fand, wo er zweimal von den mexikanischen Behörden ausgewiesen wurde, dabei die Sierra Nevada überschritt und das Oregongebiet erreichte. **1831** führte er einen Treck von 22 Fahrzeugen von St. Louis nach Santa Fé. → K. 168/169 I/IV

1827–29 durchzog **PATTIE** von Pueblo über das obere Rio-Grande-Tal, den Gila River entlang nach Südkalifornien. → K. 168/169 III

1832 Der amerikanische Ethnolge und Entdecker HENRY ROWE **SCHOOLCRAFT** entdeckte den Mississippi-Quellsee *Itasca*. → K. 168/169 I

1833 wurde JOSEPH REDDEFORD **WALKER** beauftragt, den Großen Salzsee und seine Umgebung zu erkunden. Er folgte dem Humboldtfluss bis nach Monterey in Kalifornien, quer durch die Sierra Nevada. → K. 168/169 IV

1839/40 nahm JOHN CHARLES **FRÉMONT**, als Leutnant des U.S. Topographical Corps und Assistent seines Chefs, JOSEPH N. **NICOLLET**, an Vermessungsarbeiten des Gebietes zwischen oberem Mississippi und Missouri teil. **1841** erforschte **FRÉMONT** den Mississippinebenfluss Des Moines. → K. 168/169 I

1842/43 unternahm J. CH. **FRÉMONT** im Auftrag des amerikanischen Kriegsministeriums eine Militärexpedition von St. Louis in die Rocky Mountains, um einen praktikablen Weg für Auswanderer nach Oregon zu finden. Über den Südpass führte sein Weg durch die Rocky Mountains zum unteren Columbia.

1843/44 gelangte **FRÉMONT** auf einer weiteren Reise über den Snake River an den Columbia nach Oregon, wandte sich dann nach dem mexikanischen Kalifornien und kehrte durch das südliche Große Becken zum Großen Salzsee und nach St. Louis zurück. Sein viel gelesener Reisebericht machte ihn berühmt.

1845–47 reiste **FRÉMONT** über den Großen Salzsee, entlang den Humboldtfluss über die Sierra Nevada nach Kalifornien, wo er in die ausbrechenden Kämpfe zwischen amerikanischen und mexikanischen Siedlern verwickelt wurde. Er begleitete 1846/47 von Oregon aus angeworbene Soldaten nach Kalifornien – ein Jahr bevor die Goldfunde am Sacramento zur massenhaften Einwanderung führten.

1848 Nach seiner Entlassung aus der Armee führte **FRÉMONT** eine Expedition durch das südliche Große Becken, durch das Land der Apachen, nach Kalifornien, kaufte am Sacramento Land, wo Goldfunde ihm ein Vermögen verschafften. → K. 168/169 IV.

Nordamerika-Karte aus »Stieler's Hand-Atlas«, um 1824 *(Ausschnitt)*
(Kartenentwurf von C. G. REICHARD 1818, revidiert 1823/24)
Die Karte berücksichtigt bereits die Grenzziehungen zwischen den britischen Besitzungen und den USA von 1818 sowie zwischen Spanien und den USA 1819. Das Oregon-Territorium, das erst 1846 zwischen Großbritannien und den Vereinigten Staaten aufgeteilt wurde, ist hier gemäß dem US-Anspruch eingetragen. Die Erkenntnisse der LEWIS- und CLARK-Expedition, PIKES, THOMPSONS und HUNTS sind exakt umgesetzt. LONGS Präzisierung des Arkansas und seine Entdeckung des Canadian River fanden noch keine Berücksichtigung. Im mexikanischen Teil sind zwar der Rio Grande und sehr vage der Colorado eingetragen, aber das Große Becken ist noch völlige Terra incognita. Hier vermutete man zu dieser Zeit noch den San Felipe, einen Abfluss zweier großer Seen, vermutlich des zu dieser Zeit kaum bekannten Großen Salzsees und Utahsees.

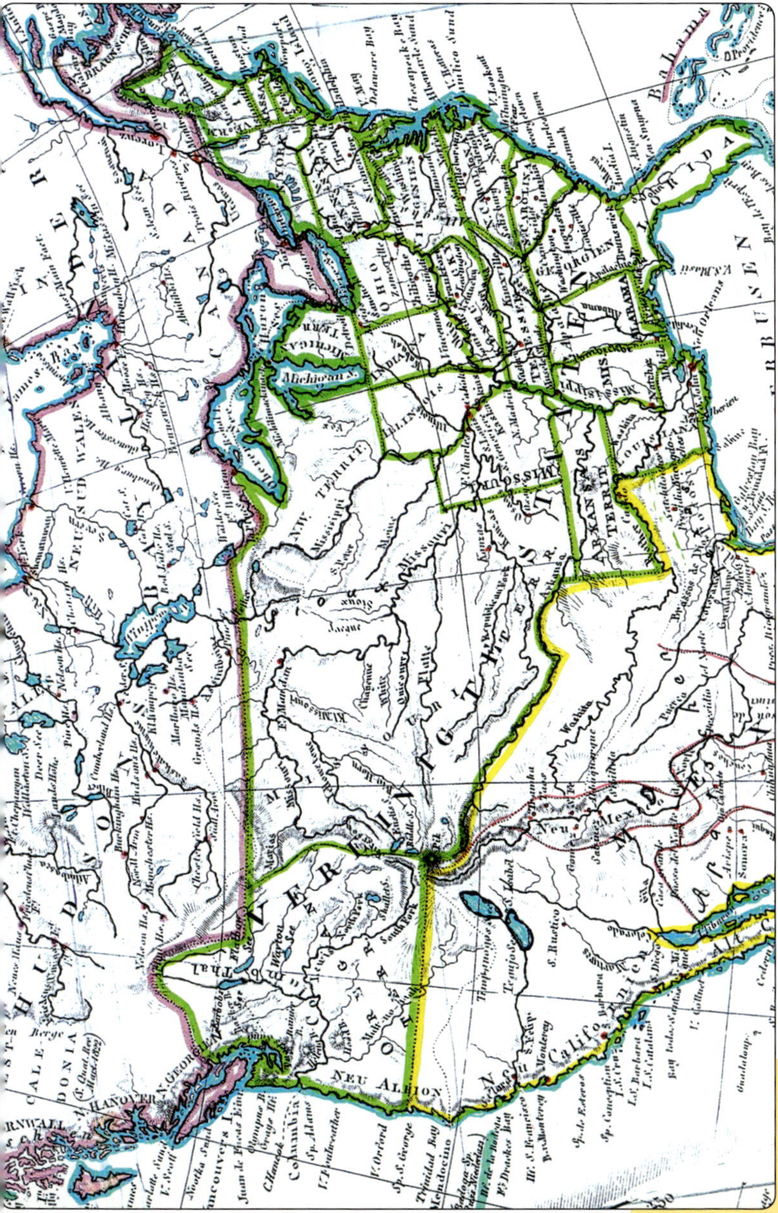
OHIO
INDIANA
ILLINOIS
Michigan S.
MISSOURI
ARKANSAS TERRIT.
GEORGIEN
ALABAMA
MISSISIPPI
NEU ALBION
Neu Mexico
Huron See
Winipeg
Bahama
Missouri
Mississippi
Platte
N.W. TERRIT.
NEU SUD WALES

Ende des 18. Jahrhunderts waren die Küsten Afrikas verhältnismäßig genau bekannt, das Innere des Kontinents jedoch nur punktuell erkundet oder völlig unbekannt. Die alte Kolonialmacht Portugal hatte zwar in Angola und Ostafrika weite Gebiete ihrem Herrschaftsbereich einbezogen, aber viele Kenntnisse geheim gehalten. Der intensive Sklavenhandel der Engländer, Franzosen, Niederländer und Dänen von den westafrikanischen Küsten nach Amerika hatte kaum zur Erforschung des Inneren Afrikas beigetragen, da die Sklavenjagd einheimischen afrikanischen Händlern und Häuptlingen vorbehalten blieb (→ K. 174).

Nach dem Verlust der britischen Kolonien in Nordamerika kam es mit der Gründung der *British Association for promoting the discovery of the interrior parts of Africa (»Gesellschaft zur Förderung der Entdeckung der inneren Teile Afrikas«)*, kurz ***British African Association*** genannt, am 9. Juni **1788** in London zur beabsichtigten planmäßigen Erkundung und Erforschung Afrikas. Erster Leiter der Gesellschaft war der wohlhabende Naturforscher Joseph Banks (1743 – 1820), der James Cook auf dessen Weltreise 1768 – 71 begleitet hatte. Natürlich war mit den Forschungszielen die erklärte Absicht verbunden, den Handel in Afrika auszubreiten, die britische Industrie zu fördern und den Sklavenhandel zu bekämpfen. 1834 ging die *African Association* in der Londoner ***Royal Geographical Society*** auf. **1821** wurde die französische ***Société de Geographie*** gegründet, die sich ebenfalls der Erforschung Afrikas widmete. Deutschland folgte 1878 mit der Gründung der ***Afrikanischen Gesellschaft*** durch Adolf Bastian. Im politisch zerrissenen Deutschland wurde die Förderung der Entschleierung Afrikas und anderer Erdräume vor der Reichseinigung 1871 vor allem durch August Petermann (→ 178) in Gotha betrieben.

Ausgehend von der Karte d'Anvilles (→ 174), fasste die *British African Association* bestimmte Forschungsprobleme ins Auge, vor allem zunächst die großen Ströme zu erkunden und Wege von Nordafrika durch die Sahara in den Sudan zu finden. Durch ihr systematisches Vorgehen, die Entsendung und finanzielle Ausstattung wissenschaftlich wie körperlich tüchtiger Reisender, darunter vieler Deutscher, konnten wertvolle Ergebnisse erzielt werden. Zahlreiche Reisende ließen in der Frühzeit der Erschließung Afrikas ihr Leben (Mungo Park, Hornemann, Laing, Clapperton u. a.). Durch die britische Eroberung des Kaplandes 1795/1806 und das französische Ägyptenabenteuer unter Napoleon Bonaparte (1798 – 1801), vor allem aber durch die französische Eroberung Algeriens ab 1830 wurde die Erforschung Afrikas vorangetrieben und rückte seither in zunehmendem Maße in die Nähe kolonialer Interessen.

In der ***ersten Hälfte des 19. Jh.*** wurden trotz aller Bemühungen nur mäßige Erfolge erzielt: Das Nigerproblem wurde geklärt und erste Vorstellungen über die afrikanische Staatenwelt des Sudans gewonnen; die Gebiete am Mittellauf des Nils (Nubien und Sennar) und weite Teile Abessiniens wurden genauer erkundet. Mit den Siedlungstrecks der Buren seit 1836, aber auch durch britisches Missionswesen wurden weite Gebiete des Inneren Südafrikas bekannt.

Die Zeit von ***1850 – 1880*** gilt als die ***Epoche der »großen wissenschaftlichen Forschungsreisen und klassischen Reisebeschreibungen«*** in Afrika. Innerhalb von 30 Jahren wurden die großen Stromsysteme – Sambesi, Nil und Kongo und nicht zuletzt die ostafrikanischen Seen – erforscht, die Verteilung der Naturlandschaften und der Höhenverhältnisse in ihren Grundzügen geklärt sowie die Verbreitung der autochthonen Völker und Stämme bekannt. Glanzvolle Namen, wie Livingstone, Barth, Burton, Speke, Nachtigal und Stanley treten in dieser Zeit hervor. Große Teile des islamisch geprägten Nordafrikas, des Sudans und weite Gebiete Ostafrikas, insbesondere Abessiniens, waren natürlich den einheimischen Reisenden und Händlern gut bekannt. Sprachbegabte europäische Forscher, wie Heinrich Barth, konnten sich bei der Präzisierung von Landkarten durch gezielte Befragungen auf das Wissen der arabischen und afrikanischen Kaufleute und Mekka-Reisenden stützen, ohne selber alle Lokalitäten aufsuchen zu müssen.

Der Kilimandscharo – das »Mondgebirge« des Ptolemäus?
1848 erblickte der Missionar Johannes Rebmann als erster Europäer den »Schneeberg« Kilimandscharo. Sein Amtsbruder Johann Ludwig Krapf sah 1849 ebenfalls den höchsten Berg Afrikas, außerdem den schneebedeckten Mount Kenia. Die Entdeckungen schienen die Überlieferung des Ptolemäus (2. Jh. n. Chr.) von dem mit Schnee bedeckten »Mondgebirge« zu bestätigen.

Besonders von englischer Seite wurden die Interpretationen von »Schneebergen« auf das Entschiedenste bestritten. Selbst Livingstone vermutete, dass die weiße Farbe des Gipfels des Kilimandscharo nichts anderes sein möchte, als weißer Quarzfelsen und kristallinischer Kalk. Erst als der Baron Karl von der Decken 1862 den Berg bis zu 4 280 m Höhe bestiegen und der englische Missionar Charles Nue 1871 den Kilimandscharo bis zum Rande des Schnees erklommen hatte, gaben die Engländer ihre Zweifel auf. 1889 bezwang Hans Meyer zusammen mit dem Alpinisten Ludwig Purtscheller den 5 892 m hohen Kibo, die höchste Erhebung des Kilimandscharo.

Etwa ***ab 1880*** begann die ***regionale Einzelforschung*** im Zusammenhang mit der kolonialen Durchdringung Afrikas durch die europäischen Mächte mit Hilfe modernerer Techniken und neuester medizinischer Maßnahmen. Spätestens mit der *Berliner Kongo-Konferenz* 1884/85 zur Lösung von Streitfragen im Zusammenhang mit der Etablierung des Kongo-Staates als »Privatkolonie« des belgischen Königs begann das »Wettrennen um die Aufteilung Afrikas«. Daran waren außer den alten Kolonialmächten Großbritannien, Frankreich und Portugal nunmehr auch Belgien, Deutschland, Spanien und Italien beteiligt (→ K. 217). Im Falle der *Faschodakrise (1898)* und der *Marokkokrisen (1905/06* und *1911)* standen die Großmächte kurz vor militärischen Auseinandersetzungen. Im *Burenkrieg (1899–1902)* konnten sich die britischen Streitkräfte bereits auf topographische Karten von Südafrika stützen. In dieser Zeit waren zahlreiche militärisch organisierte Unternehmungen und Eroberungen gleichzeitig mit Forschungs- und Vermessungsaufgaben verbunden (→ K. 216/217).

Im Ergebnis des ***Ersten Weltkrieges (1914–18)*** kam es dann zu einer Umverteilung der deutschen Kolonien an Großbritannien, Frankreich, Belgien und Südafrika. In zunehmendem Maße wurden auch für die tropischen Gebiete Afrikas topographische Karten zur Absicherung militärischer Unternehmungen, den Aufbau von Kolonialverwaltungen und der wirtschaftlichen Erschließung benötigt. Unzugängliche Räume der Sahara, z. B. die Libysche Wüste und Gebiete am Osthorn Afrikas, konnten erst in den 20er- und 30er-Jahren des 20. Jh. erforscht und erschlossen werden.

Afrika – Kenntnisse der Europäer um 1750

Vereinfachte Darstellung der Afrika-Karte von D'ANVILLE, Mitte des 18. Jh.

Der französische Kartograph JEAN BAPTISTE BOURGUIGNON D'ANVILLE (1697–1782) gilt als einer der Begründer der Mitte des 18. Jh. einsetzenden kritischen Kartographie. In einer Zeit, als die astronomischen Ortsbestimmungen sich auf wenige Punkte der Küsten Afrikas bezogen und Nachrichten spärlich flossen, sichtete er alle ihm zugänglichen Berichte auf ihre Verlässlichkeit und hatte den Mut, nicht belegbare Phantasiegebilde im Inneren des Kontinents wegzulassen. Die Umrisse Afrikas sind verhältnismäßig genau angegeben. Auffällig sind die Einzelheiten über das Hinterland der alten portugiesischen Kolonien Angola und Ostafrika, aber auch über das von Jesuitenpatres besuchte Abessinien.

Dennoch blieben große Irrtümer erhalten, vor allem bezüglich des Verlaufes der Ströme in Nigritien (Sudan), z. B. die Fließrichtung des Nigers bis in die Nähe des Nils. Von den Ptolemäischen Vorstellungen blieb z. B. die Herkunft des Nils aus dem »Mondgebirge« in äquatorialen Gegenden übrig. Zwar hatte D'ANVILLE viele Irrtümer beseitigt, aber auch teilweise richtige Angaben durch sein überkritisches Prüfen verworfen, so z. B. das Wissen um die großen innerafrikanischen Seen.

D'ANVILLES Karten von Afrika aus den Jahren 1749 und 1761 blieben für die kartographischen Arbeiten des 18. Jh. und des ersten Drittels des 19. Jh. maßgebend.

1788 *– im Jahr der Gründung der British African Association – war den Europäern ein schmaler Küstenstreifen und in einigen Fällen das unmittelbar anschließende Hinterland in Afrika erschlossen. Oberflächlich erkundet waren Ägypten und Abessinien. Die weitere Erforschung vollzog sich in Etappen:*

- ***1788–1850*** *wurden das Senegal-Niger-Flusssystem und der Mittellauf des Nils in seinen Grundzügen bekannt. Über die »Bornustraße« von Tripolis zum Tschad wurden die einheimischen Staaten des heutigen Nordnigeria erkundet und die Äthiopienforschung erzielte Erfolge.*
- ***1850–1880*** *war die Zeit der »klassischen Sahara- und Sudanforschung«, ausgeführt von Reisenden wie Barth, Rohlfs, Nachtigal und Schweinfurth. Livingstone erforschte das Sambesi-Stromsystem und Burton, Speke und Grant fanden die Nilquellseen. Stanley erschloss das Kongogebiet.*
- ***1880–1914*** *begannen die regionalen Einzelforschungen, in zunehmendem Maße als militärisch abgesicherte Unternehmungen. Im Zusammenhang mit der kolonialen Besitzergreifung des Inneren ab 1885 wurden weite Gebiete Afrikas vermessen und topographisch genau in Karten dokumentiert.*

Erst nach dem Ersten Weltkrieg (1914–18) wurden unzugängliche Teile der Sahara erforscht.

Historische Karte von Afrika (1820)

1820 *veröffentlichte der Lobensteiner Geograph und Kartograph* ***Christian Gottlieb Reichard*** *eine Afrika-Karte für den bei Justus Perthes in Gotha herausgegebenen »Stieler's Hand-Atlas«, in der er als einer der Ersten seine bereits 1802 vertretene Vermutung, der Niger fließe nicht zum Nil, sondern in den Meerbusen von Guinea, zur Darstellung brachte. Tatsächlich wurde diese These erst durch die Reisen Clapperetons und Landers zwischen 1822 und 1830 belegt.*

Außerdem enthält die Karte natürlich die Ergebnisse der Reise Mungo Parks 1795–97 in Senegambien, die voranschreitenden europäischen Kenntnisse in Kapland sowie die Forschungen Bruces, Hornemanns, Burckhardts u. a. in Ägypten, Nubien und Abessinien.

Abgesehen davon, dass die Küsten Afrikas im Ergebnis britischer Vermessungsarbeiten weitgehend richtig dargestellt sind, bleibt das Innere Afrikas überwiegend »terra incognita«. An die Stelle des Ptolemäischen Mondgebirges als äquatoriales Quellgebiet des Nils ist das vermutete Hochgebirge Kumri getreten. Sudanesische Namen wie Kong, Tombuctu, Melli (Mali), Kano, Burnu und Bagermi weisen auf die Kenntnis arabischer Quellen hin; die Lage dieser Städte und Staaten konnte aber nicht einmal ansatzweise richtig bestimmt werden. Die afrikanischen Staaten an der Guineaküste, Benin, Loango und Kongo, aber auch Monomotapa im Hinterland von Mosambik, sind zwar einigermaßen richtig platziert, waren aber dennoch nur aus älteren portugiesischen Quellen bekannt. Die Kenntnis der großen innerafrikanischen Seen beschränkt sich auf die kaum belegte Nachricht von einem lang gestreckten See, dem Maravisee – höchstwahrscheinlich der Njassasee (Malawisee).

Reichards großes Verdienst am »Stieler's Hand-Atlas« bestand auch darin, dass er die von ihm seit 1803 erprobte »Schraffenmanier« für die Reliefdarstellung in die Karten der außereuropäischen Erdteile einführte.

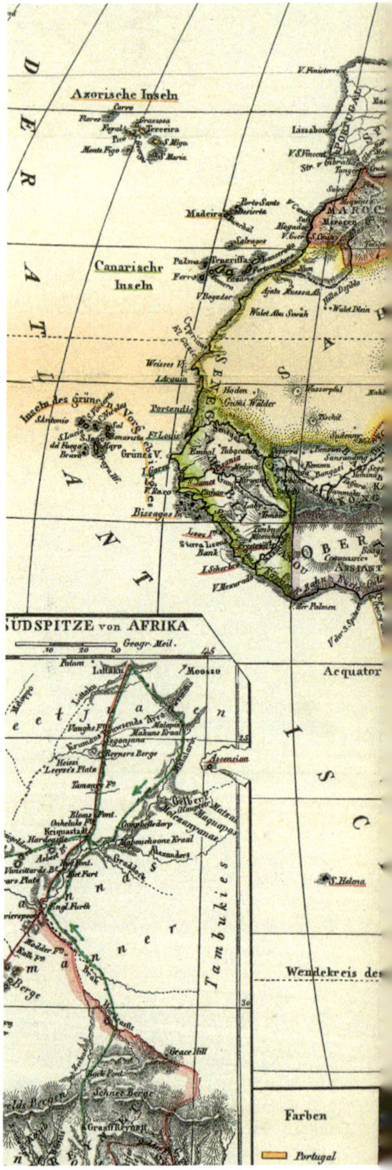

AFRIKA
entw. u. gez.
von C. G. Reichard
1820
Geographische Meilen
10 20 0 50 100 150 200
MASCARENHAS
I. DE FRANCE
(Mauritius)

*Die nebenstehende Afrikakarte von **1868** aus dem inzwischen international renommierten »Stieler's Hand-Atlas« des Justus Perthes-Verlages in Gotha zeigt die Fortschritte der Afrikaforschung der letzten Jahrzehnte. Die vor 1850 vom Kartographen F. von Stülpnagel entwickelte Karte wurde später vom Kartographen **August Petermann** (1822–78) für jede Auflage aktualisiert. Petermann, der 1854–78 die fachliche Qualität der kartographischen Erzeugnisse des Justus Perthes-Verlages bestimmte, der – ohne selber jemals eine größere Reise zu unternehmen – zahlreiche Forschungsreisen initiierte oder anregte, galt zu jener Zeit als eine der bekanntesten Autoritäten auf geographisch-kartographischem Gebiet. Seine weltweit gelesene und geschätzte Fachzeitschrift, »Geographische Mitteilungen« veröffentlichte regelmäßig bei ihm einlaufende geographische Forschungsberichte und Nachrichten, aber auch Ergebnisse bedeutender Reisender.*

In der vorliegenden Karte von 1868 sind besonders die Forschungen und Entdeckungen von Barth, Overweg, von Beurmann, Vogel, von Heuglin, Rohlfs, Livingstone und Mauch, berücksichtigt, aber auch die Lösung der Nilquellenfrage durch Speke, Grant und Baker.

Die Karte offenbart andererseits die großen Kenntnislücken zu jener Zeit, vor allem das noch völlig unbekannte Kongogebiet. Diese Lücke konnte Petermann in der Auflage des »Stieler's Hand-Atlas« von 1878 schließen (→ K. 215), nachdem Henry Morton Stanley 1776/77 mit seiner Aufsehen erregenden Kongo-Befahrung dieses letzte große Rätsel Afrikas gelöst hatte.

Die Karte offenbarte aber auch die bis dahin geringen kolonialen Ambitionen in Afrika. Abgesehen vom britischen Kapland und französischen Algerien sowie den kaum über die Küstengebiete hinaus reichenden portugiesischen Altbesitzungen Angola und Mosambik, gab es zu dieser Zeit nur wenige punkthafte Küsten- und Inselkolonien europäischer Mächte, wie die farbigen Unterstreichungen von Orts- und Inselnamen zeigen.

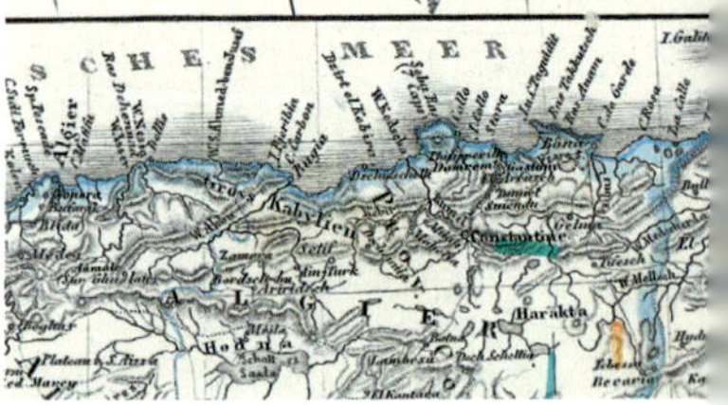

AFRIKA
gez. von F.v. Stülpnagel.
Neue berichtigte Auflage.
Maafsstab = 1/37000000
Deutsche Meilen
Engl. See M.
OESTERREICH
TÜRKEY
SCHWARZES MEER
Constantinopel
KLEIN ASIEN
MEER
Cypern
Cairo
ÄGYPTEN
ARABIA
Nedsched
Persischer Golf
Rothes Meer
Mekka
NUBIEN
Golf v. Aden
I. Socotra
Cap Guardafui
DAR-FUR
WADAY
HOCH
AFRIKA
Victoria Njanza
Zanzibar
Die Seychellen
Die Amiranten
INDISCHES MEER
Mozambique
Canal
Die Maskarenen
Wendekreis des Steinbocks
GROSSES AUSTRAL. MEER
CAPLAND
Cap Stadt

Wüsten und Halbwüsten (Nord- bzw. Südgrenze)
tropische Regenwaldzone
Oase
Karawanenweg von Tripolis zum Tschad („Bornu-Straße")
Todesort eines Forschers
R. † Todesort Richardsons 1851
ATLANTISCHER OZEAN
Madeira
Kanarische Inseln
Kapverdische In.
Nördl. Wendekreis
Tanger
Rohlfs 1861
Rabat
Casablanca
Mekneś
MAROKKO
Marrakesch
Tafilelt
Agadir
Rohlfs 1862
Caillié 1828
Kap Nun
Wadi Draa
Tinduf
Erg Ighidi
Lenz 1880
Bu el-Moghdad 1861
Panet 1850
Vincent 1860
Schingeti
El Dschuf
Aderer
Tidjikja
Arauan
Taod
Aiun Sal 1861–63
Walata
Timbuktu
Caillié 1824
Saint-Louis
Senegal
Senegambien
Ludamar
Nioro
Kaarta
Lenz 1880
Kap Verde
Dakar
Bakel
Medina
Gambia
Bathurst
Pisania
M. Park 1796
Mollien 1818
Silla
Djenne
Sansanding
Segu
1805
Bamako
M. Park 1787
Binger 1887
Sikasso
Gambia
Rio Grande
Portug. Bissau
Guinea
Futa Dschallon
Niger
Kankan
Caillié 1827
Conakry
Timbo
Moustier u. Zweifel 1879
Sierra Leone
Laing 1822/23
Freetown
Kong
Schwarzer Volta
Binger 1888
1889
LIBERIA
Monrovia
Elfenbeinküste
Gr. Bassam
Massi
Wagadu
Kumasi
1 : 25 000 000
0 200 400 600 800 km

ITALIEN
GRIECHEN-LAND
Sizilien
Malta
Kreta
Mittelmeer
Algier
Philippeville
Constantine
Tunis
Karthago
Oran
Algerien
Tunis
Kairuan
Biskra
Gabès
Nordgrenze der Wüsten
Laghuat
Tuggurt
Ghardaja
Wargla
Figig
Rohlfs 1862
Rohlfs 1863
Westl. Großer Erg
El-Golea
Duveyrier 1859
Duveyrier 1860
Flatters 1881
Flatters 1880
Soleillet 1874
Östl. Großer Erg
Laing 1825
Ghademes
Tripolis
Tripolis
Bengasi
Barka
Rohlfs 1869
Barth 1846
Richardson, Barth u. Overweg 1850
Duveyrier 1861
Rohlfs 1865
Rohlfs 1864
Rohlfs 1879
v. Beurmann 1862
Audschila
Hornemann 1798
Adrar
Tuat
In-Salah
Timassinin
Sokna
Sebcha
Fessan
Foureau-Lamy-Expedition 1898–1900
Duveyrier 1860
Duv. 1861
Mursuk
Tinne 1869
Gatrun
v. B. 1862
Kufra-Oasen
Libysche Wüste
Rohlfs 1879
Ghat
Sahara
Foucauld 1916
Tamanrasset
Flatters 1881
Ahaggar (Hoggar)
Laing 1826
Richardson, Barth u. Overweg 1850
Clapperton, Denham u. Oudney 1822
Nachtigal 1869/70
Tümmo
Tenere
Nachtigal 1869
Rohlfs 1865/66
Bardai
Tibesti
v. Beurmann 1862
Kauai
Bilma
Tintellust
Adrar der Iforas
Air
Tilho 1912–17
Erdi
Borku
Ain-Galakka
Barth 1855
Hornemann 1800
Barth 1850
Agades
Agadem
Vogel 1854
Nachtigal 1871
Bodele
Ennedi
Gao
M. Park 1806
Barth 1853
Südgrenze der Wüsten
Barth 1851
Kanem
Bahr el Ghasal
Wadai
Vogel 1856
Wara
Abesche
1874
Damergu
Sinder
Mao
v. Beuermann 1863
Gobir
Vogel 1854
Katsina
Barth
Sokoto
Say
Gando
Clapperton 1827
Tschad
Kuka
Nachtigal 1873
Kusseri
Fitri
Niger
Gando
Kano
Clapperton 1823/24
Bornu
Bagirmi
Massenja
Barth 1852
Haussa
Gurma
Zaria
Beurm. 1862
Schari
M. Park 1806
Bussa
Clapperton
Lander 1827
Jakoba
Barth 1851
Denham 1823
Nachtigal 1872
Bahr Salamat
Dar-Runga
Hornemann 1801
Vogel 1855
Jola
Maistre 1892/93
Logone
Bida
Nupe
1825/26
Flegel
Ibi
Rohlfs 1867
Ilorin
Lokodja
Benue
Adamaua
Flegel 1882
François 1888
Dahomey
Balkie 1854
Uham
Foreau 1900
Ibadan
Ngaundere
Yoruba
Flegel 1884
Banjo
Crampel 1891
Lagos
Badagry
Sklavenküste
Benin
Lander 1830/31
Zintgraff 1889/90
Mizon 1891/92
Cross R.
Kunde
Accra
Calabar
Kamerun
Bangui
Ubangi
Mbomu
Koito
Sanaga
Marchand 1897
Morgen 1889–92
Guinea
Fernando Póo

Mittelmeer
Tripolis
Bengasi
Alexandria
Barka
Tripolis
Ghadames
Östl. Großer Erg
Timassinin
Fessan
Mursuk
Sokna
Sebcha
Audschila
Djarabub
Siwa
Libysche Wüste
Kufra-Oasen
Sahara
Ghat
Gatrun
Nördl. Wendekreis
Tamanrasset
Ahaggar (Hoggar)
Tenere
Tümmo
Tibesti
Bardai
Kauai
Bilma
Tintellust
Air
Agades
Agadem
Borku
Ain-Galakka
Bodele
Ennedi
Erdi
Südgrenze der Wüste
Nordgrenze der Wüste
Damergu
Sinder
Kanem
Mao
Tschad
Kuka
Katsina
Kano
Zaria
Haussa
Bornu
Kusseri
Bagirmi
Massenja
Wadai
Wara
Abesche
Kobe
El-Fascher
Darfur
Sudan
Dar-Runga
Dar-Fertit
Jakoba
Jola
Adamaua
Ngaundere
Banjo
Kunde
Kamerun
Nupe
Bida
Lokodja
Benin
Calabar
Niger
Benue
Schari
Logone
Fitri
Bahr el-Ghasal
Bahr Salamat
Bahr al-Arab
Uham
Buru
Bangui
Bangassu
Ubangi
Mbomu
Uele
Semio
Ndoru
Wau
Jur
Kongo (Zaïre)
Aruwimi
Stanleyville
Tshuapa
Sangha
Sanaga
Cross R.
Ogowe
Äquator
Gabun
Fernando Póo
Golf von Guinea
Principe
ATLANTISCHER OZEAN
Corisco-B.
São Tomé
Farafra
Dachl
Baha
Dong
Edwardsee
Ruwenzori 5109
Barth 1846
Rohlfs 1869
Rohlfs 1869/79
Rohlfs 1869
Rohlfs 1879
Rohlfs 1864
Rohlfs 1865
Rohlfs 1874
Rohlfs 1879
Rohlfs 1865/66
Rohlfs 1867
v. Beurmann 1862
B. 1862
Beurmann 1862
v. Beurmann 1863
Beurm. 1862
Hornemann 1798
Hornemann 1800
Hornemann 1801
Cailliaud 1819
Duveyrier 1860
Duveyrier 1861
Duv. 1859
Duv. 1867
Flatters 1880
Flatters 1881
Laing 1825
Expedition Foureau-Lamy 1898–1900
Richardson, Barth u. Overweg 1850
Clapperton, Denham u. Oudney 1822
Nachtigal 1869/70
Nachtigal 1871
Nachtigal 1872
Nachtigal 1873
Nachtigal 1874
Barth 1850
Barth 1851
Barth 1852
Barth 1855
Vogel 1854
Vogel 1855
Vogel 1856
Tilho 1912–17
Browne 1793–96
Clapperton 1823/24
Clapperton 1827
Lander 1827
Lander 1830/31
Denham 1823
Flegel
Flegel 1882
Flegel 1884
Maistre 1892/93
Mizon 1891/92
Zintgraff 1889/90
Baikie 1854
Morgen 1889–92
Foreau 1900
Crampel 1891
Marchand 1897
Junker 1883
Junker 1882
Miani 1872
Steudner 1863
Schweinfurth 1869–71
Stanley 1876/77
Brazza 1885
Brazza 1875–78
Du Chaillu 1850

Gebiet über 2000m
Wüsten und Halbwüsten (Nord- bzw. Südgrenze)
tropische Regenwaldzone
Oase
Karawanenweg von Tripolis zum Tschad („Bornu-Straße")
Todesort eines Forschers
Tigris
Euphrat
Persischer Golf
Jerusalem
Port Said
Suezkanal
Suez
Sinai
Arabien
Hedschas
Medina
Mekka
Dschidda
Rotes Meer
Kusseir
Kena
Theben
Assuan
Wadi Halfa
Nubische Wüste
Suakin
Berber
Meroe
Shendi
Khartum
Kassala
Keren
Massaua
Zula
Tigre
Adua
Aksum
Amhara
Gondar
Tanasee
Blauer Nil
Abessinien
Magdala
Godscham
Schoa
Ankober
Addis Abeba
Harar
Sennar
Gadaref
Faschoda
Weißer Nil
Sobat
Baro
Bonga
Kaffa
Omo
Abaisee
Suaisee
Stefaniesee
Rudolfsee (Turkanasee)
Lado
Gondokoro
Buganda
Victoriasee
Kenia 5199
Sana
Jemen
Hadhramaut
Adan
Bab al-Mandeb
Tadschurabucht
Dschibuti
Zeila
Berbera
Golf von Aden
Sokotra
Kap Gardafui
Awash
Ogaden
Somaliland
Webi Schebeli
Daua
Juba
Lugh
Bardera
Mogadischu
Brava
Kisimajo
Obbia
Grenze der Wüste
INDISCHER OZEAN
M. „Mianis Baum"
Bruce
Bruce 1769
Bruce 1770
Bruce 1772
Burckhardt 1813
Burckhardt 1814
Burckhardt 1815
v. Beurmann 1860
v. Beurmann 1860–61
Heuglin 1852–56
Heuglin 1861
Heuglin 1861–64
Cailliaud 1820/21
1824 Rüppel
1855–75 Munzinger
Munzinger †1875
Brit. Expedition 1868
1837–48 d'Abbadie
Cecchi 1876–81
Marchand 1899
Burton 1854
Bòttego 1892/93
Bòttego 1895–97
Bòttego† 1897
Ägypt. Exped. 1839/41
Emin Pascha 1878–89
Baker 1863/64
Speke u. Grant 1862/63
Teleki u. Höhnel 1887/88
Thomson
Krapf 1849
1 : 25 000 000
0 200 400 600 800 km
35 40 45 50 55
30 25 20 15 10 5 0

Lambaréné
Ogowe
Brazza 1878
Du Chaillu 1865
Franceville
Güssfeldt 1874–76
Foureau 1900
Marchand 1896
Stanley 1882
Léopold-II.-See
Tshuapa
Lomami
Lualaba
Stanley 1876
Kivusee
Rwanda
Kagera
Lukenie
Kassai
Sankuru
1885 Wissmann 1887/88
Wolf 1886
Loango
Brazzaville
Léopoldville
Stanley 1877
Kwilu
Nyangwe
Liv. 1871
Liv. 1868
Liv. 1871
U.
Wissmann 1882, 87
Boma
Banana
Kongo
Tuckey 1816
San Salvador
Wissmann u. Wolf
Luluaburg
Lukuga
Thomson 1880
Tanganjikasee
Bastian 1857
Cuango
Wissmann 1884/85
1880–82
Lulua
Kassai
Cameron 1875
Lualaba
Liv. 1868
Mussumba
Luanda
Wissmann u. Pogge 1880–82
Pogge 1874–76
Reichard 1885
Mwerusee
Lucenda
Liv. 1872
Malanje
Cassango
Liv. 1854
Cuanza
Wissmann u. Pogge
Liv. 1855
L u n d a
Bunkeia
Liv. 1868
K a t a n g a
Kassai
Cameron 1875
Sambesi
Capello u. Ivens 1884/85
Luapula
Bangweolosee
Livingstone 1873
Benguela
Bihe
Magyar 1850/51
Serpa Pinto 1877–79
Livingstone 1854
A n g o l a
Silva Porto 1852–54
Luangwa
Cubango
Mossamedes
Lialui
Kafue
Sumbesi
Capello u. Ivens 1884/85
B a r o t s e - l a n d
Liv. 1853
Cuando
Holub 1883–87
Liv. 1856
S e l o u s 1872–92
Kunene
Hahn 1866
Andersson 1860
Okavango
Sesheke
1860 Liv.
Maschonaland
Linjanti
Victoriafälle
Mauch 1867
Ondonga
Amboland
Kaoko veld
Andersson 1858
Etoschapfanne
Galton 1851
1866
Hahn 1857
Liv. 1851
Liv. 1863
Baines 1862
Matabele-land
Inyati
Bulawayo
Moffat 1856
Mauch
Ngamisee
Liv. 1849
Makarikari
N a m i b
Damaraland
Barmen
Baines 1861/62
1853/54
Tati
Mauch 1867
Mauch 1868
Windhuk
Andersson
Liv. 1849
Liv. 1853
Limpopo
Walfischbai
Rehoboth
Schoschong
Gassiot 1851
Alexander 1836
K a l a h a r i
Kolobeng
Mabotsa
T r a n s v a a l
Betschuana-land
Liv.
Pretoria
Lydenburg
Groß-
Burchell 1812
1820
Harries 1836–37
Malopo
Bethanien
Petschefstroom
Serpa Pinto 1879
Zululand
Namaland
Kuruman
Gassiot 1851
Vaal
Oranje
Warmbad
Kl.
Kimberley
Ladysmith
Oranje
Campbell 1812
Liv. 1841
Bloemfontein
Klein-
Harries
Natal
Okiep
Durban
Oranje
Lichtenstein 1802–06
Liv. 1852
Gordon 1778
K a p l a n d
Kaffraria
Gordon 1777/78
G.
Karru
East London
Kapstadt
Campbell 1812
Gr. Fischfluss
Burchell 1815
Port Elizabeth
Kap der Guten Hoffnung
Nadelkap
A T L A N T I S C H E R   O Z E A N
10
15
20
25
30
5
35

Wüsten und Halbwüsten (Nord- bzw. Südgrenze)
tropische Regenwaldzone
Todesort eines Forschers
B. u. S. Burton und Speke 1857/58
B. Bagamoyo
G. Graaff Reynet
Kl. Klaarwater (Griquatown)
Ko. Kota Kota
M. Mwanza
T. Tabora
U. Udschidschi
Kismajo
Südgrenze der Wüsten
Tana
Lamu
Malindi
Mombasa
Tanga
Saadani
Sansibar
Daressalam
Kilwa
Lindi
Kilimandscharo
5895
Krapf 1849
Rebmann 1848
Thomson 1882/83
Teleki u. Höhnel 1887/88
Baumann 1892/93
Eyasi-see
Stanley 1875
Stanley 1874
Stanley 1889
Stanley 1871
Wissmann 1882
Speke u. Grant 1860–63
B. u. S.
Thomson 1879/80
Rufidschi
Wissmann 1887
Njassasee
Ruvuma
Liv. 1862
Livingstone 1866
Silva Porto 1852–54
Liv. 1859
Schirwasee
Blantyre
Tete
Shire
Sambesi
Mosambik
Livingstone 1862
Quelimane
Sofala
Save
Inhambane
Komoren
Nossi-Bé
Majunga
Madagaskar
Ste-Marie
Tamatave
Tananarivo
Grandidier 1865–70
Mangoky
Straße von Mosambik
Mauritius
Réunion
Südl. Wendekreis
INDISCHER OZEAN
1 : 25 000 000
0 200 400 600 800 km

Der *Niger*, drittgrößter Strom Afrikas, gehörte lange Zeit zu den großen geographischen Rätseln. Zwar hatte man durch arabische Reiseberichte von einem Strom bei Timbuktu gehört, nahm aber eine Verbindung mit dem Nil oder dem Senegal bzw. Gambia an. Auch gab es Vermutungen, der Niger stehe im Zusammenhang mit dem Kongo. Nicht einmal über die Fließrichtung des Nigers herrschte Klarheit.

Der ***Lösung des Nigerrätsels*** galten die ersten Unternehmungen der 1788 gegründeten *British African Association*. In ihrem Auftrag drang der Schotte MUNGO PARK* 1795–97 von Gambia aus zum oberen Niger vor und erbrachte den Nachweis, dass er nicht mit dem Senegal und Gambia in Verbindung steht, sondern nach Nordosten fließt. 1797 erhielt der Deutsche HORNEMANN den Auftrag, von Ägypten aus das Nigerrätsel zu lösen. HORNEMANN und MUNGO PARK sind 1801 bzw. 1806 in der Nähe des unteren Nigers umgekommen. Erst die britische Expedition von CLAPPERTON, OUDNEY und DENHAM 1822–24 von Tripolis durch die Sahara zum Tschad bis nach Sokoto und eine zweite Auftragsreise CLAPPERTONS 1825–27 vom Golf von Guinea aus nach Sokoto sowie die Befahrung des unteren Nigers durch CLAPPERTONS Diener LANDER 1830/31 führten zur Lösung dieses Rätsels.

Parallel dazu wurde die Forschung nach dem Erreichen der sagenhaften Handelsmetropole Timbuktu durch den Schotten LAING 1826 und den Franzosen CAILLIÉ 1827/28 vervollständigt. Beide hatten die Sahara auf neuen Wegen durchzogen; LAING kam dabei ums Leben.

Nachdem sich Frankreich seit 1830 in Algerien festgesetzt hatte, boten die nur flüchtig bekannten afrikanischen Reiche im Niger- und Tschadgebiet Großbritannien besondere Anreize zur Aussendung weiterer Expeditionen. 1849 wurde eine britische Forschergruppe unter RICHARDSON von Tripolis aus in das Tschadgebiet entsandt. Ihren besonderen Erfolg verdankte die über fünfjährige Unternehmung der Teilnahme des universell gebildeten deutschen Forschers HEINRICH BARTH*, der nach dem Tode der anderen Expeditionsteilnehmer bis 1855 große Teile des Sudans zwischen Tschad und Timbuktu komplex erforschte und damit die ***»klassische Zeit der Sahara- und Sudanforschung«*** einleitete. Der ihm nachgesandte EDUARD VOGEL drang 1856 bis in das völlig unbekannte Reich Wadai vor, wo er verschollen blieb. Auf der Suche nach E. VOGEL ereilte VON BEURMANN 1863 ein ähnliches Schicksal in der Nähe des Tschad.

Am erfolgreichsten war der deutsche Sahara- und Sudanforscher GERHARD ROHLFS*, der seit 1861 große Teile Nordafrikas bereiste und 1865–67 von Tripolis aus Afrika bis zum Golf von Guinea durchquerte und 1879 sogar die Kufra-Oasen inmitten der Libyschen Wüste erreichte. GUSTAV NACHTIGAL* erforschte 1869–74 eingehend Tibesti, die Tschadländer und erreichte über Wadai und Darfur den Nil bei Khartum. Mit der Durchquerung der westlichen Sahara durch OSKAR LENZ 1879/80 war die klassische Zeit der Sahara- und Sudanforschung im Wesentlichen abgeschlossen.

Anstelle großer Entdeckungsreisen traten nun ***regionale Forschungen***, vorwiegend in Form ***militärisch geführter Expeditionen***. Führend wurden die Franzosen, die seit den 60er- und 70er-Jahren des 19. Jh. von Algerien und vom Senegal aus nach und nach ihr großes afrikanisches Kolonialreich aufbauten, 1894 Timbuktu eroberten und um 1900 mit der Eroberung der Tschadländer weitgehend ihre Ziele erreicht hatten. Dabei gab es schwere Rückschläge, vor allem im Kampf gegen den muslimischen *Senussi-Orden* in der zentralen Sahara und die um Unabhängigkeit kämpfenden *Tuaregs*, die Bewohner der Gebiete zwischen Südalgerien und Sudan. 1880 wurde beispielsweise die Expedition unter Leitung des Obersten FLATTERS beauftragt, von Algerien aus durch die Sahara eine geeignete Eisenbahntrasse nach Timbuktu zu erkunden. 1881 wurde sie im Ahaggargebiet durch Tuaregs aufgerieben. Erst 1912 bis 1917 »erforschte« der französische Kolonialoffizier TILHO im Rahmen einer Militärexpedition Wadai, Ennedi, Bodele und Tibesti. Ab 1884 wurden deutsche und britische Unternehmungen im Zusammenhang mit der Erwerbung Togos und Kameruns bzw. Nigerias ebenfalls unter militärischem »Schutz« durchgeführt.

1795–97 Der schottische Arzt MUNGO **PARK*** reiste im Auftrag der *British African Association* vom unteren Gambia ins Innere Afrikas, um den Lauf des Nigers zu erkunden. Von der britischen Faktorei Pisania aus gelangte er über das obere Senegalgebiet nach Nioro ins Land der Mauren (Ludamar) und erreichte am 21. Juli 1796 den oberen Niger bei Segu. Er erkannte, dass der Niger nach Nordosten fließt. Über Sansanding erreichte er flussabwärts Silla, wo er – ohne Timbuktu zu erreichen – wegen Krankheit und Erschöpfung umkehren musste. Über Bamako kehrte er nach unendlichen Strapazen wieder nach Pisania zurück. Sein 1799 erschienener Reisebericht erregte in England große Aufmerksamkeit. → K. 180/181 III/IV

1798–1801 reiste FRIEDRICH KONRAD **HORNEMANN** aus Hildesheim im Auftrag der *British African Association* von Kairo aus ins Innere Afrikas, um das Nigerrätsel zu lösen. Kurz nachdem Napoleon in Ägypten Fuß gefasst hatte, begann er, als muslimischer Kaufmann verkleidet, seine Reise über Siwa und Audschila nach Mursuk im Fessan. Von Tripolis aus schickte er seine Forschungsergebnisse nach London und brach 1800 über Mursuk nach Bornu auf, um zum Niger vorzudringen. Seither ist er verschollen. Spätere Nachforschungen ergaben, dass er über Bornu, Katsina und Sokoto den mittleren Niger erreichte und dort 1801 bei Bokane (in Nupe) dem Fieber erlag. → K. 180/181 II/III

1805/06 unternahm MUNGO **PARK*** im Auftrag der *British African Association* seine zweite Expedition zur Erforschung des Gesamtverlaufs des Nigers. Diesmal mit beachtlichen Mitteln versehen und in Begleitung von über 40 Europäern, von denen die meisten bereits vor Erreichen Bamakos starben, fuhr er mit einem Boot den Niger abwärts über Sansanding in Richtung Timbuktu. Spätere Nachforschungen ergaben, dass er und eine kleine verbliebene Mannschaft wahrscheinlich im Januar 1806 in den Stromschnellen von Bussa (im heutigen Nigeria), von Eingeborenen bedrängt, umgekommen sind. → K. 180/181 III

***MUNGO PARK**, der schottische Afrikaforscher, wurde 1771 in der Nähe von Selkirk (Schottland) geboren, er starb vermutlich 1806 bei Bussa (heute Nigeria). Nach dem Medizinstudium reiste er als Schiffsarzt 1792/93 nach Sumatra und trat nach seiner Rückkehr in den Dienst der British African Association, die ihn beauftragte, das Nigerrätsel zu lösen und nach Möglichkeit bis Timbuktu vorzudringen. 1795–97 fand seine erste Reise durch Senegambien statt, bei der er die östliche Fließrichtung des Nigers erkannte. Während der zweiten Reise 1805/06 befuhr er eine große Strecke des Nigers, blieb aber verschollen. Dass er in den Stromschnellen von Bussa im Kampf mit Eingeborenen ertrank, wurde erst später aufgeklärt.*

1817 besuchte THOMAS EDWARD **BOWDICH**, der junge Neffe des britischen Gouverneurs von Cape Coast Castle an der Goldküste, in einer offiziellen Mission Kumasi, die Hauptstadt des Aschanti-Reiches, wo er fünf Monate lang Sitten und Gebräuche sowie die Gesellschaft der Aschanti studierte. Der prunkhafte Hofstaat und die reiche Verwendung von Goldschmuck beeindruckten die Engländer. → K. 180/181 III

1818 drang GASPARD THÉODORE **MOLLIEN** im Auftrag des Gouverneurs des französischen Senegal in das Innere Senegambiens ein, um die Quellen des Senegals, Gambias und Nigers zu suchen. Er gelangte nach Futa Dschallon und fand die gesuchten Quellflüsse (mit Ausnahme des Nigers). Sein viel gelesenes Reisewerk (1822) steigerte das Interesse der französischen Öffentlichkeit für das Innere Westafrikas. → K. 180/181 III/IV

1822/23 bereiste der schottische Major ALEXANDER GORDON **LAING** im Auftrag des britischen Gouverneurs das Hinterland von Sierra Leone, erreichte aber nicht die Nigerquellen. Er lieferte einen ersten wissenschaftlichen Bericht über Geographie und Bevölkerung der besuchten Gebiete. → K. 180/181 I

1822–25 reiste eine Expedition im Auftrag der *British African Association* unter Leitung des Majors DIXON **DENHAM** und unter Teilnahme des Seeoffiziers HUGH **CLAPPERTON** und des Schiffsarztes WALTER **OUDNEY** in den Sudan, um nach dem Verbleib HORNEMANNS und MUNGO PARKS zu forschen und das Nigerrätsel zu lösen. Von Tripolis über Mursuk erreichte die Expedition nach Durchquerung der Sahara Kuka am Tschad, wo sie von dem Machthaber des Kanem-Bornu-Reiches, Scheich EL-KANEMI, freundlich aufgenommen wurde. Während DENHAM den Tschad genauer untersuchte und den Schari entdeckte, den er für einen Arm des Nils hielt, zogen CLAPPERTON und OUDNEY nach Westen. Westlich von Kuka erlag OUDNEY am 12. Januar 1824 dem Fieber. CLAPPERTON erreichte über Kano die Hauptstadt des Sokoto-Reiches und wurde von dem Herrscher MOHAMMED BELLO freundlich empfangen, aber an einer Weiterreise gehindert. CLAPPERTON und DENHAM gelangten gemeinsam von Kuka aus auf dem Weg ihrer Anreise zurück nach Tripolis. Sie hatten einen ersten Einblick in die muslimische Staatenwelt des Sudans erhalten, aber das Nigerrätsel blieb ungelöst, denn nach DENHAMS Ansicht sollte der Niger in den Tschad fließen, während CLAPPERTON von einer Fließrichtung in den Golf von Guinea ausging. → K. 180/181 II/III

1825/26 gelangte der schottische Afrikareisende ALEXANDER GORDON **LAING** im britischen Auftrag von Tripolis aus über Ghadames und Tuat als erster Europäer der Neuzeit nach Timbuktu, wo er als Spion verdächtigt und auf der Rückreise in Arauan am 26. September 1826 ermordet wurde. LAING war der erste Europäer der Neuzeit, der Timbuktu erreicht hatte. Seine Aufzeichnungen gingen leider verloren. → K. 180/181 I/IV

1825–27 brach HUGH **CLAPPERTON**, inzwischen zum Commander befördert, erneut zur Lösung des Nigerrätsels auf, diesmal von Badagry am Golf von Guinea aus. Südlich Bussa kreuzte er den südwärts fließenden Niger und erreichte über Kano die Hauptstadt des Fulbe-Reiches Sokoto, wo CLAPPERTON am 13. April 1827 der Ruhr erlag. Sein Diener RICHARD **LANDER** kehrte, umsichtig handelnd, mit CLAPPERTONS Aufzeichnungen nach London zurück, wo diese veröffentlicht wurden. → K. 180/181 I

1827/28 reiste der Franzose RENÉ **CAILLIÉ** ohne offizielle Unterstützung und mit geringster finanzieller Ausstattung, nur von dem Wunsch beseelt, den Preis der *Französischen Geographischen Gesellschaft* für die Auffindung der sagenhaften Handelsmetropole Timbuktu in Höhe von 10 000 Franc zu erhalten, nach Westafrika. Im April 1827 brach er vom Rio Nuñez in Portugiesisch-Guinea nach Futa Dschallon auf und erreichte über Kankan, krank und elend, am 20. April 1828 Timbuktu, wo er sich zwei Wochen aufhielt. Er fand die Stadt sehr heruntergekommen und reiste, sich als von napoleonischen Truppen entführter Ägypter ausgebend, mit einer Handelskarawane nach Marokko. Über Arauan, Taodeni, Tafilelt und Fez erreichte er am 7. September 1828, nach unglaublichen Strapazen und gesundheitlich angeschlagen, Tanger. In Paris wurde dem »Bezwinger von Timbuktu« ein triumphaler Empfang bereitet. Er erhielt auch das Preisgeld, war aber gesundheitlich schwer geschädigt. (Er starb am 17. Mai 1838 im Alter von 38 Jahren.) → K. 180/181 II/III

1830/31 reiste RICHARD **LANDER**, der ehemalige Diener CLAPPERTONS, in Begleitung seines Bruders JOHN, abermals an den Niger mit dem Auftrag, dem Lauf des Nigers von Bussa aus zu folgen. Von Badagry zogen sie an den Niger und fuhren erfolgreich von Bussa bis zur Nun-Mündung in den Golf von Guinea. Unterwegs entdeckten sie die Mündung des Benue in den Niger. Für die Lösung des Nigerrätsels erhielt R. LANDER eine Belohnung von

100 Pfund. (Auf einer zweiten Fahrt **1832/33**, nigeraufwärts, wurde R. LANDER verwundet und starb im Januar 1834 auf Fernando Póo.) → K. 180/181 III

1846 bereiste der deutsche Afrikaforscher HEINRICH **BARTH*** auf seiner ersten Reise (1845–47) die Mittelmeerländer von Spanien über Marokko, Tripolis, Ägypten, Syrien, Kleinasien und Griechenland – in Nordafrika im Wesentlichen entlang der Küste. → K. 180/181 I/II

1850 Der Franzose LÉOPOLD **PANET** durchreiste vom Senegal aus die westliche Sahara über die maurische Oasenstadt Schingeti in der Landschaft Aderer und zum Kap Nun bis Mogador in Marokko. Seine Reise wurde erst 1859 durch die Veröffentlichung einer Karte in *Petermanns Geographischen Mitteilungen* allgemein bekannt. → K. 180/181 IV

1850–55 erfolgte die britische ***Zentralafrika-Expedition***, durch die mit den muslimischen Staaten des Sudans Handelsbeziehungen angeknüpft werden sollten. Als Leiter setzte die britische Regierung JAMES **RICHARDSON** ein, als begleitende Wissenschaftler die beiden Deutschen HEINRICH **BARTH*** und ADOLF **OVERWEG**.

Von Tripolis aus brach die Expedition im März **1850** nach Mursuk, dem Hauptort des Fessan, auf. Über die Oasenstadt Ghat erreichte sie auf völlig unbekannten Pfaden im Juli den Rand des Ahaggargebirges und im September 1850 Tintellust im Air. Von hier aus besuchte BARTH allein die Wüstenmetropole Agades, wo er vom regierenden Sultan freundlich empfangen wurde. → K. 180/181 II

Anfang **1851** erreichten die Forscher die Sudanlandschaft Damergu. Hier beschlossen sie, zeitweise auf getrennten Wegen zu forschen und sich später in Kuka, der Hauptstadt Bornus, zu treffen. RICHARDSON zog über Sinder in Richtung Kuka – starb aber vorher in Ngurútu am 4. März 1851. OVERWEG begab sich nach Gobir und BARTH reiste über die alten Haussa-Städte und Handelsmetropolen Katsina (Kaschna) und Kano (das »London des Sudans«). Am 7. Mai 1851 traf er mit

***HEINRICH BARTH**, einer der bedeutendsten Afrikaforscher, wurde am 16.2.1821 in Hamburg geboren und starb am 25.11.1865. Er studierte Altertumskunde und Philologie, wurde aber auch durch KARL RITTER mit der Geographie bekannt. 1845–47 führte ihn eine Forschungsreise durch Spanien in die nordafrikanischen Küstengebiete nach Ägypten, Syrien und Kleinasien bis Griechenland. Auf Empfehlung KARL RITTERS und durch Vermittlung des preußischen Gesandten zu London, VON BUNSEN, wurde ihm die Teilnahme an der von der englischen Regierung geplanten **Zentralafrika-Expedition 1849** ermöglicht. Durch den frühen Tod des Expeditionsleiters, des ehemaligen Missionars JAMES **RICHARDSON** (1809–51), und des zweiten Wissenschaftlers, ADOLF **OVERWEG** (1822–52), der vor allem für die notwendigen Ortsbestimmungen zuständig war, lag die weitere Verantwortung für das Gelingen der Expedition bei H. BARTH.*

Er erzielte in der Tat die glänzendsten Erfolge, die bis dahin ein europäischer Afrikareisender errungen hatte. Sein fünfbändiger Reisebericht, der dem »wissenschaftlichen europäischen Publikum eine höchst ausgedehnte Länderstrecke der abgeschlossenen afrikanischen Welt eröffnete, … dehnen sich Barths Erkundungen fast über das ganze Innere des nördlichen Afrika aus … Seine Forschungen über Geschichte, Politik und Sprachen erschlossen ein vollständig neues Gebiet und lieferten einen staunenswerte Masse wichtiger Daten.« (Aus dem Nachruf in Petermanns Geographischen Mitteilungen 1865)

1864 übernahm BARTH eine Professur an der Berliner Universität. Bis zu seinem frühen Tod forschte er weiterhin in mehreren Mittelmeerländern.

Die Ankunft Heinrich Barths in Timbuktu
Für das fünfbändige Werk H. Barths »Reisen und Entdeckungen in Nord- und Central-Afrika in den Jahren 1849 bis 1855...«, Gotha (Justus Perthes) 1857/58 wurden zahlreiche Lithos im romantischen Stil von dem damals in München lebenden Professor J. M. Barnatz nach Skizzen und Zeichnungen H. Barths angefertigt.

Overweg in Kuka zusammen. Dank der Unterstützung des Bornu-Herrschers, Scheich Omar, konnte Barth die Geschichtsquellen des Reiches studieren und wertvolle Informationen sammeln. → K. 180/181 II

Overweg erforschte durch eine Bootsfahrt den Tschad näher, während Barth im Juni/Juli 1851 Jola, die Hauptstadt des völlig unbekannten Adamaua-Sultanats jenseits des Benue besuchte. Nach einem kurzen Abstecher in die Landschaft Kanem folgten beide Forscher Ende 1851/Anfang **1852** dem sklavenjagenden Bornu-Heer in das Land der Musgu, weit südlich vom Tschad gelegen. Vom März bis August reiste Barth allein über den Schari hinaus nach Massenja, der Hauptstadt des Bagirmi-Reiches. Nach Barths Rückkehr starb Overweg am 27. September 1852 in Maduari (östlich Kuka) an Fieber. → K. 180/181 II

Über Sinder, Katsina, Sokoto und Say zog Barth **1853** in Richtung Timbuktu. In Gando erteilte ihm der Fulbe-Herrscher Chalilu Einsicht in das historische Werk *»Tarik es-Sudan«* (Geschichte des alten Songhai-Reiches bis 1640). In Timbuktu konnte sich Barth unter dem Schutz des arabischen Scheichs El-Bakay vom September 1853 bis April **1854** aufhalten und wertvolle Studien betreiben. Über Gao, der historischen Hauptstadt des Songhai-Reiches, bis Say befuhr Barth den noch völlig unbekannten Mittellauf des Nigers. Am 17. Oktober 1854 langte Barth wieder in Kano

***Dr. Barths Karte von Zentralafrika**, entworfen und gezeichnet von August Petermann (verkleinerter Ausschnitt)*
Diese in Petermanns Geographischen Mitteilungen 1858 (Tafel 19) veröffentlichte Karte zeigt im Maßstab 1:6 000 000 in hervorragender Weise die Forschungsergebnisse Barths. Dargestellt sind in dem Ausschnitt des Tschadgebietes nicht nur die Reiserouten (rote Linien) der Expedition, sondern auch ein weit darüber hinausgehendes Netz von Itineraren in Form dünner schwarzer Linien. Hunderte solcher Itinerare (Verzeichnisse von Wegeaufnahmen und -beschreibungen) H. Barths wurden von einem so erfahrenen Kartographen wie August Petermann unter Berücksichtigung einiger weniger von Eduard Vogel astronomisch bestimmter Positionen zu einer Karte zusammengeführt.

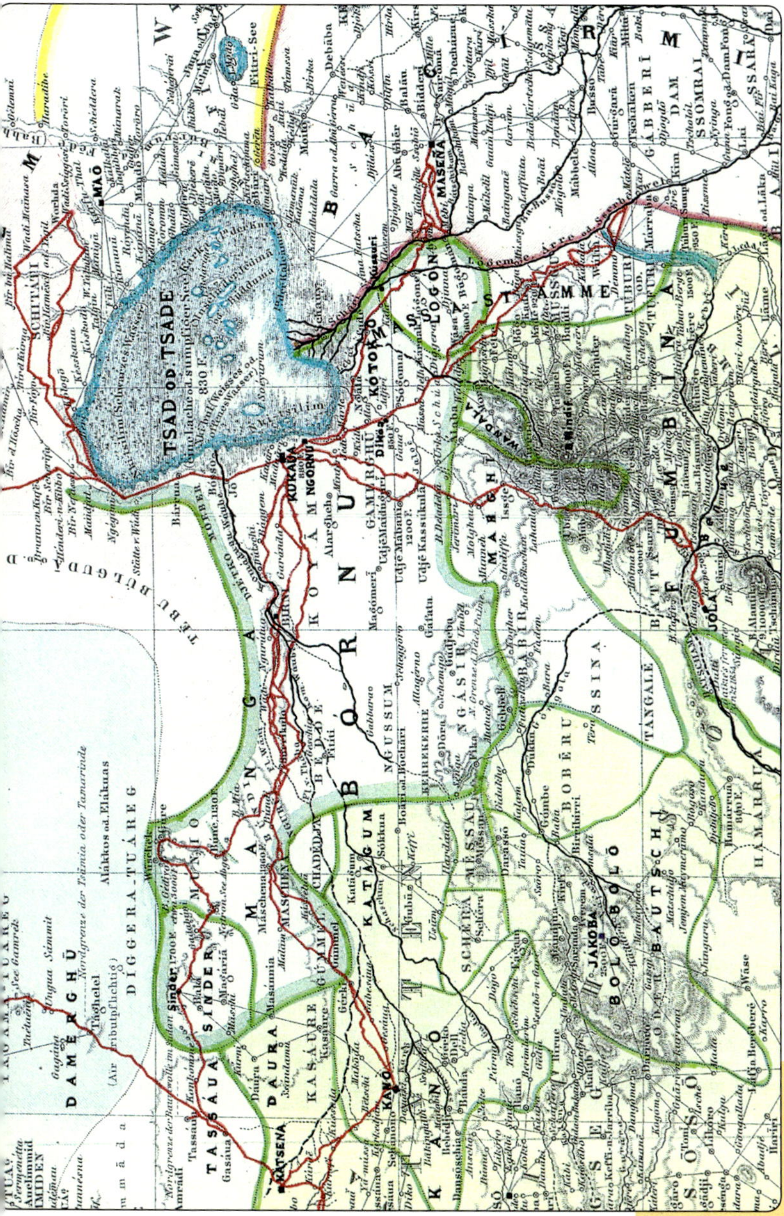
TSAD OD. TSADE
KUKAUA
KANO
KATSENA
MASEÑA
JOLA
Fittri-See
DAMERGHÚ
DIGGERA TUÁREG

im Land der Haussa an, und am 1. Dezember 1854 traf er mit dem ihm nachgesandten EDUARD VOGEL zusammen. Am 10. Mai **1855** brach BARTH von Kuka aus allein mit einer Karawane über Bilma, Mursuk nach Tripolis auf, wo seine ca. 18 000 km lange, über fünfjährige Forschungsreise am 28. August 1855 ihr Ende fand. → K. 180/181 II/III

1853–56 Forschungsreise des deutschen Astronomen und Nuturwissenschaftlers EDUARD **VOGEL**, der von der *Britischen Geographischen Gesellschaft* nach OVERWEGS Tod ausgesandt wurde, um HEINRICH BARTH zu unterstützen. Über den Karawanenweg Tripolis (Januar 1853), Mursuk und Bilma gelangte er nach Kuka am Tschad (Januar 1854). Seine wertvollen astronomischen Ortsbestimmungen und Höhenmessungen quer durch die Sahara wurden A. PETERMANN brieflich übermittelt. In Bornu nahm VOGEL an einem Sklavenzug ins Musguland teil und traf endlich am 1. Dezember 1854 den vermisst geglaubten H. BARTH. Im Laufe des Jahres 1855 durchzog er die nahezu unbekannten Gebiete des Bautschi-Hochlandes, bestimmte die geographischen Positionen von Jakoba und Zaria und berührte zweimal den Benue. Im Januar **1856** brach er von Kuka nach Osten auf, um das unbekannte Sultanat Wadai zu erforschen, blieb aber seither verschollen. Erst G. NACHTIGAL* konnte sein Schicksal endgültig klären, wonach er als vermeintlicher türkischer Spion in Wara, der damaligen Hauptstadt Wadais, vermutlich am 8. Februar 1856 getötet wurde. → K. 180/181 II/III

1854 fuhr der schottische Afrikareisende WILLIAM BALFOUR **BAIKIE** auf Anregung BARTHS (durch Brief an AUGUST PETERMANN) mit dem Dampfschiff *»Plejade«* den Niger aufwärts zum Benue, dessen Verlauf er bis in die Nähe jener Stelle erforschte, an der H. BARTH im Sommer 1851 Jola, die Hauptstadt Adamauas, besucht hatte. → K. 180/181 III

1859–61 Forschungsreisen des Franzosen HENRI **DUVEYRIER**, der von H. BARTH angeregt und von A. PETERMANN wissenschaftlich gefördert, die algerische Sahara und Tunesien erforschte und bis in die Wüstenstädte El-Golea (1859) und Ghadames (1860) vordrang. Er lieferte die ersten zuverlässigen Berichte über die Tuareg. → K. 180/181 I

1860 Capitaine H. **VINCENT** erforschte die mauretanische Landschaft Aderer in der Westsahara. → K. 180/181 IV

1860/61 BU **EL-MOGHDAD**, ein Senegalese und Beamter am muslimischen Gerichtshof in Saint Louis, der 1860 Capitaine VINCENT begleitet hatte, trat eine Pilgerfahrt nach Mekka an und nahm seinen Weg durch die westliche Sahara nach Marokko. Seine in Algier veröffentlichten Itinerare präzisierten die Karten der Westsahara. → K. 180/181 IV

1861/62 bereiste GERHARD **ROHLFS*** als Arzt und Abenteurer Marokko und wurde sogar zum obersten Mediziner der marokkanischen Armee ernannt. 1862 stieß er als erster Europäer bis zum südmarokkanischen Oasenkomplex Tafilelt am Südhang des Hohen Atlas vor. Auf der Weiterreise wurde er überfallen und schwer verwundet. → K. 180/181 I

1861–63 **ALIUN SAL**, ein afrikanischer Offizier in französischen Diensten aus dem Senegal, brach nach Timbuktu auf, erkundete die südmauretanische Landschaft um Walata und gelangte bis zur Oasensiedlung Arauan. Seine Itinerare dienten der Präzisierung der Karten dieser von Europäern noch nicht betretenen Landschaften. → K. 180/181 IV

1862/63 Der deutsche Forscher MORITZ VON **BEURMANN**, des Arabischen kundig, reiste 1862, von A. PETERMANN bestärkt und von vielen Seiten unterstützt, zur Aufklärung des Schicksals EDUARD VOGELS von Bengasi über Mursuk durch die Sahara nach Kuka, teilweise auf neuen Wegen. Da die Route nach Wadai versperrt war, erforschte er zunächst das Hochland von Bautschi (Jakoba). Im Januar 1863 brach er nach Wadai auf, zog nördlich des Tschad über die Landschaft Kanem, wo er in der Stadt Mao im Februar 1863 getötet wurde. → K. 180/181 II/III

1863/64 Gerhard **Rohlfs*** dritte Reise nach Marokko, auf der er den Hohen Atlas überschritt, als erster Europäer die Tuat-Oasen betrat und über Ghadames nach Tripolis reiste, machte ihn zum besten Kenner Marokkos und der nordwestlichen Sahara – der Abenteurer hatte sich zum Forscher gewandelt! → K. 180/181 I

1865–67 Große Afrikadurchquerung Gerhard **Rohlfs*** von Tripolis über Mursuk, Bilma zum Tschad, wo er im Juli 1866 Kuka erreichte und vom Bornu-Herrscher Omar freundlich empfangen wurde. Zunächst besuchte Rohlfs die südlich des Tschad liegenden Länder. Da sich keine Möglichkeit bot, nach Wadai vorzudringen, reiste Rohlfs ab Dezember 1866 über Jakoba zum Benue, befuhr diesen bis zur Mündung und dann nigeraufwärts bis Rabba. Von dort benutzte er den Landweg durch Yoruba zum Hafen Lagos (1. Juni 1867). Die Durchquerung Afrikas vom Mittelmeer zum Golf von Guinea begründete Rohlfs Ruhm als Entdeckungsreisenden. → K. 180/181 II/III

1868/69 Reise Gerhard **Rohlfs*** durch die nordöstliche Sahara von Bengasi über Audschila, Siwa nach Alexandria. Sein Versuch, von der Oase Dschalo aus die Kufra-Oasen zu erreichen, scheiterte an der fremdenfeindlichen Haltung des Senussi-Ordens. (Dieser 1833 von dem Marokkaner Sidi Muhammad Ibn As-Senussi gegründete puritanische muslimische Orden kämpfte gegen osmanische und später auch italienische Herrschaft.) → K. 182/183 I

1869–74 führte Gustav **Nachtigal*** seine Afrikadurchquerung durch. Mit dem Auftrag, Geschenke des preußischen Königs an den Bornu-Herrscher zu überbringen, reiste er im Januar 1869 von Tripolis nach Mursuk, von wo aus er unter Lebensgefahr einen Abstecher in das noch völlig unbekannte Tibesti unternahm. Von Mursuk aus reiste Nachtigal ab April 1870 über Bilma nach Kuka, wo er dem Sultan Omar die Geschenke überreichte. Drei Jahre bereiste Nachtigal von Kuka aus die Tschad-Länder Kanem und Borku (1871) sowie Bagirmi (1872). Die Heimreise trat er über das noch unerforschte Wadai (1873) an, wo er das Schicksal Vogels und Beurmanns klären konnte. Über Darfur und Kordofan (1874) erreichte er Khartum und stellte damit eine kartographische Verbindung zwischen Tschad und Ostsudan her. → K. 182/183 III/IV

***Gerhard Rohlfs** wurde am 14. April 1831 in Vegesack bei Bremen geboren und starb am 2. Juni 1896 in Rüngsdorf bei Godesberg. 1850 kämpfte er in Schleswig-Holstein gegen die Dänen. Nach einem unvollständigen Medizinstudium trat Rohlfs 1855 der französischen Fremdenlegion in Algerien bei. Dort erlernte er Sprache und Sitten der Araber und wurde mit dem Islam sehr eng vertraut. Nach seiner Entlassung aus der Legion ging er 1861 nach dem allen Fremden verschlossenen Marokko und wurde Oberarzt der marokkanischen Armee. Er lernte so verschiedene Landesteile Marokkos ausführlich kennen und entwickelte sich allmählich zum Forscher, der seine Berichte und ausgezeichneten Karten in »Petermanns Geographischen Mitteilungen« veröffentlichte.*

Die Sahara- und Sudan-Durchquerung 1865 bis 1867 stellte Rohlfs in die Reihe der großen Afrikaforscher, vergleichbar mit Barth und Livingstone. Weitere Reisen nach Äthiopien und in die Libysche Wüste vervollständigten seinen Ruhm. 1884/85 war er für kurze Zeit deutscher Generalkonsul in Sansibar. 1870–90 lebte Rohlfs mit seiner Frau in Weimar. Seine volkstümlichen Beschreibungen fesselten ein interessiertes Publikum, während etwa der wissenschaftlich gründlicher gebildete H. Barth keinen publizistischen Erfolg hatte.

1874 stieß der französische Forscher Paul **Soleillet**, der seit 1865 in der algerischen Sahara forschte, von El-Golea aus bis In-Salah vor. → K. 180/181 I

1878/79 drang Gerhard **Rohlfs*** von Tripolis über Sokna und Audschila als erster Europäer zu den Kufra-Oasen in der Libyschen Wüste vor, musste aber wegen der fremdenfeindlichen Haltung der Bewohner fluchtartig umkehren. → K. 182/183 I

1879 Der Schweizer Josua **Zweifel** und der Franzose Marius **Moustier**, entdeckten im Hinterland Sierra Leones die Nigerquellen. → K. 180/181 III

1879/80 Im Auftrag der *Deutschen Afrikanischen Gesellschaft* unternahm der deutsch-österreichische Afrikaforscher Oskar **Lenz** eine Reise von Tanger über unerforschte Teile des Atlas durch die westliche Sahara (Tinduf, Taodeni) nach Timbuktu. Der weitere Weg führte ihn durch unbekannte Gebiete über Kaarta und Medina am Senegal zum französischen Saint-Louis. → K. 180/181 I/III

1881 blutiges Ende der ***Flatters-Mission*** zur Erkundung einer Eisenbahntrasse durch die Sahara. Der französische Kommandant von Laghuat, Paul François Xaver **Flatters**, kam dabei mit der Mehrzahl seiner 63 Mann umfassenden Militär- und Forschungsmission durch den Angriff von 500 Tuareg-Kriegern am Ostrand des Ahaggar-Hochlandes ums Leben. → K. 180/181 I

1881–84 Der Afrikaforscher Eduard Robert **Flegel** forschte am oberen Benue, dessen Quellen er bei Ngaundere entdeckte, und in Adamaua (Banjo) im Kameruner Grasland. → K. 180/181 III

1887–89 Louis-Gustave **Binger** durchquerte im französischen Auftrag Westafrika vom oberen Niger durch unerforschte Gebiete zum Golf von Guinea. Von Bamako aus erreichte er Kong, stieß von dort in das völlig unbekannte Mossi-Reich Wagadugu vor und erreichte bei Grand Bassam die Elfenbeinküste. Er zerstörte die Hypothese vom sagenhaften Konggebirge. → K. 180/181 III

1888 Curt von **Francois** erforschte das unbekannte Innere der deutschen Kolonie Togo. Über Salaga und Jendi gelangte er bis Wagadugu im Mossi-Reich. Er sicherte damit die deutschen Ansprüche auf das Hinterland von Togo. → K. 180/181 III

1889/90 Eugen **Zintgraff** gelang die erste Durchquerung der neuen deutschen Kolonie Kamerun über Adamaua bis Ibi am Benue. Er gründete die Balistation als damals am weitesten vorgeschobenen deutschen Posten im Kameruner Grasland. → K. 180/181 III

1889–92 erforschte der Oberleutnant Kurt von **Morgen** Zentralkamerun, entdeckte den Mbam, den Hauptnebenfluss des Sanaga, suchte die Sultanate Wuti, Tibati und Banjo auf und erreichte den Benue bei Ibi. Er stellte alle neu entdeckten Gebiete unter deutsche Herrschaft. → K. 180/181 III

1890/91 Der Führer einen kleinen französischen Militärexpedition, Paul **Crampel**, zog von der französischen Loango-Küste am unteren Kongo den Ubangi aufwärts, wurde aber auf dem Weg zum Tschad am oberen Schari von Eingeborenen 1891 ermordet. → K. 182/183 III

1891/92 Der französische Forscher Louis Alexandre **Mizon** erforschte das weitere Hinterland von Kamerun. Von der Nigermündung zog er nach Adamaua, durchquerte das Plateau von Ngaundere und erreichte über Kunde am Sanga den Kongo. Er sicherte mit dieser Reise die französischen Gebietsansprüche am Sangha im Kameruner Hinterland. → K. 182/183 III/IV

1892/93 der französische Forscher **de Maistre** kam vom Ubangi zum Oberlauf des Schari nach Bagirmi und durchwanderte auf noch unerforschten Wegen westwärts die Gebiete zum Benue bis zur Nigermündung. → K. 182/183 IV

Gustav Nachtigal mit seiner Karawane bei der Durchquerung eines Flusses südlich des Tschad
Der Afrikaforscher Gustav Nachtigal wurde am 23. Februar 1834 in Eichstedt bei Stendal geboren und starb am 20. April 1885. Zuerst Militärarzt in Köln, veranlasste ihn ein Lungenleiden nach Nordafrika zu gehen. Als Leibarzt des Beys von Tunis (1863) lernte er die arabische Sprache und Sitten des Landes kennen.

*Den Auftrag der preußischen Regierung, Geschenke an den Bornu-Herrscher zu überbringen, übernahm Nachtigal 1868 in Tripolis von Gerhard Rohlfs. Die **Reise durch die Sahara und den Sudan 1869–74** wurde ein grandioser Erfolg und erhob Nachtigal in die erste Reihe großer Afrikaforscher. In der Heimat mit Ehren überhäuft, leitete er 1884 als kaiserlicher Kommissar die Erwerbung Kameruns und Togos für das Deutsche Reich ein. Auf der Rückreise starb er am Fieber an Bord der »Möwe«.*

1898–1900 begleitete Fernand **Foureau**, der seit 1876 neun Reisen in die algerische Sahara unternommen hatte, als Forscher die von François J. A. **Lamy** befehligte große Militärexpedition *(»Mission Saharienne«)* von Biskra über Wargla, Agades und Sinder zum Tschad, wo Lamy 1900 in der Schlacht von Kusseri gegen den afrikanischen Herrscher von Bornu, Rabeh, fiel. Diese Mission, die von zwei weiteren Militärexpeditionen (Émile **Gentil** vom Kongo und Paul **Voulet** vom Niger) unterstützt wurde, brachte die Tschadländer unter französische Herrschaft. Foureau selber reiste weiter, den Schari aufwärts zum Ubangi und unteren Kongo. → K. 180/181 II

1912–17 Jean **Tilho**, französischer Offizier und Forscher, zog mit einer Militärexpedition in die Grenzgebiete zwischen Tschad und Sahara; er erforschte Bodele, Borku, Tibesti, Wadai, Ennedi und Erdi und kehrte 1917 über Ägypten zurück. → K. 182/183 IV

1916 wurde Charles-Eugène de **Foucauld** durch Senussi ermordet. Ursprünglich französischer Offizier und Forscher, der seit 1885 Südmarokko und Algerien bereiste, zog er sich 1905 als Trapistenmönch in das Ahaggargebirge zurück. Dort lebte er am Wadi Saura und Tamanrasset unter Tuareg, deren Sitten und Sprache er erforschte. → K. 180/181

Das Wissen der Antike über Ägypten und Abessinien ging nie ganz verloren. Dennoch waren der Nil in seinem Mittellauf nur annähernd und der Weiße Nil überhaupt nicht bekannt. Dabei hatte schon **Ptolemäus** (→ 29) im 2. Jh. n. Chr. annähernd richtige Vorstellungen, wenn er von zwei Quellflüssen und Quellseen im äquatorialen Bereich des Mondgebirges ausging. Von Abessinien lagen sehr lückenhafte Berichte portugiesischer Missionare aus dem 16. Jh. und der Jesuitenpatres Pedro **Paëz** und Jeronimo **Lobo** vor, die in der ersten Hälfte des 17. Jh. bereits den Tanasee als Nilquellsee kannten. 1698/99 erreichten der französische Arzt Charles Jacques **Poncet** und 1701/02 der Missionspater Theodor **Krump** über Ägypten und Sennar das abessinische Hochland.

1761 war der berühmte Arabist Carsten **Niebuhr** (→ 239) auf seiner Orientreise in Ägypten bis zu den ersten Nil-Katarakten gelangt. Von größter Bedeutung aber waren die Reisen des Schotten James **Bruce** 1768–72 nach Abessinien (→ 198) und die des Franzosen Comte de **Volney** 1782 bis 1785. Letzterer besuchte Ägypten (Alexandria, Kairo, die Pyramiden von Giseh und Damiette), Syrien, Libanon und Palästina. Seine 1786 erschienene *»Reise nach Syrien und Ägypten«* machte Europa gegen Ende des 18. Jh. den Orient zugänglich. Das im Geiste der Aufklärung verfasste und viel gelesene Werk war für die Vorbereitung der ***ägyptischen Expedition der Franzosen unter Napoleon Bonaparte 1798–1801*** von größter Bedeutung. Die von über 160 Gelehrten und Forschern begleitet Expedition scheiterte militärisch, brachte aber der Wissenschaft hervorragende Ergebnisse. Die wissenschaftlichen Resultate sind in der *»Description de l'Egypt…« (1809–30, 24 Bände und 12 Bände Kupfertafeln)* festgehalten.

Der Kommandeur eines albanischen Regiments, Mehemed Ali, erlangte 1805 vom osmanischen Sultan die Anerkennung als Statthalter in Ägypten. Er ließ die bis dahin einflussreichen Mamelukenbeis entmachten und begann, gestützt auf europäische Fachleute und Militärs, einen zentralisierten Staatsapparat und eine moderne Armee nach europäischem Muster aufzubauen. Bedeutsam für die Entdeckungsgeschichte der Nilländer wurde die ***militärische Expedition Mehemed Alis 1821/22*** zur Eroberung Nubiens, Sennars und Kordofans, die von Assuan über Wadi Halfa, Dongola, Berber nach Sennar und El-Obeid führte und diese Regionen bekannt machte. 1824 wurde Khartum als Verwaltungszentrum am Zusammenfluss von Weißem und Blauem Nil gegründet.

Die hauptsächlich durch europäische Reisende – oft in ägyptischen Diensten – durchgeführte Entschleierung der Nilländer und Abessiniens wurde durch den ***Mahdi-Aufstand*** und die Errichtung eines sudanesischen Staatswesen von 1885–98 vorübergehend unterbrochen. Der 1898 ausgebrochene ***Faschodakonflikt***, der Streit zwischen Frankreich und Großbritannien um die Herrschaft über die oberen und mittleren Nilgebiete, wurde 1899 zugunsten Englands entschieden.

Historische Karte von Ägypten, Nubien und Abessinien (1797)

Der nebenstehende Ausschnitt einer »Charte von Africa«, erschienen bei den traditionsreichen Homannschen Erben in Nürnberg, zeigt Ägypten, Nubien, Abessinien, das Rote Meer und einen Teil Arabiens. Die Karte wurde von F. L. Güssfeld nach seinen eigenen Angaben nach Vorlagen von Sayer, Renell, Arrowsmit u. a. Quellen entworfen und zeigt vor allem d'Anvilles Methode (→ 174), nur das Belegbare darzustellen.

Ägypten selbst – mit Alexandria, Kairo, Theben und Assuan – ist vergleichsweise genau dargestellt; die Kartierung Nubiens und Habeschs (Abessinien) ist offenbar durch ältere Berichte beeinflusst: Axum, das historische Zentrum Tigres, die damalige abessinische Hauptstadt Gondar und Sennar im südlichen Nubien wurden von Bruce aufgesucht. Der charakteristische nubische Nilbogen dagegen wurde nur andeutungsweise wiedergegeben (Bruce benutzte die östlich verlaufende Wüstenstraße nach Assuan). Der Tanasee und der südlich gelegene Quellfluss des Abai (Blauer Nil) sind annähernd richtig dargestellt, aber im Gegensatz zu den Ansichten d'Anvilles wollte Bruce die Existenz eines weiteren Quellflusses, des Weißen Nils, nicht wahr haben.

Rhodus
Cypern
MEER
Tarablüs od. Tyrus
Saida od. Sidon
REICH
Damasc
Syrien
Bagdad
Euphrat F.
Jerusalem
Cabet Asalom Catabathmus
Alexandria
Rosette
Damiate
Gazza
A S
Basra
Barton
Sebaka S.
Cairo
Girza
Sues
Sinai B.
Akaba
Arabische Wüste
Siwah
Korn S.
EGYPTEN
Esfene
al-Katif
Osiot
Akmin
Das Rothe Meer od. Der Arabische Meerbusen
Antar
Achsa
Girge od. Shirshe
Cossir
El Wali
Theben ruinen
Kus
Medina
Siene od. Assuan
Wendekreis des
berhorden
Türkisch
Wüste Selima
Ibrim
ARAB
Kuku
Grosser Nilfall
Nubien
Mecca
Barabra
Grosse Wüste
Aidab od. Gidid
Dschidda
Taif
Moschu
Küste Habesch oder Abex
Dungala
Hali
Suakem
Korti
Wüste Bahinda
Guz od. Goos
Djesan
NUBIEN
Glücklich
Derreira
Jemen
Kauga od. Gaoga
Derkin
Dahalak
Masua I.
Loheia
Arabi
Gerri
Camaran
Sana
SENNAR
Atbara
Arkiko
Tigre
Axum
Sire
Iasa
Kardofan
Karbagio
Beyla
Sennar
Gisim
Mocka
Aden
von
HABESCH
Rahad
Gondar
ElAice
Dembea See
Trana ODER Daucala
Bab el Mandeb
Barbora
Gorham
Fazuclo
Begemder
ABYSSINIEN
Amhara
Shangalla
Gojam
Falasjan
BERTUMA
ADE
Ausa-gurel
BORENGALLA od. Westliche Galla
Hawash F.
GALLA
Oestl. Galla
Omo Zaid
Beduinen
Enaria
Bosham
REICH der
GALLA wozu fünf Stäme gehören, als
REICH
des SENDERO BOMBA
AJAN od. A
Dürre

1768–72 Der schottische Reisende JAMES **BRUCE** begab sich von Kairo über das Rote Meer nach *Abessinien*, um die Nilquellen zu suchen. Über Massaua (1769), Adua und Aksum gelangte er nach Gondar, der damaligen Hauptstadt des Landes, wo er zwei Jahre am Hof des abessinischen Herrschers als Arzt tätig war. 1770 besuchte er den Tanasee und die Quelle des Abai (Blauer Nil), den er als Hauptquellfluss des Nils ansah. (Vor ihm hatten die Jesuiten PEDRO PAËZ 1618 und JERONIMO LOBO 1629 den Tanasee und die Quellen des Nils aufgesucht.) 1771/72 kehrte BRUCE über Sennar, Assuan und Kairo nach Europa zurück. Der Reisebericht (1790) begründete seinen Ruf als erster neuzeitlicher Äthiopienforscher. → K. 182/183 I/II

1793–96 gelangte der englische Archäologe WILLIAM GEORGE **BROWNE** als erster Europäer von Asiut in Ägypten über die alte Sklavenkarawanenroute *Darb el-Arbein* nach *Darfur*, wo er vom Sultan längere Zeit gefangen gehalten wurde, aber schließlich zurückkehren konnte. (Darfur wurde danach erst 80 Jahre später von GUSTAV NACHTIGAL besucht.) → K. 182/183 I/IV

1813/14 Der Schweizer JOHANN LUDWIG **BURCKHARDT*** erforschte im Dienst der *British African Association*, als muslimischer Kaufmann verkleidet, Nubien und entwarf eine erste genauere Karte dieser Gegend. Auch entdeckte er die Tempel von Abu Simbel. Über Berber und Shendi am großen Nilbogen zog er nach Suakin am Roten Meer, bevor er als einer der ersten Europäer die heiligen Stätten des Islams, Mekka und Medina, aufsuchte. (→ 241). Der ägyptische Pascha, MEHEMED ALI, machte sich seine Informationen über Nubien für den beabsichtigten Feldzug in die oberen Nilländer zu Nutze. → K. 182/183 I/II

1819–22 Der französische Mineraloge FRÉDÉRIC **CAILLIAUD** besuchte 1819 die Oase Siwa in der Libyschen Wüste. Nilaufwärts gelangte er über Wadi Halfa hinaus. 1821/22 nahm er an der ägyptischen Eroberung der oberen Nilländer teil, entdeckte die berühmten Ruinen von Meroe und brachte als Erster Kunde vom Weißen Nil, den er als Hauptquellfluss des Nils erkannte. → K. 182/183 I

1824 gelangte der Frankfurter EDUARD **RÜPPELL** als erster Europäer nach Kordofan. → K. 182/183 III

1831–33 reiste **RÜPPELL** nach sechsjährigem Aufenthalt in Ägypten und Nubien über Massaua nach Gondar in Abessinien. Von dort aus besuchte er den Tanasee und oberen Abai. RÜPPELL lieferte zahlreiche Ortsbestimmungen, topographische Aufnahmen sowie erste Höhenmessungen von Zentral-Abessinien.

1836–39 Der österreichische Geologe JOSEPH **RUSSEGGER** bereiste im Auftrag des ägyptischen Vizekönigs Nubien, Syrien und Palästina zum Zweck geognostischer Untersuchungen. Vor allem erforschte er die Goldvorkommen in Kordofan. → K. 182/183 III

1837–39 und **1842–48** Die französischen Brüder ANTOINE und ARNAUD **D'ABBADIE** bereisten weite Teile Äthiopiens von Massaua über Zentralabessinien bis in die südäthiopischen Landschaften Enarea und Kaffa. Sie erforschten Klima, Kultur und Sprachen Abessiniens und führten eine erste Landesaufnahme durch (ca. 900 astronomisch bestimmte Punkte). → K. 182/183 III

1839–41 Drei ***Ägyptische Expeditionen zur Erforschung des Weißen Nils*** im Regierungsauftrag führten bis zu den Katarakten unter 4° 42′ nördliche Breite. Durch die Teilnahme des Deutschen FRIEDRICH **WERNE** und des französischen Wissenschaftlers **D'ARNAUD** wurden die Forschungsergebnisse auch in Europa zur Kenntnis genommen. → K. 182/183 III

1840–43 Der Missionar CHARLES T. **BEKE** reiste von der Tadschurabucht am Golf von Aden nach Abessinien und forschte in Schoa und Godscham, wo er den Lauf des Abai annähernd genau festlegte. Über Massaua kehrte BEKE zurück. Er fand als erster Europäer die Depression am Assalsee im Danakilland.

Die Burgen im Schlossbezirk von Gondar, der alten Hauptstadt Abessiniens, aus dem 17. Jh.

1849–51 Der österreichische Missionar Dr. **Knoblecher** bereiste den oberen Weißen Nil und gründete zusammen mit einigen Ordensbrüdern nördlich der ersten Stromschnellen mehrere Missionsstationen, darunter *Gondokoro* unter 4° 54′ n. Br., das für die weitere Entdeckungsgeschichte von Bedeutung war. (Nach dem Tode der meisten Missionare wurden die Stationen Mitte der 1860er-Jahre aufgegeben.) → K. 182/183 III

1853–63 Der Händler John **Petherick**, der seit 1848 längere Zeit in Kordofan lebte, kam ins Gebiet des Bahr-el-Ghasal, der zeitweilig wegen seiner Wassermenge sogar als Hauptquellfluss des Nils angesehen wurde. Pethericks Berichte wurden von der Geographie zur Kenntnis genommen.

1854 Der englische Forschungsreisende Richard Francis **Burton**, der 1853 – als Afghane verkleidet – die heiligen Stätten des Islam, Mekka und Medina besucht hatte, reiste über Zeila nach Harar, einer für Nichtmuslime streng verschlossenen Stadt im Südosten Abessiniens, das er als einer der ersten Europäer im 19. Jh. betrat. → K. 182/183 II

1856/57 Theodor von **Heuglin**, ein Naturwissenschaftler und Experte für das Berg- und Hüttenwesen, der seit 1850 in Ägypten und seit 1852 in Khartum lebte und Kordofan und Abessinien bereist hatte, forschte in der nubischen Bajuda-Steppe im großen Nilbogen und am Roten Meer. → K. 182/183 I

1860 Der Jäger und Forscher Giovannui **Miani**, ein Italiener, kam nach Gondokoro und zog von hier aus weiter südlich zum Awafluss und erreichte den Weißen Nil bei dem heutigen Nimule, wo er seinen Namen in die Rinde eines markanten Baumes ritzte. Diesen bisher südlichsten Punkt am oberen Nil (3° 34′ n. Br.), den bis dahin ein Reisender erreicht hatte, wurde 1863 von Speke und Grant von Süden aus aufgefunden. 1872 starb Miani im Lande der Mangbetu am oberen Uele. → K. 182/183 III

Samuel White Baker *und seine Frau* **Florence.**
Der englische Afrikareisende Samuel White Baker wurde am 8. Juni 1821 in London als Sohn eines vermögenden Kaufmanns geboren und starb am 30. Dezember 1893 auf seinem Landgut in Devonshire (England). Ab 1845 hielt er sich in Ceylon (heute Sri Lanka) auf, wo er als Elefantenjäger Berühmtheit erlangte. Nach dem Tod seiner Frau brachte er seine fünf Kinder zu seiner Schwester in England und begab sich auf die Jagd ins Balkangebiet. Auf dem Sklavenmarkt von Vidin im damals türkischen Bulgarien soll er seine zweite Frau Florence, eine Ungarin, freigekauft haben. Jedenfalls begleitete diese ihn bei seiner großen Forschungsreise nilaufwärts 1863/64, auf der beide die Reisenden Speke und Grant in Gondokoro trafen und anschließend den Albertsee entdeckten. Die Royal Society verlieh Baker die große Goldmedaille; von der britischen Königin wurde er in den Adelsstand erhoben.

1870–73 leitete Baker in ägyptischen Diensten eine große militärische Expedition zur »Eröffnung des Handels« mit den oberen Nilländern und Unjoro und schuf damit die Voraussetzung für die Errichtung der künftigen ägyptischen Provinz »Äquatoria«. Lady Florence Baker, die ihn auch 1870 begleitete, überlebte ihren Gatten um 23 Jahre.

1860/61 Der deutsche Afrikaforscher Moritz von **Beurmann** reiste von Ägypten aus bis Korosko, durchwanderte die Nubische Wüste über Berber nach Suakin. Anschließend forschte er im Gebiet von Kassala und zog über Khartum und Massaua, Dschidda, Suez und Konstantinopel nach Deutschland, wo er 1862 den Auftrag erhielt, nach dem verschollenen Eduard Vogel zu suchen. → K. 182/183 I/II

1861–64 Theodor von **Heuglin** stand 1861 an der Spitze einer deutschen Expedition zur Suche des in Wadai verschollenen Eduard Vogel. Da er die vorgesehene Marschroute eigenmächtig änderte, entzog man ihm die Leitung. Allein reiste er mit Hermann **Steudner** von Massaua durch Abessinien nach Khartum. Beide schlossen sich der Expedition der reichen Holländerin Alexandrine **Tinné** an, die ins weitgehend unbekannte Bahr-el-Ghasal-Gebiet führte, wo Steudner in der Nähe von Wau 1863 starb. Heuglin musste wegen Erkrankung umkehren. (Alexandrine Tinné wurde Anfang August 1869 während einer weiteren Expedition bei Mursuk im Fessan ermordet.) → K. 182/183 II/III

1863 trafen John Henning **Speke** und James August **Grant** auf ihrer großen Entdeckungsreise zu den Nilquellen, vom Victoriasee kommend, in *Gondokoro* ein. Bis hier war der Nil von Norden her erkundet. Während beide über Khartum zurückkehrten, setzte Baker, mit dem sie in Gondokoro zusammengetroffen waren, die Nilforschung fort. → K. 182/183 III

1863/64 reiste der vermögende britische Afrikaforscher Samuel White **Baker***, zusammen mit seiner jungen Frau Florence, den Nil aufwärts nach Gondokoro, um die Nilquellen zu suchen. Hier trafen sie Speke und Grant (→ 211), die sie mit ihren Entdeckungen vertraut machten. Von beiden auf die Gerüchte eines zweiten Nilquellsees hingewiesen, fanden sie im *Luta Nzige*, den sie nach dem englischen Prinzgemahl *Albertsee* tauften, von Unjoro aus **1864** den zweiten großen Quellsee des Nils. Die Bakers folgten dem einmündenden Victoria-Nil eine Strecke aufwärts und entdeckten die Murchison-Fälle. Auf dem Rückweg erkundeten sie einen längeren Abschnitt des noch unerforschten Bergnils südlich von Gondokoro, so dass die Nilquellenfrage im Wesentlichen als abgeschlossen gelten konnte. → K. 182/183 III

1868 ***Britische »Strafexpedition« nach Abessinien*** unter General ROBERT NAPIER gegen den Kaiser THEODOROS, um die Freilassung von europäischen Gesandten, Missionaren und Forschern zu erzwingen. Die Militärexpedition, die von Zula am Roten Meer (südlich Massaua) am Ostrand des Äthiopischen Hochlandes entlang zur »Festung« Magdala führte (wo sich THEODOROS den Tod gab), brachte neue, vor allem topographische Erkenntnisse, zumal einige namhafte Afrikaforscher als Beobachter teilnahmen, z. B. WERNER **MUNZINGER**, JOHANN LUDWIG **KRAPF** und GERHARD **ROHLFS**. → K. 182/183 II

1869–71 Der Botaniker und Afrikaforscher GEORG **SCHWEINFURTH*** bereiste unter dem Schutz des Khartumer Elfenbeinhändlers GHATTAS die südwestlichen Zuflüsse des Bahr-el-Ghasal, überschritt weiter südlich die Wasserscheide zwischen Nil und Kongo und entdeckte den Oberlauf des Uele, den er für einen Quellfluss des in den Tschad fließenden Schari hielt. Sein Interesse galt nicht nur geographischen und botanischen Forschungen, sondern auch der Ethnologie. Er beschrieb die teilweise neu entdeckten Völker (Niam-Niam oder Asande und Monbutto oder Mangbetu) und lieferte den Beweis für die Existenz von Pygmäen (Akka). → K. 182/183 III

1873/74 erforschte GERHARD **ROHLFS*** (→ 193) im Auftrag des ägyptischen Vizekönigs von Asiut aus die in der Libyschen Wüste befindliche Oasenreihe Dachla, Farafra, Siwa und Baharija (Teilnahme von 10 deutschen Gelehrten, unter ihnen der Geodät WILHELM JORDAN und der Geologe KARL ZETTEL). → K. 182/183 I

1875 fand der Schweizer Abenteurer und Afrikaforscher WERNER **MUNZINGER** den Tod. Er hatte über 20 Jahre lang von Massaua aus den Norden Abessiniens, *Tigre* und die so genannten *Bogos-Länder* bei Keren, erforscht, wobei er sich mit den dortigen Verhältnissen gründlich vertraut machen konnte. Zeitweilig war er als ägyptischer, britischer und französischer Konsul tätig. Nach 1870 trat er als Gouverneur der Gebiete am Roten Meer in ägyptische Dienste, die ihn schließlich an der Spitze einer militärischen Expedition gegen Abessinien führte, wo er am 16.11.1875 im Kampf fiel. → K. 182/183 II

1876–81 führte der Italiener ANTONIO **CECCHI** auf mehreren Reisen die Entdeckungen der Brüder D'ABBADIE im Süden Abessiniens fort. Er drang von Zeila über Ankober in Schoa in das Gebiet der Gurage und nach Kaffa vor. → K. 182/183 II/III

***GEORG SCHWEINFURTH**, deutscher Afrikaforscher, Botaniker und Ethnologe, wurde am 29. Dezember 1836 in Riga geboren und starb am 19. September 1925 in Berlin. Nach dem Studium der Botanik an deutschen Universitäten bereiste er 1864–66 Ägypten und Gebiete zwischen Nubien und Abessinien. Die Preußische Akademie der Wissenschaften übertrug ihm die botanische Erkundung des Bahr-el-Ghasal-Gebietes, das er 1869–71 in vorbildlicher Weise erforschte. Sein Reisebericht »Im Herzen von Afrika« (1874) gehört seither zu den Klassikern der Afrikaliteratur. Weitere Reisen führten den Privatgelehrten von Ägypten aus nach Abessinien, Südarabien und in den Libanon. Erst 1914 kehrte der hoch anerkannte Forscher nach Berlin zurück.*

1877–86 setzte der deutsch-russische Reisende WILHELM **JUNKER** die Forschungen SCHWEINFURTHS im Bahr-el-Ghasal-Gebiet und am oberen Uele fort. Ohne Gewalt, mit Geduld und in verständnisvollem Umgang mit den Afrikanern verstand es JUNKER, alle Hindernisse zu überwinden. Als er 1883 seine Reise beenden wollte, schnitt ihm der *Mahdi-Aufstand* den Rückweg über Khartum nach Ägypten ab. Er musste drei Jahre in der *Äquatorialprovinz* EMIN PASCHAS ausharren, bevor er über den Albertsee, Victoriasee und Tabora nach Bagamoyo an der ostafrikanischen Küste gelangte. → K. 182/183 III

1878–89 MEHEMED **EMIN PASCHA**, eigentlich EDUARD SCHNITZER aus Schlesien, der seit 1865 als Arzt in türkischen Diensten stand und zum Islam übergetreten war, wurde 1878 zum Gouverneur der ägyptischen *Äquatorialprovinz* am oberen Nil ernannt, mit Sitz in Lado. Von hier aus fand er Zeit und Gelegenheit, weite Teile des oberen Nilgebietes geographisch und völkerkundlich zu erforschen. 1883 wurde EMIN PASCHA durch den *Mahdi-Aufstand* von Ägypten und Europa abgeschnitten. Der von STANLEY (→ 214) geführten Ersatzexpedition (1888) folgte EMIN PASCHA nach langem Zögern 1889 über Uganda, Tabora nach Bagamoyo. (1890 unternahm er zusammen mit FRANZ STUHLMANN, in deutschen Diensten, eine Expedition in den nordöstlichen Kongo, wo er auf Befehl arabischer Sklavenhändler am 23. Oktober 1892 bei Ipoto ermordet wurde.) → K. 182/183 III

1887/88 finanzierte der wohlhabende ungarische Graf SAMUEL **TELEKI** VON SZÉK eine Expedition in das noch unerforschte Grenzgebiet von Südäthiopien und Kenia. Begleitet von dem österreichischen Seeoffizier und Geographen Ritter LUDWIG VON **HÖHNEL**, reiste TELEKI von Sansibar nach Pangani durch Kenia zum Baringosee und entdeckte 1888 den völlig unbekannten *Rudolfsee* (heute *Turkanasee*), der nach dem österreichischen Kronprinzen benannt wurde, und den *Stefaniesee*. → K. 182/183 III

1892/93 zog der Italiener VITTORIO **BÒTTEGO** an der Spitze einer Militärexpedition von Berbera durch das nördliche Somaliland zum oberen Juba, dessen Quellflüsse er erforschte. Über Lugh und Bardera vollendete er die Durchquerung der Somalihalbinsel, auf die Italien Anspruch erhob. → K. 182/183 II/III

1895–97 führte **BÒTTEGO** eine weitere Expedition von Brava, den Juba aufwärts zum Afrikanischen Grabenbruch, wo er den Abaisee entdeckte, das Omotal bis zum Rudolfsee erforschte, über das Quellgebiet des Sobat zog und schließlich bei Gobo in Kämpfen mit Abessiniern den Tod fand (17. März 1897). Die anderen noch verbliebenen Expeditionsmitglieder wurden erst nach langer Gefangenschaft freigelassen. → K. 182/183 III

1896–99 führte der französische Hauptmann JEAN-BAPTISTIE **MARCHAND** eine Militärexpedition vom unteren Kongo über den Ubangi, Mbomu und die Nil-Wasserscheide (Jur, Bahr-el-Ghasal) nach Faschoda am Weißen Nil, wo im Juli 1898 die französische Trikolore gehisst wurde, um den Anspruch auf das obere Nilgebiet zu demonstrieren. Inzwischen rückte der britische General HORATIO KITCHENER, der den Mahdi-Aufstand niedergeschlagen hatte, von Khartum her an und zwang die Franzosen, Faschoda zu räumen. Um einen Krieg zwischen beiden Mächten zu vermeiden, wurde die ***Faschodakrise*** beigelegt. Im Dezember 1898 schifften sich die französischen Expeditionsteilnehmer ein und reisten über den Sobat und Baro nach Abessinien. Sie erreichten im März 1899 Addis Abeba und im Mai 1899 Dschibuti am Golf von Aden. Geographisch hatte die Expedition die Kenntnis der berührten Gebiete wesentlich erweitert. (Im ***Sudanvertrag*** vom März 1899 verzichtete Frankreich auf das obere Nilgebiet; Großbritannien erkannte dafür die französische Herrschaft über die Gebiete westlich Darfur an.) → K. 182/183 II/III und → K. 184/185 I

Die Expedition David Livingstones 1849 zum Ngamisee
Livingstone im Vordergrund mit seiner charakteristischen Schirmmütze, den Sohn an der Hand haltend. Auf dem von einem Ochsengespann gezogenen Planwagen seine mitreisende Frau Mary, die Tochter des Missionars Robert Moffat. (Abb. aus »The Life and Explorations of Dr. Livingstone the Great Missionary Traveller«, London nach 1873)

Das als *Kapland* bezeichnete Gebiet südlich des Oranje wurde den Europäern früher bekannt als andere Teile Afrikas. 1652 hatten die ***Niederländer*** mit Kapstadt den Grundstein für eine sich flächenhaft ausbreitende Versorgungs- und Siedlungskolonie als Stützpunkt für ihre Ostindienfahrten gelegt. Das günstige Klima lockte holländische Siedler, aber auch französische Hugenotten und deutsche Auswanderer an, aus denen mit den *Buren (niederländisch »Bauern«)* allmählich ein neues Volkstum entstand, das von Anfang an die afrikanische Bevölkerung unterwarf. Bereits 1685/86 drang Simon van der Stell bis Klein-Namaland vor und entdeckte die reichen Kupfervorkommen von Okiep. Und 1705–13 war der Mathematiker Peter Kolb aus Bayern als Astronom in Kapstadt tätig. Seine eingehenden Schilderungen der Urbevölkerung *(»Hottentotten«)* sind bis heute eine wertvolle völkerkundliche Quelle.

Die ***britische Eroberung*** des Kaplandes 1795 und endgültig 1806 ebnete den englischen Missionaren den Weg in das Innere Südafrikas, nördlich des Oranje. Die 1834 gegründete *Kapgesellschaft zur Erforschung Zentralafrikas* und die gleichzeitig einsetzende Massenauswanderung der holländischen Buren führten zur schnellen europäischen Durchdringung Natals, des Oranjegebietes und Transvaals. In der Zeit zwischen 1849 und 1873 trat **David Livingstone** als herausragender Forscher und Humanist, der den Sklavenhandel bekämpfte, in den Mittelpunkt der Afrikaforschung. Bis 1884/90, als die koloniale Aufteilung des südlichen Afrika als vollzogen gelten konnte, war die Erkundung dieser Region im Großen und Ganzen abgeschlossen. Seit dieser Zeit trat die Detailforschung in Form militärischer Expeditionen und topographischer Landesaufnahmen in den Vordergrund.

1772–75 organisierte der Schwede Karl Peter von **Thunberg**, der in Kapstadt als Arzt tätig war, drei Expeditionen ins Landesinnere. Daran nahm auch zeitweise der schwedische Naturwissenschaftler Anders **Sparrmann** teil, der J. Cook auf dessen Reise 1772–75 begleitet hatte. **1775/76** kam Sparrman in die Große Karru, erkundete die Mosselbai und andere Teile des Kaplandes. Sein Reisebericht über Flora und Fauna, aber auch über die Khoisanvölker wurde 1784 von Georg Forster in Berlin herausgegeben.

1777/78 erreichte von Kapstadt aus Colononel **R. J. Gordon**, ein Holländer schottischer Abstammung, als Erster den Oranje östlich der Einmündung des Vaal. → K. 184/185 III

1780–85 Der französische Zoologe und Abenteurer François **Levaillant** durchzog das Kapland von Kaffraria im Osten bis Klein-Namaland im Westen, um für die Pariser Naturalienkabinette zoologische Raritäten zu erwerben. Er beschrieb als Erster die San (»Buschmänner«).

1795–1812 Der englische Reisende und Schriftsteller John **Barrow**, der auch an der Arktisforschung beteiligt war, drang bis zum Oranje vor. Durch seine Beschreibung des Kaplandes (1801–03) begründete er die Geographie Südafrikas.

1802–06 Der Hamburger Militärarzt und Zoologe Hinrich Karl **Lichtenstein**, der nach Kapstadt kam, reiste über die Karru und den Oranje ins Betschuanaland bis in die Gegend von Kuruman. Neben zoologischen Studien, beschrieb er auch die südafrikanischen Völker und unterschied zwischen Khoisan-Völkern (»Hottentotten«) und Bantu (»Kaffern«). → K. 184/185 III

1811–15 Der britische Naturforscher William **Burchell** besuchte Kapland und sammelte ca. 60 000 biologische Exponate. Von Kapstadt aus gelangte er durch die Karru über den Oranje zur Missionsstation Klaarwater (Griquatown) und weiter bis zu den Betschuanen. Er kehrte über Graaff-Reinet und Großen Fischfluss an der Küste entlang nach Kapstadt zurück. → K. 184/185 III

1812 Der Missionar John **Campbell** bereiste Gebiete des südlichen Betschuanalands und stellte mit seiner Reise den Verlauf des Oranje fest. **1820** entdeckte er die Quellen des Limpopo. → K. 184/185 III

1836/37 stieß **Harries** von Graaff-Reinet in Kapland über Kuruman bis zum Oberlauf des Limpopo vor. → K. 184/185 III

1836/37 Der britische Offizier James Edward **Alexander** reiste vom unteren Oranje durch das Namaland zur Walfischbai und zurück. Er lieferte eine erste verlässliche Karte des südlichen Namibia. → K. 184/185 IV

1849 Der schottische Missionar David **Livingstone*** zog von der Missionsstation Kolobeng in Betschuanaland durch die unerforschte Kalahari in das Okavango-Binnendelta und entdeckte den Ngamisee.
1851 gelangte er auf einer weiteren Reise in das Reich der Makololo nach Linjanti, wo ihn der Herrscher, Sebituane, freundlich empfing, und kam schließlich nach Sesheke am Sambesi. → K. 184/185 IV

1850–52 Der englische Arzt und Anthropologe Francis **Galton** drang in Begleitung von K. J. Andersson von der Walfischbai über Windhuk zur Etoscha-Salzpfanne in das noch völlig unbekannte Amboland im Norden Namibias vor. → K. 184/185 IV

1851 erreichte W. Henry **Gassiot** von Durban aus über Lydenburg in Transvaal den Mittellauf des Limpopo. → K. 184/185 III

1852–54 Der portugiesische Händler Silva **Porto** durchwanderte das südliche Zentralafrika von Benguela aus auf der Wasserscheide zwischen Kongo und Sambesi bis zum Rovuma. Aber seine Reise hatte keinerlei geographisch verwertbaren Erkenntnisse gehabt. → K. 184/185 I/IV

David Livingstone, schottischer Missionar und Afrikaforscher, wurde am 19. März 1813 in Blantyre bei Glasgow geboren und starb am 1. Mai 1873 in Zentralafrika. Frühzeitig im Dienst der christlichen Mission, erhielt der aus einfachen Verhältnissen stammende Livingstone eine Ausbildung als Arzt und Prediger und ging 1840 im Auftrag der Londoner Missionsgesellschaft nach Südafrika, wo er nacheinander in Betschuanaland auf den Stationen Kuruman, Mabotsa und Kolobeng wirkte. 1844 heiratete er Mary, die Tochter des Missionars in Kuruman, Robert Moffat.

*Seit **1849** suchte Livingstone nach Gebieten mit günstigeren Lebensbedingungen im Norden, entdeckte im selben Jahr den Ngamisee und kam **1851** nach Sesheke am oberen Sambesi. Im Einverständnis mit seiner Missionsgesellschaft entschloss er sich, das noch unbekannte Sambesigebiet genauer zu erforschen. Zuvor begleitete er seine Familie nach Kapstadt zu deren Einschiffung nach England. **1853–56** führte er seine erste große Entdeckungsfahrt durch, bei der er das südliche Afrika von West nach Ost durchquerte und den Verlauf des Sambesi erforschte.*

*Nach London zurückgekehrt, schied der inzwischen berühmte Reisende aus der Mission aus, um sich ganz der Erforschung Afrikas zu widmen. **1858–64** bereiste er weitere Teile des Sambesigebietes und entdeckte den Schirwa- und Njassasee. Zunehmend widmete er sich der Bekämpfung des arabischen Sklavenhandels. 1862 starb seine Frau, die ihm aus England nachgereist war, an einer tropischen Krankheit.*

*Während seiner letzten großen Reise nach Innerafrika **1866–73** wandte er sich der Klärung der – wie er meinte – »Nilquellenfrage« zu. Er entdeckte den Lualaba, den Oberlauf des Kongo, den er für einen Quellfluss des Nils hielt, sowie den Mweru- und Bangweolosee. 1871 fand Stanley (→ 213) den Vermissten in Udschidschi, vermochte ihn aber nicht zur Rückkehr zu bewegen. Fieberkrank und entkräftet starb Livingstone 1873 am Bangweolosee im Dorf Tschitambo. Zwei treue Diener brachten die einbalsamierte Leiche nach Bagamoyo an der Ostküste, von wo aus sie über Sansibar nach England überführt und am 18. April 1864 unter großer öffentlicher Teilnahme in der Westminsterabtei beigesetzt wurde.*

Livingstone gilt zu Recht als der bedeutendste britische Afrikaforscher. Genaue Berichterstattung, sorgfältige astronomische Ortsbestimmungen und Routenaufnahmen sowie Höhenmessungen ermöglichten die kartographische Erfassung der durchreisten Gebiete. Sein unermüdlicher Kampf gegen Sklaverei, seine humanistische Grundeinstellung und das tiefe Verständnis, das er den afrikanischen Völkern und Kulturen entgegen brachte, zeichnen ihn vor den meisten europäischen Forschern aus.

1853/54 Der in Schweden geborene Sohn eines Engländers, Karl John **Andersson**, reiste nach der Trennung von Galton allein von Damaraland zum Oranje und dann nordostwärts durch die nördliche Kalahari zum Ngamisee. (1858/59 erreichte er das Kaokoveld und kam 1860 zum Okavango.) → K. 184/185

1853–56 Erste große Forschungsreise David **Livingstones***. Erneut suchte er Linjanti auf, wo ihn diesmal Sekeletu, der Nachfolger des verstorbenen Sebituane, empfing und ihn bei der weiteren Reiseplanung unterstütze. In Begleitung von 27 freiwilligen Makalolo verließ Livingstone Linjanti und zog 1853/54 den Sambesi aufwärts bis in dessen Quellgebiet und schließlich an den Oberlauf des Cuango, wo er auf den Unteroffizier eines portugiesischen Postens im Hinterland von Angola stieß. Über Cassango erreichten sie im Mai 1854 Luanda am Atlantischen Ozean, den Hauptort der portugiesischen Kolonie Angola. Im September 1854 machte sich LIVINGSTONE mit seinen Begleitern auf den Rückweg. Im Juli 1855 erreichten sie wieder das Reich der Makololo am oberen Sambesi. Bei der Weiterreise, den Fluss abwärts, stieß LIVINGSTONE auf die gigantischen Wasserfälle, denen er den Namen der britischen Königin VICTORIA gab. Mit 114 Makololo als Begleitern zog er parallel zum Sambesi durch das Batoka-Plateau (heute Südsambia), überquerte den Kafue und gelangte in den vorgeschobenen portugiesischen Stützpunkt Tete. Diese erste Durchquerung des südlichen Afrikas durch einen wissenschaftlich gebildeten europäischen Forscher endete 1856 in Quelimane. → K. 184/185 IV

1854–59 reiste der englische Missionar ROBERT **MOFFAT**, Schwiegervater LIVINGSTONES, von Kuruman über Schoschong als erster Europäer ins Matabeleland und erwirkte beim Herrscher die Gründung einer Missionsstation, Inyati (1859). → K. 184/185 III

1856/57 Der deutsch-baltische Missionar, Sprachforscher und Ethnologe KARL HUGO **HAHN**, der seit 1841 für die Rheinische Mission 13 Stationen in Südwestafrika gegründet und Land und Leute gründlich kennen gelernt hatte, besuchte das Amboland im Norden des heutigen Namibia. (**1866** kam HAHN bis zum Kunene an der angolanischen Grenze.) Er gab eine Grammatik und ein Wörterbuch der Herero-Sprache heraus. → K. 184/185 IV

1858–64 vollendete **LIVINGSTONE*** die Erforschung des Sambesi, diesmal von der Mündung aus, teilweise mit einem kleinen Dampfschiff, und entdeckte 1859 den Schirwa- und Njassasee, den er 1861 genauer erforschte. Hier stieß er wiederholt auf arabische Sklavenjäger und widmete sich seither ganz energisch der Bekämpfung des Sklavenhandels. 1860 brachte er einen Teil der Makololo-Begleiter zurück ins Heimatgebiet. → K. 184/185 IV

1861/62 Der englische Maler und Reisende THOMAS **BAINES**, der 1858–61 LIVINGSTONE zum Sambesi begleitet hatte, wanderte zusammen mit dem englischen Händler und Jäger JAMES CHAPMAN von der Walfischbai über Damaraland durch die nördliche Kalahari zum Ngamisee und bis zu den Victoriafällen am Sambesi. (BAINES forschte **1869–75** in weiten Teilen des heutigen Simbabwe.) → K. 184/185 IV

1865–70 Der französische Reisende ALFRED **GRANDIDIER**, der 1857–60 in Südamerika und Indien geforscht hatte, leitete die wissenschaftliche Erkundung Madagaskars ein. Er durchquerte die Insel mehrfach und sammelte bedeutende Materialien zur Geologie, Botanik, Zoologie und Ethnologie. Als erster Forscher konstatierte er die Verwandtschaft der Howa u.a. Madagassen im Hochland mit den Malaien. → K. 184/185 I

1867 KARL **MAUCH** aus Württemberg bereiste gemeinsam mit dem Elefantenjäger HARTLEY von Transvaal aus das Matabeleland zwischen Limpopo und Sambesi (heute Simbabwe) bis zum 17,5° südl. Br. Er erkundet das neu entdeckte Land vor allem geologisch und fand drei Goldfelder.
1868 zog MAUCH auf neuen Wegen, von Transvaal aus über den Limpopo und den Bubyefluss aufwärts nach Matabeleland, wurde aber zur Umkehr gezwungen. MAUCH stellte erstmalig Material für eine brauchbare Karte von Transvaal und Matabeleland zusammen.
1871/72 unternahm MAUCH erfolgreich eine Reise durch Maschonaland zum unteren Sambesi und entdeckte 1871 die berühmten Ruinen von Simbabwe, die er für das sagenhafte »Ophir«, das Goldland des König SALOMO, hielt. → K. 184/185 III/IV

1885–92 reiste der britische Jäger und Zoologe FREDERIC COURTENAY **SELOUS** im Bereich des mittleren Sambesi und legte ein dichtes Routennetz über das Maschona-, Matabele- und östliche Barotseland (heute Simbabwe und Süd-Sambia) an, womit er die britische Besitzergreifung dieser Gebiete 1889/93 unter der Bezeichnung »Rhodesien« vorbereitete.

***Die Ruinen von Simbabwe** nach einem Aquarell von* KARL MAUCH
Dargestellt ist der Blick auf die »Akropolis« und rechts im Vordergrund ein Teil des Ruinenkomplexes des »Elliptischen Tempels«. MAUCH glaubte, mit den Ruinen das »Ophir« der Bibel entdeckt zu haben, aus dem König SALOMO Gold bezogen habe (→ 12). Moderne Archäologen ordnen die Ruinen von Simbabwe dem altafrikanischen Reich Monomotapa zu, dessen politische Macht, basierend auf dem Goldhandel, ihren Höhepunkt im 14. und 15. Jh. erreicht hatte. C-14-Untersuchungen ergaben, dass die ältesten beim Bau verwendeten Hölzer aus der Zeit zwischen 500 und 700 n. Chr. stammen.

1877–79 leitete der Portugiese **SERPA PINTO** (mit vollem Namen ALEXANDER ALBERTO ROCHA DE SERPA PINTO) eine Expedition durch weithin unerforschte Gebiete von Benguela zur Ostküste. Er reiste über das Bihé-Hochland und die Lundaschwelle zum Sambesi und folgte ihm bis zu den Victoriafällen. Über Schoschong und Transvaal gelangte er nach Durban am Indischen Ozean. **1884** und **1890** kehrte SILVA PORTO nach Südostafrika zurück, um die portugiesischen Ansprüche auf eine Landverbindung zwischen Angola und Mosambik gegen britische Annexion zu sichern. Die Engländer erzwangen die Abberufung SILVA PORTOS und gründeten die Kolonien Rhodesien und Njassaland. → K. 184/185 III/IV

1883–87 führte der böhmische Forscher EMIL **HOLUB** eine Expedition mit dem Ziel, erstmals Afrika vom Süden aus zu durchqueren. Die Reise führte von Kapstadt über Schoschong nach Sesheke im südöstlichen Barotseland, wo sich HOLUB bereits 1875 aufgehalten hatte, ins unbekannte östliche Barotseland zum mittleren Kafue. Infolge der feindlichen Haltung der Maschukolumbe (Ila) musste er umkehren. Dennoch war die Expedition auf Grund einer erheblichen wissenschaftlichen Ausbeute ein großer Erfolg. → K. 184/185 IV

1884/85 erforschten die portugiesischen Offiziere H. A. DE BRITO **CAPELLO** und ROBERTO **IVENS** weite Gebiete im Inneren Angolas und die Sambesiländer. Die Reise führte sie von Mossamedes zum Sambesi, dann zu den Oberläufen des Lualaba und Luapula in Katanga bis zur Ostküste bei Quelimane. Auch diese Reise diente der Unterstreichung portugiesischer Ansprüche auf eine Landverbindung quer durch das südliche Afrika. → K. 184/185 I/IV

Obwohl die Mündung des *Kongo* oder *Zaire* bereits 1484 vom portugiesischen Seefahrer DIOGO CÃO (→ 68) entdeckt worden war, ist sein Stromsystem am spätesten erforscht worden. Auch die Quellen des *Weißen Nils*, bereits im Altertum von PTOLEMÄUS beschrieben, entzogen sich bis über die Mitte des 19. Jh. hinaus der Entdeckung.

1798 reiste der portugiesische Gouverneur JOSÉ DE LACERDA von Tete am unteren Sambesi aus nach Kazembe am Mweru- und Bangweolosee, einem Vasallenstaat des mächtigen Lundareiches, und 1831 weilte der portugiesische Offizier MONTEIRO ebenfalls dort. Auch hatten zwei Mulattenhändler *(Pombeiros)*, PEDRO JOÃO BAPTISTA und ANTONIO JOSÉ, zwischen 1802 und 1815 eine vollständige Afrikadurchquerung von Angola über die Lundaschwelle zum unteren Sambesi und zurück ausgeführt. Alle diese Reisen wurden aber zunächst geheim gehalten und unpräzise Berichte darüber erst viel später veröffentlicht. 1816 gelangte der britische Marineoffizier JACK KINGSTON TUCKEY von der Mündung des Kongo aus ca. 250 km den Fluss aufwärts, aber im Kampf gegen die Stromschnellen und Fieber starben er und nahezu alle Expeditionsmitglieder. So konnte das Innere Zentral- und Ostafrikas um 1850 bei den Europäern als vollständige *Terra incognita* gelten.

Die Entdeckung der Schneeberge Kilimandscharo und Kenia 1848/49 durch die Missionare REBMANN und KRAPF sowie die Veröffentlichung einer Karte ihres Landsmannes JAKOB ERHARDT 1855, die auf Grund vieler Nachrichten einen großen See im Inneren Ostafrikas darstellte, gaben die Veranlassung zur ***Suche nach den Nilquellen*** durch BURTON und SPEKE ***1857/58***. In den Jahren ***1861–64*** lösten SPEKE und GRANT dieses Problem erfolgreich.

LIVINGSTONE erreichte 1868/69 und 1871 die Quellflüsse und -seen des Kongo, hielt diese aber dem Nilsystem zugehörig – ein Irrtum, den erst CAMERON mit seiner Ost-West-Afrikadurchquerung 1873–75 aufklären konnte. Inzwischen hatten die Franzosen begonnen, vom Ogowe in Gabun aus ins Innere Zentralafrikas vorzustoßen. Erst STANLEY gelang es, ***1876/77*** das ***Kongorätsel***, das letzte große geographische Problem Afrikas, zu lösen.

Mit der Gründung von Stationen und Gebietserwerbungen durch STANLEY im Auftrag der Studienkommission für einen »freien Handel«, initiiert durch den belgischen König LEOPOLD II., entstanden die Grundlagen für den Kongostaat, der auf der ***Berliner Konferenz 1884/85*** internationale Anerkennung fand, de facto jedoch eine »Privatkolonie« des belgischen Königs darstellte und erst 1908 in den Besitz des belgischen Staates überging. Im Wettlauf mit den Franzosen am unteren Kongo, aber auch mit britischen, deutschen und portugiesischen Kolonialinteressen, nahmen diese Mächte ab 1885/90 die ***Aufteilung Afrikas*** und die weitere Erforschung Zentralafrikas durch militärisch abgesicherte Expeditionen in Angriff. (→ K. 217).

*Nebenstehende Ausschnitte der **Karten »Süd-Africa mit Madagascar«**, aus »Stieler's Hand-Atlas« 1855 und 1860 verdeutlichen die Zunahme des Kenntnisstandes über das ostafrikanische Seengebiet innerhalb von fünf Jahren auf spannende Weise.*

*Zeigt die **Karte von 1855** bereits die 1848/49 zuvor von den Missionaren REBMANN und KRAPF entdeckten »Schneeberge« Kilimandscharo und Kenia, so wird das übrige Landesinnere von einem lang gestreckten See ausgefüllt, dessen Existenz durch vage Nachrichten arabischer Händler bestimmt wurde. Sogar der Handelsweg von Bagamoyo an der Küste nach Udschidschi, dem späteren Standort LIVINGSTONES am Tanganjikasee, ist eingetragen.*

*Auf der **Karte von 1860**, fünf Jahre später, bietet sich dem Betrachter ein ganz anderes Kartenbild des Inneren Ostafrikas. Die Expedition BURTON und SPEKES von Bagamoyo zum Tanganjikasee 1857 und die alleinige Reise SPEKES 1858 von Kaseh (Tabora) zum Victoria Nyansa führte zur Behauptung SPEKES, die Nilquellen entdeckt zu haben. Der gestrichelte Abfluss vom Victoriasee nach Norden deutet den vermuteten Oberlauf des Weißen Nils an.*

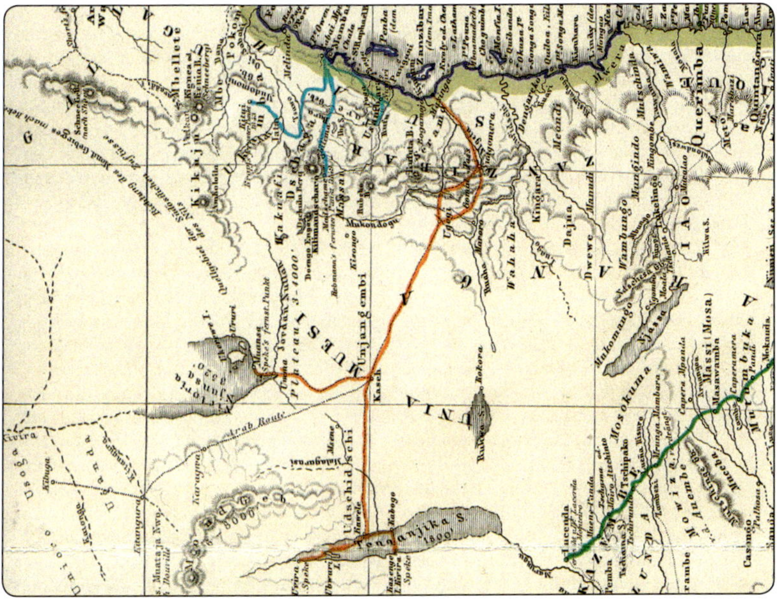

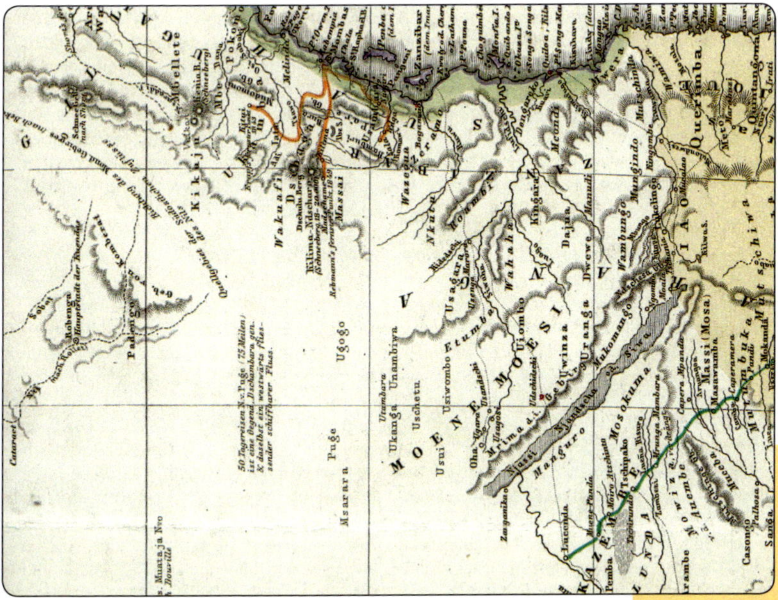

1848/49 Entdeckung der »Schneeberge« *Kilimandscharo* und *Mount Kenia* durch protestantische Missionare aus Deutschland, die in der Nähe von Mombasa stationiert waren und ins Hinterland reisten. Am 11. Mai 1848 erblickte JOHANNES **REBMANN** als erster Europäer den Kilimandscharo, am 10. November 1849 sah sein Amtsbruder JOHANN LUDWIG **KRAPF** ebenfalls den höchsten afrikanischen Berg und entdeckte am 3. Dezember 1849 auch den Mount Kenia. → K. 184/185 I

1850/51 Der ungarische Offizier und Afrikaforscher LÁSZLÓ (LADISLAUS) **MAGYAR**, der 1847 nach Benguella in Angola kam, um Handel zu treiben, 1849 in Bihe eine Königstochter geheiratet hatte und Völker und Sprachen des Inneren Angolas studierte, reiste in das zentralafrikanische Lundareich. Er folgte dem Kassai stromabwärts und kehrte 1851 auf einem östlichen Weg, der über das Quellgebiet des Lulua führte, nach Bihe zurück. Seine Berichte wurden in europäischen Fachzeitschriften veröffentlicht. → K. 184/185 IV

1855 wurde eine Ostafrikakarte von JAKOB **ERHARDT** veröffentlicht, einem Amtsbruder von REBMANN und KRAPF, in der alle Nachrichten arabischer Händler über das Innere Ostafrikas zusammengetragen waren. Die Darstellung eines lang gestreckten ostafrikanischen Binnensees gab die Anregung zu den Reisen von BURTON und SPEKE seit 1857.

1855–59 Der französische Afrikareisende PAUL BELLONI **DU CHAILLU**, der sich seit 1850 Kenntnisse der Gegend am Gabun angeeignet hatte, unternahm seine erste ausgedehnte Reise von der Coriscobucht aus landeinwärts und brachte den ersten lebenden Gorilla nach Europa. → K. 182/183 III

1857/58 Reise der britischen Offiziere RICHARD FRANCIS **BURTON*** und JOHN HANNING **SPEKE*** auf der Suche nach den Nilquellen im Auftrag der britischen *Royal Geographical Society*. Ab Juli 1857 ging die Reise mit über 160 afrikanischen Trägern und indischen Soldaten über Tabora nach Udschidschi, wo sie den Tanganjikasee entdeckten. Auf der Rückreise zog SPEKE wegen einer Erkrankung BURTONS allein von Tabora aus nach Norden und entdeckte den *Victoriasee*. SPEKE behauptete, ohne einen konkreten Beweis vorzulegen, den Quellsee des Weißen Nils entdeckt zu haben und legte damit den Grundstein für seine langjährige Gegnerschaft zu BURTON. → K. 182/183 III und 184/185 I

1860–63 Zur Klärung der Nilquellenfrage wurde J. H. **SPEKE*** von der *Royal Geographical Society* beauftragt, eine weitere Expedition auszuführen. Er wurde von einem früheren Gefährten der Indienarmee, JAMES AUGUSTUS **GRANT**, begleitet. Von Bagamoyo zogen beide mit ca. 100 Trägern über Tabora in Richtung des noch völlig unbekannten Königreiches Buganda am Nordwestufer des Victoriasees. Von dem Herrscher Bugandas, MUTESA, freundlich empfangen, konnte SPEKE 1862 den gesuchten Abfluss des Victoriasees, den Somerset Nil mit den Riponfällen, entdecken. Dessen Verlauf folgend, reisten SPEKE und GRANT durch Bunyoro und gelangten schließlich, ohne dem Nil immer direkt zu folgen, 1863 nach Gondokoro, wo sie auf den entgegenreisenden BAKER (→ 200) und dessen Frau stießen, die kurz darauf den Albertsee als fehlendes Glied der Forschungen SPEKES und GRANTS fanden. SPEKE gilt seither zu Recht als der Entdecker der Quellen des Weißen Nils, wenngleich der Quellfluss Kagera und dessen Ursprung erst Jahrzehnte später von OSCAR BAUMANN erforscht wurden. → K. 182/183 III und 184/185 I

1864/65 P. B. DU **CHAILLU** gelangte auf einer erneuten Reise nach Gabun südlich vom Ogowe 400 km weit ins Innere bis 12° 30′ ö. L. und lieferte die erste Beschreibung einer zentralafrikanischen Pygmäengruppe. → K. 184/185 I

1868–73 Der schottische Afrikaforscher DAVID **LIVINGSTONE*** führte seine letzte große Reise nach Südzentralafrika durch. Am Njassasee hatte er von mächtigen nach Norden fließenden Flüssen gehört, die er für Quellflüsse des Nils hielt. 1866 reiste LIVINGSTONE den Ruvuma aufwärts zum Südende des Njassasees und

Der Forschungsreisende ***RICHARD FRANCIS BURTON*** *wurde am 19. März 1821 in Torquay (England) geboren und starb am 20. Oktober 1890 in Triest. Als Offizier in Indien betätigte er sich auch geographisch. 1853 reiste er als Muslim verkleidet zu den heiligen Stätten des Islams, Mekka und Medina, und 1854 von Zeila nach Harar in Abessinien.* ***1857/58*** *zog er zusammen mit SPEKE auf der Suche nach den Nilquellen von Sansibar ins Innere Ostafrikas zum unbekannten Tanganjikasee, während SPEKE allein von Tabora aus den Victoriasee entdeckte. Beide Forscher stritten in der Folge heftig über die Stichhaltigkeit der Behauptung SPEKES, den Hauptquellsee des Weißen Nils entdeckt zu haben. Später musste er SPEKE Recht geben.*

1861 war BURTON am Kamerunberg, später in Dahomey, Benin und an der Goldküste sowie im Konsulardienst in Südamerika und Syrien tätig. BURTON trat auch als literarisch begabter Übersetzer der orientalischen Märchensammlung »Tausendundeine Nacht« hervor.

Der englische Afrikaforscher ***JOHN HANNING SPEKE*** *wurde am 4. Mai 1827 in Jordans (Somersetshire) geboren und starb am 15. September 1864 in Bath. Seit 1844 als Naturforscher und Jäger im Himalaya, bereiste er 1854 mit BURTON Somaliland. Beide unternahmen* ***1857/58*** *auf der Suche nach den Nilquellen eine Reise ins Innere Ostafrikas und entdeckten den Tanganjikasee. Während einer Erkrankung BURTONS entdeckte SPEKE 1858 allein den Victoriasee, den er für den Quellsee des Weißen Nils hielt. BURTON distanzierte sich von dieser Auffassung und wurde in der Folgezeit einer der heftigsten Kritiker SPEKES.*

Um diese Frage endgültig zu klären, reisten ***SPEKE*** *und* ***JAMES AUGUSTUS GRANT*** *von Ostafrika aus* ***1860–63*** *über den Victoriasee zum Bergnil. Damit war die Nilquellenfrage eigentlich gelöst, doch Kritiker wie BURTON, aber auch LIVINGSTONE bezweifelten die Richtigkeit der Angaben, die allerdings bald darauf durch die Reise BAKERS (→ 200) glänzend bestätigt wurden. SPEKE starb ein Jahr nach seiner Rückkehr bei einem Jagdunfall.*

wandte sich dann durch völlig unbekanntes Land nach Norden, wo er 1867 das Südende des Tanganjikasees erreichte. Nach Westen zu entdeckte er die Quellflüsse des Luapula, den Mwerusee (1867) und den Bangweolosee (1868). Im März 1869 erreichte er Udschidschi, sein Standquartier am Tanganjikasee. Überall stieß er auf arabische Sklavenjäger und ihre Gräueltaten, so auch bei seinem Vorstoß zum Lualaba bei Nyangwe. Nach Udschidschi zurückgekehrt, traf er STANLEY, der nach dem Vermissten suchte. Gemeinsam unternahmen beide eine Fahrt zum Nordende des Tanganjikasees, um dort – vergeblich – eine Verbindung zum Nil zu suchen. LIVINGSTONE zog nach STANLEYS Rückreise in Richtung Bangweolosee, wo er am 1. Mai 1873, fieberkrank und völlig entkräftet, starb. Seine einbalsamierte Leiche wurde nach Sansibar gebracht. Seine Tagebücher wurden gerettet. → K. 184/185 I

1871/72 Der Reporter H. M. **STANLEY*** reiste im Auftrag der Zeitung *New York Herald* nach Sansibar, um den verschollenen LIVINGSTONE zu suchen. Hier erfuhr er vom möglichen Aufenthaltsort des Forschers – Udschidschi am

Tanganjikasee – und traf dort im November 1871 Livingstone. Nach einer gemeinsamen Bootsfahrt zum Nordende des Tanganjikasees kehrte Stanley Anfang 1872 allein zur Ostküste zurück. Sein Erlebnisbuch *»Wie ich Livingstone fand«* (1872) machte Stanley allgemein bekannt. → K. 184/185 I

1873–75 erfolgte die erste Ost-West-Durchquerung Zentralafrikas durch den britischen Forscher Verney Lovett **Cameron**, der 1872 mit einer Hilfsexpedition für Livingstone beauftragt worden war. Er brach 1873 in Bagamoyo auf, begegnete aber bereits auf halbem Wege nach Udschidschi den Dienern Livingstones, die dessen Leiche und Tagebücher zur Küste schafften. Cameron entschloss sich nunmehr, bis zur afrikanischen Westküste vorzudringen. Zunächst umfuhr er den Südteil des Tanganjikasees, entdeckte den Lukuga, den zeitweiligen Abfluss zum Lualaba, und reiste weiter nach Nyangwe. Durch Höhenmessungen stellte er fest, dass der Lualaba bei Nyangwe tiefer liegt als der Nil am Ausfluss des Albertsees, d.h. dass der Lualaba nicht – wie von Livingstone angenommen – zum Nilsystem gehören konnte. Da ihn die arabischen Händler von Nyangwe an der Abwärtsbefahrung des Lualaba hinderten, zog Cameron durch das noch unbekannte südliche Kongobecken nach Benguela an der Westküste. Diese Reise war durch zahlreiche Höhenmessungen und viele astronomische Ortsbestimmungen wissenschaftlich besonders ergiebig. → K. 184/185 I/IV

1874–76 ***Loangoexpedition*** der *Afrikanischen Gesellschaft* in Deutschland, an der die Forscher Paul **Güssfeldt**, Eduard **Pechuël-Lösche**, Adolf **Bastian**, Oskar **Lenz** und Paul **Pogge** teilnahmen. Abgesehen von Pogge, der tief in das Kassaigebiet bis Mussumba, der Residenz des *Muata Jamvo* (Herrscher des Lundareiches) vordringen konnte, brachte die Expedition im Mündungsbereich des Kongo keine wesentlichen Neuentdeckungen, dennoch war die wissenschaftliche Ausbeute bedeutend.

1874–77 Afrikaexpedition H. M. **Stanleys*** und Entdeckung des Kongo. Mit über 300 Soldaten und Trägern sowie einem zerlegbaren Boot zog Stanley von Bagamoyo zum Victoriasee, den er im Februar 1875 erreichte, in 58 Tagen umschiffte und kartierte. Nach einem Treffen mit dem Herrscher Bugandas, Mutesa, zog die Expedition westwärts, entdeckte den Georgesee und den 5109 m hohen Ruwenzori, musste aber umkehren. Mitte 1876 umfuhr Stanley in 51 Tagen den Tanganjikasee, zog dann nach Nyangwe am Lualaba, wo Livingstone und Cameron umkehren mussten. Stanley aber wollte die Frage – Nil oder Kongo – um jeden Preis durch Befahrung des Lualaba klären. Er zwang den in Nyangwe herrschenden Sklavenhändler Tippu Tip, ihm 18 große Boote zur Verfügung zu stellen und führte die Mannschaft zwischen 5. November 1876 und 8. August 1877 den Lualaba-Kongo abwärts bis zu dessen Mündung bei Boma. Das ständige Ringen mit der Natur, gefährliche Stromschnellen und häufige Kämpfe mit den Flussanwohnern ließen seine Mannschaft stark zusammenschmelzen. Andererseits war der letzte bisher unerforschte Strom Afrikas – und damit eine neue Verkehrsader in das Innere Zentralafrikas – bezwungen. → K. 182/183 III und 184/185 I

1875–85 gelang dem in Frankreich aufgewachsenen italienischischen Adligen Graf Pierre Savorgnan de **Brazza** die Erforschung des Ogowe in Gabun und der Nachweis, dass dieser Fluss nicht zum Kongosystem gehört. 1879/80 gründete er im französischen Auftrag Franceville am oberen Ogowe und 1880 Brazzaville am Stanley Pool. De Brazza legte weitere Stationen am unteren Kongo an und begründete damit die Kolonie Französisch-Kongo. → K. 182/183 III und 184/185 I

1879/80 führte der junge britische Geologe Joseph **Thomson** im Auftrag der *Royal Geographical Society* eine Reise in das Gebiet der zentralafrikanischen Seen durch, zunächst zum Norden des Njassasees, dann erforschte er den Südteil des Tanganjikasees. → K. 184/185 I

1879–84 folgte **Stanley*** dem Auftrag der vom belgischen König Leopold II. gegründeten *Studienkommission*, das Kongogebiet

Historische Begegnung zwischen Stanley und Livingstone in Udschidschi am Tanganjikasee
am 28. Oktober oder 10. November 1871 (Das Datum wird von beiden unterschiedlich angegeben.) Stanley war ausgesandt worden, um den verschollenen Livingstone zu finden. Die Zeit von März bis Ende Oktober bzw. Anfang November 1871 benötigte die Karawane Stanleys von der Küste bis zum Tanganjikasee. Mit den förmlichen Worten »Dr. Livingstone, wie ich vermute?« begrüßte er den kranken und mittellosen Livingstone. Dank der materiellen Unterstützung Stanleys konnte Livingstone seine Forschungen fortsetzen. Mit dieser Expedition und mit seinem viel gelesenen Reisebericht »Wie ich Livingstone fand« (1872) begründete Stanley seinen Ruhm.

*Der britische Journalist und Afrikaforscher **Henry Morton Stanley** (eigentlich John Rowlands) wurde am 28. Januar 1841 in Denbigh (Wales) geboren und starb am 10. Mai 1904 in London. Aufgewachsen im Armenhaus, ging er mit 17 Jahren als Schiffsjunge nach Nordamerika, wurde dort vom Kaufmann Stanley adoptiert, nahm am amerikanischen Bürgerkrieg teil und wurde durch Fleiß und Selbststudium erfolgreicher Zeitungsreporter. Als solcher nahm er 1868 für den »New York Herald« an der britischen Abessinien-Expedition teil.*

*1869 erhielt er von seinem Verleger J. G. Benett den Auftrag, nach dem verschollenen Livingstone zu suchen, eine Aufgabe, die Stanley **1871/72** erfolgreich löste. Mit Unterstützung des »New York Herald« und des Londoner »Daily Telegraph« führte er **1874–77** die große Afrikadurchquerung durch, bei der er das »Rätsel des Kongo« löste. 1879 folgte er einem Auftrag des belgischen Königs Leopold II. und erwarb weite Landstrecken im Kongo für den geplanten Kongostaat, seit 1884/85 eine Privatkolonie des belgischen Königs.*

***1887–89** brach Stanley erneut in den Kongo auf, diesmal im britischen Auftrag, um Emin Pascha (→ 202), der durch den Mahdi-Aufstand von Ägypten abgeschnitten war, zu entsetzen. Stanley ließ sich anschließend in England nieder, wo er 1895–1901 dem Unterhaus angehörte. 1899 wurde er für seine Verdienste geadelt.*

Im Gegensatz zu Livingstone verfolgte Stanley seine Ziele mit rücksichtsloser Energie. Er erzwang, wo er es für nötig hielt, seinen Weg mit Waffengewalt und harter Bestrafung. Seine unbestrittenen Verdienste bei der Entdeckung des Kongo sind durch die Zusammenarbeit mit dem belgischen König Leopold II. mit dem Makel belastet, die koloniale Besitzergreifung des Kongogebietes eingeleitet zu haben.

dem Handel zu öffnen, und gründete am unteren Kongo mehrere Stationen, erwarb größere Landstrecken und entdeckte 1882 den Leopold-II-See.

1880–82 reiste Paul **Pogge**, und in seiner Begleitung Hermann von **Wissmann**, von Luanda in Angola durch das südliche Kongobecken nach Nyangwe am oberen Kongo, von wo aus sich Pogge zur Westküste zurückwandte, während sich Wissmann über den Tanganjikasee und Tabora nach Saadani an der Ostküste begab. Damit hatte er als erster Forschungsreisender eine West-Ost-Durchquerung Afrikas geschafft. → K. 184/185 I

1880–85 drangen im Auftrag der *»Afrikanischen Gesellschaft in Deutschland«* der Astronom Emil **Kaiser**, der Zoologe Richard **Böhm** und der Geograph Paul **Reichard** von Osten her ins südliche Kongobecken bis Katanga vor. Nur Reichard, der die Kupferlager in Katanga gefunden hatte, kehrte zurück. → K. 184/185 I

1882/83 erforschte Joseph **Thomson** von Mombasa aus als erster Europäer das Innere des heutigen Kenia bis zum Baringo- und Victoriasee. Er entdeckte das *Rift Valley*, das Ostafrikanische Grabensystem. Für diese Reise erhielt er die Goldmedaille der *Royal Geographical Society*. → K. 184/185 I

1884/85 reiste Hermann von **Wissmann** im Auftrag des belgischen Königs von der Westküste aus in das Kassaigebiet, um die Beziehung zahlreicher Flüsse zum Kongo zu klären. In Begleitung von Ludwig **Wolf** und Kurt von **François** gelangte er zum *Kassai* und dessen Nebenfluss *Lulua*, gründete die Station *Luluaburg* und befuhr den Kassai und den Kongo bis zur Küste. Die Expedition brachte Klarheit über den Verlauf der südlichen Nebenflüsse des Kongo. → K. 184/185 I

1887/88 reiste Hermann von **Wissmann** von Banana am unteren Kongo den Kassai aufwärts zur Station Luluaburg. Bei dem Versuch, den Lomami zu erforschen geriet er in Nyangwe in die Gegnerschaft der arabischen Sklavenhändler und musste deshalb über den Tanganjika- und Njassasee weit nach Süden ausweichen, bevor er die Ostküste bei Quelimane am Sambesi erreichte. (1890 schlug Wissmann den Araberaufstand in Deutsch-Ostafrika nieder und war 1895/96 Gouverneur dieser deutschen Kolonie.) → K. 184/185 I

1887/88 entdeckte **Stanley*** im Rahmen seiner *Emin-Pasha-Expedition* (→ 202) den Verlauf des Aruwimi im dichtesten Regenwaldgebiet des Kongolandes (*»Im dunkelsten Afrika«*, 1890). Der Rückweg führte ihn und den widerstrebenden Emin Pasha 1889 nach Bagamoyo an der ostafrikanischen Küste. → K. 182/183 III und 184/185 I

1889 Der deutsche Forscher Hans **Meyer** bezwang zusammen mit dem österreichischen Alpinisten Ludwig Purtscheller den Kibo, die höchste Erhebung des Kilimandscharo.

1892/93 Der österreichische Reisende Oscar **Baumann** erforschte das Massailand bis zum Ostafrikanischen Graben, wo er die abflusslosen Seen Manyara und Eyasi entdeckte, untersuchte den Kagera, den Quellfluss des Weißen Nils und drang als erster Europäer in Rwanda ein. → K. 184/185 I

Nebenstehender Kartenausschnitt aus dem »Stieler's Hand-Atlas« ***des Jahres 1878 zeigt den 1876/77 von Stanley entdeckten Mittel- und Unterlauf des Kongo****. Die roten Linien stellen die früheren Entdeckungen Livingstones im Süden (1854/55) und Südosten (1867–73) dar. Die Reiseroute Camerons durch das südliche Randgebiet des Kongobeckens 1874/75 ist als violette Linie eingetragen. Der äußerste Unterlauf des Kongo, etwa westlich 15° ö. L. von Greenwich, wurde 1816 von der Expedition unter Tuckey erkundet. Die Kongo-Nebenflüsse wurden erst nach 1878 erforscht; sie sind hier deshalb mit ihrem damals vermuteten Verlauf gerissen gezeichnet. Ein Vergleich mit modernen Karten (→ K. 184/185) zeigt, dass die Anordnung und Fließrichtung der Kongo-Nebenflüsse damals nicht richtig eingeschätzt wurden.*

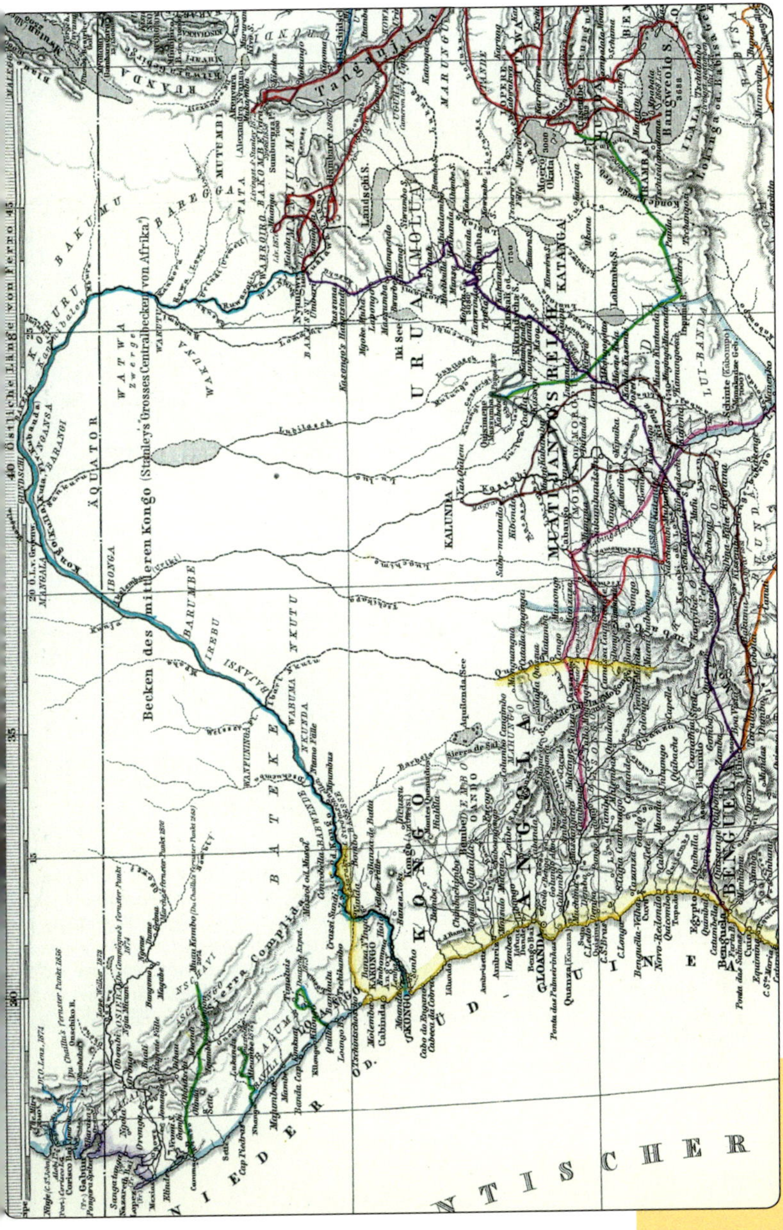
Tanganjika
Bangweolo S.
KATANGA
ÄQUATOR
Becken des mittleren Kongo (Stanley's Grosses Centralbecken von Afrika)
WATWA
URUA
KONGO
ANGOLA
BENGUELA
BATEKE
KALUNDA
LUT-BANDA
Loango
Cabinda
Lunda
Kasongo
Luapula
Lomami
Kwango

Afrika um 1880

Die Karte von 1880 verdeutlicht, dass ***am Ende der klassischen Afrikaforschung*** *– abgesehen vom britischen Kapland, dem französischen Algerien und den alten portugiesischen Besitzungen in Angola und Mosambik – die flächenhafte Besitzergreifung durch europäische Mächte kaum begonnen hatte. Meistens handelt es sich um kleinflächige Küstenbesitzungen. Die Karte zeigt aber auch, dass das gerade entdeckte Innere des Kontinents nicht geschichts- und staatenlos war, sondern von zahlreichen* ***afrikanischen Reichen*** *ausgefüllt wurde, von denen die wichtigsten dargestellt sind. Große Teile Nordostafrikas wurden allerdings vom Osmanischen Reich bzw. dessen Vasallen Ägypten beherrscht, das in zunehmendem Maße – endgültig 1882 – unter britische Kontrolle geriet.*

Afrika 1884–1914

*Diese Karte stellt die eigentliche **Aufteilung Afrikas** durch die kolonialen Mächte dar – abgesehen von Äthiopien (Abessinien), das erst 1935/36 von Italien erobert wurde. In diese Zeit fallen die **geographische Detailforschung** und **kartographische Landesaufnahme**, die im Prinzip durch militärische Expeditionen abgesichert wurden. Der Mahdi-Aufstand 1882–99 im Anglo-Ägyptischen Sudan und die Aufstände der Herero und Nama 1904–07 in Deutsch-Südwestafrika zeigen – stellvertretend für viele Beispiele – dass die koloniale Besitzergreifung auf großen **Widerstand der Völker Afrikas** stieß. Aus afrikanischer Sicht kamen zuerst die Entdecker und Forscher, dann die Missionare und schließlich die Soldaten und Kolonialbeamten – und mit ihnen häufig europäische Siedler.*

Im Gegensatz zu Afrika, Innerasien und den Polargebieten vollzog sich die Erforschung Australiens fast unbeachtet zumeist durch mutige Einzelgänger, Goldsucher und Siedler. Zu Beginn des 19. Jh. waren nur die Umgebung Sydneys, der 1788 gegründeten *britischen Sträflingskolonie*, und die durch FLINDERS 1798–1803 (→ 151) erkundeten Küsten bekannt. Um 1900 konnte der Kontinent zu 90 % als erforscht – und in weiten Teilen als europäisch besiedelt – gelten. FLINDERS war es, der 1814 für den Kontinent in Erinnerung an das vergeblich gesuchte »Südland«, die *Terra Australis incognita*, die Bezeichnung **Australia** vorschlug und damit den bisherigen Namen *Neuholland* ersetzte.

Auf der Suche nach neuem Weideland wurden ab 1813 die *Blauen Berge* im Hinterland von Sydney überschritten und 1815 mit dem Bau einer Straße über die Berge begonnen. In den jenseitigen Westgebieten fand man gutes Weideland, das eine weiträumige Viehzucht in Aussicht stellte. Mit der Erkundung der Gebiete am oberen Lachlan und Macquarie leitete OXLEY 1817/18 die Erforschung des *Murray-Darling-Beckens* und dessen europäische Besiedlung ein. Im amtlichen Auftrag entdeckten STURT und MITCHELL seit 1828/31 weite Strecken des Hinterlandes von Neusüdwales. 1836 durchzog MITCHELL das fruchtbare *Australia Felix*, das spätere Victoria, wo bereits 1835 Melbourne gegründet worden war.

Seit *1826* begann die *Besiedlung Westaustraliens* und *1836* von Adelaide aus die *Erschließung Südaustraliens*. Obwohl EYRE 1839/40 bis zu dem nach ihm benannten See vorstieß, STURT 1844/45 bis zur Simpsonwüste gelangte und LEICHARDT 1844/45 weite Teile Queenslands und Nordaustraliens durchzog, blieb das tiefe Innere Australiens unbekannt. Die *Entdeckung der Goldfelder Victorias 1851* führte zu einer schnellen und nachhaltigen Besiedlung Australiens, dessen europäische Bevölkerung durch Zuwanderung von (1850) 400 000 auf (1860) 1 140 000 anwuchs.

Die großen Durchquerungsversuche in den 50er- und 60er-Jahren dienten weniger der Erforschung als der wirtschaftlichen Erschließung und Besiedlung. *Erste Nord-Süd-Durchquerungen* des zentralen Australiens gelangen zwischen 1860 und 1862 BURKE und WILLS, die auf der Rückreise ums Leben kamen, MACKINLEY und STUART. Im Ergebnis der Reisen STUARTS wurde 1870–72 der 3 000 km lange ***Überlandtelegraf*** von Port Augusta im Süden nach Darwin im Norden verlegt. Von Stationen dieser Linie aus wurden in den 70er- und 80er-Jahren vor allem die westlich liegenden australischen »Wüsten« erforscht (WARBURTON, GILES und J. FORREST), während inzwischen weite Gebiete des Outbacks zwischen Carpentariagolf und Darling durch Viehzüchter erschlossen wurden. Nordwest-Australien wurde ab 1879 von A. FORREST erkundet, während LINDSEY 1891 in die Große Victoriawüste forschend eindrang. Goldsucher, Geologen und Viehzüchter erkundeten und besiedelten in den 90er-Jahren Teile des Inneren Westaustraliens, wo sich bald nach Gold- und Eisenerzfunden ein umfangreicher Bergbau entwickelte. Um 1900 war die Topographie Australiens im Wesentlichen bekannt. Seit dem 2. und 3. Jahrzehnt des 20. Jh. setzte die geographische Detailforschung und Kartierung mittels Automobil und Flugzeug ein.

1813 Der britische Offizier GREGORY **BLAXLAND** und seine Truppe, darunter Leutnant LAWSON und der Student WILLIAM CHARLES WENTWORTH, überquerten im Auftrag des Gouverneurs von Neusüdwales die für unüberwindlich gehaltenen steilen Blue Mountains und erblickten nach drei Wochen die grünen Ebenen jenseits der Berge. Bereits drei Jahre später wurde von Sträflingen eine Straße über die Berge erbaut, und 1815 erfolgte die Gründung von Bathurst, der ersten küstenfernen Siedlung Australiens jenseits der Blauen Berge. → K. 220/221 II

1817/18 begann der britische Geodät JOHN **OXLEY** mit der Erforschung des Murray-Darling-Beckens, stieß von Bathurst zum oberen Lachlan vor, erkundete einen Teil des Macquarieflusses und kehrte über Port Macquarie nach Sydney zurück. → K. 220/221 II

Europäische Reiter jagen eine Gruppe australischer Ureinwohner.
(Zeichnung von THOMAS BAINES, um 1855)
*Gleichzeitig mit der verstärkten Landnahme europäischer Viehzüchter nahm die Zahl der australischen Ureinwohner, der **Aborigines**, von geschätzten 300 000 um 1800 auf 50–60 000 Ende 19. Jh. ab. In Tasmanien, aber auch in Australien wurden viele Gruppen der Aborigines gejagt, vertrieben und teilweise regelrecht ausgerottet. Im 20. Jh. wurden ihnen vor allem in Nord- und Zentralaustralien umfangreiche, für die Viehzucht ungeeignete Reservationen zugewiesen.*

1823 wurden OXLEYS Arbeiten durch den britischen Botaniker ALLAN **CUNNINGHAM** fortgesetzt, der mit der Entdeckung des Pandora-Passes einen kürzeren Weg über die Blauen Berge fand. **1827** überwand CUNNINGHAM die Kette der Nandewar-Berge und erreichte die *Darling Downs* im Quellgebiet des Condamine River. → K. 220/221 II

1824/25 stießen HAMILTON **HUME** und William H. **HOVELL** vom Murrumbidgee, einem Hauptquellfluss des Murray, südwestlich bis Port Philipp an der Küste vor, wo später (1835) Melbourne gegründet wurde. → K. 220/221 III

1828–30 erhielt CHARLES **STURT** den Regierungsauftrag, das Stromsystem des südlichen Neusüdwales genauer zu erkunden. Er fand, dem Macquarie nordwärts folgend, den Darling und 1829 den *Murrumbidgee* abwärts reisend den *Murray*, den er bis zur Mündung erforschte. Dabei entdeckte er auch die Darlingmündung in den Murray. Der Rückweg erfolgte 1830 unter größten Entbehrungen auf derselben Route. STURTS Hinweis auf das fruchtbare Land am unteren Murray führte 1836 zur Gründung von Adelaide, der Hauptstadt der Kolonie Südaustralien. → K. 220/221 III

1836 Der Landvermesser THOMAS **MITCHELL**, der seit 1831 die Oberläufe des Darlings erforschte und 1835 das Fort Bourke am Darling angelegt hatte, bestätigte die zum Teil angezweifelten Entdeckungen STURTS und durchzog das fruchtbare Land im Süden des Murray, das er *Australia felix (»Glückliches Australien«)* nannte und das er zur alsbaldigen Besiedlung empfahl. → K. 220/221 II/III

1 : 25 000 000
0 200 400 600 800 km
INDISCHER OZEAN
Timor-see
Sumba
Timor
Darwin 1869
Joseph-Bonaparte-Golf
Kimberley-Distrikt
A. Forrest 1879
Fitzroy
Broome
A. Gregory 1856
Sturt Cr.
1855
Victoria
Warburton 1873
Große Sandwüste
Roebourne
De Grey
F. Gregory 1861
Ashburton
Gibsonwüste
Giles 1876
F. Gregory 1859
Südl. Wendekreis
Shark Bay
Gascoyne
J. u. A. Forrest 1874
Carnegiesee
Wiluna
Murchison
1848
Westaustralien 1829
Große Victoriawüste
Grey 1837–39
Laverton
Lindsey 1891
Giles 1875
F. Gregory 1846/47
Geraldton
Barleesee
Mooresee
Coolgardie
Nullarbor-Ebene
Eyre 1840/41
Swan River
Fremantle 1828
Perth 1829
Albany 1826
Großen Australische Bucht
Europäische Besiedlung
1788–1830
1831–1850
1851–1875
1876–1900
nach 1900 (zum Teil Gebiete der Aborigines)
frühe Ortsgründungen (Gründungsjahr)
1804
transkontinentale Telegrafenlinie (1870–72)
Grenze eines australischen Bundesstaates
1851 Jahr der Gründung einer Kolonie
Blaxland 1813 (Überwindung der Blue Mountains)

Torresstraße
Neuguinea
Kap-York-H.-I.
Carpentaria-golf
Korallenmeer
PAZIFISCHER OZEAN
Tasmansee
Bass-Straße
Queensland
Neusüdwales
Victoria
Tasmanien
1825
1859
1788
1851
1863
1836
Simpsonwüste
Eyresee
Torrenssee
Gairdnersee
Fromesee
L. Blanche
Spencergolf
Kangaroo
Port Essington
1838–52
Roper R.
Alice Springs
Peak St.
Port Augusta
Adelaide
1836
Cooktown
Cairns
Normanton
Cloncurry
Townsville
1864
Bowen
Rockhampton
Brisbane
1825
Pt. Macquarie
1818
Newcastle
1804
Sydney
1788
Bathurst
1815
Canberra
1913/26
Albury
1824
Melbourne
1835
Ballarat
Portland
1834
Port Phillip
Hobart
1804
Bourke
1835
Broken Hill
Menindee
Leichhardt 1845
Leichhardt 1844/45
Leichhardt 1847/48
Mitchell
Mitchell 1845/46
Mitchell 1836
1835 Mitchell
A. Gregory 1856
A. Gregory 1857/58
Stuart 1861
Stuart 1862
1860
Stuart 1860
Stuart 1858/59
Sturt 1845
Sturt 1844
Sturt 1830
Sturt 1829/30
Sturt 1828
Burke u. Wills 1860/61
Burke u. Wills
1861
C.
MacKinley 1861/62
Oxley 1818
Oxley 1817
Cunningham 1827
Hume u. Hovell 1824/25
Eyre 1839
Bl.
Flinders
Leichardt
Georgina
Diamantina
Thomson
Barcoo
Cooper Creek
Warrego
Condamine
Fitzroy
Darling
Macquarie
Lachlan
Murrumbidgee
Murray
135
140
145
150
155
160
10
15
20
25
30
35
40
C. Camp der Bourke-Wills-Expedition 1860/61
V.-G. Van-Diemen-Golf
Wüstengebiet
Salzsee
Creek (zeitweise Wasser führender Fluss)

1837–39 erforschte GEORGE **GREY**, der spätere Kolonialgouverneur, die westaustralische Küste zwischen Perth und Shark Bay, teils zu Lande, teils vom Meer aus. → K. 220/221 IV

1839–41 Der erst 1833 eingewanderte Engländer EDWARD JOHN **EYRE**, der als *Overlander* bereits Erfahrungen gesammelt hatte, erhielt den Auftrag, einen Weg zu den Siedlern in Westaustralien zu finden. Er und andere ***Overlanders*** genannte Viehtreiber durchquerten häufig unerforschtes Land auf der Suche nach Weiden und spielten deshalb bei der Erschließung Australiens eine wichtige Rolle. Eyre befuhr den Spencergolf bis zu dessen Nordende, entdeckte das Flindersgebirge und den Torrenssee. 1840, ein Jahr später, fand er den Torrenssee ausgetrocknet vor und erreichte den später nach ihm benannten See. In mühseligem Marsch zog er über 2500 km längs der südwestaustralischen Küste bis nach Albany. Sein europäischer Begleiter JOHN BAXTER fand auf dieser Reise den Tod; zwei von drei Aborigines verließen ihn unterwegs. EYRE hatte mit dieser Reise bewiesen, dass ein Viehtrieb von Süd- nach Westaustralien unmöglich ist. → K. 220/221 III

1844/45 versuchte CHARLES **STURT** von Adelaide aus die erste Durchquerung Australiens von Süden nach Norden. Östlich des Eyresees gelangte er zum unteren Cooper Creek bis in das wasserlose Gebiet am Südrand der Simpsonwüste, wo er umkehren musste. → K. 220/221 II

1844/45 Der deutsche Naturforscher LUDWIG **LEICHARDT*** unternahm einen ersten Vorstoß in das Innere des nördlichen Australiens. Von Brisbane aus folgte er mit acht Begleitern zunächst dem Oberlauf des Condamineflusses durch das Innere des späteren Queensland in Richtung Carpentariagolf, den er, sich unweit der Küste haltend, umging. An der Westseite des Golfes folgte er dem Roper River und durchzog Arnhemland. Er beendete diese überaus erfolgreiche Reise nach über 14 Monaten im Dezember 1845 in Port Essington am Van-Diemen-Golf, von wo aus er mit dem Schiff nach Sydney zurückkehrte. → K. 220/221 I/II

1845/46 erforschte THOMAS **MITCHELL** die nördlichen Zuflüsse des Darlings bis weit über den Südlichen Wendekreis hinaus im südlichen Teil des damals noch unbesiedelten Gebietes, das später als Queensland bezeichnet wurde. → K. 220/221 II

1846/47 forschte der Engländer FRANCIS **GREGORY** zusammen mit seinen Brüdern AUGUSTUS CH. und H.C. GREGORY in Westaustralien. Von Perth zog er über den Mooresee und untersuchte das Land zwischen dem Swan River und Murchison River. **1848** nahm er das Küstenland weiter im Norden Westaustraliens auf, ebenso den Murchison River und entdeckte Steinkohlenlager und Bleivorkommen. → K. 220/221 IV

1847/48 Im Dezember 1847 brach LUDWIG **LEICHARDT*** erneut zu einer geplanten Ost-West-Durchquerung Australiens auf. Aus dem Hinterland von Brisbane gelangte er durch die Darlingniederung an den Barcoo (Oberlauf des Cooper Creek), wo sich die Spur der Expedition verliert. Seine letzte Nachricht stammte vom 3. April 1848. Seitdem blieben LEICHARDT und seine Gefährten verschollen. Da seine Expedition auf drei Jahre veranschlagt worden war, begann die Suche nach LEICHARDT erst 1851. → K. 220/221 II

1855/56 durchquerte der Landvermesser AUGUSTUS CHARLES **GREGORY** auf der Suche nach dem verschollenen LEICHARDT das nördliche Australien von West nach Ost. Mit mehreren Begleitern untersuchte er den Victoriafluss, entdeckte den Sturt Creek, den er bis 20° südlicher Breite verfolgte, durchzog das südliche Arnhemland und die weiträumigen Gebiete südlich des Carpentariagolfes. Er erreichte die Ostküste südlich vom späteren Rockhampton, ohne Spuren der LEICHARDT-Expedition zu finden. → K. 220/221 I/II

1857/58 suchte Augustus Charles **Gregory** erneut nach der Leichardt-Expedition. Von Brisbane aus zog er nach Nordwesten und fand am Barcoo Spuren, die auf die Verschollenen hinwiesen. Er folgte auch noch dem Thomson und zog dann südwärts, dem Cooper Creek folgend, über den Lake Blanche nach Adelaide, ohne das Schicksal Leichardts aufklären zu können. Gregory stellte auf seinen Reisen in das Innere Australiens fest, dass es dort trotz großer Trockenheit auch weite viehwirtschaftlich nutzbare Areale gibt. → K. 220/221 II

1858/59 forschte der schottische Geodät und Farmer John McDouall **Stuart** in Südaustralien, wo er westlich des Torrenssees bis zum Eyresee vordrang, weiter westlich die nach ihm benannte Bergkette entdeckte und den Gairdnersee aufsuchte. → K. 220/221 III

1860–62 Mit nur zwei Begleitern brach **Stuart** 1860 vom Eyresee aus zu einer Durchquerung Australiens auf, für die 1859 die südaustralische Regierung 2000 Pfund ausgesetzt hatte, um eine geeignete Trasse für eine transkontinentale Telegrafenlinie zu finden. Stuart überschritt die zentralaustralischen MacDonald-Kette, der er den Namen des Gouverneurs von Südaustralien gab. Der Versuch, zum Victoriafluss oder Carpentariagolf vorzudringen, scheiterte wegen Wassermangel. **1861** brach er abermals auf und erreichte auf einer nahezu gleichen Route die Ashburnkette. Erst bei einem dritten Versuch **1862** fand er eine Route durch Arnhemland und gelangte nach insgesamt sieben Monaten zum Van-Diemen-Golf an der australischen Nordküste. Auf der etwa 3250 km langen Route kehrte er – fast blind und an Skorbut erkrankt – nach Adelaide zurück. Stuart starb bereits 1866. ***1870–72*** wurde im Wesentlichen entlang seiner Reiseroute der australische ***Überlandtelegraf*** von Port Augusta im Süden bis Darwin im Norden angelegt, womit über Indien und Ägypten eine Verbindung zum britischen Mutterland hergestellt wurde. → K. 220/221 I/III

__Ludwig Leichardt__ wurde am 23. Oktober 1813 in Trebatsch bei Cottbus geboren und ist seit April 1848 in Australien verschollen. Nach philologischen und naturwissenschaftlichen Studien hatte er sich der anstehenden Militärpflicht in Preußen entzogen und nach England begeben. Von dort aus gelangte er 1842 nach Sydney, um seinen Wunsch zu erfüllen, das unbekannte Innere des australischen Kontinents zu erforschen.

Nach einigen vorbereitenden Streifzügen unternahm er 1844/45 die erste große Durchquerung des nördlichen Australiens mit solchem Erfolg, dass er schlagartig zu den bedeutendsten Australienforschern zählte. (Auf Humboldts Intervention beim preußischen König wurde ihm sogar die Rückkehrmöglichkeit in seine Heimat in Aussicht gestellt.) Seine wissenschaftlichen Veröffentlichungen, aber auch seine für Australien geeignete Reisetechnik, wurden Vorbild für nachfolgende Forscher. Eine 1846 geplante Durchquerung Australiens von Ost nach West musste er wegen Lebensmittelknappheit und Streitigkeiten mit den Gefährten abbrechen. Ende 1847 brach er erneut auf und ist seit April 1848 verschollen. Mehrere Hilfexpeditionen seit 1852 suchten vergeblich nach dem Verbleib Leichardts.

1860/61 Der irische Polizeiinspektor Robert O'Hara **Burke*** in Melbourne wurde zum Leiter einer Expedition ernannt, die das unbekannte Innere Australiens erforschen und die Durchquerung des Kontinents bewältigen sollte. Die 17-köpfige Expedition, ausgestattet mit afghanischen Kamelen als Last- und

Reittiere, verließ im August 1860 unter großer Begeisterung der Bevölkerung Melbourne. Im Oktober wurde Menindee am Darling, die letzte europäische Siedlung, erreicht und im November ein Camp am Cooper Creek errichtet, wo einige Expeditionsmitglieder zur Bewachung der deponierten Nahrungsmittel zurückblieben.

Von hier ab zogen **Burke** und sein Stellvertreter **Wills*** mit zwei Begleitern im Dezember bis in die Uferzone des Carpentariagolfes, westlich des späteren Normanton. Als sie dort im Februar 1861 nach einem 1200 km langen Fußmarsch anlangten, hatten sie als Erste den australischen Kontinent durchquert. Annähernd auf gleichem Wege erfolgte unter unglaublichen Strapazen, tropischem Regen und Mangel an Lebensmitteln die Rückkehr zum Camp am Cooper Creek, das sie nach dem Tode eines der beiden Begleiter am 21. April 1861 erreichten. Nur einen Tag zuvor hatten die dort wartenden Expeditionsmitglieder den Rückmarsch angetreten, so dass Burke, Wills und der Ire John King versuchten, in südwestlicher Richtung zu einem 150 km entfernten australischen Posten zu gelangen. Ende Juni 1861 starben Burke und Wills an Erschöpfung. Nur King, der für die Kamele der Expedition zuständig war, wurde durch eine Hilfsexpedition gerettet. → K. 220/221 I/II

1861/62 Der schottische Kolonist und Forscher John **MacKinley** wurde Ende 1861 mit einer Hilfsexpedition für die verschollenen Burke und Wills beauftragt, stieß mit einer Viehherde und Begleitern von Adelaide zum Binnendelta des Cooper Creek vor, wo er vom Tod der Gesuchten erfuhr, setzte aber trotzdem die Reise nach Norden fort und erreichte den Uferbereich des Carpentariagolfes unweit der Stelle, an der Burke und Wills umkehren mussten. Sich nach Südosten wendend, durchzog die Expedition unter großen Entbehrungen das nördliche Queensland bis Bowen an der Ostküste (Juli 1862). MacKinley hatte damit fast gleichzeitig mit Stuart die zweite Süd-Nord-Durchquerung erfolgreich geschafft. → K. 220/221 II

1873 Dem englischen Offizier und Forscher Peter Egerton **Warburton** gelang die erste Durchquerung der Wüstengebiete Westaustraliens. Von der Telegrafenstation Alice Springs aus zog er am Nordhang der MacDonald-Kette durch die Große Australische Sandwüste bis zur Westküste an die Mündung des De-Grey-Flusses und weiter nach Roebourne. → K. 220/221 I/IV

1874 brach der australische Verwaltungsbeamte John **Forrest**, zusammen mit seinem Bruder Alexander, zur ersten westöstlichen Durchquerung Westaustraliens auf. Von der Championbay an der Westküste, dem Murchisonfluss folgend, zog er durch die Gibsonwüste bis zum Überlandtelegrafen bei der Peakstation nordwestlich vom Eyresee. (John Forrest war 1890–1902 westaustralischer Premierminister.)
→ K. 220/221 IV

1875/76 Der englische Forscher Ernst **Giles**, der 1872 den Amadeussee entdeckt hatte, reiste vom Spencergolf aus über den Torrenssee durch die südlichen Randgebiete der Großen Victoriawüste bis zum Mooresee und weiter bis Perth. 1876 zog er auf einer nördlicheren Route zum oberen Ashburtonfluss und weiter durch die Gibsonwüste zu einer Telegrafenstation nordwestlich des Eyresees, ohne besiedlungsfähiges Land zu finden. → K. 220/221 IV

1879 leitete Alexander **Forrest** eine größere Expedition nach Nordwest-Australien, erforschte den Fitzroyfluss und Teile des Arnhemlandes. Seine Reise erschloss den fruchtbaren Kimberley-Distrikt der europäischen Besiedlung. → K. 220/221 I

1891 Der australische Topograph und Forscher David **Lindsey** führte eine gut ausgerüstete Expedition in die noch unerforschte Große Victoriawüste im südlichen Westaustralien. Vom australischen Überlandtelegrafen ausgehend erreichte die Expedition, völlig erschöpft, die besiedelten Gebiete im Westen. → K. 220/221 IV

***Burke, Wills* und der einzige Überlebende der Expedition, *King*, auf dem Rückweg vom Carpentariagolf zum Camp am Cooper Creek mit den verbliebenen zwei indischen Lastkamelen (1861)**
(Bild von Nicolas Chevalier)

Robert O'Hara Burke, *der Leiter der Expedition zur Durchquerung Australiens von Melbourne zum Carpentariagolf, wurde 1820 in St. Clerans (Irland) geboren und starb Ende Juni 1861 in Australien. Burke diente als Absolvent der Militärakademie von Woolwich bis 1848 im österreichischen Heer, wurde danach in die britische berittene Polizei Irlands aufgenommen und 1853 als Polizeiinspektor nach Melbourne in Australien versetzt, wo er sich in den Goldgräbercamps hervortat. 1858 erhielt Burke von der Royal Society in Victoria den Auftrag, das Innere Australiens zu erforschen und eine Durchquerung des Kontinents zu versuchen, obwohl er über keinerlei Erfahrung als Forscher im Busch verfügte. Die Bevölkerung von Melbourne steuerte Spenden in Höhe von 9 000 Pfund bei und verabschiedete die Expedition enthusiastisch am 20. August 1860.*

Der Topograph und Astronom ***William John Wills****, Sohn eines englischen Arztes, wurde 1834 in Totnes (England) geboren und starb 1861 am Cooper Creek in Australien, wenige Tage nach Burke an Entkräftung. Wills wurde erst im Verlauf der Expedition zum Vertreter Burkes ernannt, nachdem sich der offizielle Stellvertreter, der Engländer George James Landells, der die Kamele aus Indien beschafft hatte, mit Burke so zerstritten hatte, dass sich beide trennten. Als ruhiger und loyaler Partner Burkes, führte Wills ein ausführliches Tagebuch der Reise, während Burkes Aufzeichnungen verhältnismäßig knapp und wenig informativ sind.*

Zu den übrigen Mitgliedern der Expedition zählte auch der Ire John King. Er hatte in der britischen Indienarmee gedient und verstand sich auf die Behandlung der Kamele. Als einziger Überlebender wurde er zwei Monate nach der Expeditionskatastrophe von einem Suchtrupp, unter Aborigines lebend, halb von Sinnen, aufgefunden.

Am 1. Januar 1863 kamen mehrere Zehntausende Menschen zu dem Staatsbegräbnis von Burke und Wills in Melbourne. Die Forscherleistungen beider blieben bis heute als Heldentat im Gedächtnis der Australier.

Im Unterschied zu Afrika und Australien waren ***Süd- und Südostasien*** um 1800 infolge der europäischen Handels- und Kolonialinteressen in großen Zügen bekannt (→ K. 152/153). ***Sibirien*** war im 17. und 18. Jh. von russischen Kosaken durchstreift und von großen Expeditionen erkundet worden (→ K. 117, 132/133). Über ***China*** hatten zahlreiche Jesuitenpatres sowie einzelne russische Reisende halbwegs zuverlässige Nachrichten gesammelt. ***Japan*** blieb den Europäern seit Anfang des 17. Jh. verschlossen.

Nahezu unbekannt war zu Beginn des 19. Jh. ***Innerasein***, d.h. die Gebiete zwischen Sibirien im Norden und dem Himalaya im Süden sowie zwischen dem Kaspischen Meer im Westen und dem eigentlichen China im Osten: die *Mongolei*, *Dsungarei*, *West-* und *Ostturkestan* sowie *Tibet*, aber auch zentrale Teile *Hinterindiens*.

Die Erkundung und Erforschung des Inneren Asiens wurde aus zwei Richtungen im Interesse imperialer Mächte im 19. Jh. vorangetrieben: ***Russland*** von Norden und ***Großbritannien*** von seinen indischen Kolonialbesitzungen aus im Süden. Bedeutsam dafür waren mehrere Ereignisse: die ergebnislosen britischen Feldzüge in Afghanistan und die beiden Opiumkriege (1840–42 und 1860) zur ***»Öffnung« Chinas*** für den europäischen Handel sowie nach dem verlorenen *Krimkrieg* die russische Annexion chinesischer Gebiete am Amur (1858/60) und in Westturkestan (usbekisches Emirat Buchara, Khanate Chiwa und Kokand) zwischen 1864 und 1876. So war auch die Entdeckungsgeschichte Zentralasiens hauptsächlich vom ***»Great Game«***, dem Ringen zwischen Russland und Großbritannien um Einflusszonen und Eroberungen in Asien, bestimmt. Daher erklärt sich auch der hohe Anteil russischer Forschung in diesem Kontinent.

Die ***»Öffnung« Japans*** 1854 durch die Amerikaner und die Erwerbungen der Franzosen in ***Indochina*** ab 1859 waren folgenreiche Nebenschauplätze.

Nachdem auch der Pamir 1895 in das Russische Reich einbezogen wurde und die Mongolei, Mandschurei sowie Ostturkestan unter russischen Einfluss geraten waren, versuchten die Engländer durch ihren Einmarsch in Lhasa das streng abgeschlossene ***Tibet*** 1903/04 vor dem russischen Zugriff zu sichern. Weitere russische Expansionsgelüste wurden dann allerdings durch das modernisierte, aufstrebene Japan im Rahmen des ***Russisch-Japanischen Krieges*** 1904/05 gestoppt.

Die ***Chinesische Revolution*** 1911/12 führte zur Autonomie der Äußeren *Mongolei* und zur De-Facto-Unabhängigkeit *Tibets*. Mit dem Sieg der Kommunisten in Russland wurde in den zwanziger Jahren der sowjetische Einfluss auch auf die Mongolei und Ostturkestan ausgedehnt, während die Japaner 1932 die Mandschurei okkupierten und ihr Einmarsch in China 1937 den Zweiten Weltkrieg in Ostasien vorbereitete. Dennoch wurden bedeutende Forschungsexpeditionen nach Innerasien durchgeführt, z.B. die Reise FILCHNERS 1926–38 oder die *schwedisch-chinesische Expedition* zwischen 1927 und 1935 unter Teilnahme SVEN HEDINS.

1774/75 reiste der Schotte GEORGE **BOGLE** als Abgesandter des britischen Generalgouverneurs von Ostindien zunächst nach *Bhutan*, wo er sich 15 Monate aufhielt, und gelangte über den Himalaya bis Schigatse in Tibet, wo er im Kloster *Tschilumpo* die tibetanischen Sitten und Gepflogenheiten, aber auch den Lamaismus, die tibetanische Variante des Buddhismus, studieren konnte. Ein angestrebtes Handelsabkommen kam nicht zustande. → K. 230/231 III

1807–21 war der russische Chinaforscher NIKITA JAKOWLEWITSCH **BITSCHURIN** als Haupt (Archimandrit) einer russischen geistlichen Mission in Peking tätig, von wo aus er auf Reisen hervorragende Landeskenntnisse erwarb und tiefer in das Wesen Chinas und seiner Bevölkerung eindrang als alle anderen Forscher seiner Zeit. Seine Veröffentlichungen über China, die Mongolei, Ostturkestan und Tibet stützten sich in großem Umfang auf chinesische Quellen. → K. 228/229 III

Lhasa mit dem Potala-Kloster, dem Sitz des Dalai Lama,
war vor 1904, dem Jahr der britischen Eroberung unter Younghusband, für Europäer unerreichbar. Zwar weilten hier im 18. Jh. Jesuitenpatres, im frühen 19. Jh. in Verkleidung der Engländer Thomas Manning sowie die französischen Missionare Huc und Gabet – auch bestimmten die indischen Panditen Nain Singh und Kishen Singh in der zweiten Hälfte des 19. Jh. ziemlich genau die geographische Lage der tibetanischen Hauptstadt – aber keinem der großen wissenschaftlichen Reisenden gelang es im 19. Jh. bis Lhasa vorzudringen.

1808 weilte der schottische Offizier Mountstuart **Elphinstone** als britischer Gesandter in Kabul am Hofe des Herrschers von Afghanistan. Er erkundete, zum Teil in späteren Jahren, weite Teile des Pandschab und Kaschmirs, die damals zu Afghanistan gehörten, und den nördlichen Abschnitt des Indus. (1817 führte er den Feldzug gegen die Mahratten und 1819–27 war er Gouverneur von Bombay. Später schrieb er die erste umfassende Geschichte Indiens.). → K. 230/231 IV

1811/12 reiste der Engländer Thomas **Manning**, der Chinesisch beherrschte, in der Verkleidung eines chinesischen Arztes von Kalkutta nach Lhasa, der Hauptstadt des inzwischen hermetisch abgeschlossenen Tibet. Sein 1836 veröffentlichter Bericht, z.B. über das Potala-Kloster, dem Sitz des *Dalai Lama*, ist leider aus wissenschaftlicher Sicht wenig ergiebig. → K. 230/231 III

1811–13 Der russische Seefahrer Wassilij Michailowitsch **Golownin** untersuchte von Kamtschatka aus die Kurilen, wo er auf Kunashir von Japanern gefangen genommen wurde. Die Beschreibung seiner Gefangenschaft, die ihm tiefe Einsicht in die japanische Kultur und Gesellschaft einbrachte, wurde mehrfach übersetzt und bildete die wichtigste Japanquelle im frühen 19. Jh. vor den Berichten Siebolds. → K. 228/229 II

1812 überschritt der englische Asienreisende William **Moorcroft** den Himalaya auf dem Nitipass und erreichte den heiligen Manasarowarsee in Südwest-Tibet, aus dem nach hinduistischer Vorstellungen angeblich der Indus, Ganges und Brahmaputra fließen sollten, tatsächlich aber der Satledsch entspringt. Auf einer nicht genau bekannten Route kehrte Moorcroft über Bhutan nach Kalkutta zurück. 1819–25 unternahm

Hochgebirge (über 2000m)
Grenzen um 1900
Entdeckungen/Forschungen
russische
britische
deutsche
französische
skandinavische
ungarische
B. Blakiston
B. Burckhardt
D. Doughty
E. Elias
F. Filchner
H. Halévy
Hu. Huc und Gabet
J. Jerusalem
K.S. Kishen Singh
Ku. Kuldscha
La. Lacknau
M. Mekong-Expediton (De Lagrée und Garnier)
N. Newelskoi
N.S. Nain Singh
P. Palgrave
P. Pelly
Ph. Philby
Ra. Radde
R. Richthofen
S. Sadlier
S.T. Semjonow-Tianshanski
S. Széchenyi
Te. Thesiger
Th. Thomas
U. Urumtschi
W. Wellsted
RUSSISCH
OSMAN. REICH
PERSIEN
AFGHANISTAN
NEDSCHD
OMAN
Britisch-Indi
Arabisches Meer
INDISCHE
Kirgisensteppe
Humboldt 1829
Bonvalot 1889
Niebuhr 1761–67
Eversmann 1820
Eversm. 1825
Butakow 1848–50
Murawjow 1819
Vambéry 1863
Wallin 1848
Bell 1913/14
Schlagintweit 1857
Wrede 1843
Glaser 1882–94
F. 1926–28
Kasan
Perm
Jekaterinburg
Tobolsk
Tjumen
Omsk
Ufa
Tscheljabinsk
Orenburg
Saratow
Samara
Uralsk
Woronesh
Charkow
Odessa
Bukarest
Sofia
Athen
Konstantinopel
Smyrna
Brussa
Angora
Trapezunt
Erzerum
Tiflis
Wladikawkas
Astrachan
Rostow
Jerewan
Baku
Täbris
Mosul
Aleppo
Damaskus
Kairo
Alexandria
Zypern
Bagdad
Teheran
Isfahan
Meschhed
Chorassan
Herat
Chiwa
Buchara
Samarkand
Taschkent
Kokand
Kaschgar
Jarkand
Kabul
Peshawar
Kandahar
Leh
Lahore
Multan
Delhi
Agra
Jaipur
Karatschi
Ahmadabad
Indore
Surat
Bombay
Nagpur
Haiderabad
Goa
Bangalur
Madras
Kotschin
Colombo
Basra
Kuwait
Buschir
Shiras
Kirman
Bender Abbas
Maskat
Doha
Abu-Dhabi
Al-Katif
Riad
Bereide
Hail
Medina
Janbo
Dschidda
Mekka
Taif
As-Suleijil
Sana
Hodeida
Marib
Taiz
Aden
Mukalla
Salalah
Dhofar
Rub al-Khali
Hadhramaut
Sokotra
Somali-H.-I.
Golf von Aden
Lakkadiven
Malediven
Nördl. Wendekreis

Untere Tunguska
Middendorff 1842
Jenissei
Lena
Aldan
1844
Stanowoigebirge
N. 1849
Nikolajewsk
Sachalin
Middendorff 1844
1860
1843
1866
Witim
R E I C H
S i r i e n
Jenissejsk
Angara
Krasnojarsk
Omsk
Ra. 1855–59
1859
Amurgebiet
Sichote Alin
Iturup
Kurilen
Kunashir
Jablonowygeb.
Amur
Chabarowsk
Golownin 1811–13
Hokkaido
Baikalsee
Irkutsk
Ra.
Tschita
Kropotkin 1864
Aigun
Ussuri
Schmidt 1861
Ostsajan
Westsajan
1844
Kjachta
Großer Chingan
Mandschurei
1886
Charbin
1864
Wladiwostok
J A P A N
Ubsanor
Selenga
Kerulen
Urga
Prshewalski 1870
Japanisches Meer
Honshu
Tokio
Jokohama
Mongol. Altai
Uljassutai
M o n g o l e i
E. 1872/73
Younghusband 1886
R. 1868–70
Mukden
K O R E A
Kyoto
Siebold 1823–28
Osaka
Prshewalski 1877
Hami
Kalgan
Peking
Tientsin
Port Arthur
Seoul
Turfan
F. 1926–28
G o b i
Bitschurin 1807–21
Gelbes Meer
Shikoku
Lopnor
1879
1883
Hu. 1844
Hoang Ho
Sütschou
Taijüan
Nagasaki
Kyushu
K.S.
Kukunor
1884
Lantschou
(bis 1852)
CHINESISCHES REICH
Sian
S. 1877–80
Ostchinesisches Meer
B. 1861/62
Nanking
Schanghai
C h i n a
Hangtschou
Riukiu-In.
Tibet
Hu. 1844
K.S. 1878–81
Hankau
R. 1868–70
R.
1889/90
Tschöngtu
S. 1877–80
Jangtsekiang
Nantschang
Futschou
Lhasa
Batang
C.B. 1861
Tschangtscha
Tschungking
M. 1868
R. 1868–70
Hu. 1846
PAZIFISCHER
K.S. 1878–81
BHUTAN
Kweijang
Taiwan
Brahmaputra
1856
Assam
Jünnan
Sikiang
Kanton
OZEAN
Mekong
Irawadi
Macao
Hongkong
Dhaka
Burma
Bonvalot 1890
Mandalay
Hanoi
Tongking
Luzon
Crawfurd 1826/27
Crawfurd 1830–37
Hainan
Philippinen
Luang-Prabang
L a o s
M.
Manila
Hue
Saluen
Menam
Mekong
S I A M
Indochina
Annam
Rangun
Südchinesisches Meer
Golf von
Bangkok
Angkor
M. 1866
Kambodscha
Phnom Penh
Saigon
Cochinchina
Andamanen
Andamanensee
Sulusee
Davao
Mindanao
Zamboanga
Golf von Siam
Nikobaren
Brunei
Celebessee
Menado
Pinang
Celebes
Molukken
H.I. Malakka
Str. v. Malakka
Borneo
Sumatra
Malakka
OZEAN
Äquator
1:45 000 000
0
500
1000
1500
2000 km
90
100
110
120
130
140
150
40
30
20
10
0

RUSSISCHES REICH
Kirgisensteppe
Hungersteppe
Semipalatinsk
Irtysch
Katun
Westsajan
3121
Ulankom
1879
1877
1878
1876
4506
Altai
Mongolei
Kobdo
Saissansee
Saissan
Schwarzer Irtysch
Tabagartai
3816
Pewzow 1876
Perowk
Hedin 1894
Balachaschsee
Siebenstromland
S.T. 1856/57
Kopal
Alakul
Alatau
Prshewalski 1877
Dsungarei
Ebinor
1890
Manass
Tschu
Ili
Turkestan
Syr-Darja
Kysylkum
1871
Sewerzow 1864
Kuldscha
1894
5500
Urumtschi
Gutschen
Westturkestan
Wernoje
Issykkul
Karakol
1876
Turfan
-154
Turfansenke
Taschkent
4301
Tienschan
Naryn
Gr.
F. 1869
Kokand
1871
1865
7435
Kurla
Bagraschkul
Samarkand
Ch.
Fergana
Aksu
Hedin 1899
Serawschan
Alai-Geb.
Ostturkestan
Tarim
Loulan
Lop
F. 1870
1894
Kaschgar
Pewzow 1889
Hedin 1896
1877
780
Buchara
7495
Jarkand
1895
Tarimbecken
Tscharklik
Sewerzow 1877
Hedin
7719
Jarkand
Taklamakan
Altyntag
6161
Amu-Darja
Pamir
Chotan
1885
Tschertschen
Feisabad
Gr. 1887
AFGHANISTAN
Chotan
Pewzow
1890
Hindukusch
Tschitral
Gilgit
K2 8611
Karakorum
Hedin
7723
Kunlun
Hedin
5143
Kabul
Baltistan
Karakorum-Pass
1906
1890
Elphinstone 1808
Nanga Parbat 8125
Godwin-Austen 1860/61
1896
Peshawar
Rawalpindi
Kaschmir
Srinagar
Leh
Ladakh
Indus
Hedin 1906–08
Hedin
1901
1901
Indus
6596
6096
Tibet
Himalaya
Pandschab
6248
Gartok
6300
1901
Lahore
Amritsar
Moorcroft 1812
Transhimalaya
1907
Hedin 1906–08
Multan
Satledsch
Simla
7756
Dehra-Dun
Tengrinor
Meerut
Dehli
Tsangpo
Lhasa
Schigatse
1811/12
NEPAL
8167
8091
Mt. Everest
7554
Hindustan
Brit.-Indien
Kathmandu
8848
8598
Agra
Dschamna
Lacknau
Darjeeling
BHUTAN
Gwalior
Kanpur
Ganges
Brahmaputra
Gauhati
Manning 1811/12
Bogle 1774/75
Patna
ASSAM
Shillong
Allahabad
Benares
1:20 000 000
0
200
400
600
800 km
65
70
75
80
85
90
50
45
40
35
30
25

RUSSISCHES REICH
Mongolei
Gobi
CHINA
Irkutsk
Ostsajan
Baikalsee
Urjanchai
Kossogol
Kjachta
Mandschuria
Argun
Hailar
Chulunnor
Jablonowy Geb.
Onon
Ubsanor
Kirgisnor
Selenga
Orchon
Urga
Kerulen
Dsabschan
Uljassutai
Changai geb.
Karakorum
Altai
Gobi-Altai
Großer Chingan
Schara
Dalainor
Gaschumnor
Chara-Choto
Edsingol
Jehol
Kalgan
Paotou
Peking
Tientsin
Dunhuang
Sutschou
Kantschou
Kansu
Ordos
Jintschwan
Liangtschou
Große Chines. Mauer
Taijüan
Humboldtgeb.
Rittergeb.
Karanor
Hoang Ho
Kukunor
Sining
Lantschou
Tsinan
Kaiserkanal
Fenho
Kaifeng
Marco-Polo-Geb.
Oringnor
Weiho
Sian
Tsinglinschan
Hankiang
Tapaschan
Paoning
Kialing
Jangtsekiang
Hankau
Wutschang
Kantse
Tschiamdo
Salwen
Mekong
Jalungkiang
Tschöngtu
Rotes Becken
Tschunking
Tunghing
Jüankiang
Tschangtscha
Siangtan
Batang
Min Ho
Ipin
Wukiang
Tschinwin
Irawadi
Potanin 1879/80
Potanin 1886
Potanin 1892
Potanin 1893
Potanin 1899
Potanin 1884
Pewzow 1878
Pewzow 1879
Prshewalski 1870
Prshewalski 1873,1880
Prshewalski 1883
Koslow 1899
Koslow 1901
Koslow 1907
Koslow 1908
Koslow 1909
Obrutschew 1893
Obrutschew 1894
Hedin 1897
Hochgebirge (über 2000m)
Wüste, Halbwüste
Grenzen um 1900
Ruinenstätte
F. Fedtschenko
Ch. Chodschent
Gr. Grum-Grshimailo
S. Sikkim
S.T. Semjonow-Tianshanski

MOORCROFT eine zweite Reise im Auftrag der britischen Ostindienkompanie nach Kaschmir (1822), Kabul (1824) und Buchara (1825). Seither ist er verschollen. Ob er Lhasa erreicht hat, wo er sich bis 1838 aufgehalten haben soll, wie → HUC und GABET behaupteten, ist umstritten. → K. 230/231 IV

1819 ging der russische Offizier Fürst NIKOLAI NIKOLEJEWITSCH **MURAWJOW** im Auftrag der russischen Armee durch die nördliche Karakumwüste nach Chiwa, das er durch eine aufschlussreiche Veröffentlichung erstmals näher bekannt machte. → K. 228/229 IV

1820 und 1825 Der deutsche Naturforscher EDUARD FRIEDRICH **EVERSMANN** reiste 1820 durch die Kysylkum nach Buchara und 1825 vom Kaspischen Meer zum Aralsee. EVERSMANN war seit 1828 Professor der Zoologie und Botanik in Kasan. Seine *»Reise von Orenburg nach Buchara«* von 1823 war eine erste fundierte Beschreibung dieser Region. → K. 228/229 I

1823–28 Der deutsche Naturforscher PHILIPP FRANZ VON **SIEBOLD** kam mit einer niederländischen Gesandtschaft als Sanitätsoffizier nach Nagasaki, dem einzigen erreichbaren Ort im streng abgeschlossenen Japan. Später konnte er Shimonoseki, Osaka und Kioto besuchen, da hochgestellte Ärzte, darunter der Leibarzt des *Tenno*, Interesse an seinem medizinischen Wissen zeigten. SIEBOLDS Wahrnehmungen und Beobachtungen bildeten bis zur »Öffnung« japanischer Häfen durch eine amerikanische Flotte unter Commodore MATTHEW D. PERRY 1853/54 die Grundlage der Japankenntnis. 1859 konnte SIEBOLD seine Studien in Japan fortsetzen. → K. 228/229 II

1826/27 erforschte der englische Militärarzt und künftige Geograph JOHN **CRAWFURD** als britischer Gesandter *Burma*, besonders das Irawadital. Später durchwanderte er das Gebiet des Salweenflusses, gelangte bis Laos am mittleren Mekong und durchreiste Siam, das heutige Thailand. → K. 228/229 II

1829 unternahm ALEXANDER VON **HUMBOLDT** auf Veranlassung des Zaren NIKOLAUS I. seine Reise nach Sibirien. Die Reise führte ihn von St. Petersburg über Nowgorod, Moskau, Perm in den Ural, durch die Steppen Südwestsibiriens nach Barnaul und in den Altai. HUMBOLDT erkannte, dass Westsibirien entgegen bisheriger Annahme ein Tiefland ist. Die Rückreise führte über Semipalatinsk, Omsk, Orenburg und Uralsk nach Samara, von wo aus Humboldt die Wolga abwärts bis zu deren Mündung befuhr. Weiter ging die Rückreise über Woronesh nach Moskau. → K. 228/229 I

1830–43 leitete der britische Offizier und Geodät GEORGE **EVEREST** die Gradvermessung in Indien. Er modernisierte den Vermessungsdienst und rückte der Öffentlichkeit den riesigen Gebirgsbogen des Himalaya ins Bewusstsein. 1861 geadelt, wurde der damals höchste bekannte Himalayagipfel, der Gaurisanskar, nach ihm benannt. Als sich 1903 herausstellte, dass der nahe gelegene Tschomolungma der höchste Berg der Erde ist, erfolgte dessen Umbenennung in Mount Everest.

1842–45 reiste der Zoologe ALEXANDER THEODOR VON **MIDDENDORFF** im Auftrag der Petersburger Akademie der Wissenschaften durch große Teile Sibiriens. Von der Taimyr-Halbinsel über Jakutsk gelangte er zum Ochotskischen Küstengebiet ins Amurland und das noch unbekannte Schilkagebiet. Neben geographischen, zoologischen, erdmagnetischen und geologischen Forschungen untersuchte er vor

Ausschnitt der Asien-Karte aus »Stieler's Hand-Atlas«, Gotha 1826
Aus dieser Karte wird ersichtlich, dass die Gebiete des eigentlichen Chinas, Indiens (Hindostan) und die hellgrün dargestellten Territorien Russlands relativ genau kartiert sind, während die Mongolei, Turkestan (Dshagatai, Turfan) und Tibet sehr lückenhaft abgebildet erscheinen, wie die Verzerrung des Aral- und Balkaschsees sowie das völlige Fehlen des Pamir, Tienschan und Kunlungebirges zeigen. Die chinesische Mandschurei umfasste auch das später russische Ussuri- und Amurgebiet.

Gelbes Meer
Formosa
Busen
HINDOSTAN
TIBET
Kl. Bucharey
Wüste Schaschin
Mittlere Horde
Grosse Horde
Kleine Horde
Turkestan

allem den Dauerfrostboden und bestimmte dessen südliche Grenze. → K. 228/229 I

1844–46 reisten die französischen Missionare Evariste Régis **Huc** und Abbé **Gabet**, als buddhistische Mönche verkleidet, mit einer Pilgerkarawane von Dolonur (nördlich von Peking) durch das Ordos- und Kukunorgebiet nach Lhasa, wo sie sich sechs Wochen lang aufhalten konnten. 1846 eskortierte sie eine tibetanische Truppe über Tschiamdo nach Batang an die osttibetische Grenze. Über Tschöngtu und Tschunking reisten sie nach Macao. Hucs Veröffentlichungen (1850) lieferten einen wichtigen Beitrag zur tibetanischen Kultur, wurden aber später von Prshewalski u. a. Forschern teilweise in Frage gestellt. → K. 228/229 II

1848–50 Der Seefahrer und Weltreisende Alexej Iwanowitsch **Butakow** erforschte und vermaß in russischem Auftrag den Aralsee. Seine Karte des Aralsees wurde 1850 vom russischen Marinemuseum herausgegeben. **1858/59** widmete er sich der Erforschung des unteren Syr-Darja. → K. 228/229 I

1849 fuhr der russische Seeoffizier Gennadi Iwanowitsch **Newelskoi** durch den *Tatarensund* und stellte damit die Inselnatur Sachalins fest, auch fand er die Amurmündung wieder. Er gründete 1851 Nikolajewsk am unteren Amur und leitete mit weiteren »Forschungen« bis 1855 die russische Erwerbung des Amurgebietes ein, die 1858/60 von China anerkannt werden musste. → K. 228/229 I

1854–57 Beginn der großen wissenschaftlichen Forschungsreisen nach Innerasien mit den Reisen der drei deutschen Brüder **Schlagintweit***, die durch Vermittlung A. von Humboldts in weiten Teilen Indiens, vor allem auch in der Himalayaregion, forschten. → K. 228/229 III/IV

1855–59 bereiste der aus Danzig stammende Gustav Ferdinand **Radde** in Ostsibirien den Bereich des Baikalsees, das Amurgebiet und den Ostsajan. → K. 228/229 II/IV

1856/57 Reise des russischen Geographen (und später Vorsitzenden der *Russischen Geographischen Gesellschaft*) Pjotr Petrowitsch **Semjonow** (später **Semjonow-Tianshanski** genannt) zum Siebenstromland bis zum Issykkul südlich des Alataugebirges. Als erster Forscher berichtete er über die westlichen Teile des Tienschan und dessen riesige Gletscher. Er erkannte den Bruchschollencharakter dieses Gebirgssystems und widerlegte die Theorie einer vulkanischen Entstehung. → K. 230/231 I/IV

1859–62 bereiste **Schmidt** das Amur- und Ussurigebiet – Territorien, die erst 1858/60 von China an Russland abgetreten worden waren. → K. 228/229 II

1860/61 nahm der britische Offizier und Vermesser Henry Haversham **Godwin-Austen** an der kartographischen Aufnahme in Baltistan (Britisch-Indien) teil. 1861 drang er in die entlegensten Hochtäler des Karakorum bis zum K 2 oder Tschogori (8 611 m) vor, der bis heute auch den Namen Mount Godwin-Austen führt. → K. 230/231 IV

1861/62 untersuchte der englische Captain T.W. **Blakiston** unter dem Schutz indischer Sikhsoldaten die Schiffbarkeit des Jangtsekiang. Die Expedition gelangte bis Pingschan, wo sie umkehren musste, ohne die beabsichtigte Suche einer Landverbindung nach Assam in Britisch-Indien. → K. 228/229 II

1864 bereiste der ungarische Turkologe Armin **Vambéry**, als Derwisch verkleidet, mit Unterstützung der Ungarischen Akademie Persien und Westturkestan. Er gelangte bis Chiwa, Buchara und Samarkand und kehrte über Herat nach Persien zurück. Seine klassische wissenschaftliche Reisebeschreibung (1865) machte diese Gebiete in Europa weithin bekannt. → K. 228/229 IV

1864–66 forschte der russische Adlige Pjotr Alexejewitsch **Kropotkin**, Assistent des Militärstatthalters von Transbaikalien, weite Teile des von Russland neu erworbenen Amurgebietes, aber auch der chinesischen Mandschurei. → K. 228/229 I

1864–68 setzte der russische Zoologe NIKOLAI ALEXEJEWITSCH **SEWERZOW** die von SEMJONOW begonnene Erforschung des Tienschan fort und bereiste das noch unbekannte Quellgebiet des Syr-Darja (Naryn). → K. 230/231 IV

1864–66 erkundete der kartographisch ausgebildete Inder Pandit **NAIN SINGH** im Auftrag des britisch-indischen Vermessungsdienstes große Teile Süd-Tibets. Von Katmandu aus zog er, als angeblicher Gewürzhändler aus Ladakh, nach Lhasa und erreichte über den Tsangpo die indische Vermessungsstation Dehra Dun. → K. 228/229 III/IV

1866–68 fand die französische ***Mekong-Expedition*** unter Leitung des Kolonialoffiziers ERNEST MARC LOUIS **DOUDART DE LAGRÉE** statt. Erklärtes Ziel war, mit dem noch weitgehend unbekannten Mekong eine Wasserstraße nach Südwest-China zu finden. Bevor die Expedition startete, besuchte LAGRÉE die von HENRI MOUHOT 1861 entdeckten Ruinen von Angkor. Ab den Stromschnellen von Kratié wurde die Reise bis auf chinesisches Gebiet mit Eingeborenenfahrzeugen fortgesetzt. Nach dem Tode LAGRÉES führte sein Stellvertreter, der Kolonialpionier MARIE JOSEPH FRANCIS **GARNIER**, die Expedition über den Jangtsekiang fort. Die unter schwierigsten Verhältnissen durchgeführte Unternehmung kam zu dem Ergebnis, dass der Mekong als Wasserstraße wegen zahlreicher Stromschnellen ungeeignet sei. → K. 228/229 II/III

1868–71 besuchte der russische Naturforscher ALEXEJ PAWOWITSCH **FEDTSCHENKO** kurz nach der russischen Besitzergreifung *Westturkestan*. Er erforschte Gebiete am Serawschan, südlich Buchara und Samarkand, und das Ferganagebiet. 1871 durchzog er südliche Teile der Kysylkum und reiste über das Alaigebirge bis an den Nordrand des Pamir. → K. 230/231 IV

1868–72 bereiste der deutsche Geograph FERDINAND FREIHERR VON **RICHTHOFEN** auf verschiedenen Wegen dreizehn der achtzehn damaligen chinesischen Provinzen und erschloss China der europäischen Geographie. Durch seine Veröffentlichungen wurde China in umfassender Weise bekannt. → K. 228/229 II

*Die Brüder **SCHLAGINTWEIT** aus München hatten sich bereits in jungen Jahren als Bergsteiger und Alpenforscher hervorgetan. Als sich der Geograph **HERMANN S.** (1826–82) und der Geologe **ADOLF S.** (1829–57) 1849 in Berlin niederließen, wurde A. VON HUMBOLDT auf sie aufmerksam und vermittelte ihnen eine Forschungsreise nach Indien, finanziert von der preußischen Regierung und der Ostindischen Kompanie. Der Bruder **ROBERT S.** (1833–85), später Geologieprofessor in Gießen, durfte sie als Assistent begleiten (Abb. links). Von Bombay aus bereisten sie ab 1854, oftmals auf getrennten Wegen, weite Teile Indiens, vor allem aber die Himalayaregion, wo sie die Quellgebiete des Ganges, Satledsch und Indus erforschten, sowie Kaschmir, Ladakh, Nepal, Sikkim und Bhutan aufsuchten. 1856/57 setzte **ADOLF S.** (Abb. rechts) die Reise über den Karakorum allein nach Ostturkestan fort, wo er in Kaschgar am 26. August 1857 als vermeintlicher Spion hingerichtet wurde.*

1870–73 Erste Zentralasienreise des russischen Offiziers NIKOLAI M. **PRSHEWALSKI*** durch die östliche Gobi nach Peking und zu den Gebieten am Kukunor. 1873 durchwanderte er die Gobi von Süd nach Nord über Urga (heute Ulan-Bator). → K. 230/231 II/III

1872/73 Der britische Geograph NEY **ELIAS** durchquerte die Mongolei von Peking aus über die östliche Gobi bis zum Altai, wobei er erstmals genaue Höhenmessungen durchführte. → K. 228/229 I

1873–75 reiste der indische Pandit **Nain Singh** ein zweites Mal nach Tibet. Von Leh aus durchzog er das völlig unbekannte seenreiche Innertibet über den Tengrinor nach Lhasa. Über den östlichen Himalaya erreichte er Assam und Kalkutta und lieferte damit ziemlich genaue Grundlagen für die Kartierung von Teilen Tibets → K. 228/229 III/IV

1876/77 Zweite Zentralasienexpedition N. M. **Prshewalskis*** in das wenig bekannte Ostturkestan. Von Kuldscha aus stieß er zum Tarimbecken vor und entdeckte den wandernden See Lopnor sowie die gewaltige schneegekrönte Nordkette des Kunlun, den Altyntag. → K. 230/231 I/IV

1876/77 erste große Reise des russischen Offiziers Grigorij Nikolajewitsch **Potanin** in Begleitung seiner Frau in die westliche Mongolei. Über Kobdo, Hami und Uljassutai, reisten beide zu den großen Seen Kossogol und Ubsanor, deren Lage Potanin exakt kartierte. → K. 230/231 I

1877/78 leitete der russische Forscher Nikolai A. **Sewerzow** eine wissenschaftlichen Unternehmung in das 1876 eroberte *Ferganagebiet* und erforschte die bis dahin kaum bekannten Hochtäler und Pässe des Pamir. → K. 230/231 IV

1877–80 Die Asienreise des ungarischen Grafen Béla **Széchenyi**, Sohn des bedeutenden Staatsmannes Istvan S., führte in China den Jangtsekiang aufwärts bis Hankau und über Sian nach Kansu. Als ein Versuch, über Osttibet nach Lhasa vorzudringen, scheiterte, wandte sich seine Expedition über nahezu unbekannte chinesische-burmanesische Grenzgebiete nach Rangun. → K. 228/229 II

1878/79 reist der russische Offizier Michail Wassiljewitsch **Pewzow** vom südlichen Altai über Kobdo durch die Mongolei nach Kalgan in Nordchina und auf ebenfalls unbekannten Wegen über Urga und Uljassutai zurück. → K. 230/231 I/II

1878–81 Der indische Pandit **Kishen Singh** durchquerte Tibet von Süd nach Nord, von Lhasa bis Dunhuang in den Ausläufern der Gobi. Zurück schlug er eine Route über das östliche Tibet zum Tsangpo ein und vervollständigte die geheime Kartierung Tibets. Nach 4800 km hatte er eine Fehlerposition von lediglich 16 km berechnet. → K. 228/229 I/II

1879/80 fand die dritte Zentralasienreise N.M. **Prshewalskis*** statt. Von Saissan erreichte er über die Dsungarei Hami und entdeckte das von ihm benannte Humboldt- und Rittergebirge am Nordrand des Tsaidambeckens. Von hier aus überschritt er das Marco-Polo-Gebirge und drang weit nach Süden vor, wurde aber 250 km vor Lhasa zur Umkehr gezwungen. → K. 230/231 I–III

1879/80 untersuchte G.N. **Potanin** das kaum bekannte Tannugebirge in der Grenzzone zum Urjanchaigebiet. → K. 230/231 I

1883–85 Die vierte Zentralasienreise N.M. **Prshewalskis*** führte von Kjachta bis zu den Quellseen des Hoang-Ho in NO-Tibet, von wo aus er Lhasa erreichen wollte. Am oberen Jangtsekiang musste er umkehren und setzte die Erforschung des Tsaidambeckens und Lopnor fort. Dem Nordhang des Kunlun folgend, gelangte er durch die Wüste Taklamakan und über den Tienschan auf russischem Gebiet nach Karakol (später Prshewalk genannt) in der Nähe des Issykkul. → K. 230/231 II–IV

1884–86 reiste G.N. **Potanin** von Peking aus über das Ordos-Plateau ins Kukunorgebiet, *Nanschangebirge* und nach Nordost-Tibet. Die Rückreise erfolgte über Kansu und die mittlere Gobi. → K. 230/231 I/II

1885–87 erforschte der russische Zoologe und Geologe Grigori Jefimowitsch **Grum-Grshi-**

Mailo Teile des Pamir und des westlichen *Tienschan* sowie Gebiete des südlichen Fergana. → K. 230/231 IV

1886/87 durchquerte der in Indien geborene Engländer Francis Edward **Younghusband** Innerasien von Peking über die Gobiwüste und besuchte Hami, Turfan und Kaschgar. In den folgenden Jahren forschte er im Karakorum und Pamir und besuchte Tschitral. (1903/04 führte er zusammen mit dem General MacDonald eine britische Miltärexpedition nach Lhasa.) → K. 228/229 I

1889/90 führte M.W. **Pewzow** die von Prshewalski im Auftrag der *Russischen Geographischen Gesellschaft* geplante Expedition nach Ostturkestan aus. Über Jarkand, Chotan, den Altyntag führte die Reise schließlich über Urumtschi durch die Dsungarei. Im Verlauf dieser Reise wurden vor allem Kartenaufnahmen durchgeführt. → K. 230/231 I/IV

1889/90 war der französische Asienforscher Pierre-Gabriel **Bonvalot** Begleiter Heinrich von Orléans auf dessen Asienreise. Von Kuldscha über den Tienschan führte die Reise zum Lopnor und von hierab auf neuen Wegen durch Tibet zum Tengrinor in der Nähe von Lhasa, das sie nicht betreten durften. Von Batang in Osttibet zogen sie über Jünnan nach Hanoi in Tonking. Damit war die erste wissenschaftliche Durchquerung Tibets gelungen. → K. 228/229 I/II

1892/93 unternahm G.N. **Potanin** eine Reise nach Nordost-China. Über Sian, das Tsinglin-schangebirge und Tschöngtu im Roten Becken drang er nach Osttibet vor. Über Tschungking befuhr er den Mittel- und Unterlauf des Jangtsekiang. → K. 230/231 II/III

1892–94 Der russische Geologe Wladimir Afanasjewitsch **Obrutschew**, Teilnehmer der China-Expedition Potanins, reiste auf eigenen Wegen durch die südliche Mongolei, das Kukunorgebiet nach Hami, Urumtschi und Kuldscha. → K. 230/231 I/II

Der russische Asienreisende ***Nikolai Michailowitsch Prshewalski*** *(Przewalski) gilt gemeinhin als der bedeutendste Asienforscher des 19. Jh. Er wurde 1839 in Kimorowo bei Smolensk geboren und starb im Rang eines Generals am 1. November 1888 in Karakol (seit 1889/1959 »Prshewalsk«) am Issykkul. Als Offizier ließ er sich 1866 in das von China erworbene Ussurigebiet versetzen. Auf vier großen Forschungsreisen leitete er 1870–85 die wissenschaftliche Erschließung Zentralasiens ein. Die Routen von über 30 000 km wurden aufgenommen und Hunderte von Höhen und Orten astronomisch bestimmt. Nach Prshewalski wurde das von ihm beschriebene Wildpferd benannt. Er begründete mit seinen Reise- und Forschungsmethoden die nachfolgende Asienforschung, die allerdings auch die Einflussnahme Russlands auf weite Gebiete des Chinesischen Reiches (Mongolei, Dsungarei und Ostturkestan) zur Folge hatte.*

1894–97 durchquerte der schwedische Forscher Sven **Hedin** vom russischen Ferganatal aus den Pamir, zweimal unter Lebensgefahr die Wüste Taklamakan und erreichte den wandernden Wüstensee Lopnor. Nach Überschreiten des Kunlungebirges durchreiste er auf neuen Wegen Nordtibet, das Kukunorgebiet und das Ordos-Plateau, bevor er Peking erreichte. → K. 230/231

1899 forschte G.N. **Potanin** im Chingan, dem östlichen Grenzgebirge der Mongolei zur Mandschurei. → K. 228/229 II

Der Schwede ***Sven Hedin****, geb. 19. Februar 1865 in Stockholm, gest. 26. November 1952 in Stockholm, einer der letzten großen Landreisenden in der Geschichte der Entdeckungen, bereiste 1890–1935 auf mehreren Expeditionen Innerasien, ohne allerdings sein großes Ziel Lhasa, die Hauptstadt Tibets, zu erreichen. Trotz seiner unbestrittenen Forschungserfolge und zahlreichen wissenschaftlichen und populären Veröffentlichungen wurde er später wegen seiner Nähe zum deutschen Nationalsozialismus kritisch bewertet.*

1899–1901 bereiste der russische Asienforscher Pjotr Kusmitsch **Koslow** den Mongolischen Altai und die Gobi. Koslow, der 1884/85 bereits Prshewalski und 1889/90 Pewzow begleitet hatte, erforschte 1900 die Quellgebiete des Hoang-Ho, Jangtsekiang und Mekong in Osttibet. → K. 230/231 I–III

1899–1902 fuhr der Schwede Sven **Hedin** den Tarimfluss abwärts bis zum Lopnor und entdeckte dort die Ruinenstadt Loulan, ein buddhistisches Zentrum aus dem frühen 1. Jahrtausend. Anschließend stieß er zweimal vergeblich nach Tibet vor, um die heilige Stadt Lhasa zu erreichen. → K. 230/231 III/IV

1906–08 zog Sven **Hedin** von Leh in Kaschmir aus nach Nordtibet, kam bis Schigatse, ohne das nahe gelegene Lhasa zu erreichen, erforschte den Oberlauf des Tsangpo (Brahmaputra) und die Quellgebiete des Indus und Satledsch. Auf dieser Reise entdeckte er den Transhimalaya, den er mehrmals überquerte. → K. 230/231 III/IV

1907–09 entdeckte P. K. **Koslow** auf einer Durchquerung der Gobi die Ruinenstadt Chara-Choto (Blütezeit im 11./12. Jh.), die er 1923–26 ausgraben konnte. → K. 230/231 I/II

1926–28 Der deutsche Asienreisende und Antarktisforscher Wilhelm **Filchner** führte eine umfangreiche ***Zentralasien-Expedition*** durch. Er zog zum Teil auf neuen Wegen durch Ost- und Mitteltibet nach Leh in Kaschmir. Er hatte sich auch magnetische Messungen zum Ziel gesetzt. 1934–38 forschte Filchner noch einmal in Osttibet und Ostturkestan. → K. 228/229 II/III

1927–35 widmete sich Sven **Hedin** in den gemeinsamen ***schwedisch-chinesischen Expeditionen*** meteorologischen sowie archäologischen Forschungs- und Vermessungsarbeiten im chinesischen Teil der Mongolei und Ostturkestans.

1944–50 Der Österreicher Heinrich **Harrer**, Teilnehmer der deutschen Nanga-Parbat-Expedition (1939), durchzog, zusammen mit dem Expeditionsleiter Peter Aufschnaiter, nach der Flucht aus britisch-indischer Internierung große Teile Tibets und lebte mehrere Jahre in Lhasa. Als Freund und Lehrer des jungen Dalai Lama lernte Harrer die tibetische Kultur so intensiv kennen wie kein Forschungsreisender vor ihm. Mit dem Eindringen der chinesischen Volksarmee 1950 verließ er Tibet. Sein aufschlussreiches Buch »Sieben Jahre in Tibet« (1952) wurde in 30 Sprachen übersetzt.

1953 Der neuseeländische Bergsteiger Edmund **Hillary** und der nepalesische Sherpa **Tensing Norkey** (Tenzing Norgay) bezwangen am 29. Mai 1953 als erste den 8848 m hohen Mount Everest (Tschomolugma), den höchsten Berg der Erde im Himalaya. Hillary wurde für seinen Erfolg von der britischen Königin geadelt.

Obwohl Arabien von Europa aus leicht zu erreichen war, barg es bis weit in das 20. Jh. große Geheimnisse. Das lag einmal an der unwirtlichen Landschaft, zum anderen aber auch an dem Status der heiligen Stätten des Islams, die Christen streng verschlossen blieben. So konnten Reisende, wie BUCKHARDT* und BURTON*, nur in Verkleidung, als Muslime getarnt, *Mekka* und *Medina* besuchen. Außerdem lagen die politischen und wirtschaftlichen Zentren der Araber seit dem Mittelalter außerhalb der Arabischen Halbinsel – in *Kairo*, *Bagdad* und *Damaskus*. Das Innere Arabiens wurde zudem seit Mitte des 18. und im frühen 19. Jh. von den ***Wahhabiten*** beherrscht, die als Anhänger einer streng puritanischen Bewegung des Islams ohnehin europäischen Reisenden das Betreten ihres Gebietes erschwerten.

Die Landschaft *Hedschas* unterstand mit den heiligen Stätten ebenso wie der *Jemen* bis zum Ersten Weltkrieg dem ***Osmanischen Reich***. Die ***Briten*** hatten sich 1839 in *Aden* und 1867 auf *Bahrain* – zur Sicherung des Seeweges zu ihren ostindischen Besitzungen – festgesetzt, ohne ins Innere Arabiens vorzudringen. Dort lebten überwiegend Beduinenstämme ohne größere politisch-territoriale Bindungen.

So gehörte das Innere der Halbinsel um 1900, von den Polarregionen abgesehen, zu den größten noch unerforschten Gebieten der Erde. Parallel mit dem Ausbau des wahhabitischen Staates ***Saudi-Arabien*** in den 20er- und 30er-Jahren des 20. Jh. konnten Europäer wie PHILBY und THOMAS u.a. größere Teile des *»Leeren Viertels«*, der großen arabischen Wüste *Rub al-Khali* erkunden. Nach dem Zweiten Weltkrieg, als die Ölvorkommen in Saudi-Arabien und am Persischen Golf genauer erforscht wurden, konnten die letzten »weißen« Flecken von Forschern wie THESIGER getilgt werden. Seither gehört das Innere Arabiens zu den am besten bekannten Gebieten Asiens.

1761–67 Als einer der ersten wissenschaftlichen Reisenden gelangte CARSTEN **NIEBUHR** im Auftrag des dänischen Königs FRIEDRICH V. in den Vorderen Orient und nach Indien. Von Konstantinopel, Kairo und der Sinai-Halbinsel aus gelangte er über das Rote Meer nach Dschidda und nach dem Jemen. Anschließend kam er mit einem englischen Kauffahrteischiff nach Bombay, wo er ausgiebig die Gebräuche der Hindus und Parsen erforschte. 1764–66 reiste er über Oman nach Buschir in Persien und besuchte das antike Persepolis. Über Basra, Bagdad, Mosul, Damaskus und Jerusalem gelangte er zurück nach Konstantinopel. Seine ebenfalls wissenschaftlich gebildeten fünf Expeditionsgefährten überlebten die Reise nicht. NIEBUHR, der als einer der ersten Landreisenden astronomische Ortsbestimmungen vorgenommen hatte, lieferte die Grundlagen für die Kartierung des Orients. Seine Beschreibung Arabiens galt lange Zeit als Standardwerk und seine Keilschriftkopien dienten GROTEFEND im frühen 19. Jh. als Grundlage für Entzifferungsversuche.
→ K. 228/229 IV

1807 gelangte DOMINGO BADIA Y **LEBLICH**, ein zum Islam konvertierter Spanier, als französischer Geheimagent nach Arabien, wo er unter dem Namen ALI BEY AL-ABBASI als erster Europäer der neueren Zeit die heiligen Stätten des Islams, Mekka und Medina, besuchte und deren geographische Koordinaten exakt ermittelte. Er veröffentlichte später einen detaillierten Bericht seiner Reise.

1809 besuchte der deutsche Naturforscher und Mediziner ULRICH JASPER **SEETZEN**, als Derwisch verkleidet, die heiligen Stätten des Islams, Mekka und Medina. Er reiste seit 1803 im Nahen Osten (Aleppo, Damaskus und Kairo) und sammelte ägyptische Altertümer und zahlreiche Handschriften, die er dem Herzog von Gotha, seinem Auftraggeber, zusandte. Während seiner Weiterreise in den Jemen wurde er als Christ erkannt und **1811** in Taiz ermordet.

1809–15 fanden die Reisen des Schweizer Orientforschers JOHANN LUDWIG **BURCKHARDT*** in den Nahen Osten statt. 1812 besuchte er in der südwestjordanischen Wüste die Ruinen von Petra.

1814/15 gelangte **Burckhardt** als verkleideter muslimischer Pilger unerkannt nach *Mekka* und *Medina*, den heiligen Stätten des Islams. → K. 182/183 II und K. 228/229 IV

1819 sollte der britische Offizier George F. **Sadlier** im Auftrag der Britischen Ostindienkompanie Kontakt mit dem ägyptischen Feldherrn Ibrahim Pascha aufnehmen, der Krieg mit den Wahhabiten führte. Von Al-Katif am Persischen Golf zog Sadlier mit einer Kamelkarawane durch Nedschd nach Medina, von wo aus er mit den ägyptischen Truppen nach Janbo gelangte und damit die Erstdurchquerung Arabiens durch einen Europäer vollendete. → K. 228/229 IV

1835 reiste der Engländer James **Wellsted**, Marineoffizier des an den Küsten Omans kreuzenden Vermessungsschiffes »Palinurus«, von Maskat aus nach Nizwa im Landesinneren und lieferte die erste genauere Beschreibung Omans. → K. 228/229 IV

1843 Der in ägyptischen Diensten tätige Adolf von **Wrede** unternahm von Mukalla aus den ersten Vorstoß ins Innere von Hadhramaut, wahrscheinlich bis Sif. → K. 228/229 IV

1848 durchquerte der Skandinavier G. A. **Wallin** im Auftrag der ägyptischen Regierung die nordarabische Wüste Nefud vom Ostjordanland über Hail nach Bagdad. → K. 228/229 IV

1853 reiste der später als Afrikaforscher bekannt gewordene Richard F. **Burton*** (→ 211), als Muslim verkleidet, zu den heiligen Stätten des Islams, Mekka und Medina.

1860 unternahm der deutsche Forschungsreisende Heinrich von **Maltzahn**, als Moslem verkleidet, eine Pilgerfahrt nach Mekka. Er beschrieb seine Erlebnisse und die arabische Kultur 1863 in einem zweibändigen, viel gelesenen Werk.

1862/63 zog der englische Diplomat und Jesuitenpater William Gilford **Palgrave**, als syrischer Arzt getarnt, in französischem Auftrag ins Innere Arabiens. Von Palästina aus reiste er über Hail und Riad, das er ausführlich schilderte, nach Al-Katif am Persischen Golf. Er hatte damit als erster Europäer Arabien von Nordwesten nach Südosten durchzogen. → K. 228/229 IV

1864/65 reiste der britische Colonel Lewis **Pelly** von Buschir in Persien über Kuwait durch die Küstenlandschaft El-Hasa nach Riad, um mit dem dortigen Emir Verhandlungen aufzunehmen. → K. 228/229 IV

1869/70 forschte der französische Orientalist Joseph **Halévy** im Auftrag der Pariser Akademie im Jemen. Vor allem brachte er Hunderte von sabäischen und minäischen Inschriften aus dem Altertum nach Europa. → K. 228/229 IV

1875–78 Der wohl bekannteste Arabienreisende war der englische Geologe und Schriftsteller Charles Montague **Doughty**, der von Damaskus aus mit einer Karawane von Mekka-Pilgern aufbrach. Da er sich als Christ nicht verleugnete, musste er sich von der Karawane trennen und reiste allein, unter mancherlei Gefahren, über Hail und Aneise nach Medina, Taif und Dschidda. Sein Buch *»Travels in Arabia Deserta«* gehört zu den klassischen Reisewerken über Arabien; vor allem aber beschrieb er einfühlsam Lebensweise und Kultur der arabischen Beduinen. → K. 228/229 IV

1882–94 führte der österreichische Arabienforscher Eduard **Glaser** vier Jemenreisen durch, wobei er Marib, die alte sabäische Hauptstadt, ausführlicher untersuchte und die altertümlichen Inschriften genauer beschrieb als frühere Reisende. → K. 228/229 IV

1913/14 Die englische Archäologin Gertrude **Bell** reiste im britischen Geheimauftrag von Damaskus durch Nordarabien nach Hail und zurück nach Bagdad. Ihre Berichte waren im Ersten Weltkrieg für die Briten von unschätzbarem Wert. Als Frau erhielt sie einen der frühesten Einblicke in die Verhaltensweisen in arabischen Harems. → K. 228/229 IV

*Die **Ruinen von Petra** in den Felsen der jordanischen Wüste gehen auf das Nabatäer-Reich zurück, dessen Blütezeit in den ersten Jahrhunderten vor und nach Christus lag. Petra wurde 1812 von dem Schweizer Orientforscher J. L. BURCKHARDT aufgesucht und beschrieben.*

***JOHANN LUDWIG BURCKHARDT** wurde am 25. November 1784 in Lausanne geboren. Im Anschluss an ein Sprach- und Rechtsstudium in Göttingen ging er nach England, wo er Geologie und Arabisch studierte. Im Auftrag der British African Association reiste er 1809 nach Aleppo in Syrien, passte sich dort der einheimischen Lebensweise an und verbesserte seine arabischen Sprachkenntnisse. 1812 ging er nach Kairo, reiste als muslimischer Kaufmann nach Nubien (→ 198) und dann über das Rote Meer nach Mekka (1814) und Medina (1815). Nach Kairo zurückgekehrt, starb er am 15. Oktober 1817 während der Vorbereitung einer Reise nach Timbuktu.*

BURCKHARDT verfasste die erste ausführliche Beschreibung von Mekka und der Kaaba. Seine Entdeckungen und Forschungen schlugen sich in einer Fülle von geographischen, ethnographischen und kulturhistorischen Veröffentlichungen nieder, die in Europa das Arabien- und Islambild des 19. Jh. bestimmten.

1917/18 Der englische Agent HARRY ST. JOHN **PHILBY** war während des Ersten Weltkrieges einer der Militärberater des Wahhabitenherrschers IBN SAUD und reiste in dieser Eigenschaft vom Persischen Golf über Riad, der Residenz IBN SAUDS, als erster Europäer durch das südliche Nedschd bis Dschidda. → K. 228/229 IV

1930/31 BERTRAM **THOMAS**, britischer Militärberater des Sultans von Maskat (Oman), gelang als Erstem eine Durchquerung des »leeren Viertels«, der *Großen Arabischen Wüste* oder *Rub al-Khali*, von Salalah im Süden nach Doha im Norden. → K. 228/229 IV

1932 Der Engländer H. ST. J. **PHILBY**, inzwischen bedeutender Arabienforscher, versuchte, die *Rub al-Khali* zu durchqueren. Von Al-Hofuf aus stieß er nach Süden vor, entdeckte fünf große Krater, Einschlagstellen von Meteoriten, und musste bei der fast wasserlosen Oase As-Sulejjil sein Vorhaben aufgeben. → K. 228/229 IV

1946–48 Der Engländer WILFRED PATHRICK **THESIGER** erforschte die letzten großen »weißen Flecken« der Rub al-Khali: 1946/47 von Salalah nach Abu-Dhabi am Persischen Golf und 1947/48 vom Hadhramaut über die nördliche Rub al-Khali nach Abu-Dhabi. → K. 228/229 IV

Durch die Entdeckungsreisen der großen Seefahrer des 18. Jahrhunderts (COOK, BOUGAINVILLE, LAPÉROUSE u. a.) waren die drei Weltmeere und die Lage von Inselgruppen relativ gut bekannt geworden. Dennoch gab es um 1800 noch unbekannte oder nicht genau vermessene Küsten, Inseln und Inselgruppen vor allem in den polaren Breiten und im Pazifischen Ozean.

In den Vordergrund der Erforschung der Weltmeere rückten in der **ersten Hälfte des 19. Jahrhunderts** die genaue ***Vermessung*** der Küsten und Inseln, aber auch wissenschaftliche Fragen und Hypothesen zur Physik des Planeten Erde und seiner Meere, die es zu beantworten galt. Der technische Fortschritt der Chronometer und die Verbesserung der nautischen Instrumente, besonders der Sextanten, erlaubten nun eine exakte Ermittlung der geographischen Lage jeden Ortes auf der Erde und die Erstellung verbindlicher Seekarten. Die genaue Gestalt der Erde, eine präzise Berechnung der Abplattung der Pole durch ***Schwerkraftmessungen*** mittels genormter Pendel, aber auch die exakte Beobachtung der ***magnetischen Phänomene***, insbesondere die Ermittlung der Abweichung der Kompassnadel (Deklination), und des Verlaufs der ***Meeresströmungen*** und der ***Winde*** waren nicht nur von wissenschaftlicher, sondern auch von höchst praktischer Bedeutung (Kartennetzberechnungen, Navigation u. ä.). In dieser Beziehung waren die französischen Expeditionen von FREYCINET (1817–20) und DUPARREY (1822–25) beispielhaft.

Für die Erforschung der ***Korallenriffe*** der tropischen Meeresgebiete ist die Arbeit CHARLES DARWINS, der an der Reise des britischen Vermessungsschiffes *»Beagle«* unter FITZROY (1831–36) teilnahm, von größter Wichtigkeit – abgesehen davon, dass die Reise entscheidende Anregungen für DARWINS Evolutionslehre ergab.

Zu einem großen Teil waren die auffällig vielen ***russischen Weltumseglungen*** dieser Zeit dem Ziel geschuldet, die Verbindung zwischen dem europäischen Kerngebiet Russlands und seinen Besitzungen an den Küsten des Pazifischen Ozeans über See herzustellen. Mit dem Verkauf Alaskas an die USA 1867 entfiel der Grund für diese Aktivitäten.

In den dreißiger Jahren des 19. Jahrhunderts belebten sich vor allem die Gestade des Stillen Ozeans durch ***Walfangschiffe*** mehrerer Nationen. Die Beobachtungen vieler Kapitäne und Seeoffiziere trugen dazu bei, die Kenntnis der pazifischen Inselwelt und seiner Bewohner zu bereichern. Gleichzeitig setzte eine intensive christliche ***Missionsarbeit*** ein und europäische wie amerikanische ***Handelshäuser*** errichteten zahlreiche Stützpunkte. Neuseeland wurde ab 1840 von britischen Kolonisten besiedelt und die dort lebenden polynesischen Maori sind unterworfen worden. Den Missionaren und Händlern folgten bis Ende des 19. Jahrhunderts die ***»Schutzmächte«***.

In der **zweiten Hälfte des 19. Jahrhunderts** setzte die ***Tiefseeforschung*** ein. Die ***elektrische Telegrafie***, die um die Mitte des 19. Jh. auf dem Lande allerorts festen Fuß gefasst hatte und 1851 mit der Verbindung Dover–Calais ein Unterseekabel in den Dienst stellte, drängte auf Lösungen im ozeanischen Bereich. 1857 wurde gleichzeitig auf Neufundland und in Irland mit der Verlegung eines Unterwasserkabels begonnen – aber eine dauerhafte Verbindung zwischen Alter und Neuer Welt kam erst 1866 zustande. Schuld an den Havarien waren vor allem fehlende Kenntnisse über das *untermeerische Relief* des Nordatlantik.

In der Folgezeit wurden immer mehr Tiefseelotungen vorgenommen. Die dreienhalbjährige britische ***»Challenger«-Expedition*** (1872–76) war schließlich die erste *komplexe Meeres- und Tiefsee-Forschungsunternehmung* auf allen Weltmeeren. Ihre Ergebnisse wurden zwar später durch weitere Expeditionen ergänzt und vervollständigt, deren bahnbrechende Bedeutung aber bleibt unbenommen. Das Eindringen in die maritime Finsternis stellte natürlich einen ebensogroßen Reiz wie später die Überwindung der Erdoberfläche, das Fliegen, dar – ist aber bewusst nicht mehr Gegenstand der vorliegenden geographischen Entdeckungsgeschichte. Tiefsee- und Weltraumforschung gelten heute als eigenständige Kapitel der Menschheitsgeschichte.

1800–03 Erste wissenschaftliche Expedition der Französischen Republik unter Leitung des Seefahrers Nicolas **Baudin**. Mit den Schiffen *»Geographe«* und *»Naturaliste«*, ausgerüstet mit den neuesten Instrumenten (Sextanten, Chronometer des Schweizer Uhrmachers Berthoud), wurde die Expedition von 23 Wissenschaftlern begleitet. Über Mauritius und Kap Hoorn wurde Neuholland (Australien) erreicht. Unter größten Schwierigkeiten (Nahrungs- und Getränkemangel, Skorbut und tropische Krankheiten) wurden die Küsten Australiens und Tasmaniens – parallel zu den Forschungen des Engländers Flinders (→ 151) – erkundet und vermessen. Allein von den 125 Mann Besatzung der *»Geographe«* kamen 79 ums Leben. Auf der Rückreise starb Baudin am 16. September 1803 auf Mauritius. Die Reise litt von Anfang an unter erheblichen Spannungen zwischen Baudin, seinen Offizieren und den Wissenschaftlern. Dennoch war viel geleistet worden. Man hatte 750 Meilen vermessen, ein Atlas mit 32 Spezialkarten der australischen Küsten entstand und Tausende botanischer und zoologischer Objekte wurden für das *Naturwissenschaftliche Museum zu Paris* erworben.

1803–06 führte der Seefahrer Adam Johann von **Krusenstern** im Auftrag des Zaren Alexander I. die erste russische Weltreise aus. Er befehligte die Kriegsschaluppe *»Nadeshda«* (450t); während das Begleitschiff *»Newa«* unter dem Befehl des russischen Seeoffiziers Juri Fjodorowitsch **Lisjanski** stand. Reiseteilnehmer waren die Seeoffiziere Kotzebue und Bellingshausen, der Schweizer Astronom Horner sowie die deutschen Naturforscher Tilesius und Georg Heinrich von Langsdorff. Von Kronstadt führte die Reise durch den Atlantik um das Kap Hoorn zu den Marquesas-Inseln, wo Vermessungsarbeiten durchgeführt wurden. Auf Hawaii trennte sich die *»Newa«* unter Lisjanski von Krusenstern, segelte zur Insel Kodiak (Alaska) und eroberte die von Eingeborenen eingenommene russische Siedlung Nowo-Archangels (Sitka) zurück. Krusenstern nahm Kurs auf Kamtschatka und segelte schließlich nach Nagasaki (Japan), wo er vergeblich Handelsverbindungen anzuknüpfen versuchte. Anschließend kartierte er die Westküsten Hondos und Hokkaidos sowie die Ostküste Sachalins. Über Macao und das Kap der Guten Hoffnung kehrte er mit umfänglichen wissenschaftlichen und praktischen Ergebnissen nach Kronstadt zurück. → K. 244/245 L.

***Adam Johann von Krusenstern**, russischer Offizier und Weltumsegler deutsch-baltischer Herkunft, wurde am 19. November 1770 in Hagud/Estland geboren und starb am 24. August 1846 in der Nähe von Reval (Tallin). 1793–99 in Nordamerika, Südafrika, Indien und China, bestimmte ihn Zar Alexander I. zum Leiter der ersten russischen Weltumseglung (1803–06). 1827–42 war er Kommandeur der Seekadettenanstalt zu St. Petersburg und förderte als solcher zahlreiche Forschungsfahrten. Er starb im Rang eines Vizeadmirals.*

*Sein Sohn, Paul Theodor von **Krusenstern** (1809–1881), nahm an der Weltumseglung Litkes 1826–29 teil und entwickelte sich zum Polarforscher (Nowaja Semlja und Petschoragebiet im nordöstlichen Russland, wo er 1848–50, 1852–60 und 1874–76 forschte).*

1813–16 Der russische Seeoffizier Michail Petrowitsch **Laserew** unternahm mit der *»Suwarrow«* eine Weltreise, wobei er im Pazifik die Suwarrow-Inseln östlich von Samoa entdeckte und Alaska anlief. (1819–21 befehligte er die *»Mirny«*, ein Begleitschiff der Expedition von → Bellingshausen. 1833–51 war er Admiral der russischen Schwarzmeerflotte). → K. 244/245 L.

Die Erforschung der Weltmeere im frühen 19. Jh.

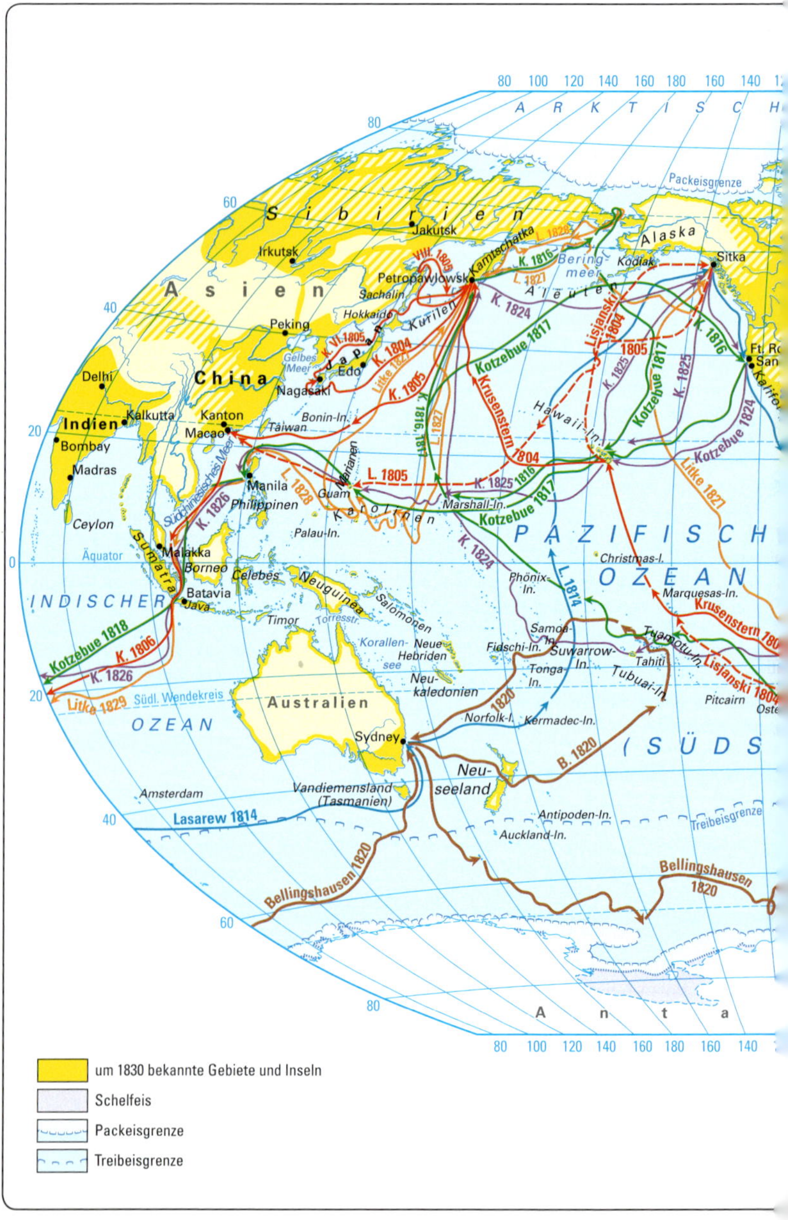

1 : 160 000 000

Grönland
Spitzbergen
Nowaja Semlja
Barentssee
Jan Mayen
Nördl. Polarkreis
Island
Kronstadt
St. Petersburg
Moskau
Europa
Liverpool
London
Paris
Wien
Rom
Konstantinopel
Lissabon
Mittelmeer
Labrador
Neufundland
St. Louis
New York
Washington
New Orleans
Bermudas
Golf von Mexiko
Havanna
Kuba
Haiti
Kl. Antillen
Karibisches Meer
ATLANTISCHER
OZEAN
Azoren
Madeira
Kanar. In.
Kapverd. In.
Nördl. Wendekreis
Bagdad
Asien
Kairo
Arabien
Rotes Meer
Mekka
Arabisches Meer
Afrika
Freetown
Guinea
Äquator
Bogotá
Quito
Galápagos-In.
Amazonas
Südamerika
Lima
Peru
Bahia
Rio de Janeiro
Desterro
Valparaíso
Montevideo
Buenos Aires
Patagonien
Juan-Fernandez-In.
Falkland-In./Malwinen
Feuerland
Magellanstr.
Kap Hoorn
Südgeorgien
Südl. Orkney-In.
Südl. Sandwich-In.
Südl. Shetland-In.
Bellingshausensee
Alexander-I.-Ld.
Südl. Polarkreis
Ascension
St. Helena
Luanda
Tristan da Cunha
Gough-I.
Kapstadt
Kapland
Kap der Guten Hoffnung
Bouvet-I.
Prince-Eduard-I.
Crozet-In.
Kerguelen
INDISCHER OZEAN
Madagaskar
Mauritius
Réunion
Krusenstern 1806
L. 1829
K. 1826
Lasarew 1816
Lasarew 1815
K. 1818
Kotzebue 1816
Kotzebue 1824
L. 1815
L. 1827
K. 1823
B. 1819
Bellingsh. 1821
B. 1820
L. 1814
K. 1806
K. 1826
Litke 1829
k t i k a
Bedeutende See-Expeditionen:
K. L. Krusenstern und Lisjanski 1803–06
L. Lasarew 1813–16
K. Kotzebue 1815–18
B. Bellingshausen 1819–21
K. Kotzebue 1823–26
L. Litke 1826–29

Die Erforschung der Weltmeere in der Mitte des 19. Jh.

(gelb)	um 1870 bekannte Gebiete und Inseln
(hellviolett)	Schelfeis
(Linie)	Packeisgrenze
(gestrichelte Linie)	Treibeisgrenze

1 : 160 000 000

Bedeutende See-Expeditionen:

- B. „Beagle"-Expedition (Fitzroy/Darwin) 1831–36
- D. Dumont d'Urville 1837–40
- R. Ross 1839–43
- Ch. „Challenger"-Expedition 1872–76
- erste Transatlantik-Telegrafenlinie 1866

1815–18 unternahm der russische Naturforscher und Seefahrer Otto von **Kotzebue**, Sohn des Dramatikers August von Kotzebue, die erste russische Pazifik-Forschungsexpedition mit der Brigg *»Rurik«*. Kotzebue, der bereits Krusenstern 1803–06 begleitet hatte, widmete sich ozeanographischen und pflanzengeographischen Fragen. Erstmals wurden Wasserproben in unterschiedlichen Tiefen untersucht. In Alaska wurde der nach ihm benannte Sund entdeckt. – Am bekanntesten wurde die Weltreise durch die Teilnahme des deutschen Dichters und Botanikers Adelbert von **Chamisso**, des Verfassers des *»Peter Schlemihl«*. Chamisso beschrieb seine Reiseerlebnisse und feinsinnigen Beobachtungen später in der meisterhaften und viel gelesenen *»Reise um die Welt«* (1836). → K. 244/245 L.

1817–20 fand die zweite französische wissenschaftliche Expedition unter der Leitung des adligen Offiziers Louis-Claude Desaulses de **Freycinet** statt, der an der Unternehmung unter Baudin von 1800–03 teilgenommen hatte. Gelehrte und Maler begleiteten die Expedition auf der Weltreise, darunter der Literat, Maler und Abenteurer Jacques Arago, der die Reise in geistvoller Briefform beschrieb. Mit Hilfe neuester Präzisionschronometer und genormter Pendel für Schwerkraftmessungen sollte die Unternehmung die Form der Erde bestimmen und die Abplattung der Pole ermitteln. Die Expedition befasste sich auch mit der Auffindung des magnetischen Äquators, d.h. der Orte, an denen die Kompassnadel eine horizontale Stellung einnimmt. Für die zahlreichen Messungen war der Astronom Claude Louis Mathieu zuständig. Über Rio de Janeiro, das Kap der Guten Hoffnung, Mauritius, Australien, Timor, Waigeo und Rawak (an der Nordwestspitze von Neuguinea) segelte die *»Uranie«* nach Guam und erforschte die Marianen, die Karolinen und die Marshall-Inseln näher. Über Hawaii und Samoa ging die Reise nach Port Jackson (Sydney). Über Neuseeland und Kap Hoorn wurden die Falkland-Inseln erreicht, wo die Expedition Schiffbruch erlitt. Rettung erfolgte durch einen nordamerikanischen Dreimaster, der für die Rückfahrt gechartert werden konnte. Die Beobachtungsmethoden der Forschungsunternehmung wurden für alle folgenden Seereisen zum Vorbild.

1819–21 Russische Südpolarexpedition unter Fabian Gottlieb von **Bellingshausen** (→ 265). Auf seiner Weltreise entdeckte er 1819 mehrere Inseln der Tuamotu-Gruppe im östlichen Polynesien, die er kartographisch aufnahm. → K. 244/245 L.

1822–25 setzte der französische Seeoffizier Louis-Isodore **Duperrey**, der als Leutnant die Weltreise Freycinets begleitet hatte, dessen Werk fort. Mit der Korvette *»Coquille« (»Nussschale«)* wurden hydrographische, physikalische und astronomische Messungen weltweit durchgeführt. Von Toulon über Kap Hoorn, Tahiti, Neuguinea, die Molukken und Australien führte die Reise nach Neuseeland, zu den Gilbertinseln und den Karolinen über das Kap der Guten Hoffnung zurück nach Frankreich.

1823–26 unternahm der russische Seefahrer Otto von **Kotzebue** zur Vertiefung seiner früheren Forschungsergebnisse eine weitere Reise in die Südsee, begleitet vom Naturforscher Eschscholtz. Dabei wurden erneut die Marshall-Inseln und die Marianen untersucht. → K. 244/245 L.

1825–29 Der französische Marineoffizier Jules Sébastien César **Dumont d'Urville**, Teilnehmer der Reise Duperreys (1822–25), setzte auf einer eigenen Expedition die Südseeforschungen fort (insbesondere erdmagnetische Messungen und kartographische Aufnahmen). Über das Kap der Guten Hoffnung und Südaustralien segelte er mit der *»Astrolabe«* nach Neuseeland, Neuguinea und zu den benachbarten Inselgruppen, außerdem zu den Neuen Hebriden, den Fidschi-Inseln und den Marianen. Über die Molukken, Java und Kapland ging es zurück nach Frankreich. Auf dieser Reise gelang ihm der Nachweis des Untergangs der Lapérouse-Expedition auf der Santa-Cruz-Insel *Vanikoro* (→ 150). → K. 246/247 L.

1826–29 erhielt Graf FJODOR PETROWITSCH **LITKE** (LÜTKE) die Leitung der vierten russischen Weltumseglung. Dabei besuchte er die russischen Gebiete Nordamerikas (Alaska), erforschte die russischen Küsten Asiens (Kamtschatka) und entdeckte die Bonin-Inseln im Pazifik. Er fertigte von den Karolinen die erste genaue Karte an. (1855 zum Admiral befördert, hatte er 1864–82 das Amt eines Präsidenten der *Petersburger Akademie der Wissenschaften* inne.) → K. 244/245 L.

1831–36 Weltreise des britischen Vermessungsschiffes *»Beagle«* unter dem englischen Kapitän ROBERT **FITZROY**, der bereits seit 1828 Vermessungsarbeiten und Beobachtungen auf der *»Beagle«* in Patagonien und Feuerland durchgeführt hatte. Bedeutung erlangte die Weltreise durch die Teilnahme des damals noch jungen englischen Naturforschers CHARLES **Darwin*** (→ 158), der durch diese Reise entscheidende Anregungen für seine Evolutionstheorie erfuhr. Über die Galápagos-Inseln, Neuseeland und Australien führte die Fahrt der *»Beagle«* um das Kap der Guten Hoffnung nach England zurück. → K. 246/247 L.

*Der englische Naturforscher **CHARLES DARWIN** im Alter von 30 Jahren (nach einem Aquarell, 1839)*

Am 12.2.1809 in Shrewsbury geboren und am 19.4.1882 in Downe bei London gestorben, war DARWIN nicht nur der Begründer der modernen Abstammungslehre, mit der er dem Entwicklungsgedanken (Evolution) in der Biologie zum Durchbruch verhalf (»Über die Entstehung der Arten durch natürliche Zuchtauswahl«, 1859), sondern auch ein bedeutender Südamerika- und Südseeforscher. Seine »Reise eines Naturforschers um die Welt« (1839) gehört zu den Klassikern der Literatur zur Entdeckungsgeschichte. Mit seinem Werk »Über den Bau und die Verbreitung der Korallenriffe« (1842) schuf er die bis heute gültige Erklärung über die Entstehung dieser Riffe.

*Der englische Marineoffizier **ROBERT FITZROY** (1805–1865), der Leiter der Expedition auf dem Vermessungsschiff »Beagle« 1828–36, wurde auch als Meteorologe und Hydrograph bekannt. Gemeinsam mit DARWIN verfasste FITZROY einen dreibändigen Forschungsbericht. 1843–46 war FITZROY Gouverneur von Neuseeland.*

1837–40 unternahm der französische Südseeforscher **DUMONT D'URVILLE** eine weitere Reise in den Pazifischen Ozean und forschte in Melanesien und Polynesien. Während dieser Reise beteiligte er sich an der Suche nach dem magnetischen Pol der Südhalbkugel und entdeckte Inseln und Küstenabschnitte am Rand des antarktischen Festlandes (→ 270). Die Einteilung der pazifischen Inselwelt in *Polynesien, Mikronesien* und *Melanesien* geht auf DUMONT D'URVILLE zurück. → K. 246/247

1839–43 Der britische Polarforscher JAMES CLARKE **Ross** leitete eine Expedition, die auf Anregung von HUMBOLDT und GAUSS die Lage des magnetischen Pols der Südhalbkugel feststellen sollte. Mit den Schiffen *»Erebus«* und der vom Kapitän CROZIER geführten *»Terror«* stieß er mehrmals auf seiner Weltreise in die später nach ihm benannte Ross-See in der Antarktis vor. (→ 270) → K. 246/247 L.

1857/58 wurde zwischen Irland und Neufundland das erste ***Transatlantikkabel*** verlegt. Vorausgegangen war die Vermessung des Meeresgrundes durch die *»Cyclops«* unter Leitung des Kapitäns PULLEN und des Vermessungsfachmannes Leutnant DAYMAN. Das erzielte Profil des Nordatlantiks – allerdings im tiefen Bereich in 70 bis 80 km

Die »Challenger«

Abständen – war genauer als die erste Lot-Messung der *»Arctic«* im Sommer 1856 unter Leutnannt BERRYMAN.

1857–60 fand die erste und zugleich bedeutsame österreichische ***»Novara«-Expedition*** unter Leitung des ADMIRALS VON **WÜLLERSTORF-URBAIN** statt. »Berichterstatter« war KARL RITTER VON SCHERZER und begleitender Geologe F. VON HOCHSTETTER. Die Weltreise der *»Novara«* führte von Triest über Madeira, Rio de Janeiro, Kapland durch den Indischen Ozean nach Ceylon, Madras, Singapur, Java, Manila, Südchina und die Salomonen durch die Südsee. Von Australien führte die Expedition über Neuseeland, Tahiti, Valparaíso, Kap Hoorn und die Azoren nach Triest. Die wissenschaftlichen Ergebnisse wurden in einem vielbändigen Werk veröffentlicht.

1868 erwarb die Londoner Royal Society das Kriegsschiff *»Lightning«* und setzte es für eine erste wissenschaftliche ***Tiefseeexpedition*** im Europäischen Nordmeer – zwischen den Hebriden und den Färöer-Inseln – ein. Unter der Leitung des Begründers der Tiefseeforschung, CHARLES WYVILLE **THOMSON**, wurde mit einem Schleppnetz bis in eine Tiefe von 1300 m »gefischt«.

1872–76 wurde im britischen Auftrag die bis dahin umfassendste und aufwendigste wissenschaftliche Meeres- und Tiefsee-Expedition mit der Korvette ***»Challenger«*** unter Leitung des Seeoffiziers und Vermessungsfachmannes GEORGE STRONGE **NARES** und des Tiefseeforschers CHARLES WYVILLE **THOMSON** durchgeführt. Auf allen Weltmeeren wurden Küstenvermessungen, eingehende meteorologische, geologische und biologische Forschungen, vor allem aber umfassende Tiefenlotungen durchgeführt. Erstmals wurden die großen Ozeanbecken der Erde erkundet. Die wissenschaftlichen Ergebnisse der komplexen Expedition wurden 1880–95 in 47 Bänden veröffentlicht und bildeten für Jahrzehnte die Grundlage der Meeres- und Tiefseeforschung. → K. 246/247 L.

Die Grönlandkolonisation der ***Wikinger*** vom 10. bis 14. Jh. (→ 33) sowie die Fahrten der Isländer und russischen Fischer (Pomoren) im 12./13. Jh. nach Spitzbergen werden als die frühesten bekannten Aktivitäten zur Erkundung nördlicher Gebiete angesehen. Vor allem die Suche nach einem ***nördlichen Seeweg*** zu den Gewürzländern Asiens durch Engländer und Niederländer im 16./17. Jh. führte zu wichtigen Entdeckungen in Randgebieten der Arktis. Namen wie *Barentssee, Hudson Bay* und *Baffin Bay* künden bis heute von den Unternehmungen dieser Seefahrer (→ 114/115). Als sich Anfang des 17. Jh. die Unmöglichkeit einer *Westpassage* im Norden Amerikas und einer *Ostpassage* im Norden Asiens abzeichnete, orientierten sich Engländer und Niederländer auf die direkten »Südseefahrten«. Eine Ausnahme stellt die dritte Reise J. Cooks* dar, der 1779 vergeblich eine Passage nördlich der Beringstraße suchte (→ 141).

Lange Zeit wenig beachtet blieben die russischen Unternehmungen zur Erkundung der Nordküsten Sibiriens im Rahmen der ***»Großen Nordischen Expedition«*** *1733–43* (→ 130) und die Landerkundungen der ***Hudson Bay Company*** im Norden Kanadas, wo ihre Angestellten Hearne 1770–72 und Mackenzie 1789 bis zur Eismeerküste vordrangen (→ 129). Englische und niederländische Walfänger und Robbenschläger erkundeten mit ihren Fangschiffen die Gewässer Grönlands und des Europäischen Nordmeeres zwischen Spitzbergen, Island, Norwegen und der russischen Kola-Halbinsel sowie Nowaja Semlja. Die ***Grönlandmission*** Hans Egedes ab 1721 führte schließlich zur besseren Kenntnis der Südwestküste der Insel und ihrer Bewohner, der Eskimos.

Die eigentliche Nordpolarforschung setzte Anfang des 19. Jh. mit der Wiederaufnahme der Suche nach einer ***Nordwestlichen Durchfahrt*** durch England ein, das eine kürzere Verbindung zum Pazifik und nach Australien suchte. Parry, Franklin*, John und James Clark Ross u.a. brachten die Kartierung der amerikanischen Nordküste zum Abschluss. Dabei wurde 1831 zum ersten Male die Lage des *Magnetpols* der Nordhalbkugel an der Westküste der Boothia-Halbinsel bestimmt. Die Suche nach der Nordwestpassage durch die aufwändige ***Franklin*-Expedition*** 1845–47 endete mit deren Untergang. Etwa 40 Entsatz- und Suchexpeditionen (»Franklinsucher«) in den folgenden Jahren führten zur gründlichen Erforschung des nordkanadischen Archipels. McClure gelang in diesem Zusammenhang 1851–53 nach dreimaliger Überwinterung die Nordwestpassage von der Beringstraße aus. Amundsen* durchfuhr 1903–06 die gesamte Strecke vom Atlantik bis zur Beringstraße erstmals mit nur einem Fahrzeug. (1944 glückte schließlich dem kanadischen Polizeischiff *»St. Roch«* die Durchfahrt von Ost nach West in einem Sommer.)

Die ***Grönlandforschung*** beschränkte sich zunächst auf die Erkundung der Küsten der Insel. 1853–71 untersuchten Kane, Hayes und Hall die Meeresstrassen zwischen Grönland und der nördlichsten Insel des kanadischen Archipels, während Koldewey mit Unterstützung des deutschen Geographen und Kartographen August Petermann* (→ 178) 1868–71 die Gewässer Ostgrönlands erkundete. 1888 durchquerte Nansen* als Erster Grönland und wies nach, dass diese Insel von einer ständigen Eisdecke überzogen ist. Zwischen 1891 und 1906 leitete Peary sechs Polarexpeditionen zur Erforschung der Arktis. Seine Reisen bestätigten die Inselnatur Grönlands.

Die ***russische Arktisforschung*** konzentrierte sich auf die Untersuchung der sibirischen Nordküsten und Inseln, wo Wrangel und Anshu 1820–24 unter anderem die *Neusibirischen Inseln* genauer untersuchten und Litke 1821–24 *Nowaja Semlja* erforschte. Teilnehmer einer österreichisch-ungarischen Expedition, Payer und Weyprecht, entdeckten 1873 das Franz-Joseph-Land. Dem schwedischen Polarforscher A. E. Nordenskiöld gelang 1878/79 die ***Nordöstliche Durchfahrt***. Erst 1913 entdeckte die russische Eisbrecher-Expedition unter Wilkizki die der Halbinsel Taimyr vorgelagerten Inseln *Kaiser-Nikolaus-II.-Land (Sewernaja Semlja)*.

Auf WEYPRECHTS (1875) geht der Vorschlag zurück, eine internationale Kommission zu bilden, welche die Veranstaltungen des ***I. Internationalen Polarjahres 1882/83*** koordinieren sollte. Zehn Staaten errichteten in der Arktis 13 feste Stationen, deren Zahl später ständig anwuchs. Ziel vieler Expeditionen war nun die Erreichung des Nordpols. Von größter Bedeutung war die Unternehmung NANSENS* 1893–96, der sein Schiff, die *»Fram«*, durch das Polareis driften ließ. NANSEN erkannte, dass die Innerarktis ein Tiefseebecken von 3000–3800 m Tiefe darstellt. 1908/09 fand der Wettlauf zum Nordpol zwischen den Amerikanern COOK und PEARY sein Ende.

Die ***Arktisforschung nach dem Ersten Weltkrieg*** war eng mit der Entwicklung der Luftfahrt verbunden. 1926 überflogen BYRD* und NOBILE den Pol. 1925–33 legten die Anrainerstaaten ihre Hoheitsansprüche im Nordpolargebiet fest (→ K. 257). 1932 gründete die ehemalige Sowjetunion eine eigene Behörde zur Erforschung der Arktis und Etablierung einer ständigen Nordostpassage. Dabei kamen neu entwickelte Eisbrecher zum Einsatz. Die sowjetische Arktisforschung begann 1937, die erste, auf einer Eisscholle driftende Station *(»Nordpol 1)* unter Leitung PAPANINS einzurichten. Während der Kriegsjahre 1939–45 wurden von den Engländern und Amerikanern zahlreiche Flugzeugerkundungen durchgeführt und weitere Beobachtungsstationen errichtet, um bessere Grundlagen für die Militärfliegerei im Kampf gegen den deutschen Kriegsgegner zu gewinnen.

Nach dem Zweiten Weltkrieg wurde die Nordpolarforschung vielfach den Erfordernissen der Großmächte im *»Kalten Krieg«* angepasst. Es entstanden vielerorts Militärbasen (z. B. der Luftstützpunkt *Thule* in Nordgrönland, Atom-U-Boot-Häfen wie *Murmansk*). Dennoch ging auch die eigentliche Forschung weiter, veränderte aber – besonders während des ***Internationalen Geophysikalischen Jahres*** (1. Juli 1957–31. Dezember 1958) – zunehmend ihren komplexen Charakter. Man beschäftigte sich nicht mehr mit der Neuentdeckung von Ländern oder Inseln, sondern erkundete das untermeerische Relief und die Bodenschätze des Polarbeckens. Die Forschungsarbeiten umfassten nunmehr auch Untersuchungen auf dem Gebiet des Erdmagnetismus, der Ozeanographie, Seismologie, Biologie, Ionosphären- und Klimaforschung. Zahlreiche Stationen wurden auf driftenden Eisschollen errichtet (amerikanische *T 1–3-Stationen* und sowjetische Stationen *»Nordpol 2–26«*). Das nukleargetriebene U-Boot *»USS Nautilus«* durchquerte 1958 das Nordpolarmeer unter der Eisdecke von der Beringstraße über den Nordpol bis nach Island. 1962 erreichte das sowjetische U-Boot *»Leninski Komsomol«* den Pol.

Seit den siebziger Jahren des 20. Jahrhunderts wurde die traditionelle Arktisforschung durch systematische Sammlung von Daten ersetzt, wobei ***Satelliten*** und selbst gesteuerte Instrumente den größten Teil der routinemäßigen Informationserfassung übernahmen. Dennoch gab es auch weiterhin Aufsehen erregende Einzelunternehmungen, wie beispielsweise die des Briten WALLY HERBERT 1968/69, des Amerikaners WILL STEGER und des Deutschen ARVED FUCHS 1989 (→ 262).

Die Polarforschung war längst in den Dienst des ***Luftverkehrs*** und der ***Frachtschifffahrt*** gestellt worden. Seit 1955 fanden planmäßige Flüge von Kopenhagen über den Nordpol nach Alaska und Japan statt, und die nördlichen Seewege der Russen und Kanadier wurden systematisch ausgeweitet. Der ***Bergbau*** bzw. die Erschließung von Erdgas- und Erdölvorkommen im arktischen Bereich haben begonnen. In den letzten Jahrzehnten beschäftigte sich die Forschung vorrangig mit dem ***Klimawandel*** (Abschmelzung von Eismassen im Nordpolarbereich). Der 1996 gegründete ***Arktische Rat*** der Anrainerstaaten (Dänemark/Grönland, Finnland, Island, Kanada, Norwegen, Russland, Schweden und USA unter Teilnahme von 6 Ureinwohnerorganisationen) soll der Zusammenarbeit bei der wirtschaftlichen Erschließung und dem Schutz der Arktis unter Berücksichtigung der hohen Störanfälligkeit der arktischen Ökosysteme dienen.

*ROBERT MCCLURES **Schiff »Investigator«** an der Nordküste der Banksinsel im Eis eingeschlossen, zwang die Mannschaft 1851–53 zu zwei Überwinterungen. Schließlich musste das Schiff aufgegeben werden.*

1806 erreichte der englische Walfänger und Entdecker WILLIAM **SCORESBY** mit seinem Schiff »Resolution« zwischen Grönland und Spitzbergen die damals höchste Breite im Nordpolarmeer von 81°30′.

1818 nahm der englische Polarforscher JOHN **ROSS** in Begleitung von **PARRY** die Suche nach der *Nordwestlichen Durchfahrt* im britischen Auftrag wieder auf. Er folgte der grönländischen Westküste bis zum Smithsund, entdeckte die Polar-Eskimo und bestätigte alle früheren Entdeckungen BAFFINS. Ohne in den Lancastersund einzufahren, kehrte er um. → K. 255 II/III

1819/20 Der englische Seeoffizier WILLIAM EDWARD **PARRY** setzte im britischen Auftrag die Forschungen vom JOHN ROSS fort, durchfuhr bei günstigem Wetter den Lancaster- und Melvillesund und entdeckte die später nach ihm benannte Inselgruppe. Nach Überwinterung auf der Melville-Insel zwang ihn Packeis vor der Banksinsel zur Umkehr. Er hatte mit seiner Fahrt einen wesentlichen Abschnitt der *Nordwestlichen Durchfahrt* entdeckt. → K. 255 II/IV

1819–22 und **1825-27** führte JOHN **FRANKLIN*** in Begleitung von JOHN **RICHARDSON**, GEORGE **BACK** und ROBERT **HOOD** (während der ersten Reise von Indianern getötet) eine Expedition zur Erforschung der amerikanischen Eismeerküsten durch, eine Aufgabe, die in hervorragender Weise gelöst wurde. → K. 255 III/IV

1820–24 erforschten die russischen Seeoffiziere FERDINAND PETROWITSCH VON **WRANGEL** und PJOTR FJODOROWITSCH **ANSHU** die nordostsibirischen Küsten und Inseln zwischen Tschuktschen-Halbinsel und Lenamündung. 1821 erkundete ANSHU die Neusibirischen Inseln. → K. 256 I/II

1821–23 versuchte W.E. **PARRY** vergeblich, eine Durchfahrt von der Hudson Bay aus zu finden und entdeckte die Melville-Halbinsel. → K. 255 III

John **Franklin**, *britischer Marineoffizier und Polarforscher, wurde am 16. April 1786 in Spilsby (Lincolnshire) geboren und starb am 11. Juni 1847 in der Arktis. Er hatte 1801–03 Kapitän Flinders nach Australien begleitet und sich 1805 in der Seeschlacht von Trafalgar ausgezeichnet. 1819–22 und 1825-27 erforschte er gemeinsam mit John Richardson und George Back erfolgreich große Abschnitte der Eismeerküste Kanadas. Für diese Leistungen geadelt, wurde Franklin 1836–43 Gouverneur von Tasmanien.*

Im Alter von 59 Jahren übernahm er 1845 die Führung der bis dahin größten Nordpolarexpedition, um mit den Schiffen »Erebus« und »Terror« und einer erfahrenen 134-köpfigen Besatzung durch den Lancastersund zu fahren und die Nordwestliche Durchfahrt zu suchen. Seit dem 26. Juli 1845 fehlten alle Nachrichten, und ab 1848 begannen die englische Regierung, die Frau Franklins und der amerikanische Kaufmann Grinnel nach den Verschollenen zu suchen. Etwa 40 Expeditionen betätigten sich zwischen 1848 und 1889 als »Franklinsucher«. Erste Kunde brachte John Rae; erst 1859 fand McClintock auf der King-William-Insel Aufzeichnungen und Reste der Expedition. Später vervollständigten Aussagen von Eskimos das Bild der Tragödie, die niemand überlebte.

1822 landete William **Scoresby** als Erster an der grönländischen Ostküste und erstellte genaue Karten ihres Verlaufs zwischen 69° 30′ und 75° n. Br. Nach seinem Vater benannte er den Scoresbysund. → K. 256 III

1823 leitete der russisch-baltische Graf Fjodor Petrowitsch **Litke** (Lütke) die wissenschaftliche Erforschung der Doppelinsel Nowaja Semlja ein. (→ 249)

1827 versuchte **Parry** in Begleitung des jungen James Clark Ross von Spitzbergen aus, den Nordpol zu erreichen. Er musste bei 82° 47′ n. Br. umkehren. → K. 256 III

1829–33 reiste John **Ross** auf eigene Faust mit seinem Neffen James Clark Ross (→ 265) durch den Lancastersund in die Prinz-Regent-Straße und entdeckte die Halbinsel Boothia, die er nach seinem Geldgeber benannte, und die King-William-Insel. **1831** stellte J. C. **Ross** dabei nach sorgfältiger Messung die damalige Lage des *Magnetpols* auf der Nordhalbkugel bei 70° 05′ n. Br. und 96° 46′ w. L. auf der Boothia-Halbinsel fest. → K. 255 III

1837–40 führten Peter Warren **Dease**, Cheffaktor der *Hudson Bay Company*, und der Schotte Thomas **Simpson** gemeinsam eine Expedition im Bereich des Coppermine und Back River durch und erforschten die letzten unbekannten Eismeer-Küstenabschnitte. → K. 255 III

1845–48 fand die bis dahin größte Expedition zur Suche der *Nordwestlichen Durchfahrt* unter Leitung des britischen Polarforschers John **Franklin*** statt, die keiner der Teilnehmer und Besatzungsmitglieder überlebte. Aufgrund der durch die »Franklinsucher« erfolgten Aufklärung weiß man, dass die beiden Schiffe *»Erebus«* und *»Terror«* im Sommer 1848 in den Lancastersund gelangten, die Cornwallis-Insel umfuhren und auf der Beechey-Insel in der Barrow-Straße überwinterten. Da 1846 der weitere Westweg durch Eis versperrt war, bog die Expedition nach Süden ab, wo sie an der Nordspitze der King-William-Insel vom Eis eingeschlossen wurde und überwintern musste. Nach dem Tode Franklins und einer weiteren Überwinterung versuchten am 22. April 1848 die 105 Überlebenden unter Kapitän Crozier das nordamerikanische Festland zu erreichen, erlagen aber beim Marsch in Richtung Back River-Mündung den Strapazen bzw. kamen auf ungeklärte Weise ums Leben. → K. 255 II/IV

1818 bekannte Küsten
1818–1848 entdeckte Küsten
zuletzt entdeckte Küsten (1906–08 Danmark-Expedition)
Überwinterungsquartier
Inlandeis, Gletscher
ständig vereistes Meer (Packeis)
1 : 25 000 000
0 200 400 600 km
B. Beechey-Insel
B.-Str. Barrow-Straße
C. Cornwallis-I.
K.-B. Kane-Becken
K.-K. Kennedy-Kanal
K.-W. King-William-I.
Pr.-Str. Prinz-Regent-Straße
Grönland
Grönlandsee
Nordpolarmeer
Beaufortsee
Baffin Bay
Davisstraße
Labradorsee
Hudson Bay
Baffininsel
Victoria-Insel
Banks-I.
Melville-I.
Parry-Inseln
Ellesmere-Insel
Sverdrupinseln
Axel-Heiberg-Insel
Devon-I.
Somerset-I.
Prince-of-Wales-I.
Boothia-H.-I.
Melville-H.-I.
Southampton-Insel
Foxe-Becken
Golf von Boothia
Magnetpol
Melvillesund
McClintockkanal
McClurestr.
Lancastersund
Jonessund
Smithsund
Cumberlandsund
Coronationgolf
Amundsengolf
Großer Bärensee
Großer Sklavensee
Athabaskasee
Mackenzie
Coppermine
Gr. Fish oder Back River
Grantland
Hall-Ld.
Hayes-Ld.
Peary-Land
Kong-Frederik-VIII.-Land
Kong-Christian-IX.-Land
Kong-Frederik-VI.-Küste
Kap Columbia
Ft. Conger 1881–83
Etah
Thule 1910
Upernavik
Disco-I.
Godhavn
Christianshåb
Godthåb
Julianehåb
Frederiksdal
Fort Resolution
Fort Chipewyan
Nördl. Polarkreis
Expedition unter Mylius-Erichsen 1906–08
Koldewey 1869/70
Untergang der „Hansa" 1869
Drift der Besatzung der „Hansa" 1869/70
Nansen 1888
Koch u. Wegener 1913
Rasmussen 1912
Peary 1900
Peary 1909
Peary 1892
Peary 1895
1892 Peary
Hall 1871
Kane 1853–55
Greely 1881–84
Sverdrup 1898–1902
Sverdrup 1898–1902
Cook zum Pol 1908
Cook vom Pol 1908
Franklin 1845
Franklin 1846
Franklin 1848
Parry 1819/20
Ross u. Parry 1818
Parry 1819
Parry 1821
Parry 1822
Parry 1823
Parry 1824/25
Amundsen 1903
Amundsen 1905
Ross 1829
Ross 1831
Rae
Rae 1853/54
Hall 1868
McClintock 1857–59
Dease u. Simpson 1838
Dease u. Simpson 1837/38
Dease u. Simpson 1837
Back 1833
Richardson 1826
Franklin u. Back 1826
Franklin, Richardson u. Back 1825–27
Franklin, Richardson u. Back 1819–22
McClure 1850
1851
1853
Stefansson 1913
Stefansson 1914
1915
1916 Stefansson

Entdeckungen im Nordpolargebiet (1800 – 1914)

(gelb)	1800 – 1914 entdeckte Küsten
(braun)	1822 von Scoresby entdeckte Küsten
(weiß)	Inlandeis, Gletscher
(Packeissignatur)	ständig vereistes Meer (Packeis)

K.-B.	*Koljutschinbucht*
K. C.	Kap Columbia
K. D.	Kap Deshnjow
K. K.	Kap Karlsen
K. M. J.	Kap Morris Jesup
K. T.	Kap Tscheljuskin
S.-S.	*Smithsund*

1 : 50 000 000

0 – 500 – 1000 – 1500 km

- ständig vereistes Meer (Packeis)
- vorherrschende Eisdrift
- 1831 ×-----× Wanderung des magnetischen Pols der Nordhalbkugel
- 1933 Abgrenzung der territorialen Ansprüche in der Arktis (mit dem Jahr der Festlegung)
- „Nördlicher Seeweg“ der Sowjetunion (seit 1932 mit Hilfe von Eisbrechern systematisch erweitert)
- Areal der driftenden sowjetischen Stationen („Nordpol 2–26“ von 1950–69)
- II Profilschnitte durch das grönländische Inlandeis (Französiche Polarexpedition unter P. E. Victor 1947–55)

1850–53 Der britische Polarfahrer ROBERT **MCCLURE** nahm als Kapitän der *»Investigator«* an der Suche nach der FRANKLIN-Expedition teil. Von der Beringstraße aus drang er durch die Beaufortsee ostwärts bis zur Banks-Insel vor, wo er gegenüber der Victoria-Insel zur Überwinterung gezwungen wurde. 1851 versuchte er die Banks-Insel westlich zu umfahren, musste aber wegen der Eisverhältnisse an der Nordküste dort noch zweimal überwintern. 1853 verließ er mit seiner Mannschaft die *»Investigator«*, die nicht mehr frei gekommen war, und gelangte mit Schlitten zur Beechey-Insel, wo er von Schiffen anderer »Franklinsucher« aufgenommen wurde. Damit hat MCCLURE die gesamte Nordwestliche Durchfahrt – wenn auch auf umständliche Weise – bezwungen. → K. 255 IV

1853/54 Der britische Arzt und Polarforscher JOHN **RAE**, der sich seit 1848 an der »Franklinsuche« beteiligte, traf südlich der Halbinsel Boothia auf Eskimos, die Gegenstände von FRANKLINS Leuten besaßen und erste Aussagen über das Ende der Expedition machen konnten. → K. 255 III

1853–55 suchte der amerikanische Arzt und Nordpolarfahrer ELISHA KENT **KANE** das Polarmeer nördlich des Smithsundes zwischen Grönland und der Ellesmere-Insel. Er entdeckte das nach ihm später benannte Kanebecken, wo er zweimal überwintern musste. Auf Schlittenreisen fanden er und seine Begleiter den Kennedy-Kanal und den gewaltigen Humboldt-Gletscher. Bei 80° n. Br. vermeinte man das »offene Polarmeer« zu sehen. Die Rückkehr nach Südwest-Grönland erfolgte nach Preisgabe des Schiffes unter größten Schwierigkeiten. → K. 255 I

1857–59 Der britische Nordpolarfahrer FRANCIS LEOPOLD **MCCLINTOCK**, der als »Franklinsucher« seit 1848 an drei Suchexpeditionen teilgenommen hatte, reiste 1854 im Auftrag der Lady FRANKLIN auf der *»Fox«* durch den Lancastersund zur Bellotstraße zwischen der Sommerset-Insel und der Halbinsel Boothia. Nach zwei Überwinterungen unternahm er von hier ausgedehnte Schlittenreisen und fand dabei auf der King-William-Insel einen schriftlichen Bericht über den Untergang der FRANKLIN-Expedition sowie Geräte und Kleidungsstücke von Expeditionsteilnehmern. → K. 255 IV

1864–69 Der amerikanische Nordpolarfahrer CHARLES FRANCIS **HALL** forschte in der kanadischen Arktis nördlich der Hudson Bay, bereiste die Melville-Halbinsel und drang auf der Suche nach den Spuren FRANKLINS bis zur King-William-Insel vor. Er lebte und ernährte sich nach Eskimoart. → K. 255 I

1868, 1869/70 leitete der deutsche Seeoffizier KARL **KOLDEWEY** zwei Polarexpeditionen, die durch Förderung und das Engagement des Gothaer Kartographen und Geographen AUGUST PETERMANN (→ 178) zustande gekommen waren. Die erste Expedition führte nach Spitzbergen und in die Grönlandsee. Auf der zweiten Fahrt nach Ostgrönland wurde das Schiff *»Hansa«* von Eisschollen eingeschlossen und sank bei 70° 52′ n. Br. Die Besatzung driftete auf einer Eisscholle 1500 km nach Süden und rettete sich schließlich mit Booten nach Frederiksdal in Südgrönland. Das zweite Schiff, die *»Germania«*, erreichte die ostgrönländische Küste, wo überwintert wurde. 1870 wurde auf Schlittenreisen die Küste zwischen 74° und 77° 2′ n. Br. kartiert, wobei sich der österreichische Offizier JULIUS VON **PAYER** auszeichnete. → K. 255 II und 256 III

1871 drang CHARLES FRANCIS **HALL** mit der *»Polaris«* durch das Kane-Becken und den Kennedy-Kanal in die offene Polarsee nordwestlich Grönlands vor und erreichte die damals höchste Breite von 82° 26′. Nach Überwinterung in Nordwest-Grönland und einer Schlittenreise starb HALL am 8. November 1871. Die *»Polaris«* wurde im Oktober **1872** wegen Eispressung von einem Teil der Mannschaft verlassen, die auf einer Eisscholle 195 Tage durch die Baffin Bay in die Labradorsee driftete. Die übrige Besatzung zog **1873** mit Schlitten südwärts, bis sie einem Walfänger begegnete. → K. 255 I

1871–74 leiteten JULIUS **PAYER** und KARL **WEYPRECHT** eine österreichisch-ungarische Expedition zur Erkundung einer *Nordöstlichen Durchfahrt*. Ihr Schiff, die *»Tegetthoff«*, wurde im Juli 1871 nördlich von Nowaja Semlja vom Eis eingeschlossen und driftete 372 Tage lang durch das Eismeer, bis 1872 das noch unbekannte Franz-Joseph-Land entdeckt wurde. PAYER erkundete auf mehreren Schlittenreisen die Inselgruppe. Nach Aufgabe des Schiffes erreichten die Expeditionsmitglieder 1874 Nowaja Semlja, wo sie von einem russischen Schiff aufgenommen wurden. → K. 256 II

1878/79 bezwang der schwedische Polarforscher ADOLF ERIK **NORDENSKIÖLD** die *Nordöstliche Durchfahrt*. Mit dem 300-t-Dampfer *»Vega«* fuhr er längs der nordsibirischen Küste, bis er kurz vor seinem Ziel, an der Koljutschinbucht auf der Tschuktschen-Halbinsel überwintern musste, wo die *»Vega«* über 10 Monate im Eis festsaß. Über Japan und den Suezkanal kehrte die Expedition 1879 nach Europa zurück. Die Berichtigung der Küstenkarten, mehrere tausend Tiefenlotungen u.a. wichtige Ergebnisse vervollständigten den großen Erfolg. → K. 256 I/II

1879–81 leitete der amerikanische Polarforscher GEORGE WASHINGTON **DE LONG** die *»Jeanette«-Expedition*, die im Auftrag des amerikanischen Verlegers J. G. BENNETT nach dem Schicksal der *»Vega«*-Unternehmung NORDENSKIÖLDS forschen sollte. Durch die Beringstraße gelangte sie zur Tschuktschen-Halbinsel, wo man von der Weiterfahrt der *»Vega«* erfuhr und nun zum Nordpol vorstoßen wollte. Ab September 1879 saß die *»Jeanette«* in der Nähe der Herald-Insel im Eis fest und driftete 21 Monate lang durch das Polarmeer. Im Juni 1881 sank das Schiff nordöstlich der Neusibirischen Inseln. DE LONG versuchte, das sibirische Festland zu erreichen. Er starb Ende Oktober 1881 an der Lenamündung, nur wenige Mannschaftsmitglieder überlebten. → K. 256 I/II

1881–84 fand die erste Expedition im Rahmen des *I. Internationalen Polarjahres* unter Leitung des amerikanischen Leutnants ADOLPHUS WASHINGTON **GREELY** statt. Von der festen Station Fort Conger auf Grinnell-Land am Kennedy-Kanal wurden ausgedehnte Schlittenreisen unternommen. Als die Expedition wegen schwieriger Eisverhältnisse nicht rücktransportiert werden konnte, schlugen sich deren Mitglieder nach Süden bis zum Smithsund durch, wo sie am Kap Sabine überwinterten. Wegen Kälte und Nahrungsmangel überlebten nur 7 der 24 Expeditionsmitglieder, die von einem Walfänger gerettet werden konnten. → K. 255 I

***FRIDTJOF NANSEN**, norwegischer Polarforscher und Naturwissenschaftler, wurde am 10. Oktober 1861 bei Christiania (Oslo) geboren und starb am 13. Mai 1930 in Lysaker. Nach dem Studium der Zoologie durchquerte er 1888 das südliche Grönland von Ost nach West und erkannte die geschlossene Vereisung des Inneren der Insel. Von großer Bedeutung war seine berühmte »Fram«-Expedition, mit der er eines der größten Rätsel des zentralen Polarmeeres löste und den Tiefseecharakter sowie die ostwestlichen Eisdriftverhältnisse desselben erkannte. Seit 1897 Professor für Zoologie, setzte er sich maßgeblich für die Loslösung Norwegens von Schweden (1905) ein und war 1906–08 erster norwegischer Gesandter in Großbritannien. Nach dem Ersten Weltkrieg war er im Dienste des Hilfswerkes des Völkerbundes an der Repatriierung einer halben Million Kriegsgefangener aus Russland tätig und leitete Aktionen für die hungernde Bevölkerung in Russland, wofür er 1922 den Friedensnobelpreis erhielt.*

1888 Erfolgreiche Erstdurchquerung Grönlands mit Schlitten und Schneeschuhen von Ost nach West durch den Norweger Fridtjof **Nansen*** und vier Begleiter, darunter Otto Sverdrup. → K. 255 II

1893–96 unternahm der norwegische Polarforscher F. **Nansen** seine berühmte Expedition mit der *»Fram«*, einem Spezialschiff, das dem Eisdruck widerstehen sollte. Nordwestlich der Neusibirischen Inseln begann im September 1893 die beabsichtigte Drift der *»Fram«*. Als diese aber offensichtlich nicht über den Nordpol führte, entschloss sich Nansen zu einem Schlittenvorstoß zum Pol und erreichte zusammen mit Hjalmar Johansen im März/April 1895 86°14′, die damals höchste erreichte Breite. Auf der Rückreise gelangten sie nach Franz-Joseph-Land, wo sie nach einer weiteren Überwinterung 1896 von einer amerikanischen Expedition aufgenommen wurden. Nur wenige Tage nach Nansens Rückkehr im August 1896 landete auch Sverdrup mit der *»Fram«* in Norwegen, die nach einer 1055 Tage währenden Eisdrift bei Spitzbergen frei gekommen war. Die Expedition eröffnete der Forschung völlig neue Erkenntnisse über den Tiefseecharakter des Nordpolarmeeres. → K. 256 II/III

1897 scheiterte der Versuch des schwedischen Ingenieurs Salomon August **Andrée**, den Nordpol mit einem Luftballon von Spitzbergen aus zu erreichen. Bei 82°56′ n. Br. mussten er und seine zwei Begleiter notlanden. Beim Rückmarsch fanden sie nordöstlich von Spitzbergen den Kältetod. (Erst durch den Fund der Tagebücher 1930 wurde ihr Schicksal aufgeklärt.) → K. 256 III

1898–1902 erforschte der Norweger Otto **Sverdrup** die nach ihm später benannte Inselgruppe im äußersten Norden Kanadas auf Schlittenreisen. 1902 kam sein Schiff, die *»Fram«*, an der Südwestküste der Ellesmere-Insel wieder frei und er kehrte nach viereinhalbjähriger Abwesenheit in die Heimat zurück. → K. 255 I/II

1903–06 bezwang der norwegische Polarforscher Roald **Amundsen** mit der 47-t-Jacht *»Gjöa«* und sechs Begleitern die *Nordwestliche Durchfahrt* mit e i n e m Schiff. Vom Lancastersund gelangte er zur Südostküste der King-William-Insel, wo er zweimal überwintern musste. Durch kühne Boots- und Schlittenreisen erforschte er die umliegende Inselwelt. Er stellte die Wanderung des *magnetischen Pols* fest. Im August 1905 setzte die *»Gjöa«* die Fahrt in bis die Beaufortsee fort, wo Amundsen in der Nähe der Mackenziemündung nochmals überwintern musste, bevor er die Beringstraße erreichte. → K. 255 III/IV

1906–08 erforschte die *Danmark-Expedition* unter dem Dänen Ludwig **Mylius-Erichsen** die noch unbekannten Küstenabschnitte Nordostgrönlands. An dieser Reise nahm der noch junge deutsche Forscher Alfred Wegener teil. Mylius-Erichsen fand mit zwei Begleitern 1907 den Tod. → K. 255 I/II

1906–17 entdeckte der kanadische Polarforscher und Völkerkundler Vilhjalmur **Stefansson** auf mehreren Reisen im kanadischen Archipel noch unbekannte kleinere Inseln. In umfassender Weise erforschte er vor allem die Eskimokulturen. → K. 255 I/IV

1908 Der amerikanische Arzt und Polarforscher Frederick Albert **Cook**, der Peary und andere Forscher begleitet hatte, erreichte mit Hundeschlitten nach eigenen Angaben am 21. April den Nordpol. Auf der Rückreise musste er überwintern. Der Wahrheitsgehalt seines Berichtes wurde vielfach angezweifelt und konnte nie geklärt werden. → K. 255 I und 256 IV

1909 erreichte der amerikanische Polarforscher Robert Edwin **Peary** den Nordpol. Vom Kap Columbia auf Grantland brach er am 1. März mit 19 Hundeschlitten und zahlreicher Begleitung auf. Eine Reihe von Depots sollten die Rückreise absichern. Am 6. April war er in Begleitung von 4 Eskimos und seinem afroamerikanischen Diener in der Nähe des Pols und stellte durch Lotung den Tiefseecharakter des Meeres am Pol fest. → K. 255 I und 256 IV

1910 gründete der dänische Grönlandforscher KNUD **RASMUSSEN**, Sohn einer Grönländerin, die Station Thule, von der aus er 1912–33 sieben *»Thule«-Expeditionen* zur Erforschung der Arktis, vor allem aber der Eskimokultur entsandte. 1912 durchquerte er Nordgrönland. Da RASMUSSEN die Sprache der Eskimo perfekt beherrschte, konnte er wie kein anderer Forscher in ihr Wesen eindringen und ihre Kultur studieren. → K. 255 I

1912/13 Der deutsche Grönlandforscher ALFRED **WEGENER** überquerte gemeinsam mit dem dänischen Leutnant I. P. **KOCH** das grönländische Inlandeis an der breitesten Stelle von Ost nach West. → K. 255 II

1913 versuchte der russische Nordpolarforscher BORIS ANDREJEWITSCH **WILKIZKI**, mit den Eisbrechern *»Taimyr«* und *»Waigatsch«* die *Nordöstliche Durchfahrt* erstmals von Ost nach West zu bezwingen und entdeckte die Inselgruppe Kaiser-Nikolaus-II.-Land, das spätere Sewernaja Semlja. (Erst bei einer zweiten Fahrt **1914/15** gelang nach einer längeren Eisdrift die Durchfahrt vom Osten bis Archangelsk.) → K. 256 I/II

1926 Der italienische Offizier und Luftfahrtingenieur UMBERTO **NOBILE** fuhr gemeinsam mit den Polarforschern **AMUNDSEN** und **ELLSWORTH** auf dem halbstarren Luftschiff *»Norge«* über die gesamte Arktis von Spitzbergen über den Nordpol bis Alaska, zumeist über völlig unerforschte Gebiete des Eismeeres. (Wenige Tage vorher, am 9. Mai 1926 erreichte der Amerikaner RICHARD EVELYN **BYRD** mit dem Flugzeug den Nordpol.) → K. 257 I/III

1928 führte UMBERTO **NOBILE** das Luftschiff *»Italia«* von der Kings Bay (Spitzbergen) über Nordostgrönland zum Pol, der zweieinhalb Stunden umkreist wurde. Auf dem Rückflug verunglückte die *»Italia«* in der Nähe Nordost-Spitzbergens; sechs Besatzungsmitglieder kamen ums Leben. → K. 257 III

1928 glückte dem australischen Polarforscher HUBERT **WILKINS** der erste transarktische Flug von Point Barrow (Alaska) aus an Nordgrönland vorbei nach Spitzbergen. → K. 257 I/III/IV

Der amerikanische Polarforscher ***ROBERT EDWIN PEARY*** *wurde am 6. Mai 1856 in Cresson Springs (Pennsylvania) geboren und starb am 20. Februar 1920 in Washington. 1886 versuchte er vergeblich die erste Durchquerung Grönlands. 1892–1902 unternahm er mehrere Reisen nach Nordgrönland und stellte einwandfrei den Inselcharakter des Landes fest. 1906 drang PEARY bis 87° 6′ in Richtung Norden vor. 1909 erreichte er nach sorgfältiger Vorbereitung den Nordpol. Fünf Tage vor Bekanntgabe seiner Reiseergebnisse hatte F. A. COOK behauptet, den Pol bereits 1908 erobert zu haben. Die meisten Experten entschieden sich wegen der überzeugenden Beweise für PEARY, ohne dass COOKS Behauptung eindeutig widerlegt werden konnte.*

1930 legte der deutsche Polarforscher ALFRED **WEGENER** in Zentralgrönland die Forschungsstation *»Eismitte«*, ca. 3000 m über dem Meeresspiegel, an, auf der meteorologische und Eismessungen durchgeführt wurden. WEGENER starb im November 1930, als er – mit dem Eskimo RASMUS VILLUMSEN – von der Westküste neue Vorräte beschaffen wollte. (WEGENER wurde in der Wissenschaft durch seine *Theorie der Kontinentalverschiebungen* bekannt.) → K. 257 III

1931 Fahrt des deutschen Luftschiffes ***»Graf Zeppelin«*** in die Arktis, an der der amerikanische Polarforscher LINCOLN **ELLSWORTH** teilnahm. Diese von der Internationalen Gesellschaft »Aeroarctic« organisierte Fahrt führte von Friedrichshafen über Berlin, Leningrad, Franz-Joseph-Land, Sewernaja Semlja und der Nordspitze von Nowaja Semlja sowie Archangelsk zurück nach Berlin. → K. 257 II/III

1932/33 zum ***II. Internationalen Polarjahr*** wurden von 15 Staaten in der Arktis ca. 200 Forschungsstationen betrieben.

1937/38 wurde der sowjetische Polarforscher Iwan Dmitrijewitsch **Papanin** mit der Einrichtung einer Polarstation ***(»Nordpol 1«)*** auf einer Eisscholle beauftragt. Nach einer Süddrift von ca. 2000 km in 274 Tagen wurden Papanin und seine Begleiter von den Eisbrechern *»Taimyr«* und *»Murman«* aufgenommen. Neben zahlreichen Tiefenmessungen wurden erdmagnetische und meteorologische Beobachtungen durchgeführt. → K. 257 II/III

1937–40 driftete der sowjetische Eismeerdampfer *»Georgi Sedow«* unter Leitung von Konstantin S. **Badigin** von den Neusibirischen Inseln aus in nordwestliche Richtung bis in die Grönlandsee – vergleichbar mit der *»Fram«*-Drift Nansens (1893–96). Die *»Sedow«* driftete sogar 79 km näher an den Nordpol heran als die *»Fram«*. Die sowjetischen Forscher stellten dabei eine deutliche Erwärmung des Polarmeeres seit den 1920er-Jahren fest. → K. 257 I/II/III

1946 entdeckten amerikanische Marineflieger rund 500 km nördlich von Alaska eine riesige Eisinsel, später ***T 1*** genannt, die sich täglich um 2,2 km fortbewegte. 1950 wurden zwei weitere Eisinseln *(T 2–3)* entdeckt, deren Drift ebenfalls verfolgt wurde. Man stellte dadurch eine fast kreisförmige Drift im amerikanischen und kanadischen Sektor des Polarmeeres fest. **1952–54** wurde auf ***T 3*** eine amerikanische Polarstation mit 33 Wissenschaftlern und Technikern eingerichtet. → K. 257 I/IV

1947–55 wurde durch eine französische Polarexpedition unter Leitung von Paul Emile **Victor** das Innere Grönlands ausführlich untersucht. Mittels mehrerer Profile durch die Insel wurden grundlegende Forschungen u.a. zur Eisstärke durchgeführt. → K. 257 III/IV

1950 richteten die sowjetischen Arktisforscher nach dem Vorbild von *»Nordpol 1«* eine weitere driftende Station ***»Nordpol 2«*** ein, der bis 1969 weitere 24 driftende Forschungsstationen folgten. → K. 257 I/II

1957/58 Im Rahmen des ***Internationalen Geophysikalischen Jahres*** beteiligten sich 60 Nationen an den Forschungen in der Arktis. Es wurden ca. 300 Stationen betrieben.

1958/59 die ***»Nautilus«***, ein amerikanisches U-Boot mit Atomantrieb, unternahm von der Beringstraße aus die erste Unterwasserfahrt zum Nordpol bis nach Island. → K. 257 I/III

1968/69 durchquerte der britische Polarforscher Wally **Herbert** mit einem Hundegespann die Arktis. Mit drei Begleitern begann die Expedition im Februar 1968 in Point Barrow (Alaska). Von September bis Februar überwinterte sie auf einer Eisscholle, erreichte am 6. April 1969 den Nordpol und am 29. Mai die Nähe Spitzbergens. → K. 257 I/III

1977 fuhr der sowjetische ***Atom-Eisbrecher »Arktik«*** von Murmansk aus zum Nordpol.

1986 führte der Amerikaner Will **Steger** eine sechsköpfige Expedition zum Nordpol. Dabei handelte es sich um die erste Unternehmung dieser Art ohne jegliche Versorgung von außerhalb.

1989 erreichte der Abenteurer und Publizist Arved **Fuchs** als erster Deutscher den Nordpol zu Fuß. Mit seiner Durchquerung der Antarktis im gleichen Jahr, zusammen mit dem Tiroler Reinhold Messner, und anderen Unternehmungen (1993, 2003/04 Nordwestpassage, 2002 Nordostpassage) versuchten Fuchs und zahlreiche andere Umweltaktivisten, auf die ökologische Gefährdung der Polargebiete aufmerksam zu machen.

***James Clarke Ross* mit seinen Schiffen »Terror« und »Erebus« 1841 am Rande der Antarktis**
1841 entdeckte die britische Expedition unter Leitung von Ross das Victorialand mit den beiden über 3000 m hohen Vulkanen, die nach den beiden Schiffen der Forschungsreise benannt wurden. (Die »Terror« und »Erebus« dienten 1845 Franklin als Expeditionsschiffe bis zum Untergang seiner Unternehmung.)

Das ***Südpolargebiet*** oder die ***Antarktis***, d.h. *»die der Arktis entgegengesetzte Erdgegend«* um den Südpol, umfasst neben den Eis- und Schelfeisgebieten auch die vorgelagerten Inseln und umgebenden Meere bis zur maximalen Treibeisgrenze – politisch allerdings nur die Gebiete südlich des 60. Breitengrades. Im Gegensatz zum Tiefseebecken am Nordpol lagert um den Südpol ein von Eis bedecktes Land kontinentalen Ausmaßes, die *Antarktis i.e.S.* – von den Geographen als ***Antarktika*** bezeichnet.

Im Zeitalter der geographischen Entdeckungen lebte die Vorstellung antiker Geographen, wie Ptolemäus (→ 29), von einem unbekannten Südland, der ***Terra australis incognita***, als Gegengewicht zu den nördlichen Landmassen, wieder auf. Die berühmten Kartographen Mercator und Ortelius hielten diese Idee in ihren Weltkarten Ende des 16. Jh. fest (→ K. 100/101). Der britische Seefahrer James Cook zerstörte diese Vorstellungen endgültig mit seiner zweiten Reise, auf der er 1772–75 die südlichen Weltmeere zwischen 40° und 70° s. Br. erkundete und bis 71°10′ vorstieß. Seine Erfahrungen mit dem Packeis und dem eisigen Klima schreckten von weiteren Entdeckungsfahrten ab. Lediglich Robbenschläger wagten sich ab etwa 1780 in die antarktischen Randgewässer.

1819–21 entsandte der russische Zar Alexander I. eine Seeexpedition unter Leitung von Bellingshausen, die das gesamte Südpolargebiet umsegelte und dabei einige dem Festland vorgelagerte Inseln entdeckte. Diese Unternehmung wird üblicherweise als ***Beginn der wissenschaftlichen Erforschung*** der Antarktis angesehen. Erst in den vierziger Jahren des 19. Jh. wurde der antarktische Kontinent als solcher durch die Expeditionen Dumont d'Urvilles, Wilkes' und James Clarke Ross' erkannt. Bei der Suche nach dem *Magnetpol* der Südhalbkugel wurden Teile der antarktischen Küsten und ausgedehnte Schelfeisgebiete entdeckt. Ross konnte die damalige Position des Magnetpols annähernd richtig bestimmen. Nach diesen Erfahrungen ruhte die Südpolarforschung bis Ende des 19. Jh., da ein weiteres Vordringen in die Eisgebiete mit den damaligen Mitteln unmöglich schien.

Auf Grund neuer technischer Möglichkeiten (Dampfschifffahrt, moderne Messinstrumente) und im Ergebnis umfangreicher Erfahrungen bei der Nordpolarforschung begannen auf Anregung des *VI. Internationalen Geographenkongresses* zu London 1895 die Vorbereitungen für die ersten komplexen Expeditionen der führenden europäischen Nationen. Darunter ragte die britische unter Shackleton heraus, die Anfang 1909 bis 88° 23′ s. Br. in die Nähe des Südpols gelangte. Der ***»Sturm auf den Südpol«***, der 1911/12 im Wettlauf zwischen dem Norweger Amundsen* und dem Briten Scott* ausgetragen wurde, endete mit dem Untergang der Expedition des Letzteren. Weitere wissenschaftliche Unternehmungen folgten, bei denen unter anderem Freiballons zum Einsatz kamen.

Nach dem Ersten Weltkrieg (1914–18) stand zunächst die Nordpolarforschung im Vordergrund. Zwischen 1908 und 1939 steckten Großbritannien, Frankreich, Norwegen und mehrere Anrainerstaaten sich ihre z. T. überschneidenden Hoheitsansprüche auf Gebiete der Antarktis ab (→ K. 268).

Mit den Erkundungsflügen des Australiers Wilkins 1928 begann die ***Erforschung aus der Luft***. Im November 1929 erreichte der amerikanische Forscher Byrd* von seinem Camp *»Little America«* auf dem Ross-Schelfeis aus den Südpol auf dem Luftweg. 1933–41 folgten weitere Expeditionen durch Amerikaner, Australier, Briten und Norweger. Die *»Deutsche Antarktische Expedition«* 1938/39 konnte im Neuschwabenland 350 000 km² kartographisch erfassen und die ersten eisfreien »Oasen« entdecken. Nach dem Zweiten Weltkrieg, 1946/47 entsandten die USA die bis dahin größte Expedition unter Leitung Byrds* in die Antarktis *(»Operation Highjump«)*. Weite Küstenstrecken wurden zur Erstellung von Karten aus der Luft fotografiert.

Der entscheidende Durchbruch in der Antarktisforschung begann mit dem ***Internationalen Geophysikalischen Jahr (IGJ)*** vom 1. Juli ***1957*** bis 31. Dezember ***1958***. In dieser kurzen Zeitspanne wurde von der Arktis mehr bekannt als in 150 Jahren vorher. 12 Staaten errichteten insgesamt 56 Stationen. Neu war die umfassende Teilnahme der Sowjetunion, die von ihrer Basisstation *Mirny* ab 1956 Raupenschlepperexpeditionen ins Innere der Antarktis unternahm. Seit November 1956 bauten die Amerikaner mit Hilfe von Flugzeugen die ständige *Amundsen-Scott-Station* am Südpol auf. Im November 1957 brach der Engländer Fuchs mit acht Raupenschleppern zur ersten *Transantarktischen Expedition* auf. Hillary, der neuseeländische Erstbezwinger des Mount Everest (→ 238), stieß im Januar 1958 zum Südpol vor und war somit der Dritte nach Amundsen und Scott, der den Südpol über das Inlandeis erreichte. Weitere spektakuläre Expeditionen mit Raupenschleppern, Traktoren und Flugzeugen folgten. Die Antarktis wurde in den folgenden Jahren geographisch nahezu vollständig erforscht. Die Detailforschung auf allen denkbaren Wissenschaftsgebieten (insbesondere Glaziologie, Meteorologie, Seismologie und Biologie), aber auch die Erkundung von Rohstoffen geht seither vor allem von den bis in die Gegenwart tätigen Forschungsstationen aus (→ K. 269). Nach Ablauf des *Internationalen Geophysikalischen Jahres* entschlossen sich 12 Staaten, darunter die USA und die Sowjetunion, die Forschungen fortzusetzen und vereinbarten trotz des *»Kalten Krieges«* den richtungsweisenden ***Antarktisvertrag*** von ***1959*** zur friedlichen Erforschung und Nutzung des Südpolargebietes.

Die Zeit der Einzelforschung ist seit 1945 auch in der Antarktis vorbei! Daher soll in der Aufzählung und Kartendarstellung nur auf eine Auswahl besonders herausragender oder spektakulärer Expeditionen verwiesen werden.

1772–75 Die zweite Reise des englischen Seefahrers und Entdeckers James **Cook*** galt vorrangig der Suche nach dem sagenhaften *»Südland«*, der *Terra australis incognita*. Mit den Schiffen *»Resolution«* und *»Adventure«* durchforschte er die drei Weltmeere in höheren Breiten. Dreimal wurde der Südliche Polarkreis überschritten und 1774 sogar 70°10′ s. Br. erreicht. Damit hatte Cook den Nachweis erbracht, dass das vermutete »Südland« nördlich des Südlichen Polarkreises nicht existieren konnte, wenngleich er weiter südlich, hinter den Eisbarrieren, Land vermutete. → K. 266/267

1819 entdeckte der Engländer William **Smith** im Gefolge von Walfängern und Robbenschlägern die der Antarktischen Halbinsel vorgelagerten Südlichen Shetland-Inseln.

1819–21 leitete Fabian Gottlieb (russisch Faddei Faddejewitsch) von **Bellingshausen** die erste russische See-Expedition in antarktische Gewässer. Mit den Schiffen *»Wostok«* und *»Mirny«* (unter M. P. Lasarew, → 243) umfuhr er nach Cook als Zweiter vollständig den antarktischen Kontinent, ohne aber das Festland zu erreichen. Er kreuzte sechsmal den Südlichen Polarkreis und entdeckte die **Peter**-I.-Insel und das Alexander-I.-Land, dass sich später als »Insel« entpuppte. → K. 266/267

1820 hatte der amerikanische Kapitän und Robbenfänger Nathanael **Palmer** das später nach ihm benannte Land, Teil der heutigen Antarktischen Halbinsel, entdeckt. Die Fachwelt erfuhr davon durch Bellingshausen, der kurz vor seiner Rückfahrt mit Palmer auf den Südlichen Shetland-Inseln zusammentraf.

1822/23 Der englische Walfangkapitän James **Weddell** befuhr auf der Suche nach neuen Fanggründen die östliche *Weddellsee* bis 74°15′, womit er die von Cook erreichte südlichste Breite um 344 km überschritten hatte. Allerdings erwies sich die später nach ihm benannte See in der Folgezeit weniger für ein Vordringen in Richtung Südpol geeignet als die Ross-See. → K. 266/267 III/IV

*Der britische Polarforscher **James Clarke Ross** wurde am 15. April 1800 in London geboren und starb am 3. April 1862 in Aylesbury. 1819–27 nahm er an Parrys (→ 254) Arktisfahrten teil. 1829–33 begleitete er John Ross, seinen Onkel auf dessen Nordpolarfahrten und bestimmte 1831 durch sorgfältige Messungen die damalige Lage des magnetischen Pols der Nordhalbkugel an der Westküste der Halbinsel Boothia. 1839–43 war er Leiter der britischen Südpolarexpedition zur Bestimmung der Lage des magnetischen Pols der Südhalbkugel. Zusammen mit Dumont d'Urville und Wilkes trug Ross durch seine Entdeckungen dazu bei, dass die Existenz eines antarktischen Kontinents immer wahrscheinlicher wurde. 1848/49 beteiligte sich Ross an der Suche der Franklin-Expedition.*

1830–32 fuhr der britische Seeoffizier John **Biscoe** in die antarktischen Gewässer, um die Meeresverhältnisse und Fischereibedingungen zu erforschen. Im Februar 1831 entdeckte er die Küste des nach seinem Auftraggeber benannten *Enderby-Landes*. → K. 266/267 III/IV

1833 entdeckte der englische Südsee- und Polarforscher Peter **Kemp** das später nach ihm benannte *Kemp-Land*, einen Teil des antarktischen Festlandes. → K. 266/267 I

Afrika
Kapland
East London
Port Elizabeth
Oranje
Südl. Wendekreis
Kapstadt
Kap der Guten Hoffnung
1775
Ross 1840
Crozet-In.
Pr.-Edward-In.
INDISC
Ross 1843
2. Reise Cooks 1772
„Challenger" 1873
ATLANTISCHER
Cook 1773
Kemp 1833
Cook 1775
Cook 1772
Enderby-Ld.
Kemp-Ld.
Bouvet-I.
Tristan da Cunha
Gough-I.
Biscoe 1831
Bellingshausen 1820
Ross 1843
Südl. Polarkreis
OZEAN
Südl. Sandwich-In.
Südpol
Weddell 1823
Bellingshausen 1821
Südgeorgien
Weddell-see
Südl. Orkney-In.
Bellingshausen 1819
Larsen 1893/94
Ross 1843
Cook 1775
Biscoe 1830
Wilkes
Graham-Ld.
Südl. Shetland-In.
Palmer-Arch.
Alexander-I.-Land
Drakestraße
1839
Biscoe 1832
Peter-I.-Insel
Falkland-In. (Malwinen)
Weddell 1822
Magellan
Wilkes 1839
Bellingshausen-see
Cook 1774
Dumont d'Urville 1838
Feuerland
Kap Hoorn
Montevideo
Punta Arenas
Ross 1842
Buenos Aires
Patagonien
Südamerika
Cook 1774
PAZIFIS
20
30
40
50
60
10
0
70
80
90
100
110
120

Schelfeisgebiet
Packeisgebiet im Januar
äußerste Packeisgrenze
bis 1895 entdeckte Küsten und Inseln
0 500 1000 1500 km
1 : 55 000 000
Saint-Paul
Kerguelen-I.
E R O Z E A N
"Challenger" 1874
Biscoe 1831
Ross 1840
Perth
Murchison
Australien
Wilkes 1840
Balleny 1839
Bellingshausen 1820
Knox-Ld.
Balleny-Ld.
Clarie-Ld.
Adélie-Ld.
Wilkesland
Ross 1841
Cook 1773
Dumont d'Urville 1840
Adelaide
Melbourne
Tasmanien
Hobart
Sydney
Magnetischer Pol
Victorialand
Ross-I.
Rossbarriere
Balleny-In.
Kap Adare
Macquarie-In.
Ross See
Tasman-see
2. Reise Cooks
Auckland-In.
Scott-I.
Cambell-I.
Dunedin
Neuseeland
Südinsel
Christchurch
Antipoden-In.
Wellington
Bounty-In.
Cook 1774
Auckland
Nordinsel
Chatham-In.
Ross 1842
Biscoe
1773

Entdeckungen in der Antarktis (Ende 19. Jh. bis 1945)

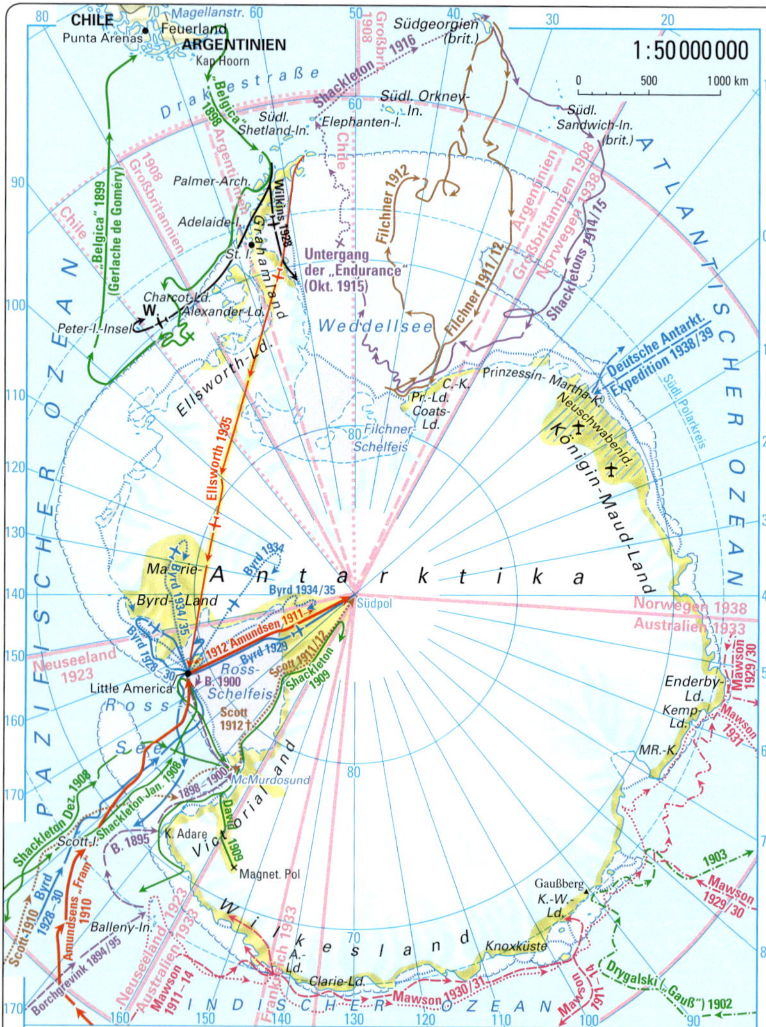

Inlandeisgebiet, Gletscher	von der Deutschen Antarktischen Expedition 1938/39 erforschte Gebiete (Flugerkundung)
Schelfeisgebiet	Frankr. 1923 – Abgrenzung der Hoheitsansprüche von Staaten (mit dem Jahr der Proklamation)
Packeisgebiet im Januar	
bis 1945 entdeckte oder erkundete Teile der Antarktis	

A.-Ld. Adélie-Land
C.-K. Caird-Küste
K.-W.-Ld. Kaiser-Willhem-II.-Land
MR.-K. MacRobertson-Küste
Pr.-Ld. Prinzregent-Luitpold-Land
St. I. Stoning Island

B. Borchgrevink **W.** Wilkins 1928

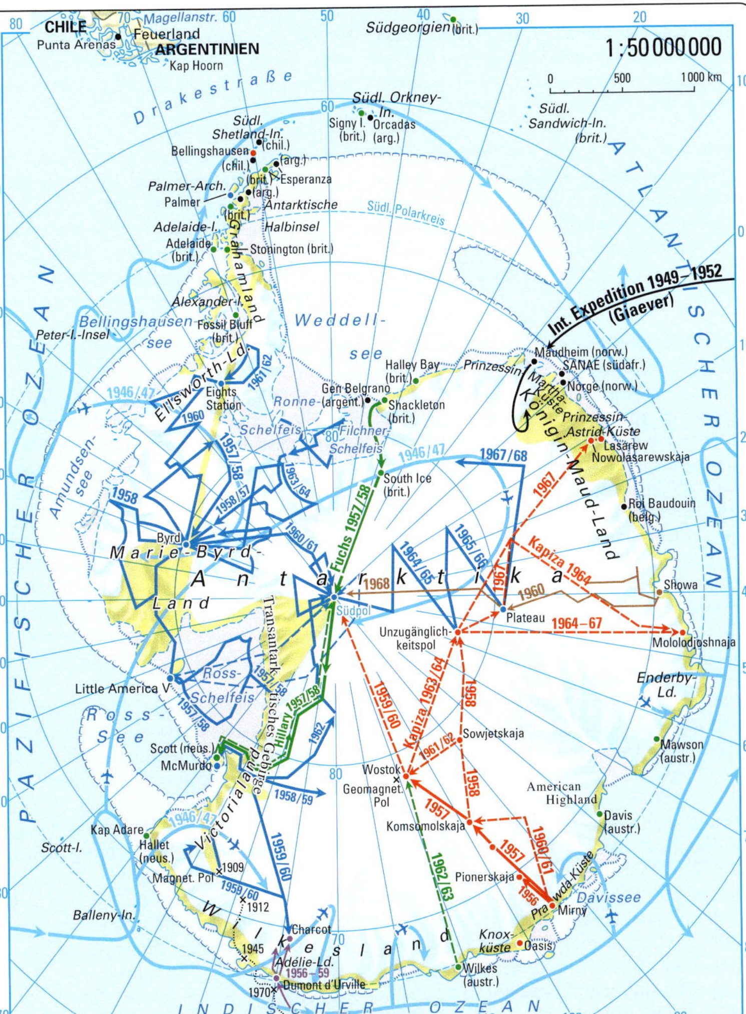

1945 bekannte Gebiete der Antarktis

Wanderung des Magnetpols der Südhalbkugel

amerikanische Expeditionen 1946/47 unter Leitung von Byrd (schematische Darstellung)

Expeditionen und Forschungsstationen zur Vorbereitung und Durchführung des Internationalen Geophysikalischen Jahres (1957/58) bis 1970

- amerikanisch
- sowjetisch
- britisch, austral. u. neuseeländisch
- französisch
- japanisch
- argentinisch, belgisch, chilenisch, norwegisch und südafrikanisch
- Flugerkundung

Hoheitsansprüche von Staaten sind durch den Antarktisvertrag vom 1. 12. 1959 weder anerkannt noch aufgegeben.

1839 fand der britische Kapitän John **Balleny** die nach ihm benannte Gruppe von fünf Inseln und sichtete weiter östlich das nach ihm benannte *Balleny-Land*. → K. 266/267 III

1840 beteiligte sich der französische Südseeforscher **Dumont d'Urville** (→ 248/249) im Rahmen seiner Forschungsreise von 1837–40 an der Suche nach dem magnetischen Pol der Südhalbkugel. Er entdeckte das *Adélie-* und *Clarie-Land* am Rande der antarktischen Küste. → K. 266/267 II

1840 beteiligte sich auch der amerikanische Marineoffizier Charles **Wilkes** im Rahmen einer amerikanischen See-Expedition (1839–42) an der Suche nach dem magnetischen Pol der Südhalbkugel. Er erkundete die Küsten des später nach ihm benannten *Wilkeslandes* auf einer Strecke von 2000 km und wies damit als Erster die Existenz eines antarktischen Festlandes nach. → K. 266/267 II

1841/42 Der britische Polarforscher James Clarke **Ross** führte seit 1839 eine Expedition durch die Weltmeere (→ 249), die auf Anregung von Humboldt und Gauss die Lage des magnetischen Südpols klären sollte. Mit den Schiffen *»Erebus«* und *»Terror«* erforschte er die später nach ihm benannte See, entdeckte das *Victorialand* und die über 3000 m hohen Vulkane auf der vorgelagerten Ross-Insel, die nach seinen Schiffen benannt wurden. Ross konnte sich dem Magnetpol bis auf 250 km nähern. 1842 gelangte er bis 78°10′ – die bis dahin erreichte höchste südliche Breite. Den weiteren Vorstoß in Richtung Südpol versperrte ihm die gewaltige, über 800 km lange und ca. 50–60 m hohe Eiswand, später *Rossbarriere* genannt. → K. 266/267 II/III

1874 berührte die Meeresexpedition der ***»Challenger«*** (1872–76) unter George Stronge **Nares** die antarktischen Gewässer westlich des Wilkeslandes, wo sie monatelang meereskundliche Forschungen ausführte. → K. 266/267 I/II

1893/94 Der norwegische Forscher Carl Anton **Larsen** entdeckte die Ostküste des Graham-Landes (Antarktische Halbinsel). → K. 266/267 III

1897–99 leitete der belgische Marineoffizier Adrien de **Gerlache de Goméry** eine Südpolarexpedition mit dem Schiff *»Belgica«*, an der auch Amundsen und Scott teilnahmen. Der *Palmer-Archipel* im Nordwesten der Antarktischen Halbinsel wurde erforscht. In der Bellingshausensee fror die *»Belgica«* ein, und so kam es 1898 zur ersten Überwinterung im Südpolargebiet. → K. 268 IV

1898–1900 leitete der norwegische Naturforscher Carsten Eggeberg **Borchgrevink** eine vom englischen Verleger G. Newnes finanzierte Südpolarexpedition. Borchgrevink, der bereits 1895 am Kap Adare als Erster antarktisches Festland betreten hatte, überwinterte mit neun Begleitern in Victorialand, dessen Küstenverlauf genauer bestimmt wurde. Als man auch die Rossbarriere entlang fuhr, stellte man fest, dass sich diese seit 1841 um etwa 50 km zurückgezogen hatte. → K. 268 III/IV

1901–03 Der Geophysiker und Geograph Erich von **Drygalski** leitete die deutsche Südpolarexpedition, die im Rahmen der ersten internationalen Arktisunternehmungen reiche wissenschaftliche Ergebnisse zeitigte. Entdeckt wurde mit der *»Gauß«* das *Kaiser-Wilhelm-II.-Land* mit dem *Gaußberg*, einem erloschenen Vulkan. → K. 268 III

1901–04 Die ebenfalls im Rahmen der internationalen Arktisunternehmungen durchgeführte britische Südpolarexpedition mit der *»Discovery«* wurde vom Marineoffizier Robert Falcon **Scott*** geleitet. 1902 folgte er der Rossbarriere weit nach Osten und entdeckte das König-Eduard-VII.-Land. Er überwand die Barriere und stieß auf dem Ross-Schelfeis mit Schlitten bis 82°17′ vor. 1903 drang er auf der Höhe der Ross-Insel in Begleitung Shackletons weit in das Innere des Victorialandes vor. → K. 271

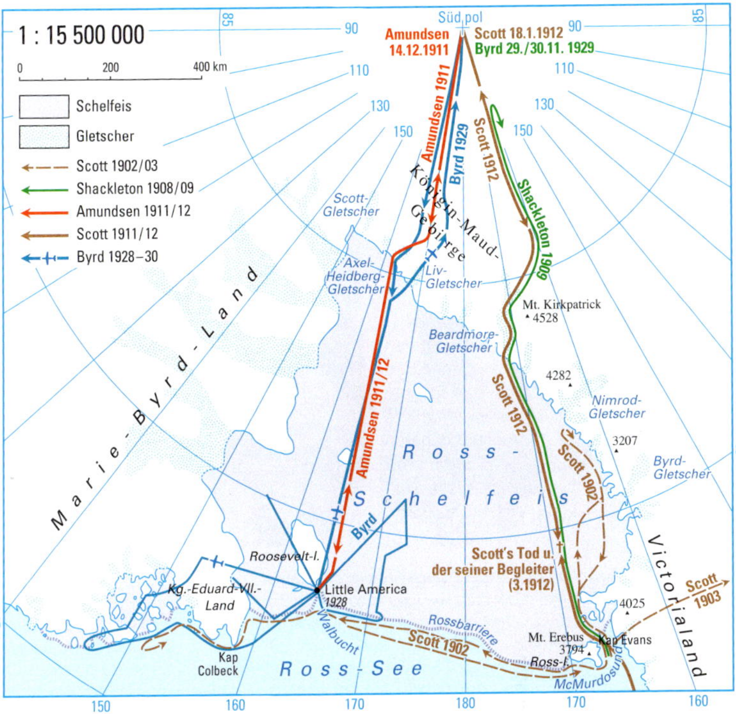

1907–09 Der in Irland geborene britische Schiffsoffizier Ernest Henry **Shackleton**, der 1901–04 Scott in die Antarktis begleitet hatte, führte eine eigene Expedition auf der *»Nimrod«* nach Victorialand. Von seinem Ausgangslager am *McMurdosund* stieß er 1908 über das Ross-Schelfeis und den neu entdeckten Beardmore-Gletscher auf das Hochplateau des Festlandes in Richtung Südpol vor. Nur etwa 170 km vom Pol entfernt, musste er am 9. Januar 1909 bei 88°23′ s. Br. umkehren. Eine andere Gruppe unter Leitung von T. W. Edgeworth **David** gelangte am 16. Januar 1909 zum magnetischen Pol der Südhalbkugel. → K. 268 III und 271

1910–12 Der Polarforscher R. **Amundsen*** verließ mit der *»Fram«*, dem berühmten Schiff der Nansen-Expedition, im Juni 1910 Oslo. Sein geheim gehaltenes Fahrziel war die Antarktis, wo er im Januar 1911 sein Camp *»Framheim«* an der Walbucht errichtete. Am 20. Oktober brach er, von vier Männern begleitet, mit Hundeschlitten auf, fand nach ungehinderter Fahrt über das Ross-Schelfeis einen mühsamen Aufstieg über einen 3000 m hohen Gletscher aufs Festland. Am **14. Dezember 1911** wurde der ***Südpol*** erreicht. Auf dem Rückweg entdeckte Amundsen das bis 4500 m hohe Königin-Maud-Gebirge und langte nach 99-tägiger Abwesenheit wieder am Ausgangslager an. → K. 268 IV und 271

1911/12 Der britische Polarforscher R. F. **Scott***, der 1910 mit der *»Terra Nova«* über Neuseeland zum McMurdosund im Victorialand angereist war und dort überwinterte, brach nach dem

Robert Falcon Scott *inmitten seines Forscherteams am Südpol*
(Das Foto mittels Selbstauslöser zeigt von links nach rechts: Oates, Bowers, Scott, Wilson, Evans)
*Der englische Kapitän und Südpolarforscher **Robert Falcon Scott** wurde am 6. Juni 1868 in Devonport geboren und starb Ende März 1912 auf dem Rückmarsch vom Südpol in der Antarktis. Während seiner Expedition mit der »Discovery« drang er 1902 erstmals auf dem Ross-Schelfeis nach Süden vor (→ 270). Die Erfolge Shackletons veranlassten ihn 1910, mit einem großen wissenschaftlichen Stab einen neuen Vorstoß zum Südpol zu unternehmen. Nach seiner Abreise erfuhr er von der beabsichtigten Südpol-Expedition Amundsens. Als er mit vier Begleitern am 18. Januar 1912 den Südpol erreicht hatte, musste er erkennen, dass ihm **Amundsen** zuvorgekommen war. Auf dem Rückmarsch starben Scott und seine Begleiter an Kälte, Hunger und Erschöpfung. Erst im November 1912 entdeckte ein Suchtrupp die Toten. Eine Reihe von logistischen Fehlentscheidungen, aber auch das extrem ungünstige Wetter spielten eine entscheidende Rolle bei dem Fehlschlag der Expedition.*

Versagen mitgebrachter Motorschlitten erst im November 1911 in Richtung Südpol auf. Unterwegs wurden mehrere Depots angelegt. Nach dem Ausfall der Hunde und Ponys und bei denkbar ungünstigen Wetterbedingungen mussten Scott und seine vier Begleiter die Transportschlitten selber ziehen, wodurch sie besonders beim Aufstieg aufs Binnenhochland aufgehalten wurden. Als sie am 18. Januar 1912 den Südpol erreicht hatten, mussten sie feststellen, dass Amundsen ihnen zuvorgekommen war. Beim Rückmarsch behinderten Kälte, Sturm und Nahrungsmangel das Vorwärtskommen. Kaum 20 km vom nächsten Vorratslager entfernt, fanden die Expeditionsmitglieder bei 79° 38′ s. Br. Ende März 1912 den Tod. Die letzte Tagebucheintragung Scotts erfolgte am 29. März. → K. 268 IV und 271

1911/12 war der Asien- und Polarforscher Wilhelm **Filchner** Leiter der deutschen Südpolarexpedition in die Weddellsee. 1912 wurde das Prinzregent-Luitpold-Land an der Südküste der Weddellsee entdeckt. Das umfangreiche Schelfeis wurde später nach Filchner benannt. → K. 268 I

1911–14 leitete der englische Südpolarforscher DOUGLAS **MAWSON**, der 1907–09 SHACKLETON begleitet und den Magnetpol der Südhalbkugel mit entdeckt hatte, die erste australische Antarktisexpedition. MAWSON und einzelne Schlittenabteilungen seiner Expedition erforschten die Küsten des weitläufigen Wilkeslandes. Im Februar 1913 gelang zum ersten Male eine Funkverbindung aus der Antarktis über die Macquarie-Inseln mit Australien. → K. 268 II/III

1914–16 Der britische Polarforscher E. H. **SHACKLETON** entdeckte bei einer Expedition in die Weddellsee 1915 die *Caird-Küste*. Kurz darauf wurde sein Schiff, die *»Endurance«*, im Eis eingeschlossen und driftete 9 Monate lang durch die Weddellsee, bevor es im Oktober 1915 über 300 km von der nächsten Küste entfernt sank. Die anschließende Eisschollendrift dauerte 175 Tage bis zu den Südlichen Shetland-Inseln; mit Booten wurde die Elephanten-Insel erreicht. Mit dem einzigen Boot fuhren SHACKLETON und fünf Begleiter nach Südgeorgien, das sie im Mai 1916 erreichten. Erst im August 1916 konnte er die 22 auf der Elephanten-Insel Zurückgelassenen nach etlichen dramatisch verlaufenden Versuchen retten. → K. 268 I

1928/29 gelangen dem australischen Polarforscher HUBERT **WILKINS** die ersten Erkundungsflüge im Bereich der Antarktischen Halbinsel bis zur Peter-I.-Insel. Dabei wurde der Inselcharakter des Charcot-Landes erkannt. → K. 268 I

1928–30 landete der amerikanische Flieger und Polarforscher RICHARD EVELYN **BYRD*** mit zwei Schiffen an der Ross-Barriere, errichtete an der Walbucht seinen Stützpunkt *»Little America«* und erkundete mit zwei Flugzeugen Teile der Antarktis. Nach der ersten Überwinterung gelang BYRD am 29./30. November 1929 der Hin- und Rückflug zum Südpol. Außerdem entdeckte er das *Marie-Byrd-Land*. → K. 271

1929–31 erforschte der Südpolarforscher D. **MAWSON** als Leiter einer britisch-australisch-neuseeländischen Expedition die antarktischen Küsten zwischen Enderby- und Adélie-Land. Dabei wurde die MacRobertsonküste entdeckt. → K. 268 II/III

Der norwegische Polarforscher ***ROALD AMUNDSEN*** *wurde am 16. Juli 1872 in Borge geboren und ist seit dem 19. Juni 1928 verschollen. 1898/99 nahm er als Steuermann an der »Belgica«-Expedition unter GERLACHE DE GOMÉRY teil (→ 270). Nach einer zusätzlichen Ausbildung an Observatorien bezwang er 1903–06 die Nordwestliche Durchfahrt mit e i n e m Schiff (→ 260). 1910 wandte er sich der Antarktis zu und erreichte am 14. Dezember 1911 als Erster den Südpol. Richtige logistische Entscheidungen und etwas Glück mit dem Wetter spielten eine große Rolle. Bei dem Versuch, 1918/20 die Nordöstliche Durchfahrt von Alaska aus zu bewältigen, scheiterte er. 1926 nahm er an der »Norge«-Luftschiff-Überquerung der Arktis teil. Bei der Überfliegung des Nordpols (11.–13. Mai 1926) war BYRD* dem Luftschiff um wenige Tage zuvorgekommen (→ 261). Als AMUNDSEN 1928 mit einem Flugzeug der NOBILE-Expedition zu Hilfe kommen wollte, verscholl er auf dem Flug von Norwegen nach Spitzbergen.*

1933–35 weilte der amerikanische Polarforscher RICHARD EVELYN **BYRD*** mit 56 Begleitern zum zweiten Male in *Little America*. Auf mehreren Flügen erforschte er das *Marie-Byrd-Land* genauer; ca. 1125 000 km² wurden von der Luft aus vermessen und kartiert. → K. 268 III/IV

1935 gelang dem amerikanischen Polarforscher Lincoln **Ellsworth** nach mehreren vergeblichen Versuchen der Überflug der inneren Antarktis . Zusammen mit dem Piloten Hollick Kenyon flog er entlang der Ostküste der Antarktischen Halbinsel nach *Little America* an der Rossbarriere. → K. 268 IV

1938/39 Die ***Deutsche Antarktische Expedition*** unter Leitung von Alfred **Ritscher** forschte im Bereich des *Neuschwabenlandes*. Dabei wurden ca. 350 000 km² vom Flugzeug aus erfasst. Zum ersten Male wurden eisfreie »Oasen« entdeckt. → K. 268 II

1939–41 fand die dritte Expedition des amerikanischen Polarforschers Richard Evelyn **Byrd*** statt. Diese von der amerikanischen Regierung unterstützte Unternehmung errichtete zwei Stützpunkte in der Antarktis: *Little America* als Westbasis und *Stoning Island* als Ostbasis im Bereich der Antarktischen Halbinsel. Mit Flugzeugen und Hundeschlitten wurden weite Gebiete des Marie-Byrd-Landes erforscht. Die Expedition wurde wegen des Zweiten Weltkrieges abgebrochen. → K. 268 III/IV

1946/47 führte R. E. **Byrd*** im Auftrag der US-Marine gemeinsam mit General Richard Cruzen die bis dahin größte Expedition in die Antarktis, die ***»Operation Highjump«*** *(»Hochsprung«)*. Mit einer Flotte von 13 Schiffen, darunter Eisbrecher und Flugzeugträger, und 4 000 Mann sollten alle früheren Forschungen vertieft werden. Die Expedition arbeitete in drei Gruppen; Byrd selber leitete die Mittelgruppe mit *Little America* als Hauptstützpunkt. Die beiden anderen Gruppen umschifften den gesamten Kontinent und unternahmen zahlreiche Flüge für Luftaufnahmen. An der Knoxküste wurde dabei 1947 die eisfreie *Bungeroase (»Oasis«)* gefunden. Rund 2,4 Mio. km² noch unbekannten Landes wurden erforscht. → K. 269

1947/48 wurden die amerikanischen Forschungen unter Leitung von Finn **Ronne** fortgesetzt.

1949–52 ***Internationale Antarktisexpedition*** mit Teilnehmern aus Großbritannien, Norwegen und Schweden unter Leitung des Norwegers John **Giaever**. Vom Stützpunkt Maudheim auf dem Schelfeis des Königin-Maud-Landes aus wurde dieser Teil der Antarktis genau erforscht. → K. 269 II

1955/56 Im Rahmen der Vorbereitung des *Internationalen Geophysikalischen Jahres* brach 1956 eine amerikanische Raupenschlepperkolonne der ***Deep Freeze I-Expedition*** von *Little America* auf und gründete auf dem Plateau des Marie-Byrd-Landes die Forschungsstation *Byrd*, die bis 1962 weiter ausgebaut wurde. Ab November 1956 wurde vom McMurdosund aus mit Hilfe einer Luftbrücke die seither ständig arbeitende *Amundsen-Scott-Station* am Südpol errichtet, deren Leiter anfangs der Forscher Paul Sippel war.
Fast gleichzeitig wurde die erste ***sowjetische Antarktisexpedition*** unter Leitung des Polarforschers Michail **Somow** mit den Schiffen *»Ob«* und *»Lena«* durchgeführt. Sie hatte die Aufgabe, erste Basisstationen zu gründen (*Mirny*, *Oasis* und im Binnenland *Pionerskaja*). → K. 269

1957/58 begann mit dem ***Internationalen Geophysikalischen Jahr*** *(IGJ)* der entscheidende Durchbruch in der Antarktisforschung. Insgesamt 56 Stationen mit ca. 1 000 Forschern wurden eingerichtet. Aktive Teilnehmer waren die USA, die Sowjetunion, Japan, Belgien und Südafrika sowie alle Staaten mit Territorialansprüchen aus der Zeit vor dem Zweiten Weltkrieg: Argentinien, Australien, Chile, Frankreich, Großbritannien, Neuseeland und Norwegen. Trotz des *Kalten Krieges* einigten sich die teilnehmenden Großmächte, die USA und die Sowjetunion, auf eine friedliche Zusammenarbeit. So akzeptierte die sowjetische Seite die Forderung der Amerikaner, an der begehrtesten Stelle, am Südpol, eine Station zu errichten, während der Sowjetunion der *»Pol der relativen Unzugänglichkeit«* und der *Geomagnetische Pol* als exponierte Plätze tief im Inneren des Kontinents zugestanden wurden. → K. 269

1957/58 Die erste Durchquerung der Antarktis gelang der ***Commonwealth Transantarktischen Expedition*** unter Leitung des englischen Geologen und Südpolarforschers VIVIAN ERNEST **FUCHS**. Mit Raupenschleppern brach man von der Shackleton-Station an der Weddellsee auf, erreichte im Januar 1958 die Amundsen-Scott-Station der USA am Südpol und im März die Scott-Station an der Ross-See. Damit war erstmals der antarktische Kontinent auf dem Landweg durchquert. Der neuseeländische Bergsteiger und Erstbezwinger des Mount Everest, EDMUND **HILLARY**, der für die Transantarktische Expedition von der Ross-See aus Depots anlegen sollte, stieß bis zum Südpol vor, als sich FUCHS verspätete. Er war somit der Erste, der nach Amundsen und Scott den Pol über das Inlandeis am Boden erreichte. → K. 269 I/III

1957–59 Während der zweiten und dritten ***sowjetischen Kontinentalexpedition*** unter Leitung von ALEXEI FJODOROWITSCH **TRESCHNIKOW** und JEWGENI IWANOWITSCH **TOLSTIKOW** errichteten Raupenschlepper die Binnenstationen *Komsomolskaja* und *Wostok*. Eine weitere Forschergruppe erreichte den *»Pol der relativen Unzugänglichkeit«* und errichtete an dem am weitesten von allen Küsten entfernten Punkt eine Forschungsstation. Eine andere Gruppe erreichte von *Wostok* aus 1959 den Südpol. → K. 269 III

1961/62 erreichte die ***Traktorenexpedition der USA*** unter ANTERO **KAVOLA** von der Byrd-Station aus den Südpol. Eine andere Traktorenabteilung gelangte von der Byrd-Station zur Eights-Station im Inneren des Ellsworth-Landes. **1962** erreichte eine Traktorenabteilung unter ALBERT P. **CRARY** auf einer westlichen Route nach 2 200 km vom McMurdosund aus den Südpol. → K. 269

1963/64 führte die bis dahin längste ***sowjetische Inlandexpedition*** unter Leitung von A. P. **KAPIZA** von *Wostok* über den *»Pol der realtiven Unzugänglichkeit«* und dem Königin-Maud-Land zur Station *Molodjoshnaja* (Enderby-Land) – seit 1963 die sowjetische Hauptstation. **1967** gelangte eine Expedition vom *»Pol der realtiven Unzugänglichkeit«* zur Station Nowolasarewskaja an der Prinzessin Astrid- Küste. → K. 269 II

*Der amerikanische Polarforscher **RICHARD EVELYN BYRD** wurde am 25. Oktober 1888 in Winchester (Virginia) geboren und starb am 11. März 1957 in Boston. Erste Erfahrungen im Fliegen unter polaren Bedingungen sammelte er als Kommandeur einer Expedition nach Grönland (1925). Am 9. Mai 1926 gelang ihm der erste Flug zum Nordpol – kurz vor dem Start der AMUNDSEN-ELLSWORTH-NOBILE-Expedition (→ 261). 1928–41 unternahm er drei bedeutende Südpolarexpeditionen und überflog 1929 den Südpol. Weite Teile des Marie-Byrd-Landes wurden von der Basis »Little America« aus erforscht oder mit dem Flugzeug erkundet. 1946/47 führte BYRD im Auftrag der US-Marine gemeinsam mit General RICHARD H. CRUZEN die bis dahin größte Expedition in die Antarktis. Neben großflächigen Luftaufnahmen unbekannter Gebiete (2,4 Mio. km²) wurden auch geologische, meteorologische und erdmagnetische Ergebnisse erzielt. Mit 67 Jahren leitete BYRD 1955/56 die Vorbereitungen der USA für das Internationale Geophysikalische Jahr.*

Zur Benutzung des Registers

Inhalt, Reihenfolge der Namen

- Das Register enthält alle ***Personennamen***, vorrangig Entdecker und Forscher und sonstige Reisende, in alphabetischer Reihenfolge.
- Von ***historischen*** und ***fremdsprachigen Namensformen*** wird auf die heutigen im Deutschen üblichen Namensformen verwiesen, z.B.
  Magalhães → Magellan.
- Die ***Reihenfolge*** der Namen entspricht dem lateinischen Alphabet. Dabei werden Umlaute und Buchstaben mit diakritischen Zeichen wie einfache Buchstaben eingereiht, z.B.
  ä = a; ê = e.
- Das ***Sternchen*** (*) kennzeichnet im Register die Lebensdaten.
- ***Abkürzungen***: gest. = gestorben, L. = Legende.

Suchangaben

- Seitenzahlen verweisen auf wichtige ***Textstellen***.
- Seitenzahlen in Klammern verweisen auf ***Kartenseiten***.
  Die Kartenseite ist in Leserichtung gedanklich in vier Segmente (römisch I – IV) diagonal unterteilt:

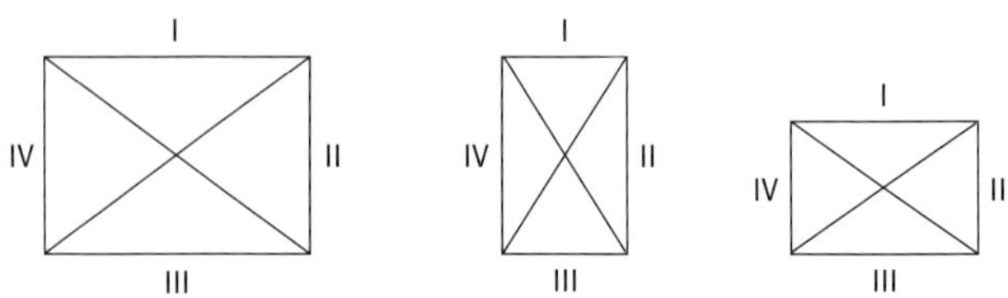

Suchbeispiel: Pizarro, Francisco…: *88, 89 (86/87 IV)*

Textstellen *auf den Seiten 88 und 89*
Kartendarstellung *auf den Seiten 86/87 im linken Segment IV*
(L. = Legende bezieht sich auf die Kartenlegende.)

T

U

V

Die Auswahl berücksichtigt nur neuere deutschsprachige Gesamtdarstellungen zur Entdeckungsgeschichte.

Atlas der Großen Entdecker. 30 abenteuerliche Reisen von der Antike bis heute. RM Buch und Medien Vertrieb GmbH 1999.

Bibliothek der abenteuerlichen Reise- und Entdeckungsberichte: Vasco da Gama, Marco Polo, Christoph Columbus, Captain James Cook u. a. (insgesamt über 70 Bände). Stuttgart (Edition Erdmann in K. Thienemanns Verlag)

Bitterli, Urs (Hrsg.): Die Entdeckung und Eroberung der Welt, 2 Bände. München (C. H. Beck) 1980.

Blake, John: Die Vermessung der Meere – Historische Seekarten. Stuttgart (Konrad Theiss Verlag) 2007.

Entdecker•Forscher•Abenteurer•Sternstunden der Menschheit (10 Bänden der Lingen-Reihe): Verwegene Fahrten und tollkühne Reisen; Die Neue Welt; Zu Hause auf allen Meeren; Einsame und geheimnisvolle Welten; Afrika, faszinierender Schwarzer Kontinent; Die letzten „weißen Flecken"; Die Eroberung der Erdpole; Die letzten Herausforderungen; Der Griff nach den Sternen. Köln (Lingen Verlag) 1983 ff.

Großer Atlas der Entdeckungen. Reisen in unbekannte Welten. Köln (Neuer HONOS Verlag) 1996.

Hanbury-Tenison, Robin: Die 70 großen Reisen der Menschheit. München (Frederking & Thaler) 2006.

Harwood, Jeremy: Hundert Karten, die die Welt veränderten. Hamburg (National Geographic Deutschland) 2007.

Krämer, Walter (Hrsg.): Die Entdeckung und Erforschung der Erde. Leipzig (F. A. Brockhaus Verlag) 1967.

Krämer, Walter: Geheimnis der Ferne; Wunder der Welt; Neue Horizonte/Emersleben, Otto: Länder des Goldes; Zu fernen Ufern; Entschleierte Erde. Sechsbändige Geschichte der Entdeckungen. Leipzig, Jena, Berlin (Urania-Verlag) 1971–1988.

Kulke, Ulli: Die großen Entdecker. Abenteuerliche Reisen ins Unbekannte. Stuttgart (Konrad Theiss Verlag) 2006.

Novaresio, Paolo: Die großen Entdecker. Forschungsreisen jenseits des Horizonts. Augsburg (Weltbild) 1996.

Pleticha, Heinrich und Schreiber, Hermann: Lexikon der Entdeckungsreisen, 2 Bände. Stuttgart, Wien, Bern (Edition Erdmann in K. Thienemanns Verlag) 1999.

Polk, M. und Tiegreen, M.: Frauen erkunden die Welt. Entdecken, Forschen, Berichten. München (Frederking & Thaler) 2001.

Roberts, Gail (Text): Atlas der Entdeckungen. Die großen Abenteuer der Forschungsreisen in Wort, Bild und Karte. München (Südwest Verlag) 1976.

Salentiny, Ferdinand: DuMonts Enzyklopädie der Seefahrer und Entdecker. Köln (DuMont monte Verlag) 2002.

Schmitz, Siegfried: Hermes Handlexikon – Große Entdecker und Forschungsreisende. Düsseldorf (ECON Taschenbuch Verlag) 1983.

Time-Life-Bücher
Wood, P. und die Redaktion der Time-Life-Bücher: Abenteuer der Karibik; Humble R.: Die Entdecker; Allen, O. E.: Die Entdecker der Pazifik-Inseln; Miller, R.: Die Ostindienfahrer und weitere Bände. Amsterdam 1979 ff.

Bildnachweis

akg-images, Berlin: Titelbild, S. 27, S. 36, S. 69, S. 77, S. 103, S. 115, S. 123, S. 138, S. 148, S. 158, S. 159, S. 201, S. 205, S. 243, S. 249, S. 254, S. 259, S. 261, S. 273, S. 275
Avenue Images, Hamburg: S. 173 (imagesbroker(Arco/La TerraMagica)
bpk, Berlin: S. 34; S. 45, S. 55 (Dietmar Katz); S. 112; S. 193 (Oscar Roloff)
Bridgeman Art Library, Berlin: Umschlag hinten, S. 14, S. 32, S. 65, S. 81, S. 107, S. 108, S. 119, S. 149, S. 167, S. 211 links, S. 211 rechts, S. 219, S. 225, S. 238, S. 241, S. 253, S. 263, S. 265
Corbis, Düsseldorf: S. 85 (Francis. G. Mayer)
Germanisches Nationalmuseum, Nürnberg: S. 59
Klett-Archiv: S. 12
Interfoto, München: S. 83, S. 195 (Sammlung Rauch)
ohne Angaben: S. 75, S. 207
ullstein bild, Berlin: S. 23 (Archiv Gerstenberg); S. 37, S. 49, S. 91, S. 122, S. 126, S. 150, S. 213, S. 250 (Granger Collection); S. 62 (Roger Viollet); S. 89 (AISA); S. 93, S. 200, S. 203 (KPA); S. 141, S. 223, S. 272 (TopFoto); S. 151 (Imagno); S. 199 (Imagebroker.net); S. 237
Völkerkunde für Jedermann, Gotha/Leipzig (Haack-Verlag): S. 102
Wikipedia: S. 52 (Leinad-Z); S. 53 (Ziko-C); S. 66 (Bupa66); S. 76 (Anonymus); S. 131 (F. Schulenberg); S. 140 (Nathaniel Dance); S. 157 (Friedrich G. Weitsch); S. 187 (Tsui); S. 189 (Peter.kremer); S. 190 (E. Bernatz); S. 227 (Anita Seiberl); S. 235 (Media lib)

Historische Karten

Titelbild, S. 54, S. 63, S. 70-71, S. 97, S. 109, S. 113, S. 120 – 121, S. 127, S. 152 – 153 (Haack Geographisch-Kartographischer Kalender); S. 100 – 101; S. 135; S. 136; S. 139; S. 163, S. 171, S. 176 – 177, S. 178 – 179, S. 209 oben, S. 209 unten, S. 215, S. 233 (Stieler-Atlas); S. 191 (Petermanns Geographische Mitteilungen); S. 197

Trotz intensiver Recherchen ist es dem Verlag nicht gelungen, für einige Abbildungen dieses Werkes die Rechteinhaber zu ermitteln. Der Verlag bittet um Nachsicht und ggf. um Geltendmachung der Rechte im Nachhinein.